土建类高职高专创新型规划教材

建筑工程计量与计价

（第2版）

主　编　董丽君

副主编　王　辉　左　杰

参　编　（以拼音为序）

冯魁廷　李　芸　孙连宗

王中琴　张珂峰

东南大学出版社

·南京·

内 容 提 要

本书是土建类高职高专创新型规划教材,是根据高等职业技术教育的特点,在结合编者多年高等职业教学实践的基础上,按照建筑工程相关专业高职人才培养的特点,结合江苏省初级造价员考试要求编写的。内容简单易懂,突出适度、够用的原则。

本书主要介绍了工程造价相关知识、工程造价计价依据、建筑与装饰工程清单工程量的计算、工程量清单的编制方法与步骤、工程量清单计价依据及计价方法、工程结算和竣工决算等内容。各章都有相应的例题和习题。

本书可作为高职高专院校建筑工程相关专业的教材,也可作为本科院校、函授、初级造价员考试人员自学辅导用书或供相关专业人员学习参考用书。

图书在版编目(CIP)数据

建筑工程计量与计价/董丽君主编. —2 版. —南京:东南大学出版社,2013.7(2016.7 重印)

ISBN 978 - 7 - 5641 - 4413 - 5

Ⅰ. ①建…　Ⅱ. ②董…　Ⅲ. ①建筑工程—计量—高等职业教育—教材　②建筑造价—高等职业教育—教材

Ⅳ. ①TU723.3

中国版本图书馆 CIP 数据核字(2013)第 169235 号

建筑工程计量与计价(第 2 版)

出版发行:东南大学出版社
社　　　址:南京市四牌楼 2 号　邮编:210096
出 版 人:江建中
责任编辑:史建农　戴坚敏
网　　　址:http://www.seupress.com
电子邮件:press@seupress.com
经　　　销:全国各地新华书店
印　　　刷:常州市武进第三印刷有限公司
开　　　本:787mm×1092mm　1/16
印　　　张:22
字　　　数:546 千字
版　　　次:2013 年 8 月第 2 版
印　　　次:2016 年 7 月第 3 次印刷
书　　　号:ISBN 978 - 7 - 5641 - 4413 - 5
印　　　数:6001～7000 册
定　　　价:43.00 元

高职高专土建系列规划教材编审委员会

序

　　东南大学出版社以国家 2010 年要制定、颁布和启动实施教育规划纲要为契机,联合国内部分高职高专院校于 2009 年 5 月在东南大学召开了高职高专土建类系列规划教材编写会议,并推荐产生教材编写委员会成员。会上,大家达成共识,认为高职高专教育最核心的使命是提高人才培养质量,而提高人才培养质量要从教师的质量和教材的质量两个角度着手。在教材建设上,大会认为高职高专的教材要与实际相结合,要把实践做好,把握好过程,不能通用性太强,专业性不够;要对人才的培养有清晰的认识;要弄清高职院校服务经济社会发展的特色类型与标准。这是我们这次会议讨论教材建设的逻辑起点。同时,对于高职高专院校而言,教材建设的目标定位就是要凸显技能,摒弃纯理论化,使高职高专培养的学生更加符合社会的需要。紧接着在 10 月份,编写委员会召开第二次会议,并规划出第一套突出实践性和技能性的实用型优质教材;在这次会议上大家对要编写的高职高专教材的要求达成了如下共识:

一、教材编写应突出"高职、高专"特色

　　高职高专培养的学生是应用型人才,因而教材的编写一定要注重培养学生的实践能力,对基础理论贯彻"实用为主,必需和够用为度"的教学原则,对基本知识采用广而不深、点到为止的教学方法,将基本技能贯穿教学的始终。在教材的编写中,文字叙述要力求简明扼要、通俗易懂,形式和文字等方面要符合高职教育教和学的需要。要针对高职高专学生抽象思维能力弱的特点,突出表现形式上的直观性和多样性,做到图文并茂,以激发学生的学习兴趣。

二、教材应具有前瞻性

　　教材中要以介绍成熟稳定的、在实践中广泛应用的技术和以国家标准为主,同时介绍新技术、新设备,并适当介绍科技发展的趋势,使学生能够适应未来技术进步的需要。要经常与对口企业保持联系,了解生产一线的第一手资料,随时更新教材中已经过时的内容,增加市场迫切需求的新知识,使学生在毕业时能够适合企业的要求。坚决防止出现脱离实际和知识陈旧的问题。在内容安排上,要考虑高职教育的特点。理论的阐述要限于学生掌握技能的需要,不要囿于理论上的推导,要运用形象化的语言使抽象的理论易于为学生认识和掌握。对于实践性内容,要突出操作步骤,要满足学生自学和参考的需要。在内容的选择上,要注意反映生产与社会实践中的实际问题,做到有前瞻性、针对性和科学性。

三、理论讲解要简单实用

　　将理论讲解简单化,注重讲解理论的来源、出处以及用处,以最通俗的语言告诉学生所学的理论从哪里来用到哪里去,而不是采用烦琐的推导。参与教材编写的人员都具有丰富的课堂教学经验和一定的现场实践经验,能够开展广泛的社会调查,能够做到理论联系实

际,并且强化案例教学。

四、教材重视实践与职业挂钩

教材的编写紧密结合职业要求,且站在专业的最前沿,紧密地与生产实际相连,与相关专业的市场接轨,同时,渗透职业素质的培养。在内容上注意与专业理论课衔接和照应,把握两者之间的内在联系,突出各自的侧重点。学完理论课后,辅助一定的实习实训,训练学生实践技能,并且教材的编写内容与职业技能证书考试所要求的有关知识配套,与劳动部门颁发的技能鉴定标准衔接。这样,在学校通过课程教学的同时,可以通过职业技能考试拿到相应专业的技能证书,为就业做准备,使学生的课程学习与技能证书的获得紧密相连,相互融合,学习更具目的性。

在教材编写过程中,由于编著者的水平和知识局限,可能存在一些缺陷,恳请各位读者给予批评斧正,以便我们教材编写委员会重新审定,再版的时候进一步提升教材质量。

本套教材适用于高职高专院校土建类专业,以及各院校成人教育和网络教育,也可作为行业自学的系列教材及相关专业用书。

高职高专土建系列规划教材编审委员会

前　言

　　本书是土建类高职高专创新型规划教材,是根据高等职业技术教育的特点,在结合编者多年高职教学实践的基础上,按照土木建筑工程相关专业高职人才培养的特点,结合江苏省初级造价员考试要求编写的。主要作为高职建筑工程相关专业的教材,也可作为本科院校、函授、初级造价员考试人员自学辅导用书或供相关专业人员学习参考用书。

　　本书以注重实用性为目的,注重实践能力的培养,以《建设工程工程量清单计价规范》和《江苏省建筑与装饰工程计价表》为基础,全面介绍了在工程量清单计价模式下,建设工程清单工程量的计算、计价过程,通过具体案例,重点介绍了计价表的应用。书中每章都有具体的例题和习题,大大方便了学生的理解和学习。

　　本书编写时依据的标准和规范主要有:中华人民共和国住房和城乡建设部2008年新发布的《建设工程工程量清单计价规范》(GB 50500-2008),《建筑工程建筑面积计算规范》(GB/T 50353-2005),中华人民共和国建设部、财政部下发的《建筑安装工程费用项目组成》(建标〔2003〕206号)文件,《江苏省建设工程现场安全文明施工措施费计价管理办法》(苏建价〔2005〕349号),《关于工程量清单计价施工合同价款确定与调整的指导意见》(苏建价〔2005〕593号),《关于调整建筑、装饰、安装、市政、修缮、仿古建筑及园林工程预算工资单价的通知》(苏建价〔2008〕66号),《江苏省建设工程计价解释与争议调解规定》。

　　本书由主编董丽君拟定大纲和统稿。在编写过程中,参阅了大量参考文献,在此一并表示感谢。由于编者水平所限,书中难免有不足之处,敬请读者批评指正。

编　者
2013年6月

目　　录

1 建设工程造价概论

本章提要:本章主要介绍了基本建设的相关概念、基本建设程序及基本建设项目的划分;工程造价的含义、分类、特点、职能,工程造价的基本构成。

1.1 基本建设相关知识

1)基本建设的概念

基本建设是指国民经济各部门为了扩大再生产而进行的增加固定资产的一种经济活动,也就是把一定的物资,如建筑材料、机器设备等,通过购买、建造、安装和调试等活动,使之形成固定资产,形成新的生产能力和使用效益的过程。例如,工厂、矿井、公路、水利工程、住宅、医院的建设,电力、电信导线的敷设,设备的购置安装,土地的征用等。因此,基本建设包括建造、安装和购置固定资产的活动及其相关工作。

基本建设是固定资产再生产的重要手段,是国民经济发展的重要物质基础。固定资产的再生产,无论是部分报废项目的简单再生产,还是新建、扩建、改建形成的扩大再生产,都是通过基本建设活动实现的。基本建设项目按不同的分类方式可以作如下不同的分类:

(1)按建设工程性质划分

① 新建项目。指新建的投资建设工程项目,或对原有项目重新进行总体设计,扩大建设规模后,其新增固定资产价值超过原有固定资产价值三倍以上的建设项目。

② 扩建项目。指在原有的基础上投资扩大建设的工程项目。如在企业原有场地范围内或其他地点,为了扩大原有产品的生产能力或效益,或增加新产品生产能力而建设新的主要车间或其他工程的项目。

③ 改建项目。指原有企业为了提高生产效益,改进产品质量或调整产品结构,对原有设备或工程进行改造的项目。有的企业为了平衡生产能力,需增建一些附属、辅助车间或非生产性工程,也可列为改建项目。

④ 重建项目。指企业、事业单位因受自然灾害、战争或人为灾害等特殊原因,使原有固定资产全部或部分报废后又投资重新建设的项目。

⑤ 迁建项目。指原有企业、事业单位,由于某种原因报经上级批准进行搬迁建设,不论其规模是维持原规模还是扩大建设,均属迁建项目。

(2)按建设工程规模划分

① 大中型建设项目。指生产性项目投资额在 5 000 万元以上,非工业建设项目投资额在 3 000 万元以上的建设项目。

② 小型建设项目。指投资额在上述限额以下的项目。

(3)按建设用途划分

① 生产性建设项目。指在物质资料生产过程中,能够在较长时间内发挥作用而不改变其物质形态的劳动资料,是人们用来影响和改变劳动对象的物质技术手段,包括工业建设、农业建设、水利建设、气象建设、交通邮电建设、商业和物质供应建设、地质资源勘探建设等。

② 非生产性建设项目。为满足人们物质文化需要而建设的工程项目。包括文教卫生、科学实验、公共事业、住宅和其他建设。

（4）按资金来源划分

按项目的资金来源可以把项目划分为国家预算拨款的工程项目、银行贷款的工程项目、企业联合投资的工程项目、企业自筹资金的工程项目、利用外资的工程项目、外资工程项目等。

2）基本建设的程序

建设程序是指工程建设项目从分析立项、论证决策,到勘测设计、施工建造,最后竣工验收、交付使用等整个建设过程中的各项工作及其先后次序。

一般的建设项目的建设程序通常划分为以下四个阶段、八个程序:

（1）建设前期阶段

① 项目建议书阶段。项目建议书阶段是基本建设程序中前期工作的起点,是对拟建项目的设想,主要是针对拟建项目进行初步研究,做好市场调查,以项目建议书的形式说明拟建项目的必要性,以满足投资立项的需要。作为投资方在这个阶段需要认真做好市场调查,正确地编制投资估算,因为投资估算是项目决策的重要依据之一。项目建议书经批准后即可"立项",但并不表明项目马上可以建设,还需要开展可行性研究。

② 可行性研究阶段。可行性研究是根据审定的项目建议书,对投资项目在技术、经济、社会和外部协作条件等的可行性和合理性进行全面的分析论证,做多方案的比选,推荐最佳方案,为项目决策提供可靠依据。

可行性研究阶段又可以分为机会研究、初步可行性研究和详细可行性研究。这三个阶段所研究的重点不同,深度不同,所花费的时间和费用也不同。一般而言,机会研究需要用1个月左右的时间,研究费用大约占项目总投资的 0.2%～1.0%;初步可行性研究需要用1～3个月的时间,研究费用大约占项目总投资的 0.25%～1.25%;详细可行性研究需要用3～6个月的时间,研究费用大约占项目总投资的 0.8%～1.0%,小项目约占 1%～3%。

可行性研究所提交的成果是可行性研究报告,可行性研究报告一经批准,就标志着项目立项工作的完成,就可以进行勘测设计工作了。

（2）建设准备阶段

① 勘测设计阶段。勘测是指设计前和设计过程中所要进行的勘察、调查和测量工作,是建设地点选择的依据。建设地点的选择主要考虑的因素:一是原材料、燃料、水源、电源、劳动力等技术经济条件是否落实;二是地形、工程地质、水文地质、气候等自然条件是否可靠;三是少占耕地,合理利用土地,减少对环境的污染。

设计是对拟建工程的实施在技术上和经济上所进行的全面而详细的安排。设计工作是分阶段逐步深入进行的。大中型建设项目一般采用两阶段设计,即初步设计和施工图设计;重大或特殊项目可采用三阶段设计,即初步设计、技术设计、施工图设计。

在初步设计阶段,设计单位应编制或委托编制设计概算。采用三阶段设计的,设计单位应进一步提供详细施工图和修正设计总概算。设计概算作为设计文件的重要组成部分,是在投资估算的控制下由设计单位根据初步设计图纸及说明、概算定额、各项费用定额、设备、材料预算价格等资料用科学的方法计算、编制的。设计概算是工程项目投资的最高限额。

② 招投标阶段。工程的招投标是市场经济条件下进行发包、承包以及服务项目采购时被广泛采用的一种交易方式。工程的施工招标是建设单位将建设工程施工任务的内容、条件、质量、工期和标准等要求以文件形式载明,告知有意承包者前来响应。在这个阶段,建设方应该认真组织招标活动,根据施工图纸及相关资料认真确定投标控制价;承包方应该仔细分析、科学合理地得出综合单价,以合理的报价中标。活动双方应仔细分析施工方案,准确判断管理水平,充分考虑风险因素,认真编制工程量清单并按照严格的程序以合同形式确定工程承包价格。

③ 施工准备阶段。建设项目的实施一般要经历一个很长的周期,做好建设准备工作是确保项目顺利进行的前提。一般情况下,项目开工前,建设单位应该完成以下几方面的工作:征地、拆迁和施工场地平整;施工用的水、电、路、通信等工程;组织设备、材料订货;准备必要的施工图纸;招投标工作已落实,已择优选定监理单位和施工单位。

(3) 施工阶段

建设项目经批准开工建设,项目即进入施工阶段。项目开工时间,是指工程建设项目设计文件中规定的任何一项永久性工程第一次正式破土开槽开始施工的日期。不需要开槽的工程,正式开始打桩的日期就是开工日期。

开工前,建设单位应认真组织图纸会审,进行设计交底和施工交底,施工单位认真编制好施工组织设计。施工过程中,监理单位应认真审核工程变更,明确"三控两管一协调",严格执行工程施工验收规范,按照质量检验评定标准进行工程质量验收,确保工程质量。同时,施工单位应该准确做好施工预算,及时签证变更的工程量,全面完成合同规定的施工任务。

(4) 竣工验收阶段

竣工验收是工程建设过程的最后环节。凡新建、扩建、改建的基本建设项目和技术改造项目,按批准的设计文件规定的内容建成,符合标准的,必须及时组织验收,办理固定资产移交手续。一般情况下,工程完工后,施工单位向建设单位提交工程竣工报告(经总监理工程师签署意见),申请工程竣工验收。建设单位收到竣工报告后,组织设计、监理、施工和用户单位进行初步验收,然后由建设单位向主管部门提交竣工验收报告,由主管部门及时组织验收,签发验收报告。

在承包人完成施工合同约定的全部工程内容,发包人依法组织竣工验收合格后,由发包、承包双方按照合同价款以及索赔和现场签证等事项确定最终的工程实际造价,即竣工结算价。竣工结算由施工单位编制。

在工程竣工投产后,建设单位还应编制竣工决算,综合反映竣工项目建设成果和财务情况,为项目的后评价提供依据。

3) 基本建设项目划分

基本建设项目按照合理确定工程造价和基本建设管理工作的要求,可以划分为建设项目、单项工程、单位工程、分部工程、分项工程五个层次。

(1) 建设项目

建设项目是指具有计划任务书,按照一个总体设计进行施工的各个工程项目的总体。建设项目通常由一个或几个单项工程组成,在经济上实行独立核算,行政上实行独立管理,具有独立的法人资格。

（2）单项工程

单项工程又称为工程项目，是建设项目的组成部分，是指具有独立的设计文件，在竣工后可以独立发挥生产能力和生产效益的工程，如一所学校的教学楼、办公楼、宿舍楼、图书馆等，一个工厂的各个车间、办公楼等。

（3）单位工程

单位工程是单项工程的组成部分。单位工程是指具有独立的设计文件，可以独立组织施工，但建成后不能独立发挥生产能力和使用效益的工程。例如，一栋教学楼是一个单项工程，该教学楼的土建工程、室内电气照明工程等分别属于单位工程。

（4）分部工程

分部工程是单位工程的组成部分。分部工程是指在一个单位工程中，按工程部位及使用的材料和工种进一步划分的工程。土建工程的分部工程是按建筑工程的主要部位划分的，例如土(石)方工程、桩与地基基础工程、砌筑工程、混凝土及钢筋混凝土工程、金属结构工程、楼地面工程、屋面工程、装饰工程等；安装工程的分部工程是按工程的种类划分的，例如管道工程、电气工程、通风工程以及设备安装工程等。

（5）分项工程

分项工程是分部工程的组成部分。它是指在一个分部工程中，按不同的施工方法、不同的材料和规格对分部工程进一步划分，用较为简单的施工过程就能完成，以适当的计量单位就可计算工程量及其单价的建筑或设备安装工程的产品。如砌筑工程可以划分为砖基础、内墙、外墙、空斗墙、空心砖墙、柱、钢筋砖过梁等分项工程。分项工程没有独立存在的意义，只是为了便于计算建筑工程造价而分解出来的"假定产品"。

综上所述，一个建设项目由一个或几个单项工程组成，一个单项工程由一个或几个单位工程组成，一个单位工程由几个分部工程组成，一个分部工程可以划分为若干个分项工程，工程造价的计算就是从分项工程开始的。

1.2 工程造价相关知识

1）工程造价的含义

对工程造价的理解可以从两方面来进行，一种理解是指建设项目的建设成本，即建设项目经过分析决策、设计施工到竣工验收、交付使用的各个阶段，完成建筑工程、安装工程、设备及工器具购置及其他相应的建设工作，最后形成固定资产，在这一系列过程中投入的所有费用总和。另一种理解是指建设工程的承发包价格，它是通过承发包市场，由需求主体投资者和供给主体建筑商共同认可的价格。

工程造价两种含义理解的角度不同，其包含的费用项目组成也不同。建设成本含义的造价是指工程建设的全部费用，这其中包括征地费、拆迁补偿费、勘察设计费、供电配套费、项目贷款利息、项目法人的项目管理费，等等；而工程承发包价格中，即使是"交钥匙"工程，其承包价格中也不包括项目的贷款利息、项目法人管理费等。尽管如此，工程造价两种含义的实质是相同的,是从不同的角度对同一事物的理解。

2) 工程造价的分类

工程造价按项目所处的建设阶段、编制对象、工程性质等的不同有如下表现形式:

(1) 按项目所处的建设阶段不同,造价有不同的表现形式。

① 投资估算。投资估算是在项目建议书和可行性研究阶段,依据现有的市场、技术、环境、经济等资料和一定的方法,对建设项目的投资数额进行估计,即投资估算造价。

② 设计概算和修正概算。设计概算是在初步设计阶段或扩大初步设计阶段,由设计单位以投资估算为目标,根据设计文件、概算定额或概算指标、费用定额等有关技术经济资料,预先计算和确定建设项目从筹建、竣工验收到交付使用的全部建设费用的经济文件。修正概算是对于有技术设计阶段的项目在技术设计资料完成后对技术设计图纸进行造价的计价和分析。设计概算是设计方案优化的经济指标,经过批准的概算造价,即成为控制拟建项目工程造价的最高限额,成为编制建设项目投资计划的依据。

③ 施工图预算。施工图预算是施工图设计预算的简称。它是在施工图设计完成后,单位工程开工前,由建设单位(或施工承包单位)根据已审定的施工图纸、施工组织设计、各项定额、建设地区的自然及技术经济条件等预先计算和确定的建筑工程费用的技术经济文件。施工图预算是签订建筑安装工程承包合同、实行工程预算包干、拨付工程款、进行竣工结算的依据;对于实行招标的工程,施工图预算是确定招标控制价的基础。

④ 竣工结算。竣工结算是在完成合同规定的单项工程、单位工程等全部内容,按照合同要求验收合格后,并按合同中约定的结算方式、计价单价、费用标准等,核实实际工程数量,汇总计算承包项目的最终工程价款。竣工结算价是确定承包工程最终实际造价的经济文件,以它为依据办理竣工结算后,就标志着发包方和承包方的合同关系和经济责任关系的结束。

⑤ 竣工决算。竣工决算是在建设项目或单项工程竣工验收准备交付使用时,由业主或项目法人全面汇集在工程建设过程中实际花费的全部费用的经济文件。竣工决算反映的造价是正确核定固定资产价值,办理交付使用,考核和分析投资效果的依据。

在工程造价全过程管理中,用投资估算价控制设计方案和设计概算造价,用概算造价控制技术设计和修正概算,用概算造价或修正概算造价控制施工图设计和预算造价,用施工图预算或承包合同价控制结算价,最后使竣工决算造价不超过投资限额。工程建设中各种表现形式的造价构成了一个有机整体,前者控制着后者,后者补充着前者,共同达到控制工程造价的目的。

(2) 按造价的编制对象不同有如下几种形式:

① 单位工程造价。单位工程造价是以单位工程为对象编制的确定其建筑安装工程费用的经济文件。

② 单项工程造价。单项工程造价是以单项工程为对象编制的确定其建设费用的综合性文件,编制时由单项工程内各个单位工程的造价汇总而成。

③ 建设项目总造价。建设项目总造价是以建设项目为对象编制的反映建设项目全部建设费用的综合性经济文件。编制时由组成该建设项目的各个单项工程造价,工程建设其他费用,设备及工、器具购置费等汇总而成。

(3) 按工程的专业性质不同,可分为建筑工程造价、安装工程造价、市政工程造价、园林绿化工程造价,等等。

3）工程造价的特点

（1）工程造价的大额性

要发挥工程项目的投资效用，工程造价都非常昂贵，动辄数百万、数千万元，特大工程项目造价可达百亿元人民币。工程造价的大额性使它关系到有关各方面的重大经济利益，同时也会对国家宏观经济产生重大影响。这就决定了工程造价的特殊地位，说明了工程造价管理具有重要意义。

（2）工程造价的个别性、差异性

任何一项工程都有特定的用途、功能和规模，因此，对每一项工程的结构、造型、空间分割、设备配置和内外装饰都有具体的要求，所以工程内容和实物形态都具有个别性、差异性。产品的差异性决定了工程造价的个别性、差异性。同时，每项工程所处的地理位置也不同，使这一特点得到了强化。

（3）工程造价的动态性

任何一项工程从决策到竣工交付使用都有一个较长的建设期间，在建设期间，往往由于不可控制因素的原因，造成许多影响工程造价的动态因素。如设计变更，材料、设备价格、工资标准以及取费费率的调整，贷款利率、汇款的变化，都必然会影响到工程造价的变动。所以，工程造价在整个建设期处于不确定状态，直至竣工决算后才能最终确定工程的实际造价。

（4）工程造价的层次性

工程造价的层次性取决于工程的层次性。一个建设项目往往包含多项能够独立发挥生产能力和工程效益的单项工程，一个单项工程又由多个单位工程组成。与此相适应，工程造价有三个层次，即建设项目总造价、单项工程造价和单位工程造价。如果专业分工更细，分部分项工程也可以作为承发包的对象，如大型土方工程、桩基础工程、装饰工程等。这样工程造价的层次因增加分部工程和分项工程而成为五个层次。即使从工程造价计算程序的管理角度来分析，工程造价的层次也是非常明确的。

（5）工程造价的兼容性

工程造价的兼容性，首先表现在其本身具有的两个含义；其次表现在工程造价构成的广泛性和复杂性。工程造价除建筑安装工程费用、设备及工器具购置费外，征用土地费用、项目可行性研究费用、规划设计费用、与一定时期政府（产业和税收政策）相关的费用占有相当的份额；再次，盈利的构成也较为复杂，资金成本较大。

4）工程造价的职能

工程造价的职能，除一般商品价格职能外，还有特殊职能。

（1）预测职能

工程造价的大额性和多变性无论是投资者还是承包者都要对拟建工程的工程造价进行预先测算。投资者测算工程造价不仅作为项目决策的依据，同时也是筹集资金、控制工程造价的依据。承包者对工程造价的预测，既为投标报价提供决策依据，也为成本管理提供依据。

（2）控制职能

工程造价的控制职能表现在两个方面：一方面是对投资的控制，即在投资的各个阶段，根据对工程造价的多次预估和测算，对造价进行全过程多层次的控制；另一方面是对成本的控制,即对以承包商为代表的商品和劳务供应企业的成本控制。在价格一定的条件下,企业实际成本开支决定企业的盈利水平。成本越高盈利越低,成本高于价格则危及企业生存。所以施工企业要以工程造价来控制成本,利用工程造价提供的信息资料作为控制成本的依据。

（3）评价职能

工程造价是评价建设项目总投资、分项投资合理性和投资效益的主要依据之一。在评价土地价格、建筑产品和设备价格的合理性时,就必须利用工程造价资料;在评价建设项目偿贷能力、获利能力和宏观效益时,也可依据工程造价。工程造价也是评价建筑安装企业管理水平和经营效果的重要依据。

（4）调控职能

工程建设直接关系到国民经济增长,也直接关系到国家重要资源和资金流向,对国计民生都产生重大影响。所以,国家对建设规模、产品结构进行宏观调控在任何条件下都是不可或缺的,对政府投资项目进行直接调控和管理也是非常重要的。这些都要用工程造价为经济杠杆,对工程建设中的物资消耗水平、建设规模、投资方向等进行调控和管理。

工程造价之所以有上述特殊职能,是由建设工程自身特点决定的,但在不同的经济体制下,这些职能的实现情况很不相同。在单一计划经济体制下,工程造价的职能很难得到实现。只有在社会主义市场经济体制下,才为工程造价职能的充分发挥创造了良好的条件。

5）工程造价的作用

工程造价涉及国民经济各机构、各行业,涉及社会再生产的各个环节,也直接关系到人民群众生活和城镇居民的居住条件,所以其作用范围和影响程度很大。

（1）工程造价是项目决策的依据

建设工程投资大、生产和使用周期长等特点决定了项目决策的重要性。工程造价决定着项目投资的一次性费用,投资者是否有足够的财务能力支付这笔费用,是否认为值得支付这笔费用,是项目决策中要考虑的主要问题。财务能力是一个独立的投资主体必须首先要解决的问题。如果建设工程造价超过投资者的支付能力,就会迫使其放弃拟建项目;如果项目投资的效果达不到预期目标,也会放弃拟建项目工程。因此,在项目决策阶段,建设工程造价就成为项目财务分析和经济评价的重要依据。

（2）工程造价是制定投资计划和控制投资的依据

投资计划是按照建设工期、工程进度和工程造价等逐年加以制定的。正确的投资计划有助于合理和有效地使用资金。

工程造价在控制投资方面的作用非常明显。工程造价是通过多次概预算,最终通过竣工决算确定的。每一次概预算的过程就是对造价控制的工程。这种控制是在投资者财务能力限度内为取得既定的投资效益所必需的。

（3）工程造价是筹建资金的依据

投资机制的改革和市场的建立,要求项目的投资者必须有很强的筹资能力,以保证工程建设有充足的资金供应。工程造价基本决定了建设资金的需要,从而为筹集资金提供了比较准确的依据。当建设资金来源于金融机构贷款时,金融机构在对项目的偿贷能力进行评估的基础上,依据工程造价来确定给予投资者的贷款数据。

（4）工程造价是利益合理分配和调节产业结构的手段

工程造价的高低,涉及国民经济各机构和企业的利益分配。在计划经济体制下,政府为了使用有限的财政资金建成更多的工程项目,总是趋向于压低工程造价,使建设中的劳动消耗得不到完全补偿,价值不能得到完全实现。而未被实现的部分价值则被重新分配到各个投资机构,为项目投资者所占有。这种利益的再分配有利于各产业结构按政府的投资导向加速发展,也有利于按宏观经济的要求调整产业结构。但也会严重损害建筑等企业的利益,造成建筑业萎缩和建筑企业长期亏损的后果,从而使建筑业的发展长期处于落后状态,与整个国民经济发展不相适应。

在市场经济中,工程造价也无例外地受供求关系的影响,并在围绕价值的波动中实现对建设规模、产业结构和利益分配的调节。加上政府正确的宏观调控和价格的政策导向,工程造价在这方面的优点会充分发挥出来。

(5) 工程造价是评价投资效果的重要指标

建设工程造价是一个包含着多层次工程造价的体系,就一个工程项目来说,既是建设项目的总造价,又包含单项工程造价和单位工程的总造价,同时也包含单位生产能力的造价,或一个平方米建筑面积的造价,等等。所有这些,使工程造价自身形成了一个指标体系。所以,能为评价投资效果提供多种评价指标,并能形成新的价格信息,为今后类似项目的投资提供参考体系。

6) 建设工程造价基本构成

建设工程造价是工程项目按照确定的建设内容、建设规模、建设标准、功能要求和使用要求等全部建成并验收合格交付所需的全部费用。我国现行工程造价的构成主要划分为设备及工器具购置费、预备费、建设期贷款利息、固定资产投资方向调节税等。

(1) 建筑安装工程

① 建筑工程费用。建筑工程费用是指各类房屋建筑(包括一般建筑安装工程、室内外装饰装修、各类设备基础、室外构筑物)、道路、绿化、铁路专用线、码头、维护等工程。一般建筑安装是指建筑物(构筑物)附属的室内供水、供热、卫生、电气、燃气、通风空调、弱电设备的管道安装及路线敷设工程。

② 安装工程费用。安装工程费用包括专业设备安装工程费用和管线安装工程费用。专业设备安装工程费用是指在主要生产、辅助生产、公用等单项工程中需要安装的工艺、电气、自动控制、运输、供热、制冷等设备装置和各种工艺管道安装及衬里、防腐、保湿等工程费。管线安装工程费用是指供电、通讯、自动控制等管道安装工程费。

(2) 设备及工器具购置费

设备及工器具购置费是由设备购置费和工具、器具及生产家具购置费组成的。

(3) 工程建设其他费

工程建设其他费是指除上述费用以外的,经省级以上人民政府及其他授权单位批准的各类必须列入工程建设成本的费用。包括建设单位管理费、土地使用费、实验研究费、评估咨询费、勘察设计费、工程监理费、生产准备费、水增容费、供配点贴费、引进技术和进口设备其他费、施工机构迁移费、联合试运转费等。

工程建设其他费可分三类。第一类为土地费用,由于工程项目固定于一定地点与地面连接,必须占用一定量的土地,也就必然要发生获得建设用地而支付的费用,包括土地征用及迁移补偿费、土地使用权出让金;第二类是与项目建设有关的费用,包括建设单位管理费、勘察设计费、实验研究费等;第三类是与未来生产经营有关的费用,包括联合试运转费,生产准备费、办公及生活家具购置费等费用。

(4)预备费

预备费包括基本预备费和涨价预备费。

① 基本预备费是指在初步设计及概算编制阶段难以包括的工程其他支付发生的费用。

② 涨价预备费是指对建设工期较长的投资项目,在建设期内可能发生的材料、人工、设备、施工机械等价格上涨以及费率、利率、汇率等变化而引起项目投资的增加,需要事先预留的费用,也称价差预备费或价格变动不可预见费。

(5)固定资产投资方向调节税

固定资产投资方向调节税是指按照《中华人民共和国固定资产投资方向调节税暂行条例》规定,应缴纳的固定资产投资方向调节税。

(6)建设期贷款利息

建设期贷款利息是指建设项目使用投资贷款,在建设期内应归还的贷款利息。

(7)国家和省批准的各项税费

国家和省批准的各项税费是指省级以上人民政府或授权部门批准的,建设期内应交付的各项税费。

思考与练习

1. 建设项目是如何划分的?

2. 什么是单项工程?

3. 什么是单位工程?

4. 什么是分部工程?

5. 什么是分项工程?

6. 叙述工程项目建设程序、各阶段对应的造价活动、所涉及的经济文件是由何单位编制的。

7. 如何理解工程造价的两种含义?

8. 工程造价有哪些特点?

9. 工程造价有哪些职能?

10. 工程造价有哪些作用?

11. 叙述建设工程造价的构成。

2 工程造价计价依据

本章提要: 本章主要介绍了定额的含义、分类、特点;施工定额的概念、作用;劳动定额的概念和表现形式;材料消耗定额、机械台班消耗量定额的概念和消耗量的组成;预算定额的概念、作用、编制原则和方法;重点讲述预算定额的使用。

2.1 工程造价计价依据概述

所谓工程造价计价依据,是用以计算工程造价的基础资料总称,包括工程定额,人工、材料、机械台班及设备单价,工程量清单,工程造价指数,工程量计算规则,以及政府主管部门发布的有关工程造价的经济法规、政策等。根据工程造价计价依据的不同,目前我国处于工程定额计价和工程量清单计价两种计价模式并存的状态。

2.1.1 定额的含义

定额是规定的额度,从广义上说,也是处理特定事物的数量界限。在工程建设中,为了完成某一工程项目,需要消耗一定数量的人力、物力和财力资源,这些资源的消耗是随着施工对象、施工方法和施工条件的变化而变化的。工程建设定额是指在正常的施工生产条件下,完成单位合格产品所消耗的人工、材料、施工机械及资金消耗的数量标准。不同的产品有不同的质量要求,不能把定额看成单纯的数量关系,而应看成是质量和安全的统一体。只有考察总体生产过程中的各生产因素,归结出社会平均必需的数量标准,才能形成定额。

实行定额的目的,是为了力求用最少的人力、物力和财力,生产出符合质量标准的合格建筑产品,取得最好的经济效益。定额既是使建筑安装活动中的计划、设计、施工、安装各项工作取得最佳经济效益的有效工具和杠杆,又是衡量、考核上述工作经济效益的尺度。

尽管管理科学在不断发展,但它仍然离不开定额。如果没有定额提供可靠的基本管理数据,即使再好的管理方法和手段也不能取得理想的结果。所以,定额虽然是科学管理发展初期的产物,但它在企业管理中一直占有主要地位。定额是企业管理科学化的产物,也是科学管理的基础。我国 40 多年的工程建设定额管理工作经历了一个曲折的发展过程,现已逐渐完善,在经济建设中发挥着越来越重要的作用。最近几年,为了将定额工作纳入标准化管理轨道,国家相继编制了一系列定额。1995 年 12 月 15 日建设部编制颁发了《全国统一建筑工程基础定额》(土建工程)和《全国统一建筑工程预算工程量计算规则》。建设部 2003 年颁发了《建设工程工程量清单计价规范》,又于 2008 年颁布了新的《建设工程工程量清单计价规范》,实行"量""价"分离的原则,使建筑产品的计价模式进一步适应市场经济体制,使定额成为生产、分配和管理的重要科学依据。

2.1.2 工程定额的分类

1）按定额反映的生产要素消耗内容分类

按定额反映的生产要素消耗内容，可以把工程定额划分为以下三种：

（1）劳动消耗定额。劳动消耗定额简称劳动定额（也称为人工定额），是指完成一定数量的合格产品（工程实体或劳务）所规定活劳动消耗的数量标准。劳动定额的主要表现形式是时间定额，但同时也表现为产量定额，时间定额与产量定额互为倒数。

（2）机械消耗定额。机械消耗定额是以一台机械一个工作班为计量单位，所以又称为机械台班定额。机械消耗定额是指为完成一定数量的合格产品（工程实体或劳务）所规定的施工机械消耗的数量标准。机械消耗定额的主要表现形式是机械时间定额，同时也以产量定额表现。

（3）材料消耗定额。材料消耗定额简称材料定额，是指完成一定数量的合格产品所需消耗的原材料、成品、半成品、构配件、燃料以及水、电等动力资源的数量标准。

2）按定额的用途分类

按定额的用途，可以把工程定额分为以下五种：

（1）施工定额。施工定额是施工企业（建筑安装企业）组织生产和加强管理而在企业内部使用的一种定额，属于企业定额的性质。施工定额是以同一性质的施工过程——工序作为对象编制，表示生产产品数量与生产要素消耗综合关系的定额。为了适应组织生产和管理的需要，施工定额的项目划分很细，是工程定额中分项最细、定额子目最多的一种定额，也是工程定额中的基础性定额。

（2）预算定额。预算定额是在编制施工图预算阶段，以工程中的分项工程和结构构件为对象编制，用来计算工程造价和计算工程中的劳动、机械台班、材料需要量的定额。预算定额是一种计价性定额。从编制程序上看，预算定额是以施工定额为基础综合扩大编制的，同时它也是编制概算定额的基础。

（3）概算定额。概算定额是以扩大分项工程或结构构件为对象编制的，是计算和确定劳动、机械台班、材料消耗量所使用的定额，也是一种计价性定额。概算定额是编制扩大初步设计概算，确定建设项目投资额的依据。概算定额的项目划分粗细应与扩大初步设计的深度相适应，一般是在预算定额的基础上综合扩大而成的，每一综合分项概算定额都包含了数项预算定额。

（4）概算指标。概算指标的设定和初步设计的深度相适应，比概算定额更加综合扩大。概算指标是概算定额的扩大与合并，它是以整个建筑物和构筑物为对象，以更为扩大的计量单位来编制的。概算指标的内容包括劳动、机械台班、材料定额三个基本部分，同时还列出了各结构分部的工程及单位建筑工程（以体积或面积计）的造价，是一种计价定额。

（5）投资估算指标。它是在项目建议书和可行性研究阶段编制投资估算、计算投资需要量时使用的一种定额。它非常概略，往往以独立的单项工程或完整的工程项目为计算对象，编制内容是所有项目费用之和。它的概略程度与可行性研究阶段相适应。投资估算指标往往根据历史的预算、决算资料和价格变动等资料编制，但其编制基础仍然离不开预算定额和概算定额。

上述各定额之间的关系见表 2-1 所示。

表 2-1　各种定额之间的关系比较

定额分类	施工定额	预算定额	概算定额	概算指标	投资估算指标
对　象	工序	分项工程	扩大的分项工程	整个建筑物或构筑物	独立的单项工程或完整的工程项目
用　途	编制施工预算	编制施工图预算	编制扩大初步设计概算	编制初步设计概算	编制投资估算
项目划分	最细	细	较粗	粗	很粗
定额水平	平均先进	平均	平均	平均	平均
定额性质	生产性定额	计价性定额			

3）按适用范围分类

按照适用范围，可以把工程定额分为全国通用定额、行业通用定额和专业专用定额三种。全国通用定额是指在部门间和地区间都可以使用的定额；行业通用定额是指具有专业特点，在行业部门内可以通用的定额；专业专用定额是特殊专业的定额，只能在指定范围内使用。

4）按主编单位和管理权限分类

按主编单位和管理权限，工程定额可以分为全国统一定额、行业统一定额、地区统一定额、企业定额、补充定额五种。

5）按其适用目的分类

按其适用目的，工程定额可分为以下五种：

（1）建筑工程定额。是建筑工程的施工定额、预算定额、概算定额和概算指标的统称。

（2）设备安装工程定额。是安装工程施工定额、预算定额、概算定额和概算指标的统称。

（3）建筑安装工程费用定额。

（4）工器具定额。是为新建或扩建项目投产运转首次配置的工器具数量标准。

（5）工程建设其他费用定额。是独立与建筑安装工程设备和工器具购置之外的其他费用开支的标准。

上述各种定额虽然适用于不同的情况和用途，但是它们是一个互相联系的、有机的整体，在实际工作中配合使用。

2.1.3　工程定额的特点

（1）科学性。工程定额的科学性包括两重含义。一是指工程定额和生产力发展水平相适应，反映出工程建设中生产消费的客观规律；二是指工程定额管理在理论、方法和手段上适应现代科学技术和信息社会发展的需要。

工程定额的科学性，首先表现在用科学的态度制定定额，尊重客观实际，力求定额水平合理；其次表现在制定定额的技术方法上，利用现代科学管理的成就，形成一套系统的、完整的、在实践中行之有效的方法；最后表现在定额制定和贯彻的一体化。制定定额是为了提供贯彻的依据，贯彻是为了实现管理的目标，也是对定额的信息反馈。

（2）系统性。工程定额是相对独立的系统，它是由多种定额结合而成的有机整体，它的结构复杂,层次鲜明,目标明确。工程定额的系统性是由工程建设的特点决定的。按照系统论的观点,工程建设就是庞大的实体系统。工程定额是为这个实体系统服务的,因而工程建设本身的多种类、多层次决定了以它为服务对象的工程定额的多种类、多层次。

（3）统一性。工程定额的统一性,主要是由国家对经济发展的有计划的宏观调控职能决定的。为了使国民经济按照既定的目标发展,就需要借助于某些标准、定额、参数等对工程建设进行规划组织、调节、控制。工程定额的统一性按照其影响力的执行范围来看,有全国统一定额、地区统一定额和行业统一定额,等等;按照定额的制定、颁布和贯彻使用来看,有统一的程序、统一的原则、统一的要求和统一的用途。

（4）指导性。随着我国建设市场的不断成熟和逐渐规范,工程定额尤其是统一定额原来具备的指令性特点逐渐弱化,转变成为对整个建设市场和具体建设产品的交易起指导作用。工程定额指导性的客观基础是定额的科学性。只有科学的定额才能正确地指导客观的交易行为。工程定额的指导性体现在两个方面:一方面,工程定额作为国家各地区和行业颁布的指导性依据,可以规范建设市场的交易行为,在具体的建设产品定价过程中也可以起到相应的参考性作用,同时统一定额还可以作为政府投资项目定价以及造价控制的重要依据;另一方面,在现行的工程量清单计价方式下,体现交易双方自主定价的特点,投标人报价的主要依据是企业定额,但企业定额的编制和完善仍然离不开统一定额的指导。

（5）稳定性与时效性。工程定额中的任何一种都是一定时期技术发展和管理水平的反映,因而在一段时间内都表现出稳定的状态。稳定的时间有长有短,一般在 5 年至 10 年之间。保持定额的稳定性是维护定额的指导性所必需的,更是有效地贯彻定额所必要的。如果某种定额处于经常修改变动之中,那么必然造成执行中的困难和混乱,很容易导致定额指导作用的丧失。工程定额的不稳定也会给定额的编制工作带来极大的困难。但是工程定额的稳定性是相对的。当生产力向前发展时,定额就会与生产力不相适应。这样,它原有的作用就会逐步减弱以至消失,需要重新编制或修订。

2.2　施工定额

2.2.1　施工定额的概念、作用与定额水平的含义

1）施工定额的概念

施工定额是具有合理劳动组织的建筑安装工人小组在正常施工条件下完成单位合格产品所需人工、机械、材料消耗的数量标准,它根据专业施工的作业对象和工艺制定。施工定额反映企业的施工水平。

施工定额是企业定额。但应当指出,相当多的施工企业缺乏自己的施工定额,这是施工管理的薄弱环节。施工企业应根据本企业的具体条件和可能挖掘的潜力,根据市场的需求和竞争环境,根据国家有关政策、法律和规范、制度自行编制定额,决定定额的水平。同类企业和同一地区的企业之间存在施工定额水平的差距,这样在建筑市场上才能具有竞争能力。同时,施工企业应将施工定额的水平对外作为商业秘密进行保密。在市场经济条件下,国家定额和地区定额不再是强加给施工企业的约束和指令,而是对企业的施工定额管理进行引

导,从而实现对工程造价的宏观调控。

2)施工定额的作用

(1)施工定额是企业计划管理的依据。施工定额在企业计划管理方面的作用,表现在它既是企业编制施工组织设计的依据,也是企业编制施工作业计划的依据。

(2)施工定额是组织和指挥施工生产的有效工具。企业组织和指挥施工,是按照作业计划通过下达施工任务书和限额领料单实现的。施工任务书既是下达施工任务的技术文件,也是班、组经济核算的原始凭证。它表明了应完成的施工任务,也记录着班、组实际完成任务的情况,并且进行班、组工人的工资结算。施工任务书上的工程计量单位、产量定额和计件单位均需取自劳动定额,工资结算也要根据劳动定额的完成情况计算。限额领料单是施工队随任务书同时签发的领取材料的凭证,这一凭证是根据施工任务和施工的材料定额填写的。其中领料的数量是班、组为完成规定的工程任务消耗材料的最高限额,这一限额也是考核班、组完成任务情况的一项重要指标。

(3)施工定额是计算工人劳动报酬的依据。施工定额是衡量工人劳动数量和质量,提供成果和效益的标准。所以,施工定额是计算工人工资的依据。这样,才能做到完成定额好的工资报酬就多,达不到定额的工资报酬就会减少,真正实现多劳多得、少劳少得的社会主义分配原则。

(4)施工定额有利于推广先进技术。施工定额水平中包含着某些已成熟的先进的施工技术和经验,工人要达到和超过定额,就必须掌握和运用这些先进技术;要想大幅度超过定额,就必须创造性地劳动,不断改进生产工具和改进技术操作方法,注意原材料的节约,避免浪费。当施工定额明确要求采用某些较先进的施工工具和施工方法时,贯彻施工定额就意味着推广先进技术。

(5)施工定额是编制施工预算、加强企业成本管理的基础。施工预算是施工单位用以确定单位工程人工、机械、材料和资金需要量的计划文件。施工预算以施工定额为编制基础,既要反映设计图纸的要求,也要考虑在现有条件下可能采取的节约人工、材料和降低成本的各项具体措施,这就能有效地控制人力、物力消耗,节约成本开支。严格执行施工定额不仅可以起到控制消耗、降低成本和费用的作用,同时也为贯彻经济核算制、加强班组核算和增加盈利创造良好的条件。

3)施工定额水平

定额水平是指按照一定施工程序和工艺条件下规定的施工生产中活劳动和物化劳动的消耗水平。施工定额的水平直接反映劳动生产率水平,反映劳动和物质消耗水平。施工定额水平和劳动生产率水平变动方向一致,与劳动和物质消耗水平变动方向相反。劳动生产率水平越高,施工定额水平也越高;而劳动和物资消耗数量越多,施工定额水平就越低。但实际中,施工定额水平和劳动生产率水平有不一致的方面。随着技术的发展和定额对劳动生产率的促进,二者吻合的程度会逐渐变化,差距越来越大。现实中的定额水平落后于社会劳动生产率水平,正是施工定额发挥作用的表现。当定额水平已经不能促进施工生产和管理,影响进一步提高劳动生产率时,就应修订已经陈旧的定额,以达到新的平衡。确定施工定额水平必须满足以下要求:有利于提高劳动工效,降低人工、机械和材料的消耗;有利于正确考核和评价工人的劳动成果;有利于正确处理企业和个人之间的经济关系;有利于提高企业管理水平。

平均先进水平,是在正常的施工条件下大多数施工队组和工人经过努力能够达到和超过的水平,其低于先进水平,略高于平均水平。这种水平使先进者感到一定的压力,努力更上一层楼;使大多数处于中间水平的工人感到定额水平可望可及,增加达到和超过定额水平的信心;对于落后者不迁就,使他们感到企业的严格要求,必须花力气提高技术操作水平,珍惜劳动时间,节约材料消耗,尽快达到定额水平。所以,平均先进水平是一种鼓励先进、勉励中间、鞭策落后的定额水平,是施工定额的理想水平。

2.2.2 劳动定额的概念和表现形式

1)劳动定额的概念

劳动定额也称人工定额,是指在正常的施工技术组织条件下,为完成一定数量的合格产品或完成一定量的工作所必需的劳动消耗量标准。这个标准是国家和企业对生产工人在单位时间内的劳动数量和质量的综合要求,也是建筑施工企业内部组织生产编制施工作业计划、签发施工任务单、考核工效、计算报酬的依据。

现行的《全国建筑安装工程劳动定额》是供各地区主管部门和企业编制施工定额的参考定额,是以建筑安装工程产品为对象,以合理组织现场施工为条件,按"实"计算。因此,定额规定的劳动时间或劳动量一般不变,其劳动工资单价可根据各地工资水平进行调整。

2)劳动定额的表现形式

劳动定额按其表现形式的不同,分为时间定额和产量定额。

(1)时间定额

时间定额也称人工定额,是指在一定的生产技术和生产组织条件下,完成单位合格产品或完成一定工作任务所必须消耗的时间。定额包括基本工作时间、辅助工作时间、准备与结束时间、必需的休息时间以及不可避免的中断时间。

时间定额以"工日"为单位,如工日/m²、工日/m、工日/t、工日/组,等等。例如,现浇混凝土过梁的时间定额为1.99工日/m³。每一个工日工作时间按8小时计算。公式如下:

$$单位产品时间定额(工日)=1/每工产量 \tag{2-1}$$

或 单位产品时间定额(工日)=小组成员工日数总和/小组台班产量

(2)产量定额

产量定额是指在一定的生产技术和生产组织条件下,在单位时间(工日)内应完成的合格产品的数量。也可以认为是在正常施工条件下某工种工人在单位时间内完成合格产品的数量。产量定额的常用单位有m²/工日、m³/工日、t/工日、套/工日、组/工日,等等。例如,砌1砖半厚标准砖基础的产量定额为1.08 m³/工日。公式如下:

$$每日产量=1/单位产品时间定额(工日) \tag{2-2}$$

或 小组每班产量=小组成员工日数总和/单位产品时间定额(工日)

(3)产量定额与时间定额的关系

产量定额和时间定额是劳动定额两种不同的表现形式,它们之间是互为倒数的关系。

$$时间定额=1/产量定额 \tag{2-3}$$

或 时间定额×产量定额=1

利用这种倒数关系我们可以求另外一种表现形式的劳动定额。例如:

1砖半厚标准砖基础的时间定额=1/产量定额=1/1.08=0.926工日/m³

现浇过梁的产量定额＝1/时间定额＝1/1.99＝0.503 m³/工日

（4）劳动定额的使用

时间定额和产量定额虽是同一劳动定额的不同表现形式,但其作用却不尽相同。时间定额以单位产品的工日数表示,便于计算完成某一分部(项)工程所需的总工日数,便于核算工资、编制施工进度计划和计算分项工期。而产量定额是以单位时间内完成的产品数量表示,便于小组分配施工任务,考核工人的劳动效率和签发施工任务单。

【例 2-1】 某砌砖班组 30 名工人,砌筑某住宅楼 1.5 砖混水外墙(机吊)需要 5 天完成,试确定班组完成的砌筑体积。(查《全国建筑安装工程劳动定额》)

【解】 查定额编号为 19,时间定额为 1.25 工日/m³。

产量定额＝1/时间定额＝1/1.25＝0.8 m³/工日

砌筑的总工日数＝30 工日/天×5 天＝150 工日

则 砌筑体积＝150 工日×0.8 m³/工日＝120 m³

【例 2-2】 某工程有 170 m³ 1 砖混水内墙(机吊),每天有 14 名专业工人进行砌筑,试计算完成该工程的定额施工天数。(查《全国建筑安装工程劳动定额》)

【解】 查定额,时间定额为 1.24 工日/m³。

完成砌筑需要的总工日数＝170 m³×1.24 工日/m³＝210.8 工日

则 需要的施工天数＝210.8 工日÷14 工日/天＝15 天

3）劳动定额的编制方法

劳动定额的编制方法主要有技术测定法、经验估计法、统计分析法、比较类推法等,其中技术测定法是我国建筑安装工程收集定额基础资料的基本方法。

（1）技术测定法

技术测定法是一种细致的科学调查研究方法,是在深入施工现场的条件下,根据施工过程合理先进的技术条件、组织条件和施工方法,对施工过程中各工序工作时间的各个组成部分进行实地观测,分别测定每一工序的工时消耗,通过测定的资料进行分析计算,并参考以往数据,经过科学整理分析以制定定额的一种方法。

技术测定法有较充分的科学技术依据,制定的定额比较合理先进,有较强的说服力。但是,这种方法工作量较大,使它的应用受到一定限制。技术测定法一般用于产品数量大且品种少、施工条件比较正常、施工时间长、经济价值大的施工过程。

技术测定法的主要步骤是:确定拟编定额项目的施工过程,对其组成部分进行必要的划分;选择正常的施工条件和合适的观察对象;到施工现场对观察对象进行测时观察,记录完成产品的数量、工时消耗及影响工时消耗的有关因素;分析整理观察资料。常用的技术测定方法有测时法、写实记录法、工作日写实法。

（2）经验估计法

经验估计法是根据定额员、施工员、内业技术员、老工人的实践经验,并参考有关的技术资料,结合施工图纸、施工工艺、施工技术组织条件和操作方法等,通过座谈、分析讨论和综合计算的一种方法。

经验估计法的优点是技术简单,工作量小,速度快,在一些不便进行定量测定和定量统计分析的定额编制中有一定的优越性;缺点是人为因素较多,科学性、准确性较差。

（3）统计分析法

统计分析法是把过去一定时期内实际施工中的同类工程和生产同类产品的实际工时消耗和产品数量的统计资料(施工任务书、考勤报表和其他有关资料)经过整理,结合当前生产技术组织条件,进行分析对比研究来制定定额的一种方法。所考虑的统计对象应该具有一定的代表性,应以具有平均先进水平的地区、企业、施工队伍的情况作为统计计算定额的依据。统计中要特别注意资料的真实性、系统性和完整性,确保定额的编制质量。统计计算法的优点是简单易行,工作量小;缺点是统计资料不可避免地包含各种不合理因素,这些因素必然会影响定额水平,降低定额质量。要使统计分析法制定的定额有较好的质量,就应在基层健全原始记录与统计报表制度,并将一些不合理的虚假因素予以剔除。

在取得现场测定资料后,一般采用下列计算公式编制劳动定额:

工序作业时间＝基本工作时间＋辅助工作时间＝基本工作时间/(1－辅助时间％)

$$(2-4)$$

$$规范时间＝准备与结束工作时间＋不可避免的中断时间＋休息时间 \quad (2-5)$$

$$定额时间＝工序作业时间＋规范时间＝工序作业时间/(1－规范时间％) \quad (2-6)$$

上式中应注意:辅助时间％,指辅助时间占工序时间的百分比;规范时间％,指规范时间占定额时间的百分比。

【例 2-3】 通过计时观察资料得知:人工挖二类土 1 m^3 的基本工作时间为 6 h,辅助工作时间占工序作业时间的 2％,准备与结束工作时间、不可避免的中断时间、休息时间分别占工作日的 3％、2％、18％,求该人工挖二类土的时间定额。

【解】 基本工作时间＝6 h＝0.75 工日/m^3

工序作业时间＝0.75/(1－2％)＝0.765 工日/m^3

时间定额＝0.765/(1－3％－2％－18％)＝0.994 工日/m^3

(4) 比较类推法

比较类推法又称典范定额法,是以精确测定好的同类型工序或产品的定额,经过分析,推出同类中相邻工序或产品定额的方法。比较类推法简单易行,工作量小。但往往会因对定额的时间构成分析不够,对影响因素估计不足,或者所选典型定额不当而影响定额的质量。采用这种方法,要特别注意掌握工序、产品的施工工艺和劳动组织的"类似"或"近似"的特征,细致地分析施工过程的各种影响因素,防止将因素变化很大的项目作为同类型项目比较类推。

2.2.3 材料消耗定额的概念和材料消耗量的组成

1) 材料消耗定额的概念

材料消耗定额是指在合理和节约使用材料的前提下,生产单位合格产品所必须消耗的建筑材料(半成品、配件、燃料、水、电)的数量标准。建筑材料是建筑安装企业进行生产活动,完成建筑产品的物质条件。建筑工程的原材料(包括半成品、成品等)品种繁多,耗用量大。在一般工业与民用建筑工程中,材料消耗占工程成本的 60％～70％,材料消耗定额的任务,就在于利用定额这个经济杠杆,对材料消耗进行控制和监督,以达到降低物资消耗和工程成本的目的。

根据施工生产材料消耗工艺要求,建筑安装材料分为非周转性材料和周转性材料两大类。非周转性材料亦称直接性材料,是指在建筑工程施工中一次性消耗并直接构成工程实体的材料,如砖、砂、石、钢筋、水泥等。周转性材料是指在施工过程中能多次使用、周转的工具型材料,如各种模板、活动支架、脚手架、支撑等。

2)非周转性材料消耗量

(1)非周转性材料消耗量的组成

材料消耗量定额包括:直接耗用于建筑安装工程的构成工程实体的材料;不可避免的产生的施工废料;不可避免的材料施工操作损耗。直接构成建筑安装工程实体的材料称为材料净耗量。不可避免的施工废料和施工操作损耗称为材料损耗量。

材料的消耗量由材料的净用量和材料损耗量组成。其关系如下:

$$材料消耗量＝材料净用量＋材料损耗量 \qquad (2-7)$$

$$材料损耗率＝(材料损耗量/材料净用量)×100\% \qquad (2-8)$$

则

$$材料消耗量＝材料净用量×(1＋材料损耗率) \qquad (2-9)$$

(2)非周转性材料消耗量的制定

材料消耗定额编制的基本方法有现场观察法、试验法、统计法、理论计算法。

现场观察法是指在合理使用材料的条件下,对施工中实际完成的建筑产品数量与所消耗的各种材料量进行现场观察测定的方法。该方法可以取得编制材料消耗定额的全部资料。一般来说,材料消耗定额中的净用量比较容易确定,损耗量较难确定。我们可以通过现场技术测定方法来确定材料的损耗量。

试验法是指在试验室内采用专门的仪器设备,通过试验的方法来确定材料消耗定额的一种方法。用这种方法提供的数据虽然精确度较高,但由于试验室工作条件与现场施工条件存在一定的差别,因此容易脱离现场实际情况。它只适用于在试验室条件下测定混凝土、沥青、砂浆、油漆涂料等材料的消耗定额。

统计法是通过对现场用料的大量统计资料进行分析计算的一种方法。用该方法可以获得材料消耗定额的数据。虽然该方法比较简单,但不能准确区分材料消耗的性质,因而不能区分材料净用量和损耗量,只能笼统地确定材料消耗定额。

理论计算法是运用一定的计算公式确定材料消耗定额的方法。该方法较适合于计算块状、板状、卷材状的材料消耗量计算。

(3)非周转性材料消耗量的计算

① 砖、砌体材料用量计算的一般公式

每立方米砌体砌块净用量(块)

$$＝\frac{1 \text{ m}^3 \text{ 砌体}}{墙厚×(砌块长＋灰缝)×(砌块厚＋灰缝)}×分母体积中砌块的数量 \qquad (2-10)$$

$$砌块消耗量＝净用量×(1＋损耗率) \qquad (2-11)$$

$$砂浆净用量＝1 \text{ m}^3 \text{ 砌体}－砌块净数量×砌块的单位体积 \qquad (2-12)$$

$$砂浆消耗量＝净用量×(1＋损耗率) \qquad (2-13)$$

② 砖砌体材料用量计算的一般公式

标准粘土砖的尺寸为240 mm×115 mm×53 mm,其材料用量计算公式为

$$每立方米砖净用量(块)＝\frac{1}{墙厚×(砖长＋灰缝)×(砖厚＋灰缝)}×墙厚的砖数×2$$

$$(2-14)$$

$$每立方米砖消耗量＝净用量×(1＋损耗率) \qquad (2-15)$$

$$砂浆净用量＝1\ m^3－砖净用量×0.24×0.115×0.053$$

$$砂浆消耗量＝净用量×(1＋损耗率) \qquad (2-16)$$

上式中灰缝为 0.01 m,墙厚砖数见表 2-2 所示。

表 2-2　墙厚砖数

砖数	$\frac{1}{2}$砖	$\frac{3}{4}$砖	1 砖	$1\frac{1}{2}$砖	2 砖
计算厚度(m)	0.115	0.178	0.240	0.365	0.490

【例 2-4】　计算 1 m³ 1 砖半厚标准砖墙的砖和砂浆的消耗量,灰缝 10 mm 厚,砖损耗率 1%,砂浆损耗率 1%。

【解】　① 标准砖消耗量

$$每立方米砖净用量(块)＝\frac{1}{墙厚×(砖长＋灰缝)×(砖厚＋灰缝)}×墙厚的砖数×2$$

$$＝\frac{1}{0.365×(0.24＋0.01)×(0.053＋0.01)}×1.5×2＝522\ 块$$

$$每立方米标准砖消耗量＝522×(1＋1\%)＝527\ 块$$

② 砂浆消耗量

$$每立方米砌体砂浆净用量＝1－522×0.24×0.115×0.053＝0.236\ m^3$$

$$每立方米砂浆消耗量＝0.236×(1＋1\%)＝0.238\ m^3$$

【例 2-5】　计算尺寸为 390 mm×190 mm×190 mm 的每立方米 190 mm 厚混凝土空心砌块墙的砌块和砂浆总消耗量,灰缝 10 mm,砌块与砂浆的损耗率均为 1.8%。

【解】　① 空心砌块消耗量

每立方米砌体砌块净用量(块)

$$＝\frac{1\ m^3\ 砌体}{墙厚×(砌块长＋灰缝)×(砌块厚＋灰缝)}×分母体积中砌块的数量$$

$$＝\frac{1}{0.19×(0.39＋0.01)×(0.19＋0.01)}×1＝65.8\ 块$$

$$每立方米砌体空心砌块消耗量＝66.8×(1＋1.8\%)＝67.0\ 块$$

② 砂浆消耗量

$$每立方米砌体砂浆净用量＝1－65.8×0.19×0.19×0.39＝1－0.926\ 4＝0.074\ m^3$$

$$每立方米砌体砂浆消耗量＝0.074×(1＋1.8\%)＝0.075\ m^3$$

③ 块料面层材料消耗量计算

$$每100\ m^2\ 块料面层净用量(块)＝\frac{100}{(块料长＋灰缝)×(块料宽＋灰缝)}$$

$$每100\ m^2\ 块料面层消耗量(块)＝净用量×(1＋损耗率)$$

$$每100\ m^2\ 结合层砂浆净用量＝100\ m^2×结合层厚度$$

$$每100\ m^2\ 结合层砂浆总消耗量＝净用量×(1＋损耗率)$$

$$每100\ m^2\ 块料面层灰缝砂浆净用量＝(100－块料长×块料宽×块料净用量)×灰缝深$$

$$每100\ m^2\ 块料面层灰缝砂浆消耗量＝净用量×(1＋损耗率)$$

【例 2-6】 用水泥砂浆贴 500 mm×500 mm×15 mm 花岗石板地面,结合层 5 mm 厚,灰缝 1 mm 宽,花岗石损耗率 2%,砂浆损耗率 1.5%。试计算每 100 m² 地面的花岗石和砂浆的总消耗量。

【解】 ① 计算花岗石消耗量

每 100 m² 地面花岗石块料面层净用量(块)

$$=\frac{100}{(块料长+灰缝)×(块料宽+灰缝)}=\frac{100}{(0.5+0.001)×(0.5+0.001)}=398.4 \text{ 块}$$

每 100 m² 地面花岗石消耗量=398.4×(1+2%)=406.4 块

② 计算砂浆总消耗量

每 100 m² 花岗石地面结合层砂浆净用量=100 m²×0.005=0.5 m³

每 100 m² 花岗石地面灰缝砂浆净用量=(100−0.5×0.5×398.4)×0.015

$$=0.006 \text{ m}^3$$

每 100 m² 花岗石地面砂浆消耗量=(0.5+0.006)×(1+1.5%)=0.514 m³

3) 周转性材料消耗量

(1) 周转性材料消耗量的制定

周转性材料是指在施工过程中不是一次消耗完,而是多次使用、逐渐消耗、不断补充的周转工具性材料。对逐渐消耗的那部分应采用分次摊销的办法计入材料消耗量,进行回收。如生产预制钢筋混凝土构件、现浇混凝土及钢筋混凝土工程用的模具、搭设脚手架用的脚手杆等均属周转性材料。

周转性材料消耗定额,应当按照多次使用、分期摊销方式进行计算。即周转性材料在材料消耗定额中以摊销量表示。

(2) 周转性材料消耗量的计算

① 现浇钢筋混凝土模板及支架的摊销量

a. 材料一次使用量。是指为完成定额单位合格产品,周转性材料在不重复使用条件下的一次性用量,通常根据选定的结构设计图纸进行计算。

b. 材料周转次数。是指周转性材料从第一次使用起,可以重复使用的次数。采用现场观测法或统计分析法或查相关手册。

c. 一次使用量的摊销

$$一次使用量的摊销=\frac{一次使用量}{周转次数}×100\% \tag{2-17}$$

d. 材料补损量。补损量是指周转使用一次后由于损坏需补充的数量,也就是在第二次和以后各次周转中为了修补难以避免的损耗所需要的材料消耗,通常用补损率来表示。主要取决于材料的拆除、运输和堆放的方法以及施工现场的条件确定补损率的大小。一般情况下,补损率随周转次数增多而加大,所以一般采取平均补损率来计算。

$$补损率=\frac{平均损耗量}{一次使用量}×100\% \tag{2-18}$$

e. 每次补损量的摊销

$$每次补损量的摊销=一次使用量×\frac{(周转次数-1)×补损率}{周转次数} \tag{2-19}$$

f. 材料回收量的摊销。在一定周转次数下,每周转使用一次平均可以回收材料的数量。

回收部分折价 50%。

$$回收量的摊销=\frac{一次使用量\times(1-补损率)\times50\%}{周转次数} \tag{2-20}$$

g. 材料摊销量。周转性材料在重复使用条件下,应分摊到每一计量单位结构构件的材料消耗量。这是应纳入定额的实际周转性材料消耗数量,应考虑材料的施工损耗。

$$摊销量=(一次使用量的摊销+每次补损量的摊销-回收量的摊销)\times(1+施工损耗)$$

$$=一次使用量\times(1+施工损耗)\times\left[\frac{1+(周转次数-1)\times补损率}{周转次数}-\frac{(1-补损率)\times50\%}{周转次数}\right] \tag{2-21}$$

【例 2-7】 某施工企业施工时使用自有模板,已知一次使用量为 1 000 m²,周转次数为 10,补损率为 8%,施工损耗为 10%。求模板的摊销量。

【解】 摊销量=一次使用量×(1+施工损耗)

$$\times\left[\frac{1+(周转次数-1)\times补损率}{周转次数}-\frac{(1-补损率)\times50\%}{周转次数}\right]$$

$$=1\ 000\times(1+10\%)\times\left[\frac{1+(10-1)\times8\%}{10}-\frac{(1-8\%)\times50\%}{10}\right]$$

$$=138.6\ m²$$

(3)预制构件模板计算公式

预制构件模板,由于损耗很少,可以不考虑每次周转的补损率,按多次使用平均分摊的办法进行计算。

$$摊销量=\frac{一次使用量}{周转次数}\times100\% \tag{2-22}$$

2.2.4 机械台班消耗定额的表现形式

机械台班消耗定额是指在正常的施工、合理的劳动组织和合理使用施工机械的条件下,生产单位合格产品所必需的一定品种、规格施工机械作业时间的消耗标准。机械台班消耗定额以"台班"为单位,一台机械工作一个工作班(按 8 小时计算)称为一个台班。一台机械工作两个工作班或两台机械工作一个工作班,称为两个台班。机械台班消耗定额的表现形式有机械台班时间定额和机械台班产量定额两种。

1)机械台班时间定额

机械台班时间定额是指在正常的施工条件下,某种机械生产合格的单位产品所必须消耗的台班数量,用公式表示如下:

$$机械时间定额=\frac{1}{机械台班产量} \tag{2-23}$$

2)机械台班产量定额

机械台班产量定额是指某种机械在合理的施工组织和正常施工条件下,单位时间内完成合格产品的数量。用公式表示如下:

$$机械台班产量定额=\frac{1}{机械台班时间定额} \tag{2-24}$$

从以上公式可看出机械台班时间定额和机械台班产量定额的关系是互为倒数,即

$$机械台班时间定额\times机械台班产量定额=1$$

3）编制程序

编制机械台班定额,主要包括以下内容:

（1）拟定正常施工条件

机械操作与人工操作相比,劳动生产率在更大程度上受施工条件的影响,所以需要更好地拟定正常的施工条件。拟定机械工作正常的施工条件,主要是拟定工作地点的合理组织和拟定合理的技术工人编制。

（2）确定机械 1 h 纯工作的正常生产率

确定机械正常生产率必须先确定机械纯工作 1 h 的正常劳动生产率。因为只有先取得机械纯工作 1 h 正常生产率,才能根据机械利用系数计算出施工机械台班定额。机械纯工作时间,是指机械的必需消耗时间。机械 1 h 纯工作正常生产率,是指在正常施工组织条件下,具有必需的知识和技能的技术工人操纵机械 1 h 的生产率。

根据机械工作特点的不同,机械 1 h 纯工作正常生产率的确定方法也有所不同。

① 对于循环动作机械,确定机械纯工作 1 h 正常生产率的计算分为三步。

第一步,计算机械循环一次的正常延续时间。

$$机械循环一次正常延续时间＝\sum 循环内各组成部分延续时间－交叠时间 \quad (2-25)$$

第二步,计算机械纯工作 1 h 的循环次数。

$$机械纯工作 1 h 循环次数＝\frac{60\times 60\ s}{一次循环的正常延续时间} \quad (2-26)$$

第三步,计算机械纯工作 1 h 正常生产率。

机械纯工作 1 h 正常生产率＝机械纯工作 1 h 循环次数×一次循环的产品数量

② 对于连续动作机械,确定机械纯工作 1 h 正常生产率要根据机械的类型和结构特征,以及工作过程的特点来进行,计算公式如下:

$$连续动作机械纯工作 1 h 正常生产率＝\frac{工作时间内生产的产品数量}{工作时间(h)} \quad (2-27)$$

（3）确定施工机械的正常利用系数

确定施工机械的正常利用系数,是指机械在工作班内对工作时间的利用率。机械正常利用系数与工作班内的工作状况有着密切的关系,所以,要确定机械的正常利用系数。首先要拟定机械工作班的正常工作状况,保证合理利用工时。如何保证合理利用工时,要注意以下几个问题:尽量利用不可避免的中断时间、工作开始前与结束后的时间,进行机械的维护和保养;尽量利用不可避免的中间时间作为工人的休息时间;根据机械工作的特点,在担负不同工作时,规定不同的开始与结束时间;合理组织施工现场,排除由于施工管理不善造成的机械停歇。确定机械正常利用系数,首先要计算工作班在正常状况下,准备与结束工作,机械开动、机械维护等工作必须消耗的时间,以及有效工作的开始与结束时间,然后再计算机械工作班的纯工作时间,最后确定机械正常利用系数。机械正常利用系数的计算公式如下:

$$机械正常利用系数＝\frac{机械在一个工作班内纯工作时间}{机械一个工作班延续时间(8\ h)} \quad (2-28)$$

（4）计算施工机械台班定额

计算施工机械台班定额是编制机械定额工作的最后一个环节。在确定了机械工作正常条件、机械 1 h 纯工作正常生产率和机械正常利用系数之后,采用下列公式计算施工机械的产量定额：

施工机械台班产量定额＝机械 1 h 纯工作正常生产率×工作班纯工作时间

＝机械 1 h 纯工作正常生产率×工作班延续时间×机械正常利用系数 　　(2-29)

【例 2-8】 某工程现场采用出料容量 500 L 的混凝土搅拌机，每次循环中装料、搅拌、卸料、中断需要的时间分别为 1 min、3 min、1 min、1 min，机械正常利用系数为 0.9。求该机械的台班产量定额。

【解】 搅拌机一次循环的正常延续时间＝1＋3＋1＋1＝6 min＝0.1 h

搅拌机纯工作 1 h 循环次数＝10 次

搅拌机纯工作 1 h 正常生产率＝10×500＝5 000 L＝5 m³

搅拌机台班产量定额＝5×8×0.9＝36 m³/台班

2.3　预算定额

2.3.1　预算定额的概念、作用、种类

1) 预算定额的概念

预算定额，是指在合理的施工组织设计、正常施工条件下，生产一个规定计量单位合格的结构构件、分项工程所需的人工、材料和机械台班的社会平均消耗量标准。预算定额是工程建设中一项重要的技术经济文件，是编制施工图预算的主要依据，是确定和控制工程造价的基础。

预算定额是工程建设中一项重要的技术经济文件，它的各项指标反映了在完成规定计量单位符合设计标准和施工及验收规范要求的分项工程消耗的活劳动和物化劳动的数量限度。这种限度最终决定着单项工程和单位工程的成本和造价。

预算定额是编制施工图预算的主要依据，需要按照施工图纸计算工程量，还需要借助于某些可靠的参数计算人工、材料、机械（台班）的耗用量，并在此基础上计算出资金的需要量，计算出建筑安装工程的价格。

2) 预算定额的用途和作用

（1）预算定额是编制施工图预算、确定建筑安装工程造价的基础。施工图设计一经确定，工程预算造价就取决于预算定额水平和人工、材料及机械台班的价格。预算定额起着控制劳动消耗、材料消耗和机械台班使用的作用，进而起着控制建筑产品价格的作用。

（2）预算定额是编制施工组织设计的依据。施工组织设计的重要任务之一，是确定施工中所需人力、物力的供求量，并做出最佳安排。施工单位在缺乏本企业的施工定额的情况下，根据预算定额，也能够比较精确地计算出施工中各项资源的需要量，为有计划地组织材料采购和预制件加工、劳动力和施工机械的调配提供了可靠的计算依据。

（3）预算定额是工程结算的依据。工程结算是建设单位和施工单位按照工程进度对已完成的分部、分项工程实行货币支付的行为。按进度支付工程款，需要根据预算定额将已完成分项工程的造价算出。单位工程验收后，再按竣工工程量、预算定额和施工合同规定进行结算，以保证建设单位建设资金的合理使用和施工单位的经济收入。

（4）预算定额是施工单位进行经济活动分析的依据。预算定额规定的物化劳动和劳动消耗指标是施工单位在生产经营中允许消耗的最高标准。目前，预算定额决定着施工单位的收入，施工单位就必须以预算定额作为评价企业工作的重要标准，作为努力实现的目标。施工单位可根据预算定额对施工中的劳动、材料、机械的消耗情况进行具体的分析，以便找出并克服低功效、高消耗的薄弱环节，提高竞争能力。只有在施工中尽量降低劳动消耗，采用新技术，提高劳动者素质，提高劳动生产率，才能取得较好的经济效益。

（5）预算定额是编制概算定额的基础。概算定额是在预算定额基础上综合扩大编制的。利用预算定额作为编制依据，不但可以节省编制工作的大量人力、物力和时间，收到事半功倍的效果，还可以使概算定额在水平上与预算定额保持一致，以免造成执行中的不一致。

（6）预算定额是合理编制招标控制价、投标报价的基础。在深化改革中，预算定额的指令性作用将日益削弱，而施工单位按照工程个别成本报价的指导性作用仍然存在，因此，预算定额作为编制招标控制价的依据和施工企业报价的基础性作用仍将存在，这也是由预算定额本身的科学性和指导性决定的。

3）预算定额的种类

按专业性质分，预算定额有建筑工程定额和安装工程定额两大类。建筑工程定额按专业对象分为建筑工程预算定额、市政工程预算定额、铁路工程预算定额、公路工程预算定额、房屋修缮工程预算定额、矿山井巷预算定额等。安装工程预算定额按专业对象分为电气设备安装工程预算定额、机械设备安装工程预算定额、通信设备安装工程预算定额、化学工业设备安装工程预算定额、工业管道安装工程预算定额、工艺金属结构安装工程预算定额、热力设备安装工程预算定额等。

从管理权限和执行范围划分，预算定额可以分为全国统一定额、行业统一定额和地区统一定额等。全国统一定额由国务院建设行政主管部门组织制定发行，行业统一定额由国务院行业主管部门制定，地区统一定额由省、自治区、直辖市建设行政主管部门制定。

预算定额按生产要素分为劳动定额、机械定额和材料消耗定额，但是它们之间相互依存，形成一个整体，作为编制预算定额的依据，各自不具有独立性。

2.3.2 预算定额的编制原则和方法

1）预算定额的编制原则、依据

（1）预算定额的编制原则

为保证预算定额的质量，充分发挥预算定额的作用，在实际使用中简便易行，在编制预算定额的工作中应该遵循以下原则：

① 按社会平均水平确定预算定额的原则。预算定额是确定和控制建筑工程造价的主要依据，因此它必须遵照价值规律的客观要求——按生产过程中所消耗的社会必要劳动时间确定定额水平。即按照"在现有的社会正常的生产条件下，在社会平均的劳动熟练程度和劳动强度下制造某种使用价值所需要的劳动时间"来确定定额水平。预算定额的水平以大多数施工单位的施工水平为基础。但是，预算定额绝不是简单的套用施工定额的水平。首先，在比施工定额的工作内容综合扩大的预算定额中也包含了更多的可变因素，需要保留合理的幅度差。其次，预算定额应当是平均水平，而施工定额是平均先进水平，两者相比，预算

定额水平要相对低一些,但是应限制在一定范围之内。

② 简明适用的原则。一是指在编制预算定额时,对于那些主要的、常用的、价值量大的项目,分项工程划分宜细;次要的、不常用的、价值量相对较小的项目则可以粗一些。二是指预算定额要项目齐全。要注意补充那些因采用新技术、新结构、新材料而出现的新的定额项目。如果项目不全,缺项多,就会使计价工作缺少充足可靠的依据。补充定额一般因资料所限,费时费力,可靠性较差,容易引起争执。对预算定额的活口也要设置适当,所谓活口,即在定额中规定,当符合一定条件时,允许该定额另行调整。在编制中要尽量不留活口,对实际情况变化较大、影响定额水平幅度大的项目,确需留的,也应该从实际出发尽量少留;即使留有活口,也要注意尽量规定换算方法,避免采取按实计算。三是要求合理确定预算定额的计量单位,简化工程量的计算,尽可能地避免同一种材料用不同的计量单位和一量多用,尽量减少定额附注和换算系数。

③ 坚持统一性和差别性相结合的原则。所谓统一性,就是从培育全国统一市场规范计价行为出发,计价定额的制定规划和组织实施由国务院建设行政主管部门归口,并负责全国统一定额的制定或修订,颁发有关工程造价管理的规章制度和办法等,这样就有利于通过定额和工程造价的管理实现建筑安装工程价格的宏观调控。通过编制全国统一定额,使建筑安装工程具有一个统一的计价依据,也使考核设计和施工的经济效果具有一个统一的效果。所谓差别性,就是在统一性的基础上,各部门和省、自治区、直辖市主管部门可以在自己的管辖范围内,根据本部门和本地区的具体情况,制定部门和地区性定额、补充性制度和管理办法,以适应我国幅员辽阔、地区间部门发展不平衡和差异较大的实际情况。

（2）预算定额的编制依据

① 现行劳动定额和施工定额。预算定额是在现行劳动定额和施工定额的基础上编制的。预算定额中人工、材料、机械台班消耗水平,需要依据劳动定额或施工定额取定;预算定额的计算单位的选择,也要以施工定额为参考,从而保证两者的协调和可比性,减少预算定额的编制工作量,缩短编制时间。

② 现行设计规范、施工及验收规范、质量评定标准和安全操作规程。预算定额在确定人工、材料、机械台班消耗数量时,必须考虑上述各项规范的要求和规定。

③ 具有代表性的典型工程施工图及有关标准图。对这些图纸进行仔细分析研究,并计算出工程数量,作为编制定额时选择施工方法确定定额含量的依据。

④ 新技术、新结构、新材料和先进的施工方法等。这类资料是调整定额水平和增加新的定额项目所必需的依据。

⑤ 有关科学试验、技术测定的统计、经验资料。这类文件是确定定额水平的重要依据。

⑥ 现行的预算定额、材料预算价格及有关文件规定等,包括过去定额编制过程中积累的基础资料,也是编制预算定额的依据和参考。

2）预算定额的编制方法

预算定额中的人工、材料、机械台班消耗指标必须先按施工定额的分项逐项计算出来,然后再按预算定额的项目加以综合。但是,这种综合不是简单的相加和合并,而需要在综合过程中增加两种定额之间的适当的水平差。预算定额的水平,首先取决于这些消耗量的合理确定。人工、材料和机械台班消耗量指标应根据定额编制原则和要求,采用理论与实际相结合、图纸计算与施工现场测算相结合、编制人员与现场工作人员相结合等方法进行计算和确定,使定额既符合政策要求,又与客观情况一致,便于贯彻执行。

(1) 预算定额中人工工日消耗量

人工工日消耗量的确定有两种方法:一种是以劳动定额为基础确定;另一种是以现场观察测定资料为基础计算,主要用于遇到劳动定额缺项时,采用现场工作日写实等测时方法查定和计算定额的人工耗用量。预算定额中人工工日消耗量是指在正常施工条件下,生产单位合格产品所必须消耗的人工工日数量,是由分项工程所综合的各个工序劳动定额包括的基本用工、其他用工两部分组成的。

① 基本用工。基本用工是指完成一定计量单位的分项工程或结构构件的各项工作过程的施工任务所必须消耗的技术工种用工。如砌墙工程中的砌砖、调制砂浆、运砖、运砂浆的用工量。按技术工种相应劳动定额工时定额计算,以不同工种列出定额工日。基本用工计算公式如下:

$$基本用工 = \sum(综合取定的工程量 \times 劳动定额)$$

例如,工程实际中的砖基础,有 1 砖厚、1 砖半厚、2 砖厚等之分,用工各不相同,在预算定额中由于不区分厚度,需要按照统计的比例加权平均,得出综合的人工消耗。上述公式是完成定额计量单位的主要用工,按综合取定的工程量和相应的劳动定额进行计算。

由于预算定额是以施工定额子目综合扩大的,包括的工作内容较多,施工的工效视具体部位而不同,这时需要另外增加用工,也列入基本用工内。例如,砖基础埋深超过 1.5 m,超过的部分要增加用工。在预算定额中应按一定比例给予增加。

② 其他用工。其他用工是辅助基本用工所消耗的工日,包括超运距用工、辅助用工和人工幅度差用工。

a. 超运距用工是指劳动定额中已包括的材料、半成品场内水平搬运距离与预算定额所考虑的现场材料、半成品堆放地点到操作地点的水平搬运距离之差。

$$超运距 = 预算定额取定运距 - 劳动定额已包括的运距 \tag{2-30}$$

$$超运距用工 = \sum(超运距材料数量 \times 时间定额) \tag{2-31}$$

需要指出,实际工程现场运距超过预算定额取定运距时可另行计算现场二次搬运费。

b. 辅助用工是指技术工种劳动定额内不包括而在预算定额内又必须考虑的用工。例如,机械土方工程配合用工、材料加工(筛砂子、洗石、淋石灰膏)、电焊点火用工等。计算公式如下:

$$辅助用工 = \sum(材料加工数量 \times 相应的加工劳动定额) \tag{2-32}$$

c. 人工幅度差。即预算定额与劳动定额的差额,主要是指在劳动定额中未包括而在正常施工情况下不可避免但又很难准确计量的用工和各种工时损失。内容包括:各工种间的工序搭接及交叉作业相互配合或影响所发生的停歇用工;施工机械在单位工程之间转移及临时水电线路移动所造成的停工;质量检查和隐蔽工程验收工作的影响;班组操作地点转移用工;工序交接时对前一工序不可避免的修整用工;施工中不可避免的其他零星用工。人工幅度差计算公式如下:

$$人工幅度差 = (基本用工 + 辅助用工 + 超运距用工) \times 人工幅度差系数 \tag{2-33}$$

人工幅度差系数一般为 10%~15%。在预算定额中,人工幅度差的用工量列入其他用工量中。

(2) 预算定额中材料消耗量

材料消耗量是完成单位合格产品所必须消耗的材料数量,按用途分为四种:主要材料、辅助材料、周转性材料、其他材料。

主要材料:指构成工程实体的大宗性材料。如砖、水泥、砂等。

辅助材料:是构成工程实体除主要材料以外的、比重较少的材料。如垫木钉子,铅丝等。

周转性材料:指在施工中能反复多次周转使用的不构成工程实体的工具性材料。如脚手架、模板等。

其他材料:指用量较少、价值不大、难以计量的零星材料。如棉纱、线绳、编号用的油漆等。

材料消耗量的计算方法:凡有标准规格的材料,按规范要求计算定额计量单位的耗用量,如砖、水卷材、块料面层等;凡设计图纸标注尺寸及下料要求的,按设计图纸尺寸计算材料净用量,如门窗制作用材料,方料、板料等。此外,还有换算法和测定法。

换算法是指各种胶结、涂料等材料的配合比用料可以根据要求条件换算,得出材料用量。

测定法包括实验室实验法和现场观察法。指各种强度等级的混凝土及砌筑砂浆配合比的耗用原材料数量的计算,需按照规范要求试配经过试压合格以后并经过必要的调整后得出的水泥、砂子、石子、水的用量。对新材料、新结构又不能用其他方法计算定额消耗用量时,需用现场测定法来确定,根据不同条件可以采用写实记录法和观察法,得出定额的消耗量。

材料的消耗量的计算公式如下:

$$材料损耗率=(损耗量/净用量)×100\%$$

$$材料损耗量=材料净用量×损耗率(\%)$$

$$材料消耗量=材料净用量+损耗量=材料净用量×[1+损耗率(\%)] \quad (2-34)$$

(3)预算定额中机械台班消耗量

预算定额中的机械台班消耗量是指在正常施工条件下,生产单位合格产品(分部、分项工程或结构构件)必须消耗的某种型号施工机械的台班数量。

根据施工定额确定机械台班消耗量的计算。这种方法是指施工定额或劳动定额中机械台班产量加机械幅度差计算预算定额的机械台班消耗量。

机械台班幅度差是指在施工定额中所规定的范围内不包括,而在实际施工中又不可避免的产生影响机械或使机械停歇的时间,包括:施工机械转移工作面及配套机械相互影响损失的时间;在正常施工条件下,机械在施工中不可避免的工序间歇;工程开工或收尾时工作量不饱满所损失的时间;检查工程质量影响机械操作的时间;临时停机、停电影响机械操作的时间;机械维修引起的停歇时间。

大型机械幅度差系数为:土方机械25%,打桩机械33%,吊装机械30%。砂浆、混凝土搅拌机由于按小组配用,以小组产量计算机械台班产量,不另增加机械幅度差。其他分部工程中如钢筋加工、木材、水磨石等各项专用机械的幅度差为10%。

综上所述,预算定额的机械台班消耗量按下式计算:

$$预算定额机械耗用台班=施工定额机械耗用台班×(1+机械幅度差系数)(2-35)$$

2.3.3 预算定额的使用

要正确使用预算定额,首先应熟悉定额的总说明,册、章、节说明,以及附注等有关文字说明的部分,以便了解定额有关规定及说明、工程量计算规则、施工操作方法、项目的工作内容及调整的规定要求等。预算定额有的可以直接套用,但有的需要调整换算后才能套用。本部分以《江苏省建筑与装饰工程计价表》(2004 年)(简称"2004 年计价表")举例说明。

2004 年计价表中定额基价采用的是综合单价的形式,由人工费、材料费、机械费、管理费、利润五部分合成,公式如下(人工工资标准分三类:一类工,28 元/工日;二类工,26 元/工日;三类工,24 元/工日):

$$综合单价 = 人工费 + 材料费 + 机械费 + 管理费 + 利润$$

其中

$$管理费 = (人工费 + 机械费) \times 管理费费率$$

$$利润 = (人工费 + 机械费) \times 利润率$$

本计价表中的管理费费率以三类工程的标准列入。费率标准见表 2-3 所示。

表 2-3 建筑工程管理费、利润取费标准表

工程名称	计算基础	管理费费率(%)			利润率(%)
		一类工程	二类工程	三类工程	
建筑工程	人工费 + 机械费	35	30	25	12
预制构件制作		17	15	13	6
构件吊装		12	10.5	9	5
制作兼打桩		19	16.5	14	8
打预制桩		15	13	11	6
机械施工大型土石方工程		7	6	5	4

1) 直接套用

当工程项目的设计要求、施工条件和施工方法等与定额项目的内容、规定完全一致时,可以直接套用定额。

【例 2-9】 某三类工程项目,根据地质勘探报告,土壤类别为三类,无地下水,挖土深 1.8 m,土方采用人工开挖,按 2004 年计价表的工程量计算规则土方工程量为 460 m³,套用相应 2004 年计价表的定额计算合价。

【解】 根据 2004 年计价表,查得定额编号为 1-24,该项目与定额做法完全一致,可以直接套用定额。

表 2-4 直接套用定额计算表

定 额 编 号	项目名称	计量单位	数量	综合单价	合价(元)
1-24	人工挖地槽三类干土深度 3m 内	m³	460	16.77	7 714.2

2) 调整计算

当工程项目的设计要求、施工条件和施工方法等与定额项目的内容、规定不完全一致时应按规定调整计算,调整的方法一般采用系数调整和人工、材料、机械等的调整。

【例 2-10】 某三类工程项目,室内标高 ±0.00 以下砖基础采用 M10 水泥砂浆标准砖砌筑,砖基础高 1.4 m,按 2004 年计价表的工程量计算规则砖基础工程量为 60 m³,套用相应 2004 年计价表的定额计算合价。

【解】 根据 2004 年计价表,查得定额编号为 3-1,该项目与定额做法不完全一致,砂浆

强度应由 M5 换算成 M10。

综合单价＝原综合单价－M5 砂浆单价×用量＋M10 砂浆单价×用量

$$=186.80-122.78×0.242+132.86×0.242=188.24 \text{ 元/m}^3$$

表 2-5　换算套用定额计算表(1)

定 额 编 号	项目名称	计量单位	数量	综合单价	合价(元)
3-1换	M10 砖基础	m³	60	188.24	11 294.4

【例 2-11】　某建筑物为三类工程,施工组织采用反铲挖土,土壤为三类土,土方外运 1 km,采用自卸汽车运土,按 2004 年计价表的工程量计算规则,机械挖土的土方量为 1 000 m³,套用相应 2004 年计价表的定额计算合价。

【解】　根据 2004 年计价表,查得定额编号为 1-202,1-239,根据要求进行换算。

① 1-202　反铲挖掘机挖土

查得第 1 章土石方工程说明中有这样的规定:机械挖土量小于 2 000 m³,或在桩间挖土的,按相应定额×1.1;

综合单价＝原综合单价×1.1＝2 657.21×1.1＝2 922.93 元/1 000 m³

② 1-239　自卸汽车运土

查得第 1 章土石方工程说明中有这样的规定:自卸汽车按正铲挖掘机考虑;若采用反铲,自卸汽车台班量×1.1。

原综合单价　　　　　　　　7 121.18 元

增自卸汽车台班费　　　　　8.127 台班×619.83 元/台班×0.1＝503.74 元

增管理费　　　　　　　　　503.74 元×25%＝126.94 元

增利润　　　　　　　　　　503.74 元×12%＝60.45 元

换算后综合单价　　　　Σ　　＝7 811.31 元

表 2-6　换算套用定额计算表(2)

定 额 编 号	项目名称	计量单位	数量	综合单价	合价(元)
1-202换	反铲挖掘机挖土	1 000 m³	1	2 922.93	2 922.93
1-239换	自卸汽车运土(运距 1 km)	1 000 m³	1	7 811.31	7 811.31

【例 2-12】　某直形现浇楼梯,混凝土标号为 C30,按设计图纸计算出的楼梯的混凝土量为 6.128 m³,按 2004 年计价表的工程量计算规则计算出其水平投影面积为 26.5 m²,套用相应 2004 年计价表的定额计算合价。

【解】　根据 2004 年计价表,查得定额编号为 5-37,根据要求进行换算。

查得 5-37 定额子目下附注:楼梯的混凝土按设计用量加 1.5%损耗按相应子目进行调整。

原综合单价　　　　　　　　544.26 元

扣原 C20 混凝土　　　　　　－366.46 元

加 C30 混凝土实际用量 199.10×(6.128÷2.65)×(1+1.5%)＝529.47 元

换算后综合单价　　　　Σ　　＝645.12 元

表 2-7　换算套用定额计算表(3)

定 额 编 号	项 目 名 称	计量单位	数量	综合单价	合价(元)
5-37换	直行楼梯	10 m²	2.65	646.12	1 712.22

【例 2-13】　某层高 4.6 m 的房间,搭设天棚抹灰用脚手架,按 2004 年计价表的工程量计算规则计算出工程量为 113 m²,套用相应 2004 年计价表的定额计算合价。

【解】　根据 2004 年计价表,查得定额编号为 19-7,根据要求进行换算。

查得 19-7 定额子目下附注:单独用于天棚抹灰的满堂脚手架应按相应定额子目乘系数 0.7。

综合单价=原综合单价×0.7=63.23×0.7=44.26 元/10 m²

表 2-8　换算套用定额计算表(4)

定 额 编 号	项 目 名 称	计量单位	数量	综合单价	合价(元)
19-7×0.7	满堂脚手架(高 5 m 以内)	10 m²	11.3	44.26	500.14

【例 2-14】　若将例 2-10 中工程类别改为二类工程项目,人工单价为 44 元/工日,其余不变,套用相应 2004 年计价表的定额计算合价。

【解】　根据 2004 年计价表,查得定额编号为 3-1,该项目与定额做法不完全一致,砂浆强度应由 M5 换算成 M10;人工单价应换算;工程类别为二类,管理费应调整,费率由 25% 变为 30%,利润率不变。

人工费	1.14 工日×44 元/工日=50.16 元
材料费	141.81 元
扣原 M5 砂浆	-29.71 元
加 M10 砂浆	132.86 元/m³×0.242 m³=32.15 元
机械费	2.47 元
管理费	(50.16+2.47)×30%=16.79 元
利润	3.85 元

换算后综合单价　　Σ　　　　=216.52 元

表 2-9　换算套用定额计算表(5)

定 额 编 号	项 目 名 称	计量单位	数量	综合单价	合价(元)
3-1换	M10 砖基础	m³	60	216.52	12 991.2

2.4　概算定额、概算指标和估算指标

2.4.1　概算定额的概念和作用

1)概算定额的概念

概算定额,是在预算定额基础上确定完成合格的单位扩大分项工程或单位扩大结构构

件所需消耗的人工、材料和机械台班的数量标准,所以概算定额又称为扩大结构定额。概算定额是预算定额的综合与扩大,它将预算定额中有联系的若干个分项工程项目综合为一个概算定额项目。如砖基础概算定额项目就是以砖基础为主,综合了平整场地、挖地槽、铺设垫层、砌砖基础、铺设防潮层、回填土及运土等预算定额中的分项工程项目。

概算定额与预算定额的相同之处在于它们都是以建(构)筑物各个结构部分和分部分项工程为单位表示的,内容也包括人工、材料和机械台班使用量定额三个基本部分,并列有基准价,概算定额表达的主要内容、主要方式及基本使用方法都与预算定额相近。概算定额与预算定额的不同之处在于项目划分和综合扩大程度上的差异,同时,概算定额主要用于设计概算的编制。由于概算定额综合了若干分项工程的预算定额,因此使概算工程量计算和概算表的编制都比编制施工图预算简化一些。

2)概算定额的作用

为了适应建筑业的改革,原国家计委、建设银行总行在计标〔1985〕352号文件中指出,概算定额和概算指标由省、自治区、直辖市在预算定额基础上组织编写,分别由主管部门审批,报国家计委备案。概算定额主要作用如下:

(1)概算定额是初步设计概算和技术设计修正概算的依据。工程建设程序规定,采用两阶段设计时,其初步设计必须编制概算;采用三阶段设计时,其技术设计必须编制修正概算,对拟建项目进行总估价。

(2)概算定额是对设计项目进行技术经济分析比较的基础资料之一。

(3)概算定额是建设工程主要材料计划编制的依据。

(4)概算定额是控制施工图预算的依据。

(5)概算定额是施工企业在准备施工期间编制施工组织总设计或总规划时对生产要素提出需要量计划的依据。

(6)概算定额是工程结束后进行竣工决算和评价的依据。

(7)概算定额是编制概算指标的依据。

3)概算定额基准价

概算定额基准价又称为扩大单价,是概算定额单位扩大分部分项工程或结构件等所需全部人工费、材料费、施工机械使用费之和,是概算定额价格表现的具体形式。计算公式为

概算定额基准价=概算定额单位人工费+概算定额单位材料费+概算定额单位施工机械使用费=人工概算定额消耗量×人工工资单价+∑(材料概算定额消耗量×材料预算价格)+∑(施工机械概算定额消耗量×机械台班费用单价)   (2-36)

在概算定额表中一般应列出基准价所依据的单价,并在附录中列出材料预算价格取定表。

2.4.2 概算指标、估算指标的概念和作用

1)概算指标的概念和作用

(1)概算指标的概念

建筑安装工程概算指标通常是以整个建筑物和构筑物为对象,以建筑面积、体积或成套设备装置的"台"或"组"为计量单位而规定的人工、材料、机械台班的消耗标准和造价指数。概算指标是比概算定额综合性、扩大性更强的一种定额指标。它是以每100 m^2 建筑面积或

1 000 m³ 建筑体积、构筑物以"座"为计算单位规定出人工、材料、机械消耗数量标准或定出每万元投资所需人工、材料、机械消耗数量及造价的数量标准。

（2）概算指标的作用

概算指标和概算定额、预算定额一样，都是与各个设计阶段相适应的多次计价的产物，它主要用于投资估算、初步设计阶段，其作用为：

① 概算指标是编制投资估价的参考。

② 概算指标中的主要材料指标可以作为匡算主要材料用量的依据。

③ 概算指标是设计单位进行设计方案比较、建设单位选址的一种依据。

④ 概算指标是编制固定资产投资计划，确定投资额和主要材料计划的主要依据。

2）估算指标的概念和作用

投资估算指标是确定生产一定计量单位（如 m²、m³ 或栋、座等）建筑安装工程的造价和工料消耗的标准。

工程建设投资估算指标是编制建设项目建议书、可行性研究报告等前期工作阶段投资估算的依据，也可以作为编制固定资产长远规划投资额的参考。投资估算指标为完成项目建设的投资估算提供依据和手段，它在固定资产投资的形成过程中起着投资预测、投资控制、投资效益分析的作用，是合理确定项目投资的基础。投资估算指标的主要材料消耗量也是一种扩大材料消耗量指标，可以作为计算建设项目主要材料消耗量的基础。估算指标的正确制定对于提高投资估算的准确度，对建设项目的合理评估、正确决策具有重要意义。

2.5　工程量清单计价规范

随着我国建设市场的快速发展，招标投标制、合同制的逐步推行，以及加入世界贸易组织（WTO）与国际接轨等，工程造价计价依据改革不断深化。根据建设部 2002 年工作部署，为改革工程造价计价方法，推行工程量清单计价，建设部标准定额研究所受建设部标准定额司的委托，于 2002 年 2 月 28 日开始，组织有关部门和地区工程造价专家编制《全国统一工程量清单计价办法》，为了增强工程量清单计价办法的权威性和强制性，最后定名为《建设工程工程量清单计价规范》（GB 50500-2003）（以下简称《计价规范》），经建设部批准为国家标准，2003 年 7 月 1 日正式施行。这是我国工程造价行业发展的里程碑，它是第一次以国家标准的形式来推行的计价模式，不仅为整个行业与国际接轨铺平了道路，而且也为建立市场形成工程造价机制、规范工程造价计价行为发挥了一定的作用。在执行过程中发现一些不足，也暴露出了不少问题，这些问题已经影响到了建筑市场的秩序和建筑业的健康发展，已经到了非解决不可的地步。建设部标准定额司从 2006 年起组织有关单位和专家对《计价规范》进行修订。历经两年多的起草、修改、论证，于 2008 年 7 月 9 日发布了新规范，也就是《建设工程工程量清单计价规范》（GB 50500-2008），并于 2008 年 12 月 1 日起实施。

工程量清单计价规范有以下特点：

（1）强制性。主要体现在：一是规定全部使用国有资金或国有资金投资为主的工程建设工程按计价规范规定执行；二是明确工程量清单是招标文件的组成部分，并规定了招标人在编制工程量清单时必须遵守的规则：必须根据附录规定的项目编码、项目名称、项目特征、计量单位和工程量计算规则。编制时统一采用规范中规定的标准格式。

（2）实用性。附录中工程量清单项目及计算规则的项目名称表现的是工程实体项目，项目名称明确清晰，工程量计算规则简洁明了，还特别列有项目特征和工程内容，便于编制工程量清单时确定具体项目名称和投标报价。

（3）竞争性。一是《计价规范》中的措施项目，在工程量清单中只列"措施项目"一栏，具体采用什么措施，如模板、脚手架、施工排水等详细内容由投标人根据企业的施工组织设计视具体情况报价，因为这些项目在各个企业间各有不同，是企业竞争项目，是留给企业竞争的空间。二是《计价规范》中人工、材料和施工机械没有具体的消耗量，投标企业可以依据企业的定额和市场价格信息，也可以参照建设行政主管部门发布的社会平均消耗量定额进行报价，将报价权还给了企业。

（4）通用性。表现在我国工程量清单计价是与国际惯例接轨的，符合工程量计算方法标准化、工程量清单计算规则统一化、工程造价确定市场化的要求。

思考与练习

1. 什么是定额？

2. 定额可分为哪几类？

3. 施工定额有什么作用？

4. 施工定额编制水平与预算定额编制水平是否一致，为什么？

5. 劳动定额按其表现形式有哪几种？它们之间有何关系？

6. 什么是技术测定法？

7. 什么是经验估计法？

8. 简述预算定额的编制原则。

9. 预算定额中的人工消耗量包括哪些用工量？

10. 预算定额中的材料消耗量包括哪些？

11. 什么是工程量清单？

12.《计价规范》有哪些特点？

13. 某施工企业施工时使用自有模板，已知一次使用量为 1 200 m²，周转次数为 8 次，补损率为 10%，施工损耗为 10%，求模板的摊销量。

14. 某挖土机挖土，一次正常循环时间是 40 s，每次循环平均挖土量 0.3 m³，机械正常利用系数为 0.8，求该劳动定额中机械的台班产量定额。

15. 通过测验资料表明，人工挖 1 m³ 的土需消耗基本工作时间为 60 min，辅助工作时间、准备与结束工作时间、不可避免的中断时间和休息时间的比率分别为 2%、2%、1% 和 20%，则该人工挖土的时间定额、产量定额分别为多少？

3 建设工程计量与计价基本知识

本章提要: 本章主要介绍了工程量的定义、工程量的计算方法和顺序;建设工程计价的基本特点和现行的计价模式。

3.1 建设工程计量的基本知识

工程量是计算工程造价(即工程预算)的原始数据,是工程造价确定过程中最重要、最繁重的一个环节,是计算工程直接费、确定工程造价的主要依据,是进行工料分析、编制材料需要量计划和半成品加工计划的直接依据,也是编制施工进度计划、检查计划完成情况、进行统计分析的主要数据,还是进行成本核算和财务管理的重要依据。能否及时准确地计算工程量,直接影响工程造价编制的质量与速度。因此,必须认真、细致、准确地做好工程量的计算工作。

3.1.1 工程量的定义

工程量是指按照事先约定的工程量计算规则计算所得的以物理计量单位或自然计量单位所表示的建筑工程各个分部分项工程或结构构件的数量。

自然计量单位是以分项工程或结构构件的自然属性作为计量单位,即块、个、套、组、台、座等。如在工程量计算中灯箱、镜箱、柜台以"个"为计量单位,晒衣架、帘子杆、毛巾架以"根"或"套"为计量单位,卫生器具安装以"套"为计量单位等。

物理计量单位是以分项工程或结构构件的某种物理属性作为计量单位的,即体积、面积、长度、质量等。如在工程量计算中混凝土梁、柱、板以"立方米"为计量单位,墙面抹灰以"平方米"为计量单位,窗帘盒、窗帘轨、楼梯扶手和栏杆以"米"为计量单位,构件的钢筋以"吨"为计量单位等。

3.1.2 工程量计算的方法

1) 工程量计算的基本方法

合理安排工程量计算顺序是工程量快速计算的基本前提。一个单位工程按工程量计算规则可划分为若干个分部工程,但每个分部工程谁先计算谁后计算,如果不做合理的统筹安排,计算起来就非常麻烦,甚至还会造成混乱。例如,在计算墙体工程量之前如果不先计算门窗工程及钢筋混凝土工程的工程量,那么墙体中应扣除的洞口面积及构件所占的体积是多少就无法知道,这时只能暂停计算墙体工程量,回过头来计算洞口的扣除面积和嵌入墙内的构件体积,这种计算方法不但会降低效率而且极容易出现差错,导致工程量计算不准确。

工程量的计算顺序,应考虑前一个分部工程中计算的工程量数据,能够被后面其他分部工程在计算时有所利用。有的分部工程是独立的（如基础工程），不需要利用其他分部工程的数据来计算，而有的分部工程前后是有关联的，也就是说，后算的分部工程要依赖前面已计算的分部工程量的某些数据来计算。例如，"门窗分部"计算完后，接下来计算"钢筋混凝土分部"，那么在计算圈梁洞口处的圈过梁长度和洞口加筋时就可以利用"门窗分部"中的洞口长度来计算。而"钢筋混凝土分部"计算完后，在计算墙体工程量时就可以利用前两个分部工程提供的洞口面积和嵌入墙内的构件体积来计算。

每个分部工程中，包括了若干分项工程，分项工程之间也要合理组排计算顺序。例如，基础工程分部中包括了土方工程、桩基工程、混凝土基础、砖基础四项，虽然土方工程按施工顺序和定额章节排在第一位，但是在工程量计算时，必须要依序将桩基、混凝土基础和砖基础计算完后才能计算土方工程。其原因是，土方工程中的回填土计算要扣除室外地坪以下埋设的各项基础体积。如果先计算土方工程，当挖基础土方计算完后，由于不知道埋设的基础体积是多少，那么计算回填土和余土外运（或取土）两项时就会造成"卡壳"。

综上所述，合理安排工程量计算顺序，就是在计算工程量时，将有关联的分部分项工程按前后依赖关系有序地排列在一起，然后进行计算，即基础工程→门窗工程→钢筋混凝土工程→砌筑工程→楼地面工程→屋面工程→装饰工程→其他工程。其目的是为了计算流畅，避免错算、漏算和重复计算，从而加快工程量计算速度。

2）工程量快速计算方法

该方法是在基本方法的基础上，根据构件或分项工程的计算特点和规律总结出来的简便、快捷方法。其核心内容是利用工程数量表、工程量计算专用表、各种计算公式加以技巧计算，从而达到快速、准确计算的目的。快速计算法最常用的是统筹法。

"统筹法"计算工程量的核心是"三线一面"，即外墙中心线长 $L_{中}$，外墙外边线长 $L_{外}$，内墙净长线长 $L_{内}$ 和底层建筑面积 $S_{底}$。其基本原理是：通过将"三线一面"中具有共性的四个基数，分别连续用于多个相关分部分项工程量的计算，从而使计算工作做到简便、快捷、准确。

灵活运用"三线一面"是"统筹法"计算原理的关键。针对不同建筑物的形体和构造特点，在工程量计算过程中，对"三线一面"或其中的某个基数，要根据具体情况作出相应调整，不能将一个基数用到底。例如，某砖混结构楼房，底层为 370 墙，二层及以上设计为 240 墙，那么底层的 $L_{中}$ 和 $L_{内}$ 肯定不等于二层的 $L_{中}$ 和 $L_{内}$，此时，底层的 $L_{中}$ 和 $L_{内}$ 必须要在二层的 $L_{中}$ 和 $L_{内}$ 的基础上进行调整计算。

在计算 $L_{内}$ 时必须注意：内墙墙体净长度并不等于内墙圈梁的净长度，其原因是，砖混房屋室内过道圈梁下是没有墙的，但是，为了便于在计算墙体工程量时扣除嵌墙圈梁体积，因此，计算 $L_{内}$ 时必须统一按结构平面的圈梁净长度计算，而室内过道圈梁下没有墙的部分则按空圈洞口计算。

"三线一面"中的四个基数非常重要，一旦出现差错就会引起一连串相关分部分项工程量的计算错误，最后导致不得不重新调整"基数"，重新计算工程量。在这四个基数中，如果 $L_{中}$ 和 $L_{内}$ 计算错误的话就会影响圈梁钢筋、混凝土、墙体和内墙装饰工程量的计算；如果 $L_{外}$ 计算错误的话就会影响外墙裙和外墙装饰工程量的计算；如果 $S_{底}$ 计算错误的话就会影响楼地面、屋面和天棚工程量的计算。因此，在计算工程量之前，务必准确计算"三线一面"，而在工程量计算过程中则要灵活运用"三线一面"，只有这样才能确保工程量的快速、准确计算。

3.1.3 工程量计算的顺序

一个建筑物或构筑物是由多个分部分项工程构成的,少则几十项,多则上百项,工程量计算工作量大、头绪多,稍有疏忽就会有漏项少算和重复多算的现象,而工程量的正确性主要体现在两个方面:一方面各分项工程的项目不能漏项或重复列项,另一方面各工程部位实物数量的计算不能漏算或重复计算。因此,计算工程量应按照一定的顺序依次进行,既可节约时间加快计算速度,又可避免漏算或重复计算。

(1)项目计算顺序

一个单位工程的分项工程很多,为了保证分项工程项目列项的准确性和加快工程量计算的速度,可以选择以下计算顺序:

① 按定额的编排顺序安排计算项目的顺序。这种方法是按定额所列分部分项工程的次序来计算工程量。如按照土石方、砖石、脚手架、混凝土及钢筋混凝土等分部分项进行计算。这种计算顺序法对初学编制预算的人尤为合适。

② 按施工顺序安排计算项目的顺序。这种方法是按照工程施工顺序的先后次序来计算工程量。计算时,先地下,后地上;先底层,后上层;先主要,后次要。如一般民用建筑,按照土方、基础、墙体、脚手架、地面、楼面、屋面、门窗安装、外抹灰、内抹灰、刷浆、油漆、玻璃等顺序进行计算。此方法打破了预算定额按分部划分的项目顺序。

③ 按统筹法安排计算项目的顺序。这种方法是依据分项工程量计算过程之间的相互关系,统筹安排计算项目的先后顺序,可以提高预算质量,加快工程量计算速度。"统筹法"计算的核心是"三线一面",即外墙中心线长 $L_{中}$,外墙外边线长 $L_{外}$,内墙净长线长 $L_{内}$ 和底层建筑面积 $S_{底}$。其基本原理是:通过将"三线一面"中具有共性的四个基数分别连续用于多个相关分部分项工程量的计算,从而使计算工作做到简便、快捷、准确。

(2)工程部位的计算顺序

① 按顺时针方向安排计算顺序。这种方法是先从工程平面图左上角开始,按顺时针方向自左至右,然后由上而下逐步计算,环绕一周后再回到左上角为止。例如,计算外墙、地面、天棚等分项工程量时可按这种顺序进行。如图 3-1 所示。

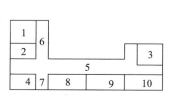

图3-1 顺时针方向示意图

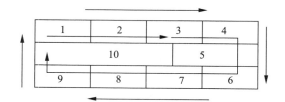

图3-2 先横后竖、先上后下、先左后右示意图

② 按先横后竖、先上后下、先左后右的顺序计算。这种方法是指同一平面上有纵横交错的墙体时,计算时依据平面图,按先横后竖、先上后下、先左后右依次计算。例如,计算内墙砌筑、内墙基础、隔墙等均可用这种顺序进行。如图 3-2 所示。

③ 按构件的分类和编号顺序计算。这种方法是按照各类不同的构配件,如各种梁、板、柱、门窗等,根据各种构配件的编号、型号分别列表依次计算。这种方法既方便检查校对,又能简化计算式。

上述各种计算顺序不是独立的,在实际应用过程中应根据工程的具体情况灵活运用,可以综合采用其中的几种方法交叉运用。但无论采用哪种计算顺序,都要做到不漏项,不重复,数据可靠,方法科学简便,只有这样才能不断提高工程造价的编制速度和质量。

3.1.4 工程量计算的注意事项

确定工程项目和计算工程量,是编制预算的重要环节。工程项目划分得是否齐全,工程量计算的正确与否将直接影响预算的编制质量及速度。一般应注意以下几点:

(1)计算所用原始数据必须和设计图纸相一致。工程量是按每一分项工程,根据设计图纸进行计算的,计算时所采用的原始数据都必须以施工图纸所表示的尺寸或施工图纸能读出的尺寸为准进行计算,不得任意加大或缩小各部位尺寸。特别是对工程量有重大影响的尺寸(如建筑物的外包尺寸、轴线尺寸等)以及价值较大的分项工程(如钢筋混凝土工程等)的尺寸,其数据的取定,均应根据图纸所注尺寸线及尺寸数字,通过计算确定。

(2)计算口径要一致,避免重复列项。计算口径是指根据施工图列出的分项工程的口径与定额中相应分项工程的口径相一致,因此在划分项目时一定要熟悉定额中该项目所包括的工程内容。如楼地面工程的整体楼地面,如果定额中包括了结合层、找平层、面层,在确定项目时,结合层和找平层就不应另列项目重复计算。

(3)计算计量单位要与现行相关规定的计量单位一致。按施工图纸计算工程量时,各分项工程的工程量计量单位必须与定额中相应项目的计算单位一致,不能凭个人主观臆断随意改变。计算公式要正确,取定尺寸来源要注明部位或轴线。如现浇钢筋混凝土构造柱定额的计量单位是立方米,工程量的计量单位也应该是立方米。另外还要正确掌握同一计量单位的不同含义,如阳台栏杆与楼梯栏杆虽然都是以延长米为计量单位,但按定额的含义,前者是图示长度,而后者是指水平投影长度。

(4)计算严格执行现行规定的相关工程量计算规则,避免错算。在计算工程量时,必须严格执行工程量计算规则,以免造成工程量计算中的误差,从而影响工程造价的准确性。如计算墙体工程量时应按立方米计算,并扣除门窗框外围面积,以及 0.3 m² 以外的孔洞及圈梁、过梁、梁、柱所占的体积(其中门窗为框外围面积,而不是门窗洞口的面积)。

(5)计算的精度要统一。为了保证工程量计算的精确度,工程数量的有效位数应遵守以下规定:以"吨"为单位,应保留小数点后三位数字,第四位四舍五入;以"立方米"、"平方米"、"米"为单位,应保留小数点后两位数字,第三位四舍五入;以"个"、"项"等为单位,应取整数。

(6)计算要遵循一定的顺序和要求,避免漏算或重复计算。为了计算时不遗漏项目,又不产生重复计算,应按照一定的顺序进行计算。

3.2 建设工程计价的基本知识

3.2.1 建设工程计价的特点

建设工程计价是以建设项目、单项工程、单位工程为研究对象,工程造价除具有一切商品价值的共有特点外,还具有其自身的特点,即单件性计价、多次性计价和组合性计价等特点。

（1）单件性计价。单件性计价是由建筑产品生产的单件特点所决定的。建设工程是按照特定使用者的专门用途、在指定地点逐个建造的。每项建筑工程为适应不同使用要求,其面积和体积、造型和结构、装修与设备的标准及数量都会有所不同,而且特定地点的气候、地质、水文、地形等自然条件及当地政治、经济、风俗习惯等因素必然使建筑产品实物形态千差万别。再加上不同地区构成投资费用的各种生产要素(如人工、材料、机械)的价格差异,最终导致建设工程造价的千差万别。所以,建设工程和建筑产品不可能像工业产品那样统一成批定价,而只能根据它们各自所需的物化劳动和活劳动消耗量逐项计价,即单件计价。

（2）多次性计价。建设工程造价是一个随着工程不断展开而逐渐深化、逐渐细化和逐渐接近实际造价的动态过程,不是固定的、唯一的和静止的。工程建设的目的是为了节约投资、获取最大的经济效益,这就要求在整个工程建设的各个阶段依据一定的计价顺序、计价资料和计价方法分别计算各个阶段的工程造价,并对其进行监督和控制,以防工程费用超支。

（3）组合性计价。工程建设项目有大、中、小型之分,由建设项目、单项工程、单位工程、分部工程、分项工程组成。其中分项工程是能用较为简单的施工过程生产出来的,可以用适量的计量单位计量并便于测算其消耗的工程基本构造要素,也是工程结算中假定的建筑产品。计价时首先要对建设项目进行分解,按构成进行分部计算并逐层汇总,才能准确计算整个工程造价。

3.2.2 建设工程计价模式

我国现行规定的建设工程计价模式主要有工程量清单计价和定额计价两种模式。

1）两种计价模式简介

（1）定额计价模式

定额计价模式亦称传统计价模式,是我国长期使用的一种基本方法,它是根据统一的工程量计算规则利用施工图计算工程量,套用定额单价(或单位估价表)确定直接费,然后按规定的取费标准确定其他费用,加上适当的不可预见费用,经汇总后即为工程总费用。

定额是计划经济的产物,在计划经济时期,定额作为建设工程计价的主要依据发挥了重要的作用。但是,随着经济体制由计划经济向市场经济的转变,定额的局限性日渐突出,主要表现在:一是定额的指令性限制了定额应用的灵活性;二是定额的社会平均消耗量及建设行政主管部门定期发布的材料预算价格不利于市场竞争。针对定额编制与应用中存在的问题,提出了量价分离、企业自主报价、市场形成价格的工程造价改革措施,工程造价管理由静态管理模式逐步转变为动态管理模式。

（2）工程量清单计价模式

工程量清单计价是国际上通用的方法,也是我国目前推广使用的先进计价方法,是指由招标人按照国家统一规定的工程量计算规则计算工程数量,由投标人按照自身的实力,根据招标人提供的工程数量,自主报价的一种模式。这种计价方法与工程招标投标活动有着很好的适应性,有利于促进工程招标投标公平、公正、高效地进行。

2）两种计价模式的联系与区别

（1）联系

① 定额计价在我国已使用多年,具有一定的科学性和实用性,工程量清单计价规范的

编制以定额为基础,参照和借鉴了定额的项目划分、计量单位、工程量计算规则等。

② 定额计价可作为工程量清单计价的组价方式。在确定清单综合单价时,以省颁定额或企业定额为依据进行计算。

(2) 区别

① 定额表现的是某一分部分项工程消耗什么,消耗量是多少;而分部分项工程量清单表现的是这一项目清单内包括了什么,对什么需要计价。

② 定额项目一般是按施工工序进行设置的,包括的工程内容一般是单一的;而工程量清单项目的划分,一般是以一个"综合实体"考虑的,包括的工程内容一般不止一项。

③ 定额消耗量是社会平均消耗量,企业依定额进行投标报价,不能完全反映企业的个别成本;清单计价规范不提供工料机消耗量,企业依招标人提供的工程量清单自主报价,反映的是企业的个别成本。

④ 编制工程量清单时,是按分部分项工程实体净值计算工程量的;依定额计算工程量则考虑了人为规定的预留量。

⑤ 工程量清单的计量单位为基本单位;定额工程量的计量单位则不一定为基本单位。

⑥ 清单计价采用综合单价法,依企业按施工图纸完成的合格工程量来确定工程造价,实现了风险共担,即工程量风险由招标人承担,综合单价风险由投标人承担;定额计价一般采用工料单价法,风险一般在投资方。

3) 定额计价与工程量清单计价是共存于招标投标计价活动中两种不同的计价方式

计价规范作为国家标准,从资金来源方面规定了强制实行工程量清单计价的范围,即"全部使用国有资金或国有资金投资为主的大中型建设工程应执行本规范",从中可以看出,工程量清单计价在建设工程招标投标计价活动中将逐步占据主导地位。

目前,为积极稳妥地推行工程量清单计价,各省正采取积极有效的措施制定工作方案,起草配套文件,编写工程量清单编制指南及综合单价计算办法,将国家的计价规范与各省的消耗量定额有机地结合起来,为业主编制清单和施工企业投标报价提供方便、快捷和完整的计价办法,避免在计价方式转变中造成不必要的混乱。

思考与练习

1. 工程量计算的常用顺序有哪些?
2. 建设工程计价的特点有哪些?
3. 简述工程计价模式。

4 工程量清单的编制

本章提要:本章主要介绍工程量清单的概念和编制依据;工程量清单的格式、组成和编制要求;重点讲述分部分项工程量清单、措施项目清单、其他项目清单、规费项目清单、税金项目清单的编制方法。

4.1 工程量清单基本知识

4.1.1 工程量清单的概念

工程量清单是建设工程的分部分项工程项目、措施项目、其他项目、规费项目和税金项目的名称和相应数量等的明细清单。它是将设计图纸和业主对项目的建设要求以及要求承包人完成的工作转换成许多条明细分项和数量的表单格式,每条分项描述称为一个清单项目或清单分项,它也反映了承包人完成建设项目需要实施的具体的分项目标。

工程量清单是投标人填报分项工程单价,对工程进行计价的依据。招标人提供的工程量清单为投标人提供了一个平等的竞争性报价的基础。

4.1.2 工程量清单的编制依据

(1)《建设工程工程量清单计价规范》。《建设工程工程量清单计价规范》是规范建设工程工程量清单计价行为,统一建设工程工程量清单的编制和计价方法的国家标准,是调整建设工程工程量清单计价活动中发包人与承包人各种关系的规范性文件。《建设工程工程量清单计价规范》具有强制性,它是由建设主管部门按照强制性国家标准的要求批准颁布,规定了强制实行工程量清单计价和可选择采用工程量清单计价的范围,即全部使用国有资金投资或国有资金投资为主(以下二者简称"国有资金投资")的工程建设项目,必须采用工程量清单计价,非国有资金投资的工程建设项目可采用工程量清单计价。

(2)建设工程设计文件。建设工程设计文件包括施工图、选用的标准图集和通用图集,还包括设计修改、设计变更等内容。建设工程设计文件是确定清单项目施工过程、撰写清单项目名称和项目特征的依据,也是计算分部分项工程量清单项目工程数量的依据。

(3)与建设工程项目有关的标准、规范、技术资料。与工程建设相关的设计、施工规范和标准等,是计算分部分项工程量清单项目工程数量的依据,也是确定措施项目清单的依据。

(4)招标文件及其补充通知、答疑纪要。清单编制人可以根据工程招标文件的范围计算分部分项工程量清单项目的范围;根据工程概况、工期和质量要求,确定合理的施工方法,确定措施项目的内容;根据工程分包、材料供应情况和暂列金额等条件,确定其他项目清单的项目内容。

(5)施工现场情况、工程特点及常规施工方案。合理的施工方案是清单编制人根据工期要求、现场实际情况、地质勘察报告、常见工程做法等为建设工程设想的,认为是合理的施工方案,它是编制措施项目清单的依据。

（6）其他相关资料。其他与工程建设有关的文件资料及当地的相关文件、规定等。

4.1.3 工程量清单的组成

工程量清单由分部分项工程量清单、措施项目清单、其他项目清单、规费项目清单、税金项目清单组成。

1）分部分项工程量清单

分部分项工程量清单又称为实体分项工程量清单,它是根据设计图纸和应完工的建筑产品进行划分确定的。这部分项目是完整的建筑产品形体的组成部分。

分部分项工程量清单项目的设置与承包人的施工方案、施工组织无太大关系,也不会因为施工主体不同而不同。其工程量应按照统一的工程量计算规则计算,对所有投标人来说,工程数量是确定的、唯一的,它不属于投标人竞争的内容。

分部分项工程量清单应包括项目编码、项目名称、项目特征、计量单位和工程量,这五个要件在分部分项工程量清单的组成中缺一不可。

2）措施项目清单

措施项目费是指完成工程项目施工,发生于该工程施工前和施工过程中技术、生活、安全、组织等方面的非工程实体项目的费用。

措施项目清单中的内容也是承包商必须完成的工作。这部分项目的完成并不构成建筑产品形体,它是有助于工程实体形成的措施性项目。措施项目的费用消耗也是工程直接成本的组成部分。例如,钢筋混凝土柱是实体分项工程,为了使混凝土混合物凝固成柱形,必须采用模板工程,柱成形后,模板被拆除,模板不构成柱的外形,但模板使用费是工程成本的一部分,则柱模板工程是措施项目。

措施项目内容广泛,它与工程所在地的水文地质、气候气象、环境保护、文明安全、施工方案、施工方法、施工条件、企业现状等因素有关。由不同的承包企业完成建设工程,采用的措施方法不一定完全相同,其措施项目的费用消耗也会有差异。

3）其他项目清单

其他项目清单是指除分部分项工程量清单、措施项目清单以外的由于招标人的特殊要求而设置的项目清单。其他项目清单应根据拟建工程的具体情况参照下列内容列项:

（1）暂列金额。暂列金额是招标人在工程量清单中暂定并包括在合同价款中的一笔款项。用于施工合同签订时尚未确定或者不可预见的所需材料、设备、服务的采购,施工中可能发生的工程变更、合同约定调整因素出现时的工程价款调整以及发生的索赔、现场签证确认等的费用。

（2）暂估价。暂估价是指招标阶段直至签订合同协议时招标人在招标文件中提供的用于支付必然要发生但暂时不能确定价格的材料以及需另行发包的专业工程金额。它类似于FIDIC合同条款中的 Prime Cost Items,在招标阶段预见肯定要发生,只是因为标准不明确或者需要由专业承包人完成,暂时无法确定其价格或金额,包括材料暂估单价、专业工程暂估价。

（3）计日工。计日工是指在施工过程中,完成发包人提出的施工图纸以外的零星项目或工作而采取的一种计价方式,包括以下含义:完成该项作业的人工、材料、施工机械台班等,计日工的单价由投标人通过投标报价确定;计日工的数量按完成发包人发出的计日工指令的数量确定。

(4)总承包服务费。总承包人为配合协调发包人进行的工程分包自行采购的设备、材料等进行管理、服务以及施工现场管理、竣工资料汇总整理等服务所需的费用。

4)规费项目清单

规费是指根据省级政府或省级有关权力部门规定必须缴纳的应计入建筑安装工程造价的费用。规费项目清单包括以下内容:

(1)工程排污费。

(2)工程定额测定费(江苏省现已停征)。

(3)社会保障费,包括养老保险费、失业保险费、医疗保险费。

(4)住房公积金。

(5)危险作业意外伤害保险。

5)税金项目清单

税金项目是指根据国家税法规定的应计入建筑安装工程造价内的营业税、城市建设维护税以及教育费附加等。

根据建设部、财政部"关于印发《建筑安装工程费用项目组成》的通知"(建标〔2003〕206号)的规定,目前国家税法规定应计入建筑安装工程造价内的税种包括营业税、城市建设维护税及教育费附加。如国家税法发生变化或地方政府及税务部门依据职权对税种进行了调整,就应对税金项目清单进行相应的调整。

4.1.4　工程量清单编制要求

(1)工程量清单应由具有编制能力的招标人或受其委托,具有相应资质的工程造价咨询人编制。招标人是进行工程建设的主要责任主体,其责任包括负责编制工程量清单。若招标人不具备编制工程量清单的能力,可委托工程造价咨询人编制。根据《工程造价咨询企业管理办法》(建设部第149号令),受委托编制工程量清单的工程造价咨询人应依法取得工程造价咨询资质,并在其资质许可的范围内从事工程造价咨询活动。

(2)采用工程量清单方式招标,工程量清单必须作为招标文件的组成部分,其准确性和完整性由招标人负责。采用工程量清单方式招标发包,工程量清单必须作为招标文件的组成部分,招标人应将工程量清单连同招标文件的其他内容一并发(售)给投标人。招标人对编制的工程量清单的准确性和完整性负责。投标人依据工程量清单进行投标报价,对工程量清单不负有核实的义务,更不具有修改和调整的权力。工程量清单作为投标人报价的共同平台,其准确性(数量不能算错)和完整性(不缺项漏项)均应由招标人负责,如招标人委托工程造价咨询人编制,责任仍应由招标人承担。至于工程造价咨询人应承担的具体责任则应由招标人与工程造价咨询人通过合同约定处理或协商解决。

(3)工程量清单是工程量清单计价的基础,应作为编制招标控制价、投标报价、计算工程量、支付工程款、调整合同价款、办理竣工结算以及工程索赔等的依据之一。工程量清单在工程量清单计价中起着基础性作用,是整个工程量清单计价活动的重要依据之一,贯穿于整个施工过程中。

4.1.5　工程量清单编制步骤

（1）做好编制清单的准备工作

① 首先要认真学习《建设工程工程量清单计价规范》及其相应的工程量计算规则；熟悉地质、水文及其勘察资料，学习和掌握设计图纸及其相关设计与施工规范、标准以及操作规程；进行现场踏勘，充分了解施工现场情况，包括对地下障碍物的了解，详尽地分析现场施工条件；调查施工行业和可能参与本工程投标的承包商的水平和状况以及协作施工的条件等。

② 划分和确定分部分项工程的分项及名称。所确定的分部分项工程量清单的每个分项与名称，应符合《建设工程工程量清单计价规范》附录中的项目名称并取得一致。

③ 拟定项目特征的描述。项目特征是用来表述项目名称的，是工程实体自身的个性特征，一个同名称项目，由于材料品种、型号、规格、材质材性要求不同，反映在综合单价上的差别很大。对项目特征的描述是编制分部分项工程量清单十分重要的步骤和内容，它是对承包商确定综合单价、采用施工材料和施工方法及其相应施工辅助措施工作的指引，并与施工质量、消耗、效率等均有着密切关系。描述中可以根据工程设计要求和工程实际情况，按照《建设工程工程量清单计价规范》附录中规定的项目特征结合拟建工程项目的实际予以描述，满足确定综合单价的需要。

④ 确定清单分部分项项目编码和计量单位。分部分项工程量清单的项目编码，应采用十二位阿拉伯数字的表示。一至九位应按附录的规定设置，十至十二位应根据拟建工程的工程量清单项目名称设置，同一招标工程的项目编码不得有重码。计量单位的确定应按计价规范附录中规定的计量单位确定。

（2）计算分部分项清单分项的工程量

这是编制分部分项工程量清单的一个重要步骤。计算工程量时依据工程图纸按工程量计算规则计算，除另有规定外，所有清单项目的工程量都是以实体工程量计算。实体工程量就是根据图纸算出的工程量，不外加其他任何附加因素和条件。

（3）分部分项工程量汇总

工程量计算完成后，一定要按分部分项工程量清单要求的顺序和分部来汇总各个分项。这是为项目编码提供方便，为各个分部的工作内容、数量提供依据，既方便统计和掌握情况，又为编排第五级项目编码提供了方便。所以，在提供"分部分项工程量清单"时就应把后三位第五级编码编写好。

在进行工程量汇总时，应先将工程本身的分部分项工程量清单、措施项目清单、其他项目清单以及规费税金项目清单进行归类整理，然后再按规定要求进行排序、编码、汇总。在汇总时尽量做到不出现重复、漏项、错算工程量的现象。

（4）编制补充工程量清单

在工程中出现了《建设工程工程量清单计价规范》附录中包括的项目时，编制人应作相应补充，并应报省、自治区、直辖市工程造价机构备案。

（5）编制其他清单项目表

根据工程项目的具体要求，填写措施项目清单、其他项目清单、规费项目清单、税金项目清单。这些项目清单的编制，除了工程正常需要发生的临时设施、脚手架、模板、垂直运输机械等工作内容外，还有一些是属于根据工程特点需要列出的项目，需要造价人员和有关工程技术人员根据施工常识和经验研究确定。

(6) 编写总说明

在完成以上工作后应编写总说明，以便将有关方面的问题、需要说明的共性问题阐述清楚。总说明一般包括：

① 工程概况，即建设规模、工程特征、计划工期、施工现场实际情况、自然地理条件、环境保护要求等。

② 工程招标和分包范围。

③ 工程量清单编制依据。

④ 工程质量、材料、施工等的特殊要求。

⑤ 其他需要说明的问题。

(7) 填写封面

封面填写应按照《建设工程工程量清单计价规范》要求的统一格式进行。

4.2 工程量清单表格内容及格式

2008年12月1日颁布实施的《建设工程工程量清单计价规范》将分部分项工程量清单表与分部分项工程量清单计价表两表合一，规定工程量清单与工程量清单计价采用统一的格式。采用这一表现形式，大大减少了投标人因两表分设而可能带来的出错概率，因此，这种表现形式可以满足不同行业工程计价的实际需要。

4.2.1 工程量清单计价表格组成

按《建设工程工程量清单计价规范》规定，工程量清单与计价表格内容及样式如下：

(1) 封面

① 工程量清单(封-1)。

② 招标控制价(封-2)。

③ 投标总价(封-3)。

④ 竣工结算总价(封-4)。

(2) 总说明(表4-1)

(3) 汇总表

① 工程项目招标控制价/投标报价汇总表(表4-2)。

② 单项工程招标控制价/投标报价汇总表(表4-3)。

③ 单位工程招标控制价/投标报价汇总表(表4-4)。

④ 工程项目竣工结算汇总表(表4-5)。

⑤ 单项工程竣工结算汇总表(表4-6)。

⑥ 单位工程竣工结算汇总表(表4-7)。

(4) 分部分项工程量清单表

① 分部分项工程量清单与计价表(表4-8)。

② 工程量清单综合单价分析表(表 4-9)。

(5) 措施项目清单表

① 措施项目清单与计价表(一)(表 4-10)。

② 措施项目清单与计价表(二)(表 4-11)。

(6) 其他项目清单表

① 其他项目清单与计价汇总表(表 4-12)。

② 暂列金额明细表(表 4-12-1)。

③ 材料暂估单价表(表 4-12-2)。

④ 专业工程暂估价表(表 4-12-3)。

⑤ 计日工表(表 4-12-4)。

⑥ 总承包服务费计价表(表 4-12-5)。

⑦ 索赔与现场签证计价汇总表(表 4-12-6)。

⑧ 费用索赔申请(核准)表(表 4-12-7)。

⑨ 现场签证表(表 4-12-8)。

(7) 规费、税金项目清单与计价表(表 4-13)

(8) 工程款支付申请(核准)表(表 4-14)

封-1

_____工程

工 程 量 清 单

工 程 造 价

招　标　人：_____　　咨　询　人：_____
　　　　　　　　（单位盖章）　　　　　　　　　　　　（单位资质专用章）

法定代表人　　　　　　　　　　　　法定代表人

或其授权人：_____　　或其授权人：_____
　　　　　　　　（签字或盖章）　　　　　　　　　　　（签字或盖章）

编　制　人：_____　　复　核　人：_____
　　　　　（造价人员签字盖专用章）　　　　　　（造价工程师签字盖专用章）

编 制 时 间：　年　月　日　　　　　复 核 时 间：　年　月　日

封-2

_____工程

招 标 控 制 价

招标控制价(小写)：_____

　　　　　(大写)：_____

工 程 造 价

招　标　人：_____　　咨　询　人：_____
　　　　　　　　（单位盖章）　　　　　　　　　　　　（单位资质专用章）

法定代表人　　　　　　　　　　　　法定代表人

或其授权人：_____　　或其授权人：_____
　　　　　　　　（签字或盖章）　　　　　　　　　　　（签字或盖章）

编　制　人：_____　　复　核　人：_____
　　　　　（造价人员签字盖专用章）　　　　　　（造价工程师签字盖专用章）

编 制 时 间：　年　月　日　　　　　复 核 时 间：　年　月　日

封-3

投 标 总 价

招 标 人：_____

工 程 名 称：_____

投 标 总 价(小写)：_____

　　　　　(大写)：_____

投 标 人：_____

　　　　　　　　　　　　　（单位盖章）

法定代表人或其授权人：_____

　　　　　　　　　　　　　　　（签字或盖章）

编 制 人：_____

　　　　　　　　（造价人员签字盖专用章）

编 制 时 间：　　年　月　日

封-4

_____工程

竣 工 结 算 总 价

中标价(小写)：_____（大写)：_____

结算价(小写)：_____（大写)：_____

工 程 造 价

发 包 人：_____　　承 包 人：_____　　咨 询 人：_____

　（单位盖章）　　　　　　（单位盖章）　　　　　　（单位资质专用章）

选定代表人　　　　　　法定代表人　　　　　　法定代表人

或其授权人：_____　或其授权人：_____　或其授权人：_____

（签字或盖章）　　　　　（签字或盖章）　　　　　（签字或盖章）

编 制 人：_____　　　　核 对 人：_____

（造价人员签字盖专用章）　　　　（造价工程师签字盖专用章）

编 制 时 间：　　年　月　日　　　核 对 时 间：　　年　月　日

表 4-1　总说明

工程名称：　　　　　　　　　　　　　　　　　　　　　　　　第　页　共　页

| |
| |

表 4-2　工程项目招标控制价/投标报价汇总表

工程名称：　　　　　　　　　　　　　　　　　　　　　　　　第　页　共　页

序号	单项工程名称	金额(元)	其中		
			暂估价(元)	安全文明施工费(元)	规费(元)
	合　　计				

注：本表适用于工程项目招标控制价或投标报价的汇总。

表 4-3　单项工程招标控制价/投标报价汇总表

工程名称：　　　　　　　　　　标段：　　　　　　　　　　第　页　共　页

序号	单项工程名称	金额(元)	其中		
			暂估价(元)	安全文明施工费(元)	规费(元)
	合　　计				

注:本表适用于单项工程招标控制价或投标报价的汇总。暂估价包括分部分项工程中的暂估价和专业工程暂估价。

表 4-4　单位工程招标控制价/投标报价汇总表

工程名称：　　　　　　　　　　标段：　　　　　　　　　　第　页　共　页

序号	汇 总 内 容	金额(元)	其中:暂估价(元)
1	分部分项工程		
1.1			
1.2			
1.3			
2	措施项目		
2.1	安全文明施工费		
3	其他项目		
3.1	暂列金额		
3.2	专业工程暂估价		
3.3	计日工		
3.4	总承包服务费		
4	规费		
5	税金		
	招标控制价合计＝1＋2＋3＋4＋5		

注:本表适用于单位工程招标控制价或投标报价的汇总,如无单位工程的划分,单项工程汇总也使用本表汇总。

表 4-5　工程项目竣工结算汇总表

工程名称：　　　　　　　　　　　　　　　　　　　　　　第　页　共　页

序号	单项工程名称	金额(元)	其　中	
			安全文明施工费(元)	规费(元)
	合　　计			

表4-6 单项工程竣工结算汇总表

工程名称：   第 页 共 页

序号	单项工程名称	金额(元)	其 中	
			安全文明施工费(元)	规费(元)
合 计				

表4-7 单位工程竣工结算汇总表

工程名称：   标段：   第 页 共 页

序号	汇总内容	金额(元)
1	分部分项工程	
1.1		
1.2		
1.3		
1.4		
1.5		
2	措施项目	
2.1	安全文明施工费	
⋮	⋮	
3	其他项目	
3.1	专业工程结算价	
3.2	计日工	
3.3	总承包服务费	
3.4	索赔与现场签证	
4	规费	
5	税金	
竣工结算总价合计＝1＋2＋3＋4＋5		

注：如无单位工程划分，单项工程也使用本表汇总。

表4-8 分部分项工程量清单与计价表

工程名称：   标段：   第 页 共 页

序号	项目编码	项目名称	项目特征描述	计量单位	工程量	金 额(元)		
						综合单价	合价	其中:暂估价
本页小计								
合 计								

表 4-9　工程量清单综合单价分析表

工程名称：　　　　　　　　　　　标段：　　　　　　　　　　第　页　共　页

项目编码		项目名称		计量单位	

清单综合单价组成明细

定额编号	定额名称	定额单位	数量	单　价				合　价			
				人工费	材料费	机械费	管理费和利润	人工费	材料费	机械费	管理费和利润
人工单价				小　计							
元/工日				未计价材料费							
清单项目综合单价											

材料费明细	主要材料名称、规格、型号	单位	数量	单价（元）	合价（元）	暂估单价（元）	暂估合价（元）
	其他材料费						
	材料费小计						

注：(1) 如不使用省级或行业建设主管部门发布的计价依据，可不填定额项目、编号等。
　　(2) 招标文件提供了暂估单价的材料，按暂估的单价填入表内"暂估单价"栏及"暂估合价"栏。

表 4-10　措施项目清单与计价表（一）

工程名称：　　　　　　　　　　　标段：　　　　　　　　　　第　页　共　页

序号	项目名称	计算基础	费率（%）	金额（元）
1	安全文明施工费			
2	夜间施工费			
3	二次搬运费			
4	冬雨季施工			
5	大型机械设备进出场及安拆费			
6	施工排水			
7	施工降水			
8	地上、地下设施，建筑物的临时保护设施			
9	已完工程及设备保护			
10	各专业工程的措施项目			
11				
12				
合　计				

注：(1) 本表适用于以"项"计价的措施项目。
　　(2) 根据建设部、财政部发布的《建筑安装工程费用组成》(建标〔2003〕206号)的规定，"计算基础"可为"直接费"、
　　　　"人工费"或"人工费＋机械费"。

表 4-11 措施项目清单与计价表(二)

工程名称： 　　　　　　　　　标段： 　　　　　　第 页 共 页

序号	项目编码	项目名称	项目特征描述	计量单位	工程量	金额(元)	
						综合单价	合 价
			本页小计				
			合 计				

注:本表适用于以综合单价形式计价的措施项目。

表 4-12 其他项目清单与计价汇总表

工程名称： 　　　　　　　　　标段： 　　　　　　第 页 共 页

序号	项目名称	计量单位	金额(元)	备 注
1	暂列金额			明细详见表 4-12-1
2	暂 估 价			
2.1	材料暂估价			明细详见表 4-12-2
2.2	专业工程暂估价			明细详见表 4-12-3
3	计 日 工			明细详见表 4-12-4
4	总承包服务费			明细详见表 4-12-5
5				
	合 计			

注:材料暂估单价进入清单项目综合单价,此处不汇总。

表 4-12-1 暂列金额明细表

工程名称： 　　　　　　　　　标段： 　　　　　　第 页 共 页

序号	项目名称	计量单位	暂定金额(元)	备 注
1				
2				
3				
合计				

注:此表由招标人填写,如不能详列,也可只列暂定金额总额,投标人应将上述暂列金额计入投标总价中。

表 4-12-2 材料暂估单价表

工程名称： 　　　　　　　　　标段： 　　　　　　第 页 共 页

序号	材料名称、规格、型号	计量单位	单价(元)	备 注

注:(1) 此表由招标人填写,并在备注栏说明暂估价的材料拟用在哪些清单项目上,投标人应将上述材料暂估单价计入工程量清单综合单价报价中。
　　(2) 材料包括原材料、燃料、构配件以及按规定应计入建筑安装工程造价的设备。

表 4-12-3　专业工程暂估价表

工程名称：　　　　　　　　　　　　标段：　　　　　　　　　　　第　页　共　页

序号	工程名称	工程内容	金额（元）	备　注
合　计				

注：此表由招标人填写，投标人应将上述专业工程暂估价计入投标总价中。

表 4-12-4　计 日 工 表

工程名称：　　　　　　　　　　　　标段：　　　　　　　　　　　第　页　共　页

编号	项目名称	单　位	暂定数量	综合单价	合　价
一	人工				
1					
2					
人工小计					
二	材　料				
1					
2					
材料小计					
三	施工机械				
1					
2					
施工机械小计					
总　　计					

注：此表项目名称、数量由招标人填写，编制招标控制价时，单价由招标人按有关计价规定确定；投标时，单价由投标人
　　自主报价，计入投标总价中。

表 4-12-5　总承包服务费计价表

工程名称：　　　　　　　　　　　　标段：　　　　　　　　　　　第　页　共　页

序号	项目名称	项目价值（元）	服务内容	费率（%）	金额（元）
1	发包人发包专业工程				
2	发包人供应材料				
合　　计					

表 4-12-6　索赔与现场签证计价汇总表

工程名称：　　　　　　　　　　　标段：　　　　　　　　　　　　　　　第　页　共　页

序号	签证及索赔项目名称	计量单位	数　　量	单价(元)	合价(元)	索赔及签证依据
本页小计						
合　　计						

注：签证及索赔依据是指经双方认可的签证单和索赔依据的编号。

表 4-12-7　费用索赔申请(核准)表

工程名称：　　　　　　　　　　　标段：　　　　　　　　　　　　　　编号：

致：_____(发包人全称)

　　根据施工合同条款第_____条的约定，由于_____原因，我方要求索赔金额(大写)_____元，(小写)_____元，请予核准。

　　附：1. 费用索赔的详细理由和依据：

　　　　2. 索赔金额的计算：

　　　　3. 证明材料：

承包人(章)

承包人代表_____

日　　期_____

复核意见： 　　根据施工合同条款第_____条的约定，你方提出的费用索赔申请经复核： □不同意此项索赔，具体意见见附件。 □同意此项索赔，索赔金额的计算由造价工程师复核。 <div align="right">监理工程师_____ 日　　期_____</div>	复核意见： 　　根据施工合同条款第_____条的约定，你方_____提出的费用索赔申请经复核，索赔金额为(大写)_____元，(小写)_____元。 <div align="right">造价工程师_____ 日　　期_____</div>

审核意见：

□不同意此项索赔。

□同意此项索赔，与本期进度款同期支付。

发包人(章)

发包人代表_____

日　　期_____

注：(1) 在选择栏中的"□"内做标识"√"。

　　(2) 本表一式四份，由承包人填报，发包人、监理人、造价咨询人、承包人各存一份。

表 4-12-8　现 场 签 证 表

工程名称：　　　　　　　　　　标段：　　　　　　　　　　　　编号：

施工部位		日期	

致：＿＿＿＿＿＿＿＿＿＿＿＿＿＿＿＿＿＿＿＿＿＿＿＿＿＿＿＿＿（发包人全称）

　　根据＿＿＿＿＿＿（指令人姓名）＿＿年＿月＿日的口头指令或你方＿＿＿＿＿＿＿＿＿＿（或监理人）＿＿年＿月＿日的书面通知,我方要求完成此项工作应支付价款金额为（大写）＿＿＿＿＿元,（小写）＿＿＿＿＿＿元,请予核准。

　　附:1. 签证事由及原因：

　　　　2. 附图及计算式：

承包人（章）

承包人代表＿＿＿＿＿＿

日　　期＿＿＿＿＿＿

复核意见：	复核意见：
你方提出的此项签证申请经复核： □不同意此项签证,具体意见见附件。 □同意此项签证,签证金额的计算由造价工程师复核。 　　　　　监理工程师＿＿＿＿＿＿ 　　　　　日　　期＿＿＿＿＿＿	□此项签证按承包人中标的计日工单价计算,金额为（大写）＿＿＿＿＿元,（小写）＿＿＿＿＿元。 □此项签证因无计日工单价,金额为（大写）＿＿＿＿＿元,（小写）＿＿＿＿＿元。 　　　　　造价工程师＿＿＿＿＿＿ 　　　　　日　　期＿＿＿＿＿＿

审核意见：

　　□不同意此项签证。

　　□同意此项签证,价款与本期进度款同期支付。

发包人（章）

发包人代表＿＿＿＿＿＿

日　　期＿＿＿＿＿＿

注：(1) 在选择栏中的"□"内做标识"√"。

　　(2) 本表一式四份,由承包人在收到发包人（监理人）的口头或书面通知后填写,发包人、监理人、造价咨询人、承包人各存一份。

表 4-13 规费、税金项目清单与计价表

工程名称：　　　　　　　　　　　　标段：　　　　　　　　　　　　第　页 共　页

序号	项目名称	计算基础	费率(%)	金额(元)
1	规　费			
1.1	工程排污费			
1.2	社会保障费			
(1)	养老保险费			
(2)	失业保险费			
(3)	医疗保险费			
1.3	住房公积金			
1.4	危险作业意外伤害保险			
1.5	工程定额测定费			
2	税　金	分部分项工程费＋措施项目费＋其他项目费＋规费		
	合　　计			

注：根据建设部、财政部发布的《建筑安装工程费用组成》(建标〔2003〕206 号)的规定，"计算基础"可为"直接费"、"人工费"或"人工费＋机械费"。

表 4-14 工程款支付申请(核准)表

工程名称：　　　　　　　　　　　　标段：　　　　　　　　　　　　编号：

致＿＿＿＿＿＿＿＿＿＿＿＿＿＿＿＿＿＿＿＿＿＿＿＿＿＿＿＿＿＿＿＿＿(发包人全称)

　　我方于＿＿＿＿＿至＿＿＿＿＿期间已完成了＿＿＿＿＿＿＿工作,根据施工合同的约定,现申请支付本期的工程款额(大写)＿＿＿＿＿＿＿＿＿元,(小写)＿＿＿＿＿＿＿元,请予核准。

序号	名　称	金额(元)	备　注
1	累计已完成的工程价款		
2	累计已实际支付的工程价款		
3	本周期已完成的工程价款		
4	本周期完成的计日工金额		
5	本周期应增加和扣减的变更金额		
6	本周期应增加和扣减的索赔金额		
7	本周期应抵扣的预付款		
8	本周期应扣减的质保金		
9	本周期应增加或扣减的其他金额		
10	本周期实际应支付的工程价款		

承包人(章)

承包人代表 ＿＿＿＿＿＿＿

日　　期 ＿＿＿＿＿＿＿

复核意见： 　　□与实际施工情况不相符,修改意见见附表。 　　□与实际施工情况相符,具体金额由造价工程师复核。 　　　　　　　　监理工程师 ＿＿＿＿＿＿ 　　　　　　　　日　　期 ＿＿＿＿＿＿	复核意见： 　　你方提出的支付申请经复核,本期间已完成工程款额为(大写) ＿＿＿＿＿＿＿＿元,(小写) ＿＿＿＿＿＿＿＿元,本期间应支付金额为(大写) ＿＿＿＿＿＿＿＿元,(小写) ＿＿＿＿＿＿元。 　　　　　　　　造价工程师 ＿＿＿＿＿＿ 　　　　　　　　日　　期 ＿＿＿＿＿＿
审核意见 　　□不同意。 　　□同意,支付时间为本表签发后的 15 天内。 　　　　　　　　　　　　　　　　发包人(章) 　　　　　　　　　　　　　　　　发包人代表 ＿＿＿＿＿＿ 　　　　　　　　　　　　　　　　日　　期 ＿＿＿＿＿＿	

注:(1) 在选择栏中的"□"内做标识"√"。
　　(2) 本表一式四份,由承包人填报,发包人、监理人、造价咨询人、承包人各存一份。

4.2.2　清单与计价表格使用规定

(1) 工程量清单与计价宜采用统一格式。各省、自治区、直辖市建设行政主管部门和行业建设主管部门可根据本地区、本行业的实际情况,在本规范计价表格的基础上补充完善。

(2) 工程量清单的编制应符合下列规定:

① 工程量清单编制使用表格包括:封-1、表 4-1、表 4-8、表 4-10、表 4-11、表 4-12(不含表 4-12-6～表 4-12-8)、表 4-13。

② 封面应按规定的内容填写、签字、盖章,造价员编制的工程量清单应有负责审核的造价工程师签字、盖章。

③ 总说明应按下列内容填写:

a. 工程概况:建设规模、工程特征、计划工期、施工现场实际情况、自然地理条件、环境保护要求等。

b. 工程招标和分包范围。

c. 工程量清单编制依据。

d. 工程质量、材料、施工等的特殊要求。

e. 其他需要说明的问题。

(3) 招标控制价、投标报价、竣工结算的编制应符合下列规定:

① 使用表格

招标控制价使用表格包括:封 4-2、表 4-1、表 4-2、表 4-3、表 4-4、表 4-8、表 4-9、表 4-10、表 4-11、表 4-12(不含表 4-12-6～表 4-12-8)、表 4-13。

投标报价使用的表格包括:封 4-3、表 4-1、表 4-2、表 4-3、表 4-4、表 4-8、表 4-9、表 4-10、表 4-11、表 4-12(不含表 4-12-6～表 4-12-8)、表 4-13。

竣工结算使用的表格包括:封 4-4、表 4-1、表 4-5、表 4-6、表 4-7、表 4-8、表 4-9、表 4-10、表 4-11、表 4-12、表 4-13、表 4-14。

② 封面应按规定的内容填写、签字、盖章,除承包人自行编制的投标报价和竣工结算外,受委托编制的招标控制价、投标报价、竣工结算若为造价员编制的,应有负责审核的造价

工程师签字、盖章以及工程造价咨询人盖章。

③ 总说明应按下列内容填写：

a. 工程概况：建设规模、工程特征、计划工期、合同工期、实际工期、施工现场及变化情况、施工组织设计的特点、自然地理条件、环境保护要求等。

b. 编制依据等。

（4）投标人应按招标文件的要求，附工程量清单综合单价分析表。

（5）工程量清单与计价表中列明的所有需要填写的单价和合价，投标人均应填写，未填写的单价和合价，视为此项费用已包含在工程量清单的其他单价和合价中。

4.3　工程量清单编制过程

4.3.1　分部分项工程量清单与计价表的编制

分部分项工程量清单应根据《建设工程工程量清单计价规范》附录规定的项目编码、项目名称、项目特征、计量单位和工程量计算规则进行编制。

1）项目编码：分部分项工程量清单项目名称的数字标识

每个分部分项工程量清单项目均有一个编码。项目编码采用 12 位阿拉伯数字的表示，以五级编码设置。一、二、三、四级共 9 位编码为全国统一编码，即《建设工程工程量清单计价规范》中已经给定。编制工程量清单时，应按《建设工程工程量清单计价规范》附录中的相应编码设置，不得变动。第五级编码共 3 位，即第十至第十二位应根据拟建工程的工程量清单项目名称设置。例如：

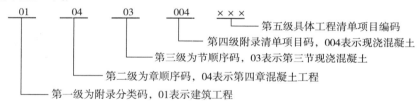

（1）第一级表示附录分类码（第 1、2 位）

编码 01 代表附录 A，建筑工程工程量清单项目；编码 02 代表附录 B，装饰装修工程工程量清单项目；编码 03 代表附录 C，安装工程工程量清单项目；编码 04 代表附录 D，市政工程工程量清单项目；编码 05 代表附录 E，园林绿化工程工程量清单项目；编码 06 代表附录 F，矿山工程工程量清单项目。

（2）第二级表示各附录的章顺序码（第 3、4 位）

以建筑工程为例，共设置八章，分别为：编码 0101 为"A. 1 土（石）方工程"；编码 0102 为"A. 2 桩与地基基础工程"；编码 0103 为"A. 3 砌筑工程"；编码 0104 为"A. 4 混凝土及钢筋混凝土工程"；编码 0105 为"A. 5 厂库房大门、特种门、木结构工程"；编码 0106 为"A. 6 金属结构工程"；编码 0107 为"A. 7 屋面及防水工程"；编码 0108 为"A. 8 防腐、隔热、保温工程"；等等。

（3）第三级表示各章的节顺序码（第 5、6 位）

以现浇混凝土工程为例，编码 010401 为"A. 4.1 现浇混凝土基础的项目"；编码 010402

为"A.4.2 现浇混凝土柱的项目";编码 010403 为"A.4.3 现浇混凝土梁的项目";等等。

（4）第四级表示附录清单项目码（第7、8、9位）

以现浇混凝土梁为例，编码 010403001 为"现浇混凝土基础梁"项目；编码 010403002 为"现浇混凝土矩形梁"项目；编码 010403003 为"现浇混凝土异形梁"；等等。

（5）第五级表示具体工程清单项目码（第10、11、12位）

例如，某框架结构现浇混凝土基础梁，根据设计要求，基础梁的混凝土强度等级有 C20 和 C30，清单编制人可以从 001 开始依次编码：编码 010403001001 代表"现浇混凝土基础梁 C20"；编码 010403001002 代表"现浇混凝土基础梁 C30"；编码 010403001003 代表"现浇抗渗混凝土基础梁 C30"。如果还有不同类型的基础梁，则可依次往下编码。

设置项目编码时应注意：

（1）一个项目编码对应一个项目名称、计量单位、计算规则、工程内容、综合单价。清单编制人在设置第五级编码时，应注意只要上面五项中有一项不同，就应另设编码。如 M7.5 水泥砂浆砌筑 240 mm 建筑物内墙（实心砖墙）、M10 水泥砂浆砌筑 370 mm 建筑物外墙（实心砖墙）、M7.5 水泥砂浆砌筑 370 mm 建筑物外墙（实心砖墙），这三个都是实心砖墙项目，但第一个与后面两个属于不同类型且砂浆强度等级不同的墙体；第2、3项属于同类型项目，但砌筑砂浆强度等级不同，因此这三个项目的综合单价就不同，它们的五级编码应分别设置。其编码分别为：010302001001（M7.5 水泥砂浆内墙）；010302001002（M10 水泥砂浆外墙）；010302001003（M7.5 水泥砂浆外墙）。

（2）项目编码不应再设附码。第五级的编码范围从 001 到 999 共有 999 个，在实际工程应用中已经足够使用。如用 010302001001-1（附码）和 010302001001-2（附码）编码，分别表示 M10 水泥砂浆外墙和 M7.5 水泥砂浆外墙就是错误的表示方法。

（3）同一招标工程的项目编码不得有重码。当同一标段（或合同段）的一份工程量清单中含有多个单项或单位（以下简称单位）工程且工程量清单是以单位工程为编制对象时，在编制工程量清单时应特别注意对项目编码十至十二位的设置不得有重码的规定。例如，一个标段（或合同段）的工程量清单中含有三个单位工程，每一单位工程中都有项目特征相同的实心砖墙砌体，在工程量清单中又需反映三个不同单位工程的实心砖墙砌体工程量时，工程量清单应以单位工程为编制对象，则第一个单位工程实心砖墙的项目编码应为 010302001001，第二个单位工程实心砖墙的项目编码应为 010302001002，第三个单位工程实心砖墙的项目编码应为 010302001003，并分别列出各单位工程实心砖墙的工程量。

（4）清单编制人在自行设置编码时，如需并项要慎重考虑。如某多层建筑物的挑檐底部抹灰同室内天棚抹灰的砂浆种类、抹灰厚度都相同，但这两个项目的施工难易程度有所不同，因而就要慎重考虑是否并项。

2）项目名称

分部分项工程量清单的项目名称应按《建设工程工程量清单计价规范》附录中的项目名称结合拟建工程的实际确定。

清单项目名称设置和划分原则上以形成工程实体为原则。例如，砖基础、实心砖墙、混凝土矩形柱等均是构成建筑工程实体的分项名称。清单实体分项工程是一个综合实体，它一般包含一个或几个单一实体（即若干个子项）。清单分项名称常以其中的主要实体子项名称命名。如清单项目"砖基础"分项中包含了"基础垫层"、"砖基础"、"基础防潮层"三个单一的子项。

随着新材料、新技术、新工艺的产生，附录中未包括的项目（名称）将会出现，编制人可按相应的原则进行补充，补充的项目应填写在工程量清单相应分部工程（节）的项目之后，相应项目编码栏内用"补"字示之。

3）项目特征

是指构成分部分项工程量清单项目、措施项目自身价值的本质特征。

分部分项工程量清单的项目特征是确定一个清单项目综合单价的重要依据，在编制的工程量清单中必须对其项目特征进行准确和全面的描述。工程量清单项目特征描述的重要意义在于：

（1）项目特征是区分清单项目的依据。工程量清单项目特征是用来表述分部分项清单项目的实质内容，用于区分计价规范中同一清单条目下各个具体的清单项目。没有项目特征的准确描述，对于相同或相似的清单项目名称就无从区分。

（2）项目特征是确定综合单价的前提。由于工程量清单项目的特征决定了工程实体的实质内容，必然直接决定了工程实体的自身价值，因此，工程量清单项目特征描述得准确与否，直接关系到工程量清单项目综合单价的准确确定。

（3）项目特征是履行合同义务的基础。实行工程量清单计价，工程量清单及其综合单价是施工合同的组成部分，因此，如果工程量清单项目特征的描述不清甚至漏项、错误，从而引起施工过程中的更改，会引起分歧，导致纠纷。

清单项目特征的描述，应根据《建设工程工程量清单计价规范》附录中有关项目特征的要求，结合技术规范、标准图集、施工图纸，按照工程结构、使用材质及规格或安装位置等予以详细而准确的表述和说明。

为达到规范、简捷、准确、全面描述项目特征的要求，在描述工程量清单项目特征时可掌握以下要点：

（1）必须描述的内容

① 涉及正确计量的内容必须描述。如门窗洞口尺寸或框外围尺寸，一樘门或窗有多大，直接关系到门窗的价格，因此对门窗洞口或框外围尺寸进行描述就十分必要。

② 涉及结构要求的内容必须描述。如混凝土构件的混凝土强度等级，是使用 C20 还是 C30、C40 等，因混凝土强度等级不同其价格也不同，所以必须描述。

③ 涉及材质要求的内容必须描述。如油漆的品种，是调和漆还是硝基清漆等；管材的材质是碳钢管还是塑料管、不锈钢管等；还需要对管材的规格、型号进行描述。

④ 涉及安装方式的内容必须描述。如管道工程中的钢管的连接方式是螺纹连接还是焊接；塑料管是粘接连接还是热熔连接等就必须描述。

（2）可不描述的内容

① 对计量计价没有实质影响的内容可以不描述。如对现浇混凝土柱的高度、断面大小等的特征规定可以不描述，因为混凝土构件是按"m³"计量，对此的描述实质意义不大。

② 应由投标人根据施工方案确定的可以不描述。如对石方的预裂爆破的单孔深度及装药量的特征规定，若由清单编制人来描述是困难的，由投标人根据施工要求，在施工方案中确定，自主报价比较恰当。

③ 应由投标人根据当地材料和施工要求确定的可以不描述。如对混凝土构件中的混凝土拌和料使用的石子种类及粒径、砂的种类的特征规定可以不描述，因为混凝土拌和料使用砾石还

是碎石,使用粗砂还是中砂、细砂或特细砂,除构件本身有特殊要求需要指定外,主要取决于工程所在地砂、石子材料的供应情况。至于石子的粒径大小主要取决于钢筋配筋的密度。

④ 应由施工措施解决的可以不描述,如对现浇混凝土板、梁的标高的特征规定可以不描述。因为同样的板或梁,都可以将其归并在同一个清单项目中,但由于标高的不同,将会导致因楼层的变化对同一项目提出多个清单项目。可能有人会说不同的楼层工效不一样,但这样的差异可以由投标人在报价中考虑,或在施工措施中去解决。

(3)可不详细描述的内容

① 无法准确描述的可不详细描述。如土壤类别,由于我国幅员辽阔,东西南北差异较大,特别是对于南方来说,在同一地点,由于表层土与表层土以下的土壤类别是不相同的,要求清单编制人准确判定某类土壤所占比例是困难的,在这种情况下,可考虑将土壤类别描述为综合,注明由投标人根据地勘资料自行确定土壤类别后决定报价。

② 施工图纸、标准图集标注明确的,可不再详细描述。对这些项目可描述为见××图集××页号及节点大样等。由于施工图纸、标准图集是发包、承包双方都应遵守的技术文件,这样描述,可以有效减少在施工过程中对项目理解的不一致。同时,对不少工程项目,真要将项目特征一一描述清楚也是一件费力的事情,如果能采用这一方法描述,就可以收到事半功倍的效果。因此,建议这一方法在项目特征描述中能采用的尽可能采用。

③ 还有一些项目可不详细描述,但清单编制人在项目特征描述中应注明由投标人自定,如土方工程中的"取土运距"、"弃土运距"等。首先,由清单编制人决定在多远取土或取、弃土运往多远是困难的;其次,由投标人根据在建工程施工情况统筹安排,自主决定取、弃土方的运距可以充分体现竞争的要求。

(4)《建设工程工程量清单计价规范》规定多个计量单位的描述

① 计价规范对"A.2.1混凝土桩"的"预制钢筋混凝土桩"计量单位有"m"、"根"两个计量单位,但是没有具体的选用规定,在编制该项目清单时,清单编制人可以根据具体情况选择"m"、"根"其中之一作为计量单位。但在项目特征描述时,若以"根"为计量单位,单桩长度应描述为确定值,只描述单桩长度即可;若以"m"为计量单位,单桩长度可以按范围值描述,并注明根数。

② 计价规范对"A.3.2砖砌体"中的"零星砌砖"的计量单位有"m³"、"m²"、"m"、"个"四个计量单位,但是规定了"砖砌锅台与炉灶可按外形尺寸以'个'计算,砖砌台阶可按水平投影面积以'm²'计算,小便槽、地垄墙可按长度以'm'计算,其他工程量按'm³'计算",所以在编制该项目的清单时,应将零星砌砖的项目具体化,根据计价规范的规定选用计量单位,并按照选定的计量单位进行恰当的特征描述。

(5)计价规范没有要求,但又必须描述的内容

对计价规范中没有项目特征要求的个别项目,但又必须描述的应予以描述。由于计价规范在我国初次实施,难免在个别地方存在考虑不周的地方,需要我们在实际工作中来完善。例如,A.5.1"厂库房大门、特种门",计价规范以"樘"作为计量单位,但又没有规定门大小的特征描述,那么,"框外围尺寸"就是影响报价的重要因素,因此就必须描述,以便投标人准确报价。同理,B.4.1"木门"、B.5.1"门油漆"、B.5.2"窗油漆"也是如此,需要注意增加描述门窗的洞口尺寸或框外围尺寸。

计量单位应按计价规范附录规定填写,附录中该项目有两个或两个以上计量单位的,应

选择最适宜计量的方式选择其中的一个填写。工程量应按计价规范附录规定的工程量计算规则计算填写。

4）计量单位

工程量计量单位均采用基本单位计量，其与消耗定额的计量单位不一定相同。工程量清单要求以《建设工程工程量清单计价规范》附录中规定的计量单位计量。如长度计量以"m"为单位，面积计量以"m²"为单位，体积或容积以"m³"为单位，质量以"t"为单位，自然计量单位有"台"、"套"、"个"、"组"等。

当计量单位有两个或两个以上时，应根据所编工程量清单项目的特征要求，选择最适宜表现该项目特征并方便计量的单位。例如，门窗工程的计量单位有"樘"、"m²"两个计量单位，实际工作中，就应选择最适宜、最方便计量的单位来表示。

5）工程量

清单项目工程量，原则上以形成实体的净数量表示。该工程量不会因施工主体的不同而有差异，它是保证各投标人公平报价竞争的基础，不是投标人竞争的内容。

（1）以"t"为计量单位的应保留小数点三位，第四位小数四舍五入。

（2）以"m³"、"m²"、"m"、"kg"为计量单位的应保留小数点两位，第三位小数四舍五入。

（3）以"项"、"个"、"套"、"块"、"樘"、"组"、"台"等为计量单位的应取整数。

清单工程量与施工工程量有着原则上的区别。施工工程量是从施工角度出发，考虑实施分项工程实际施工的数量，一般以消耗定额规定的工程量计算规则进行计算。根据消耗定额计算的施工工程量与工程项目采用的施工工艺、施工方案、施工方法等因素有关。施工工程量也是承建人为了进行工程计价计算的拟施工工程量，因而又称为计价工程量。

6）缺项补充

随着科学技术的发展，工程建设中新材料、新技术、新工艺不断涌现，《建设工程工程量清单计价规范》附录所列的工程量清单项目不可能包罗万象，更不可能包含随科技发展而出现的新项目。在实际编制工程量清单时，当出现《建设工程工程量清单计价规范》附录中未包括的清单项目时，编制人应作补充。编制人在编制补充项目时应注意以下方面：

（1）补充项目的编码必须按《建设工程工程量清单计价规范》的规定进行。即由附录的顺序码（A、B、C、D、E、F）、B和三位阿拉伯数字组成。

（2）在工程量清单中应附补充项目的项目名称、项目特征、计量单位、工程量计算规则和工作内容。

（3）将编制的补充项目报省级或行业工程造价管理机构备案。

如在桩与地基基础工程中可编制以下补充清单：

A.2 桩与地基基础工程

表 4-15　A.2.1 桩基础（编码：010201）

项目编码	项目名称	项目特征	计量单位	工程量计算规则	工程内容
AB001	钢管桩	（1）地层描述 （2）送桩长度/单桩长度 （3）钢管材质、管径、壁厚 （4）管桩填充材料种类 （5）桩倾斜度 （6）防护材料种类	m/根	按设计图示尺寸以桩长（包括桩尖）或根数计算	（1）桩制作、运输 （2）打桩、试验桩、斜桩 （3）送桩 （4）管桩填充材料、刷防护材料

7) 分部分项工程量清单编制举例

【例4-1】 某C25钢筋混凝土带形基础,C15素混凝土垫层,基础长25 m。其剖面图如图4-1所示。设置该带形基础的分部分项工程量清单与计价表的步骤为:

(1) 垫层

① 项目名称:C15素混凝土垫层

② 项目编码:010401006001

③ 计量单位:m³

④ 工程数量:1.6 m×0.1 m×25 m=4.00 m³

(2) 带形基础

① 项目名称:带形基础(C25)

② 项目编码:010401001001

③ 计量单位:m³

④ 工程数量:[1.4 m×0.25 m+(1.4+0.34)m×0.15 m×0.5 m]×25 m=12.01 m³

(3) 表格填写

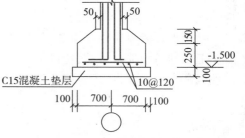

图4-1 某带形基础剖面图

表4-16 分部分项工程量清单与计价表

工程名称:某工程   标段: 第1页 共6页

序号	项目编码	项目名称	项目特征描述	计量单位	工程量	金额(元)		
						综合单价	合价	其中:暂估价
			A.4 混凝土及钢筋混凝土工程					
1	010401006001	垫层	混凝土强度等级:C15素混凝土	m³	4.00			
2	010401001001	带形基础	(1) 混凝土强度等级:C25混凝土 (2) 基础形式:无梁式	m³	12.01			
		(其他略)						
		分部小计						
			本页小计					
			合 计					

8) 注意事项

分部分项工程量清单为不可调整的闭口清单,投标人对招标文件提供的分部分项工程量清单必须逐一计价,对清单所列内容不允许作任何更改变动,对清单内容及工程数量经核实后便可进行报价,核实的结果并不一定在投标期间告知招标人,对于在招标文件中的清单项目漏项和算量错误,原则上谁中标谁进行调整。

4.3.2 措施项目清单与计价表的编制

1) 措施项目清单内容

《建设工程工程量清单计价规范》将工程实体项目划分为分部分项工程量清单项目,非实体项目划分为措施项目。所谓非实体项目,一般来说,其费用的发生和金额的大小与使用时间、施工方法或者两个以上工序相关,与实际完成的实体工程量的多少关系不大,典型的是大中型施工机械进出场及安拆费,文明施工和安全防护、临时设施等。但有的非实体项目,典型的是混凝土浇注的模板工程,与完成的工程实体具有直接关系,并且是可以精确计量的项目,用分部分项工程量清单的方式,采用综合单价更有利于合同管理。

措施项目清单应根据拟建工程的实际情况列项。通用措施项目可按表 4-17 选择列项,专业工程的措施项目可按《建设工程工程量清单计价规范》附录中规定的项目选择列项。若出现规范未列的项目,可根据工程实际情况补充。

表 4-17 通用措施项目一览表

序号	项 目 名 称	序号	项 目 名 称
1	安全文明施工(含环境保护、文明施工、安全施工、临时设施)	6	施工排水
2	夜间施工	7	施工降水
3	二次搬运	8	地上、地下设施,建筑物的临时保护设施
4	冬雨季施工	9	已完工程及设备保护
5	大型机械设备进出场及安拆		

措施项目中不能计算工程量的项目清单,以"项"为计量单位,如表 4-18 所示。

可以计算工程量的项目清单宜采用分部分项工程量清单的方式编制,列出项目编码、项目名称、项目特征、计量单位和工程量计算规则,如表 4-19 所示。

表 4-18 措施项目清单与计价表(一)

工程名称:某工程　　　　标段:　　　　第 1 页 共 1 页

序号	项 目 名 称	计算基础	费率(%)	金额(元)
1	安全文明施工费			
1.1	基本费			
1.2	考评费			
1.3	奖励费			
2	夜间施工费			
3	二次搬运费			
4	冬雨季施工			
5	大型机械设备进出场及安拆费			
6	施工排水			
7	施工降水			
8	地上、地下设施,建筑物的临时保护设施			
9	已完工程及设备保护			

续表 4-18

序号	项目名称	计算基础	费率(%)	金额(元)
10	各专业工程的措施项目			
10.1	垂直运输机械			
10.2	脚手架			
合计				

注:①本表适用于以"项"计价的措施项目。
②措施项目清单中的安全文明施工费应按照国家或省级、行业建设主管部门的规定计价,不得作为竞争性费用。

表 4-19 措施项目清单与计价表(二)

工程名称:某工程　　　　　　　　　标段:　　　　　　　　第1页 共1页

序号	项目编码	项目名称	项目特征描述	计量单位	工程量	金额(元)		
						综合单价	合	计
1	AB001	现浇钢筋混凝土平板模板及支架	矩形板,支模高度 3 m	m²				
2	AB002	现浇钢筋混凝土有梁板及支架	矩形梁,断面 200 mm×400 mm,梁底支模高度2.6 m,板底支模高度 3 m	m²				
			(其他略)					
		本页小计						
		合　计						

注:本表适用于以综合单价形式计价的措施项目。

2)措施项目清单编制注意事项

措施项目的内容与工程的具体实际情况结合紧密,也与施工组织和施工方法有关,因此,清单编制人必须熟悉施工图设计文件,根据经验和有关规范的规定拟定合理的施工方案,为投标人提供较全面的措施项目清单。投标人在报价时要对拟建工程可能发生的措施项目和措施费用做全面的考虑,如果报出的清单中没有列项但施工中又是必须发生的措施项目,投标人不得以任何借口提出变更与索赔。

3)措施项目清单与计价表的编制举例

【例 4-2】 根据图 4-2 所示编制钢筋混凝土模板及支架措施项目清单。图中层高为 3.3 m,板厚100 mm,柱截面 400 mm × 400 mm,KL1 截面250 mm×550 mm,KL2 截面 300 mm×600 mm,L1 截面 250 mm×500 mm。

【解】 (1)钢筋混凝土模板及其支架属于可以计算工程量的项目,宜采用分部分项工程量清单编制。钢筋混凝土模板及其支架属于补充项目,其补充清单及计算规则见表4-20。

图 4-2　结构层平面图

表 4-20 模板及其支架补充工程量项目清单及计算规则

项目编码	项目名称	项目特征	计量单位	工程量计算规则	工程内容
AB001	钢筋混凝土柱及其支架	(1)构件形状 (2)支模高度	m²	按混凝土与模板的接触面积计算,构件交接处均不计算模板面积	(1)模板安装、拆除 (2)模板清理、刷胶模剂、刷隔离剂、嵌缝 (3)整理堆放及场内外运输
AB002	钢筋混凝土梁及其支架	(1)构件形状 (2)支模高度	m²	按混凝土与模板的接触面积计算,构件交接处以及伸入墙内的梁头均不计算模板面积	(1)模板安装、拆除 (2)模板清理、刷胶模剂、刷隔离剂、嵌缝 (3)整理堆放及场内外运输
AB003	钢筋混凝土板及其支架	(1)构件形状 (2)支模高度	m²	按混凝土与模板的接触面积计算,不扣除面积≤0.3 m² 孔洞所占面积	(1)模板安装、拆除 (2)模板清理、刷胶模剂、刷隔离剂、嵌缝 (3)整理堆放及场内外运输

(2)计算工程量

① 计算矩形柱模板工程量

S =柱周长×柱高度－柱与梁交接处的面积

$\quad$ =0.4×4×3.3×4(根)－[0.25×0.55×4(KL1)＋0.3×0.6×4(KL2)]

$\quad$ =21.12－(0.55＋0.72)=19.85 m²

② 计算单梁模板工程量

S =梁支模展开宽度×梁支模长度×根数

KL1:(0.25＋0.55＋0.55－0.1)×(4.8－0.2×2)×2(根)=1.25×4.4×2=11 m²

KL2:(0.3＋0.6＋0.6－0.1)×(6.3－0.2×2)×2－0.25(0.5－0.1)×4(与L1交接处)

$\quad$ =1.4×5.9×2－0.4=16.12 m²

L1:[0.25＋(0.5－0.1)×2]×(4.8＋0.2×2－0.3×2)×2=1.05×4.6×2=9.66 m²

单梁模板工程量=11＋12.98＋9.66=33.64 m²

③ 计算现浇模板工程量

S =板长度×板宽度－柱所占面积－梁所占面积

$\quad$ =(4.8＋0.2×2)×(6.3＋0.2×2)－0.4×0.4×4－[0.25×(4.8－0.2×2)×

$\quad\quad$ 2(KL1)＋0.3×(6.3－0.2×2)×2(KL2)＋0.25×(4.8＋0.2×2－0.3×2)×2(L1)]

$\quad$ =34.84－0.64－(2.2＋3.54＋2.3)=26.16 m²

(3)编制钢筋混凝土模板及其支架清单

钢筋混凝土模板及其支架清单见表 4-21 所示。

表 4-21 措施项目清单与计价表

工程名称:某工程　　　　　　　　　　　　　标段:　　　　　　　　　　　　第 1 页 共 1 页

序号	项目编码	项目名称	项目特征描述	计量单位	工程量	金额(元)	
						综合单价	合计
1	AB001	现浇钢筋混凝土矩形柱模板及支架	矩形柱,截面 400 mm×400 mm,支模高度 3.3 m	m²	19.85		

序号	项目编码	项目名称	项目特征描述	计量单位	工程量	金额（元）	
						综合单价	合计
2	AB002	现浇钢筋混凝土梁模板及支架	矩形梁，断面 300 mm×600 mm，250 mm×550 mm，250 mm×550 mm	m²	33.64		
3	AB003	现浇钢筋混凝土平板模板及支架	平板，板厚 100 mm	m²	26.16		
			（其他略）				
			本页小计				
			合　　计				

4.3.3　其他项目清单的编制

1）其他项目清单内容

（1）暂列金额

暂列金额是招标人在工程量清单中暂定并包括在合同价款中的一笔款项，工程建设自身的规律决定，设计需要根据工程进展不断地进行优化和调整，发包人的需求可能会随工程建设进展而变化，工程建设过程中还存在着其他诸多不确定性因素。消化这些因素必然会影响合同价格的调整，暂列金额正是应这类不可避免的价格调整而设立的，以便合理确定工程造价的控制目标。

暂列金额虽然列入合同价格，但不等于就属于承包人（中标人）所有了。事实上，即便是总价包干合同，也不是列入合同价格的任何金额都属于中标人的，暂列金额是否属于中标人应得金额取决于具体的合同约定，只有按照合同约定程序实际发生后才能成为中标人的应得金额，纳入合同结算价款中。扣除实际发生金额后的暂列金额余额仍属于招标人所有。设立暂列金额并不能保证合同结算价格就不会再出现超过合同价格的情况，是否超出合同价格完全取决于工程量清单编制人对暂列金额预测的准确性，以及工程建设过程是否出现了其他事先未预测到的事件。

（2）暂估价

暂估价是在招标阶段预见肯定要发生，只是因为标准不明确或者需要由专业承包人完成，暂时又无法确定具体价格时采用的一种价格形式。采用这种价格形式，既与国家发展改革委、财政部、建设部等九部委第 56 号令发布的施工合同通用条款中的定义一致，同时又对施工招标阶段中一些无法确定价格的材料（设备）或专业工程分包提出了具有操作性的解决办法。一般而言，为方便合同管理和计价，需要纳入分部分项工程量清单项目综合单价中的暂估价最好只是材料费，以方便投标人组价。以"项"为计量单位给出的专业工程暂估价一般应是综合暂估价，应当包括除规费、税金以外的管理费、利润等。

（3）计日工

计日工是为了解决现场发生的零星工作的计价而设立的，国际上常见的标准合同条款中大多数都设立了计日工计价机制。计日工以完成零星工作所消耗的人工工时、材料数量、机械台班进行计量,并按照计日工表中填报的适用项目的单价进行计价支付。计日工适用的所谓零星工作一般是指合同约定之外的或者因变更而产生的、工程量清单中没有相应项目的额外工作,尤其是那些时间不允许事先商定价格的额外工作。计日工为额外工作和变更的计价提供了一个方便快捷的途径。但是,在以往的实践中,计日工经常被忽略。其中一个主要原因是因为计日工项目的单价水平一般要高于工程量清单项目单价水平。从理论上讲,合理的计日工单价水平一定是高于工程量清单的价格水平,其原因在于计日工往往是用于一些突发性的额外工作,缺少计划性,承包人在调动施工生产资源方面难免不影响已经计划好的工作,生产资源的使用效率也有一定的降低,客观上造成超出常规的额外投入。另一方面,计日工清单往往忽略给出一个暂定的工程量,无法纳入有效竞争,也是造成计日工单价水平偏高的原因之一。因此,为了获得合理的计日工单价,计日工表中一定要给出暂定数量,并且需要根据经验,尽可能估算一个比较贴近实际的数量。当然,尽可能把项目列全,防患于未然,也是值得充分重视的工作。

(4)总承包服务费

总承包服务费是在工程建设施工阶段实行施工总承包时,当招标人在法律、法规允许的范围内对工程进行分包和自行采购供应部分材料设备时,要求总承包人提供相关服务以及对施工现场进行协调和统一管理、对竣工资料进行统一汇总整理等所需的费用。

总承包服务费是为了解决招标人在法律、法规允许的条件下进行专业工程发包以及自行采购供应材料、设备时,要求总承包人对发包的专业工程提供协调和配合服务(如分包人使用总包人的脚手架、水电接剥等),对供应的材料、设备提供收发和保管服务以及对施工现场进行统一管理,对竣工资料进行统一汇总整理等发生并向总承包人支付的费用。招标人应当预计该项费用并按投标人的投标报价向投标人支付该项费用。

2)出现以上未列的项目,可根据工程实际情况补充

3)其他项目清单编制举例

其他项目清单编制见表4-22所示。

表4-22 其他项目清单与计价汇总表

工程名称:某工程　　　　　　　　　　标段:　　　　　　　　　　第1页 共1页

序号	项目名称	计量单位	金额(元)	备　注
1	暂列金额	项	300 000	明细详见表4-22-1
2	暂估价		100 000	
2.1	材料暂估价			明细详见表4-22-2
2.2	专业工程暂估价	项	100 000	明细详见表4-22-3
3	计日工			明细详见表4-22-4
4	总承包服务费			明细详见表4-22-5
	合　　计			

注:材料暂估单价进入清单项目综合单价,此处不汇总。

表 4-22-1　暂列金额明细表

工程名称:某工程　　　　　　　　　　　　标段:　　　　　　　　　第1页　共1页

序号	项目名称	计量单位	暂定金额(元)	备 注
1	工程量清单中工程量偏差和设计变更	项	150 000	
2	政策性调整和材料价格风险	项	100 000	
3	其他	项	50 000	
4				
5				
合　计			300 000	

注:此表由招标人填写,也可只列暂定金额总额,投标人应将上述暂列金额计入投标总价中。

表 4-22-2　材料暂估单价表

工程名称:某工程　　　　　　　　　　　　　　　　　　　　　　　　第1页　共1页

序号	材料名称、规格、型号	计量单位	单价(元)	备 注
1	钢筋(规格、型号综合)	t	5 000	用在所有现浇混凝土钢筋清单项目

表 4-22-3　专业工程暂估价表

工程名称:某工程　　　　　　　　　　　　　　　　　　　　　　　　第1页　共1页

序号	工程名称	工程内容	金额(元)	备 注
1	入户防盗门	安装	100 000	
合　计			100 000	

注:此表由招标人填写,投标人应将上述金额计入投标总价中。

表 4-22-4　计日工表

工程名称:某工程　　　　　　　　　　　　　　　　　　　　　　　　第1页　共1页

编号	项目名称	单 位	暂定数量	综合单价	合 价
一	人　工				
1	普　工	工日	100		
2	瓦　工	工日	50		
3	抹灰工		50		
4					

续表 4-22-4

编号	项目名称	单位	暂定数量	综合单价	合价
	人工小计				
二	材料				
1	钢筋(规格、型号综合)	t	1		
2	水泥 42.5	t	2		
3	中砂	m³	10		
4					
	材料小计				
三	施工机械				
1	自升式塔式起重机(起重力矩 1 250 kN·m)	台班	5		
2	灰浆搅拌机(400 L)	台班	2		
3					
4					
	施工机械小计				
	总　计				

表 4-22-5　总承包服务费计价表

工程名称:某工程　　　　　　　　　　　　　　　　　　　　　　　　　第 1 页　共 1 页

序号	项目名称	项目价值（元）	服务内容	费率（%）	金额（元）
1	发包人发包专业工程	100 000	(1)按专业工程承包人的要求提供施工工作面并对施工现场进行统一管理,对竣工资料进行统一整理汇总。 (2)为专业工程承包人提供垂直运输机械和焊接电源接入点,并承担垂直运输费和电费。 (3)为防盗门安装后进行补缝和找平并承担相应费用。		
2	发包人供应材料	1 000 000	对发包人供应的材料进行验收及保管和使用发放。		
合计					

注:此表由招标人填写,投标人应将上述专业工程暂估价计入投标总价中。

4)注意事项

工程建设标准的高低、复杂程度、工期长短、组成内容、发包人对工程管理要求等都直接影响其他项目清单的具体内容,本条仅提供暂列金额、暂估价、计日工、总承包服务费四项内容作为列项参考。不足部分,编制人可根据工程的具体情况进行补充。

4.3.4 规费、税金项目清单的编制

1) 规费项目清单的编制

规费是指根据省级政府或省级有关权力部门规定必须缴纳的,应计入建筑安装工程造价的费用。根据建设部、财政部印发的《建筑安装工程费用项目组成》(建标〔2003〕206 号)的规定,规费是工程造价的组成部分。根据财政部、国家发展改革委、建设部"关于专项治理涉及建筑企业收费的通知"(财综〔2003〕46 号)规定的行政事业收费的政策界限:"各地区凡在法律、法规规定之外,以及国务院或者财政部、原国家计委和省、自治区、直辖市人民政府及其所属财政、价格主管部门规定之外,向建筑企业收取的行政事业性收费,均属于乱收费,应当予以取消。"规费由施工企业根据省级政府或省级有关权力部门的规定进行缴纳,但在工程建设项目施工中的计取标准和办法由国家及省级建设行政主管部门依据省级政府或省级有关权力部门的相关规定制定。

规费项目清单应包括内容有:①工程排污费;②工程定额测定费(江苏省现已停征);③社会保障费:包括养老保险费、失业保险费、医疗保险费;④住房公积金;⑤危险作业意外伤害保险。

2) 税金项目清单的编制

税收是国家为了实现本身的职能,按照税法预先规定的标准,强制地、无偿地取得财政收入的一种形式,是国家参与国民收入分配和再分配的工具。本处税金是指依据国家税法的规定应计入建筑安装工程造价内,由承包人负责缴纳的营业税、城市维护建设税以及教育费附加等的总称。

税金项目清单应包括的内容有:①营业税;②城市维护建设税;③教育费附加。

3) 规费、税金项目清单的编制举例

规费、税金项目清单编制见表 4-23 所示。

表 4-23 规费、税金项目清单与计价表

工程名称:某工程 标段: 第1页 共1页

序号	项目名称	计算基础	费率(%)	金额(元)
1	规 费			239 634
1.1	工程排污费	按工程所在地环保部门规定按实计算		10 000
1.2	社会保障费	(1)+(2)+(3)		169 231
(1)	养老保险费	人工费	14	107 692
(2)	失业保险费	人工费	2	15 385
(3)	医疗保险费	人工费	6	46 154
1.3	住房公积金	人工费	6	46 154
1.4	危险作业意外伤害保险	人工费	0.5	3 846
1.5	工程定额测定费	税前工程造价	0.14	10 403
2	税 金	分部分项工程费+措施项目费+其他项目费+规费	3.41	261 581
合计				501 215

4）注意事项

规费作为政府和有关权力部门规定必须缴纳的费用,政府和有关权力部门可根据形势发展的需要对规费项目进行调整。因此,对《建筑安装工程费用项目组成》未包括的规费项目,在计算规费时应根据省级政府和省级有关权力部门的规定进行补充。如国家税法发生变化或地方政府及税务部门依据职权对税种进行了调整,应对税金项目清单进行相应调整。

4.3.5 汇总表

汇总表分为单位工程汇总表和单项工程汇总表。单位工程汇总表是针对某一单位工程中包括的分部分项工程、措施项目、其他项目、规费和税金的总和。单项工程汇总表是各单位工程汇总的总和。

4.3.6 总说明的编制

在工程计价的不同阶段,说明的内容是有差别的,要求是不同的。编制工程量清单时总说明应按下列内容填写:

（1）工程概况:建设规模、工程特征、计划工期、施工现场实际情况、自然地理条件、环境保护要求等。

（2）工程招标和分包范围。

（3）工程量清单编制依据。

（4）工程质量、材料、施工等的特殊要求。

（5）其他需要说明的问题。

表 4-24 为总说明编制举例。

表 4-24 总 说 明

工程名称:某工程　　　　　　　　　　　　　　　　　　　　　　　　　　第 页 共 页

1. 工程概况:本工程为砖混结构,采用混凝土灌注桩,建筑层数为六层,建筑面积为 10 940 m²,计划工期为 300 日历天。施工现场距本工程最近处为 20 m,施工中应注意采取相应的防噪措施。
2. 工程招标范围:本次招标范围为施工图范围内的建筑工程和安装工程。
3. 工程量清单编制依据:
（1）本工程施工图。
（2）《建设工程工程量清单计价规范》。
4. 其他需要说明的问题:
（1）招标人供应现浇构件的全部钢筋,单价暂定为 5 000 元/t。
承包人应在施工现场对招标人供应的钢筋进行验收及保管和使用发放。
招标人供应钢筋的价款支付,由招标人按每次发生的金额支付给承包人,再由承包人支付给供应商。
（2）进户防盗门另进行专业发包。总承包人应配合专业工程承包人完成以下工作:
① 按专业工程承包人的要求提供施工工作面并对施工现场进行统一管理,对竣工资料进行统一整理汇总。
② 为专业工程承包人提供垂直运输机械和焊接电源接入点,并承担垂直运输费和电费。
③ 为防盗门安装后进行补缝和找平并承担相应费用。

4.3.7 封面的编制

封面编制一般在最后进行。主要介绍工程项目名称、招标人及其法定代表人,中介机构法定代表人,清单编制人及复核人,编制时间及复核时间。封面应按规定的内容填写、签字、盖章,造价员编制的工程量清单应有负责审核的造价工程师签字、盖章。封面根据招标人自行编制的工程量清单和招标人委托工程造价咨询人编制的工程量清单,分别选用封面一或封面二。

封面一

×　× 　　　　　　　　　工程

工 程 量 清 单

工 程 造 价

招　标　人:＿＿＿＿×× 单位＿＿＿＿　　咨　询　人:＿＿＿＿＿＿＿＿＿＿
　　　　　　　　（单位盖章）　　　　　　　　　　　　（单位资质专用章）

法定代表人　　　　×× 单位　　　　　法定代表人
或其授权人:＿＿＿法定代表人＿＿＿　或其授权人:＿＿＿＿＿＿＿＿＿＿
　　　　　　　　（签字或盖章）　　　　　　　　　　　（签字或盖章）

编　制　人:＿＿＿＿＿＿＿＿＿＿＿　复　核　人:＿＿＿＿＿＿＿＿＿＿
　　　　（造价人员签字盖专用章）　　　　　　（造价工程师签字盖专用章）
编 制 时 间:　　年　月　日　　　　　复 核 时 间:　　年　月　日

封面二

×　× 　　　　　　　　　工程

工 程 量 清 单

招　标　人:＿＿＿＿×× 单位＿＿＿＿　　咨　询　人:＿＿＿×× 工程造价咨询企业＿＿＿
　　　　　　　　（单位盖章）　　　　　　　　　　　　（单位资质专用章）

法定代表人　　　　×× 单位　　　　　法定代表人　　　×× 工程造价咨询企业
或其授权人:＿＿＿法定代表人＿＿＿　或其授权人:＿＿＿法定代表人＿＿＿
　　　　　　　　（签字或盖章）　　　　　　　　　　　（签字或盖章）

编　制　人:＿＿＿＿＿＿＿＿＿＿＿　复　核　人:＿＿＿＿＿＿＿＿＿＿
　　　　（造价人员签字盖专用章）　　　　　　（造价工程师签字盖专用章）
编 制 时 间:　　年　月　日　　　　　复 核 时 间:　　年　月　日

思考与练习

1. 简述工程量清单的编制依据。

2. 工程量清单由哪几部分组成?

3. 分部分项工程量清单中的项目编码由多少位数字组成? 每级编码表示什么? 在设置第五级编码时应注意什么问题?

4. 简述设置项目特征的意义。

5. 设置项目特征时应掌握哪些要点?

6. 什么是措施项目清单? 如何进行编制?

7. 什么是其他项目清单? 包括哪些内容?

8. 计算如图 4-3 所示的基础模板工程量并编制措施项目清单。

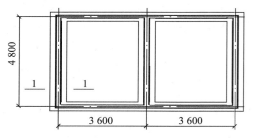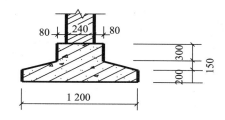

图 4-3

5　建筑与装饰工程工程量的计算

本章提要：本章主要介绍了建筑面积的概念、计算规则；建设与装饰工程工程量清单项目的划分、项目特征的描述、包括工程内容及工程量的计算方法。重点讲述分部分项工程量清单的编制原则和方法。

5.1　建筑面积的计算

5.1.1　建筑面积的概念

建筑面积亦称建筑展开面积，是建筑物各层面积的总和。单层建筑物按一层计算建筑面积，多层建筑物建筑面积按各层建筑面积之和计算。

建筑面积包括使用面积、辅助面积和结构面积三部分。

使用面积是指建筑物各层平面中直接为生产或生活使用的净面积之和。例如，住宅建筑中的居室、客厅、书房、卫生间、厨房等。

辅助面积是指建筑物各层平面中为辅助生产或辅助生活所占净面积之和。例如，住宅建筑中的楼梯、走道等。使用面积与辅助面积之和称为有效面积。

结构面积是指建筑各层平面中的墙、柱等结构所占面积之和。

5.1.2　建筑面积的作用

建筑面积一直以来在建筑工程造价管理方面起着非常重要的作用，它是建筑投资、建设项目可行性研究、建设项目勘察设计、建设项目研究、建设项目招标投标、建设工程施工和竣工验收、建设工程造价管理、建筑工程造价控制等一系列工作的重要计算指标，是计算开工面积、竣工面积、建筑装饰规模等重要的技术指标，是计算建筑、装饰等单位工程或单项工程的单位面积工程造价、人工消耗指标、机械台班消耗指标、工程量消耗指标的重要经济指标，是计算有关工程量的重要依据。

综上所述，建筑面积是重要的技术经济指标，在全国控制建筑、装饰工程造价和建设过程中起着重要作用。

（1）建筑面积是城市规划与管理的基础。

（2）建筑面积是目前现行法规中收取市政基础设施配套费的重要计算依据。

（3）工程施工招投标编制标底、进行投标报价时，建筑面积也是作为计算费用的一个很重要的标志性衡量指标。

（4）目前物业管理费的收取也是以建筑面积为计价基础的。

（5）目前的公共维修基金和大、中修费用是按建筑面积来分摊与收取的。房屋的房租有些也是按建筑面积为依据收取的。

5.1.3 建筑面积的名词定义

(1) 层高：是指上下两层楼面或楼面与地面的结构标高之间的垂直距离。

(2) 净高：净高是指层高减去楼板厚度的净值。

(3) 自然层：按楼板、地板结构分层的楼层。

(4) 勒脚：建筑物外墙与室外地面或散水接触部位墙体的加厚部分。

(5) 围护结构：围合建筑空间的墙体、门、窗等。

(6) 落地橱窗：突出外墙面根基落地的橱窗。

(7) 变形缝：伸缩缝、沉降缝和抗震缝的总称。

(8) 永久性顶盖：经规划批准设计的永久使用的顶盖。

(9) 飘窗：为房间采光和美化造型而设置的突出外墙的窗。

5.1.4 建筑面积计算规则

中华人民共和国建设部颁发的《建筑工程建筑面积计算规范》(GB/T 50353-2005)，规定了建筑面积的计算方法。主要规定了三方面的内容：①计算全部建筑面积的范围和规定；②计算部分建筑面积的范围和规定；③不计算建筑面积的范围和规定。这些规定主要考虑尽可能准确地反映建筑物各组成部分的价值量，通过建筑面积计算的规定来简化建筑面积过程。

1) 应计算建筑面积的范围

(1) 单层建筑物

① 计算规则

单层建筑物的建筑面积，应按其外墙勒脚以上结构外围水平面积计算，并应符合下列规定：

a. 单层建筑物高度在 2.20 m 及其以上的应计算全面积；高度不足 2.20 m 的应计算 1/2 面积。

b. 利用坡屋顶内空间时，净高超过 2.10 m 的部位应计算全面积；净高在 1.20 m 至 2.10 m 的部位应计算 1/2 面积；净高不足 1.2 m 的部位不应计算面积。

② 计算规则解读

a. 单层建筑物可以是民用建筑、公共建筑，也可以是工业厂房。

b. "应按其外墙勒脚以上结构外围水平面积计算"的规定，主要强调勒脚是墙根部很矮的一部分墙体加厚，不能代表整个外墙结构，因此要扣除勒脚墙体加厚部分。另外还强调，建筑面积只包括外墙的结构面积，不包括外墙抹灰厚度、装饰材料厚度所占的面积。

c. 利用坡屋顶空间净高计算建筑面积的部位见例题。

d. 单层建筑物应按不同的高度确定面积的计算。其高度指室内地面标高至屋面板板面结构标高之间的垂直距离。遇有以屋面板找坡的平屋顶单层建筑物，其高度指室内地面标高至屋面板最低处板面结构标高之间的垂直距离。

e. 2.20 m 及其以上是指 $H \geqslant 2.2$ m，高度不足 2.20 m 是指 $H < 2.2$ m，超过 2.10 m 是指 $H > 2.1$ m，在 1.20 m 至 2.10 m 之间是指 2.1 m$\geqslant H \geqslant 1.2$ m。

(2) 单层建筑物内设有局部楼层

① 计算规则

单层建筑物内设有局部楼层者,局部楼层及其以上楼层,有围护结构的应按其围护结构外围水平面积计算,无围护结构的应按其底板水平面积计算。层高在 2.20 m 及其以上者应计算全面积;层高不足 2.20 m 者应计算 1/2 面积。

② 计算规则解读

a. 单层建筑内设有部分楼层(图 5-1(a)、(b)),这时,局部楼层的墙厚应包括在楼层面积内。其建筑面积 $S=A\times B+a\times b$。

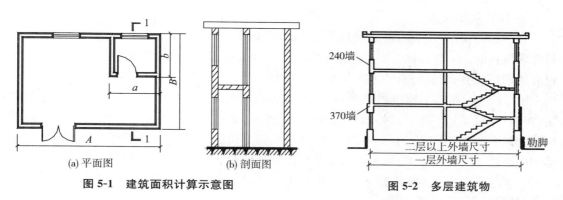

(a) 平面图　　　　(b) 剖面图

图 5-1　建筑面积计算示意图

图 5-2　多层建筑物

b. 本条规定没有规定不算建筑面积的部位,可以理解为局部楼层层高一般不会低于 1.20 m。这里的高度指室内地面标高至顶面板板面标高之间的垂直距离。

(3) 多层建筑物

① 计算规则

a. 多层建筑物首层应按其外墙勒脚以上结构外围水平面积计算;二层及以上楼层应按其外墙结构外围水平面积计算(图 5-2)。层高在 2.20 m 及以上者应计算全面积;层高不足 2.20 m 者应计算 1/2 面积。

b. 多层建筑坡屋顶内和场馆看台下,当设计加以利用时,净高超过 2.10 m 的应计算全面积;净高在 1.20 m 至 2.10 m 的应计算 1/2 面积;当设计不利用或室内净高不足 1.20 m 时不应计算面积。注意设计加以利用时才计算建筑面积。如果设计不利用的空间,则不计算建筑面积。所以要具备两个条件:净高满足要求,同时要加以利用。

② 计算规则解读

a. 规定明确了外墙上的抹灰厚度或装饰材料厚度不能计入建筑面积。

b. "二层及以上楼层"是指因为可能各层的平面布置不同,面积也不同,因此要分层计算。

c. 多层建筑物的建筑面积应按不同的层高分别计算。建筑物最底层的层高指当有基础底板时按基础底板上表面结构标高至上层楼面的结构标高之间的垂直距离确定;当没有基础底板时按地面标高至上层楼面的结构标高之间的垂直距离确定。最上一层的层高是指楼面结构标高至屋面板板面结构标高之间的垂直距离;若遇到以屋面板找坡的屋面,层高是指楼面结构标高至屋面板最低处板面结构标高之间的垂直距离。

d. 多层建筑坡屋顶内和场馆看台下的空间应视为坡屋顶的空间,设计加以利用时,应按其净高确定其面积的计算;设计不利用的空间,不应计算建筑面积。

（4）地下室

① 计算规则

地下室、半地下室（车间、商店、车站、仓库等）（图5-3），包括相应的永久性顶盖的出入口，应按其外墙上口（不包括采光井、外墙防潮层及其保护墙）外边线所围面积计算。层高在2.20 m及以上者应计算全面积；层高不足2.20 m者应计算1/2面积。

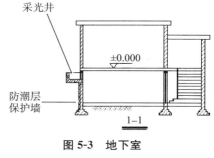

图5-3　地下室

② 计算规则解读

a. 地下室采光井是为了满足地下室的采光和通风要求设置的。一般在地下室围护墙上口开设一个矩形或其他形状的竖井，井的上口一般设有铁栅，井的一个侧面安装采光和通风用的窗子。

b. 地下室、半地下室应以其外墙上口外边线所围水平面积计算。以前的计算规则规定：按地下室、半地下室上口外墙外围水平面积计算，文字上不够严密，"上口外墙"容易被理解成为地下室、半地下室的上一层建筑的外墙。因为通常情况下，上一层建筑外墙与地下室墙的中心线不一定完全重叠，多数情况是凹进或凸出地下室外墙中心线。

c. 需要注意的是，外墙上口，不是外墙其他部位，因为要受到土的压力和剪力，所以一般此时的外墙上下厚度不同。

d. 外墙是指结构主体的外墙，不是采光井、外墙防潮层及其保护墙。

（5）建筑物吊脚架空层、深基础架空层

① 计算规则

坡地的建筑物吊脚架空层（图5-4）、深基础架空层（图5-5），设计加以利用并有围护结构的，层高在2.20 m及以上的部位应计算全面积；层高不足2.20 m的部位应计算1/2面积；设计加以利用的无围护结构的建筑物吊脚架空层，应按其利用部位水平面积的1/2计算；设计不利用的深基础架空层、坡地吊脚架空层不应计算面积。

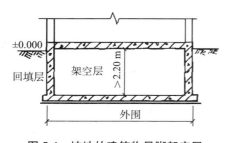

图5-4　坡地的建筑物吊脚架空层

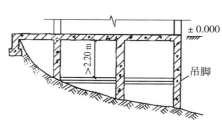

图5-5　深基础架空层

② 计算规则解读

a. 本条适用于架空层，而且必须是加以利用的，不加以利用的，无论多高，不计算建筑面积。

b. 层高在2.20 m及以上的吊脚架空层可以设计用来作为一个房间使用。

c. 深基础架空层2.20 m及以上层高时，可以用来作为安装设备或做储藏间使用。

d. 有围护结构，按层高分界，不是按净高分界，2.2 m以下计算一半建筑面积，即使层高1 m也要计算。但是，如果是无围护结构，不管层高多少，只按照利用部分的一半计算，而不是全部计算。用深基础做地下架空层加以利用,层高超过 2.2 m 的,按架空层外墙外围水平面积的一半计算建筑面积。

(6) 建筑物内门厅、大厅

① 计算规则

建筑物的门厅、大厅按一层计算建筑面积。门厅、大厅内设有回廊(图 5-6(a)、(b))时,应按其结构底板水平面积计算。层高在 2.20 m 及以上者应计算全面积;层高不足 2.20 m 者应计算 1/2 面积。

② 计算规则解读

a. "门厅、大厅内设有回廊"是指建筑物大厅、门厅的上部(一般该大厅、门厅占两个或两个以上建筑物层高)四周向大厅、门厅、中间挑出的走廊。

b. 宾馆、大会堂、教学楼等大楼内的门厅或大厅,往往要占建筑物的两层或两层以上的层高,无论一层大厅有多高,也只能计算一层面积。

c. "层高不足 2.20 m 者应计算 1/2 面积"指回廊层高可能出现的情况。

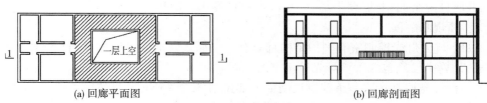

(a) 回廊平面图   (b) 回廊剖面图

图 5-6   回廊示意图

(7) 架空走廊

① 计算规则

建筑物间有围护结构的架空走廊(图 5-7(a)、(b)),应按其围护外围水平面积计算。层高在 2.20 m 及以上者应计算全面积;层高不足 2.20 m 者应计算 1/2 面积。有永久性顶盖无围护结构的应按其结构底板水平面积的 1/2 计算。

② 计算规则解读

a. 架空走廊是指建筑物与建筑物之间,在二层或二层以上专门为水平交通设置的走廊。例如两栋楼之间有走廊连接,常见于办公楼、商场、教学楼等在 2~3 层空间的连接。

b. 建筑物间有围护结构的架空走廊应和自然层一致,所以按照层高分界,按照 2.2 m 分界。

c. 如果建筑物间有围护结构的架空走廊有永久性顶盖"无围护结构的",按照"其结构

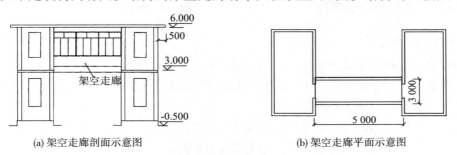

(a) 架空走廊剖面示意图   (b) 架空走廊平面示意图

图 5-7   架空走廊示意图

底板水平面积的 1/2 计算",如果"无顶盖,无围护结构的",不计算建筑面积。

d. 图示 $S=(5-0.24)\times(3.0+0.24)=15.42 \text{ m}^2$。

(8) 立体书库、立体仓库、立体车库

① 计算规则

立体书库、立体仓库、立体车库,无结构层的应按一层计算;有结构层的按其结构层面积分别计算。层高在 2.20 m 及以上者应计算全面积;层高不足 2.20 m 者应计算 1/2 面积。

② 计算规则解读

a. 立体书库、立体仓库、立体车库不规定是否有围护结构,均按是否有结构层,应区分不同的层高确定建筑面积计算的范围。

b. 有结构层的和自然层类似,所以按照层高分界,即按照是否超过 2.2 m 分界。

(9) 舞台灯光控制室

① 计算规则

有围护结构的舞台灯光控制室,应按其围护结构外围水平面积计算。层高在 2.20 m 及以上者应计算全面积;层高不足 2.20 m 者应计算 1/2 面积。

② 计算规则解读

a. 如果舞台灯光控制室有围护结构且只有一层那么就不能另外计算面积,因为整个舞台面积的计算中已经包含了该灯光控制室的面积。

b. 舞台灯光控制室这一条较原规则更加细化,有围护结构,和自然层类似,所以按照层高分界,按层高 2.20 m 划分是否计算全面积。

(10) 落地橱窗、门斗、挑廊、走廊、檐廊

① 计算规则

建筑物外有围护结构的落地橱窗、门斗、挑廊、走廊、檐廊(图 5-8、图 5-9),应按其围护外围水平面积计算。层高在 2.20 m 及以上者应计算全面积;层高不足 2.20 m 者应计算 1/2 面积。有永久性顶盖无围护结构的应按其结构底板水平面积的 1/2 计算。

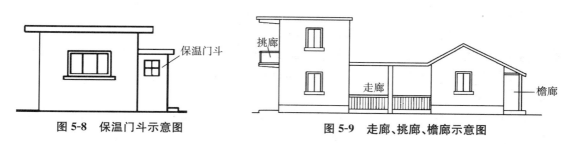

图 5-8 保温门斗示意图   图 5-9 走廊、挑廊、檐廊示意图

② 计算规则解读

a. 落地橱窗是指突出外墙面,根基落地的橱窗。

b. 门斗是指在建筑物出入口设置的起分隔、挡风、御寒等作用的建筑物底层的水平交通空间。

c. 挑廊是指二层以上挑出房屋外墙体,有围护结构、无支柱有顶盖的水平交通空间。

d. 走廊是指有顶的过道,是建筑物的水平交通空间。

e. 檐廊是指设置在建筑物底层檐下的水平交通空间。

（11）场馆看台

① 计算规则

有永久性顶盖无围护结构的场馆看台，应按其顶盖水平投影面积的1/2计算。

② 计算规则解读

这里的"场馆"实际上是指足球场、网球场等看台上有永久性顶盖部分，却没有围护结构的部分。如果是篮球馆等有永久性顶盖和围护结构的馆，应按单层或多层建筑相关规定计算面积。

（12）建筑物顶部楼梯间、水箱间、电梯机房

① 计算规则

建筑物顶部有围护结构的楼梯间、水箱间、电梯机房等，层高在 2.20 m 及以上者应计算全面积；层高不足 2.20 m 者应计算 1/2 面积。

② 计算规则解读

a. 如遇建筑物屋顶的楼梯间是坡屋顶时，应按坡屋顶的相关规定计算面积。

b. 单独放在建筑物屋顶上的混凝土水箱或钢板水箱不计算面积。

c. 建筑物顶部有围护结构的楼梯间、水箱间、电梯机房（图 5-10）等指的是有围护结构、有顶的房间，这样就可以和普通的房屋一致了，计算规则也一致，就好理解了。

d. 如果顶部楼梯间是坡屋顶的话，就应该按坡屋顶的相关规定计算面积。

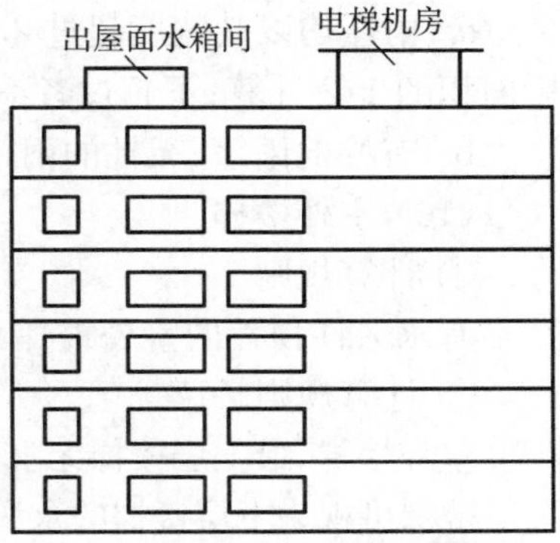

图 5-10　出屋面水箱间、电梯机房示意图

（13）不垂直于水平面而超出底板外沿的建筑物

① 计算规则

设有围护结构不垂直于水平面而超出底板外沿的建筑物，应按其底板面的外围水平面积计算。层高在 2.20 m 及以上者应计算全面积；层高不足 2.20 m 者应计算 1/2 面积。

② 计算规则解读

设有围护结构不垂直于水平面而超出地板外沿的建筑物是指向建筑物外倾斜的墙体。若遇有向建筑物内倾斜的墙体，应视为坡屋顶，应按坡屋顶的有关规定计算面积。

（14）室内楼梯间、电梯井、垃圾道等

① 计算规则

建筑物内的室内楼梯间、电梯井、观光电梯井、提物井、管道井、通风排气竖井、垃圾道、附墙烟囱应按建筑物的自然层计算面积（图 5-11）。

② 计算规则解读

a. 室内楼梯间的面积计算，应按楼梯依附的建筑物的自然层数计算，合并在建筑物面积内。若遇跃层建筑，其共有的室内楼梯应按自然层计算面积；上下两错层户室共用的室内楼梯，应选上一层的自然层计算面积。

b. 电梯井是指安装电梯用的垂直通道。

（15）雨篷

① 计算规则

雨篷结构的外边线至外墙结构外边线的宽度超过2.10 m者,应按雨篷外围结构的水平投影面积的1/2计算面积(图5-12)。

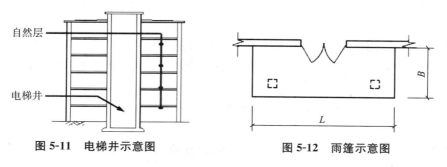

图 5-11　电梯井示意图　　　　　图 5-12　雨篷示意图

② 计算规则解读

a. 雨篷均以其宽度超过2.10 m或不超过2.10 m划分。超过者按雨篷结构板水平投影面积的1/2计算;不超过者不计算。上述规定不管雨篷是否有柱或无柱,计算应一致。

b. 有柱的雨篷,无柱的雨篷、独立柱的雨篷都适用于此规则。

(16)室外楼梯

① 计算规则

有永久性顶盖的室外楼梯,应按建筑自然层的水平投影面积的1/2计算。

② 计算规则解读

室外楼梯,最上层楼梯无永久性顶盖或不能完全遮盖楼梯的雨篷,上层楼梯不计算面积;上层楼梯可视为下层楼梯的永久性顶盖,下层楼梯应计算面积;室外楼梯,最上一层楼梯没有永久性顶盖或不能完全遮盖楼梯的雨篷,那么上层楼梯不计算面积,下层楼梯应该计算面积。

(17)阳台

① 计算规则

建筑物的阳台均应按其水平投影面积的1/2计算建筑面积(图5-13)。

② 计算规则解读

建筑物的阳台,不论是凹阳台、挑阳台还是封闭阳台均按其水平投影面积的1/2计算建筑面积。

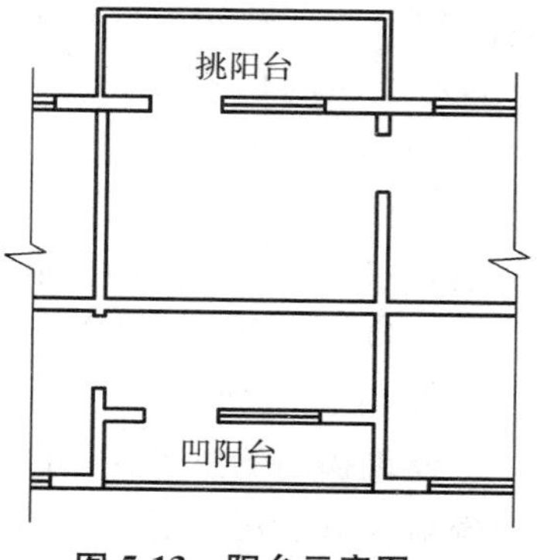

(18)车棚、货棚、站台、收费站

① 计算规则

有永久性顶盖无围护的车棚、货棚、站台、加油站、收费站等,应按其顶盖水平投影面积的1/2计算建筑面积(图5-14)。

图 5-13　阳台示意图

② 计算规则解读

a. 车棚、货棚、站台、加油站等的面积计算,由于建筑技术的发展,出现许多新型结构,如柱不再是单纯的直立柱,已出现了正V形,倒Λ形等不同类型的柱,给面积计算带来许多争议。为此,我们不以柱来确定面积,而是依据顶盖的水平面积计算面积。

b. 在车棚、货棚、站台、加油站、收费站内设有带围墙结构的管理房间、休息室等,应另按有关规定计算面积。

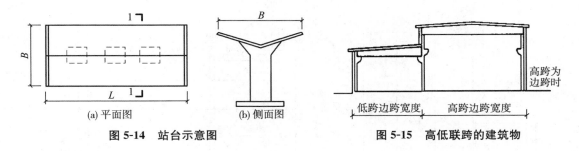

(a) 平面图   (b) 侧面图

图 5-14   站台示意图   图 5-15   高低联跨的建筑物

（19）高低联跨建筑物

① 计算规则

高低联跨的建筑物（图 5-15），应以高跨结构外边线为界，分别计算建筑面积；其高低跨内部联通时，其变形缝应计算在低跨面积内。

② 计算规则解读

a. 高低联跨建筑物，当高跨为边跨时，其建筑面积按勒脚以上两端山墙外表面间的水平投影长度乘以勒脚以上外墙表面至高跨中柱外边线水平宽度计算。

b. 当高跨为中跨时，其建筑面积按勒脚以上两端山墙外表面间水平投影长度乘以中柱外边线水平宽度计算。

（20）以幕墙作为围护结构的建筑物

① 计算规则

以幕墙作为围护结构的建筑物，应按幕墙外边线计算建筑面积。

② 计算规则解读

围护性幕墙是指直接作为外墙起围护作用的幕墙，按照外边线计算，将幕墙看作围护结构。

（21）建筑物外墙外侧有保温隔热层

① 计算规则

建筑物外墙外侧有保温隔热层的，应按保温隔热层外边线计算建筑面积。

② 计算规则解读

a. 本条规定是指外墙保温隔热层在外墙外侧，如果外墙保温隔热层做在外墙内侧则不适用。

b. 外墙外侧有阳台的，阳台的建筑面积也要算到保温隔热层外边线。

（22）建筑物内的变形缝

① 计算规则

建筑物内的变形缝，应按其自然层合并在建筑物面积内计算。

② 计算规则解读

本条规定所指建筑物内的变形缝是与建筑物相联通的变形缝，即暴露在建筑物内，可以看得见的变形缝。

【例 5-1】 某多层住宅平面图和立面图如图 5-16 所示，变形缝宽度为 200 mm，阳台水平投影尺寸为 1.80 m×3.60 m（共 18 个），雨篷水平投影尺寸为 2.60 m×4.00 m，坡屋面阁楼室内净高最高点为 3.65 m，坡屋面坡度为 1:2；平屋面女儿墙顶面标高为 11.60 m。请按建筑工程建筑面积计算规范（GB/T 50353-2005）计算建筑面积。

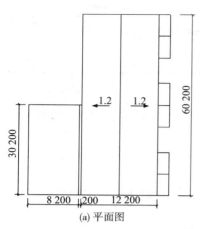 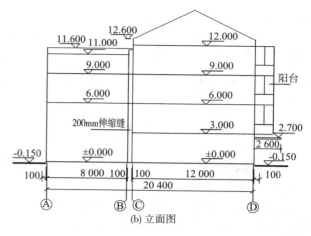

图 5-16　建筑面积计算示意图

【解】

表 5-1　建筑面积和工程量计算表

序号	名　称	计　算　公　式
1	A—B 轴	$30.20×(8.40×2+8.40×1/2)=634.20$ m²
2	C—D 轴	$60.20×12.20×4=2\,937.76$ m²
3	坡屋面	$60.20×(6.20+1.80×2×1/2)=481.60$ m²
4	雨　篷	$2.60×4.00×1/2=5.20$ m²
5	阳　台	$18×1.80×3.60×1/2=58.32$ m²
	合　计	$4\,117.08$ m²

2）不计算建筑面积的范围

（1）建筑物的通道（骑楼、过街楼的底层）不应计算建筑面积（图 5-17）。

（2）建筑物内的设备管道夹层不应计算建筑面积。

（3）建筑物内分隔的单层房间，舞台及后台悬挂幕布、布景的天桥、挑台等不应计算建筑面积。

（4）屋顶水箱、花架、凉棚、露台、露天游泳池等不应计算建筑面积。

（5）建筑物内的操作平台、上料平台等应该按规定确定是否应计算建筑面积。

图 5-17　通道示意图

（6）勒脚、附墙柱、垛、台阶、墙面抹灰、镶贴块料面层、装饰性幕墙、空调机外机搁板（箱）、飘窗、构件、配件、宽度在 2.10 m 以内的雨篷及与建筑物内不相连的装饰性阳台、挑廊等不应计算建筑面积。

（7）无永久性顶盖的架空走廊、室外楼梯和用于检修、消防等室外钢楼梯、爬梯不应计算建筑面积。

（8）自动扶梯和人行道不应计算建筑面积。

（9）独立大烟囱、烟道、地沟、油（水）罐、气柜、水塔、储油（水）池、储仓、栈桥、地下人防通道、地道隧道等构筑物不应计算建筑面积。

5.2 土（石）方工程

本节共 10 个子目，包括土方工程、石方工程、土（石）方回填，适用于建筑物和构筑物的土石方开挖及回填工程。

5.2.1 土方工程(010101)

本节包括平整场地(010101001)、挖土方(010101002)、挖基础土方(010101003)、冻土开挖(010101004)、挖淤泥、流砂(010101005)、管沟土方(010101006)六个项目。

1) 平整场地(010101001)（图 5-18）

平整场地项目适用于建筑场地厚度在 ±30 cm 以内的挖、填、运、找平。

说明：建筑物场地厚度在 ±30 cm 以内的挖、填、运、找平，应按"平整场地"项目编码列项；±30 cm 以外的竖向布置挖土或山坡切土，应按"挖土方"项目编码列项。

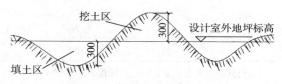

图 5-18 平整场地示意图

（1）工程量计算

按设计图示尺寸建筑物首层面积（不包含阳台等部分的面积）计算，计量单位 m²。

说明：平整场地工程量按首层面积计算，是指首层建筑构件在地面的面积，不一定等于首层建筑面积。落地阳台计算全面积，悬挑阳台不计算面积。地下室和半地下室的采光井等不计算建筑面积的部位也应计入平整场地的工程量。地上无建筑物的地下停车场按地下停车场外墙外边线外围面积计算，包括出入口、通风竖井和采光井计算平整场地的面积。

当施工组织设计规定超面积平整场地时，清单工程量仍按建筑物首层面积计算，只是投标人在投标报价时，施工方案工程量按超面积计算，且超出部分包含在报价内。

（2）项目特征

需描述：土壤类别；弃（取）土运距。

① 土的类别的划分：在《建设工程工程量清单计价规范》中，按土壤的名称、天然湿度下平均重度、极限压碎强度、开挖方法以及紧固系数等，将土壤分为一类土、二类土、三类土和四类土。将石分为松石、次坚石、普坚石。应区别于不同的土壤类别分别编码列项。

② 弃（取）土运距：按施工现场实际情况和当地弃（取）土地点确定弃（取）土运距。

（3）工程内容

包括：土方挖填；场地找平；土方运输。

① 如施工方案要求的面积超出首层面积时超出部分的面积应包括在报价内。计价时工程量一般按建筑物外墙外边线每边各加 2 m，以"平方米"计算。

② 若需外运土方或取土回填时，运输费应包括在"平整场地"项目报价内。土方运输包括余土外运和取土。当回填土方量小于挖方量时，需余土外运，反之需取土。

2）挖土方（010101002）

挖土方项目适用于±30 cm以外的竖向布置的挖土或山坡切土,包括指定范围内的土方运输。

"指定范围内的运输"是指由招标人指定的弃土地点或取土地点的运距;若招标文件规定由投标人确定弃土地点或取土地点时,此条件不必在清单中进行描述。

（1）工程量计算

按设计图示尺寸以体积计算,计量单位 m³,即

$$V=挖土平均厚度×挖土平面面积 \qquad (5-1)$$

① 所有土方体积均按挖掘前的天然密实体积计算,如需按天然密实体积折算时按系数表折算（表5-2）。

表 5-2 土方体积折算表　　　　　　　　单位:m³

虚方体积	天然密实体积	夯实后体积	松填体积
1.00	0.77	0.67	0.83
1.30	1.00	0.87	1.08
1.50	1.15	1.00	1.25
1.20	0.92	0.80	1.00

注:已知挖天然密实 5 m³ 土方,求虚方体积 $V=5.0×1.30=6.50$ m³。

② 计算方法:地形起伏变化不大时采用平均厚度乘以挖土面积,地形起伏变化较大时采用方格网法或断面法。

（2）项目特征

需描述:土的类别;挖土平均厚度;弃土运距。

挖土方平均厚度,应按自然地面测量标高至设计地坪标高间的平均厚度确定。由于地形起状变化大,不能提供平均挖土厚度时应提供方格网法或断面法施工的设计文件。

（3）工程内容

包括:排地表水;土方开挖;支拆挡土板;土方运输。

（4）注意事项

若采用支护结构、施工降水等,应列入工程量清单措施项目费内。

3）挖基础土方（010101003）

挖基础土方项目适用于基础土方开挖（包括带形基础、独立基础、满堂基础（包括地下室基础）、设备基础、人工挖孔桩等的挖方）,并包括指定范围内的土方运输。

（1）工程量计算

① 按设计图示尺寸以基础垫层底面积乘以挖土深度以体积计算,计量单位 m³。

$$基础土方工程量=基础垫层底面积×挖土深度 \qquad (5-2)$$

② 桩间挖土方不扣除桩所占体积

不考虑施工方案要求的放坡宽度、操作工作面等因素,只按垫层底面积和挖土深度计算。

（2）项目特征

需描述:土的类别;基础类型;垫层底宽、底面积;挖土深度;弃土运距。

说明：① 挖基础土方如出现干、湿土，应分别编码列项。干、湿土的界限应按地质资料提供的地下常年水位为界，常年水位以上为干土，以下为湿土。

② 基础土方开挖的深度，应按基础垫层底表面至交付施工场地标高确定，无交付施工场地标高时应按自然地面标高确定。如果自然地坪比室外地坪低还得扣去自然地坪至室外的土方，如果自然地坪比室外地坪高还得加上自然地坪至室外的土方。

③ 带形基础应按不同底宽和深度，独立基础、满堂基础应按不同底面积和深度分别编码列项。

（3）工程内容

包括：排地表水；土方开挖；支拆挡土板；截桩头；基底钎探；土方运输。

说明：① 截桩头包括剔打混凝土、钢筋清理、调直弯钩及清运弃渣、桩头。

② 根据施工方案规定的放坡、操作工作面和机械挖土进出施工工作面的坡度等增加的挖方增量以及引起基底钎探，运输增量都应包括在挖基础土方报价内。如图 5-19 所示带形基础在实际施工中增加的施工工作面 c 和放坡宽度 KH（K 为放坡系数）所引起的相关工作量的增加应计入到挖基础土方报价内。

4）冻土开挖（010101004）

冻土是指在 0℃ 以下并含有冰的冻结土。冻土层一般位于冰冻线以上。

（1）工程量计算

按设计图示尺寸开挖面积乘以厚度，以体积计算，计量单位 m³。

（2）项目特征

需描述：冻土厚度；弃土运距。

（3）工程内容

包括：打眼、装药、爆破；开挖；清理；运输。

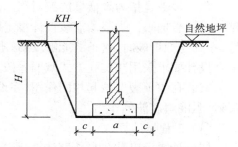

图 5-19 工作面和放坡示意图

5）挖淤泥、流砂（010101005）

淤泥，是一种稀软状，不易成形的灰黑色、有臭味、含有半腐朽的植物遗体（占 60% 以上）、置于水中有动植物残体渣滓浮于水面，并常有气泡由水中冒出的泥土。

流砂，是指在坑内抽水时，坑底下就会形成流动状态，随地下水一起流动涌进坑内，边挖边冒，无法挖深的一种现象。

（1）工程量计算

按设计图示位置、界限以体积计算，计量单位 m。

（2）项目特征

需描述：挖掘深度；弃淤泥、流砂距离。

（3）工程内容

包括：挖淤泥、流砂；弃淤泥、流砂。

说明：挖方出现流砂、淤泥时，可根据实际情况由发包人和承包人双方认证。

6）管沟土方（010101006）

管沟土方项目适用于管沟土方开挖、回填，以及招标人指定运距内的土方运输。管沟土方是指开挖管沟、电缆沟等施工而进行的土方工程。

（1）工程量计算

按设计图示以管道中心线长度计算，计量单位 m。

有管沟设计时，平均深度以沟垫层底表面标高至交付施工场地标高计算；无管沟设计时，直埋管深度应按管底外表面标高至交付施工场地标高的平均高度计算。

（2）项目特征

需描述：土的类别；管外径；挖沟平均深度；弃土运距；回填要求。

（3）工程内容

包括：排地表水；土方开挖；支拆挡土板；土方运输；回填。

管沟开挖加宽工作面、放坡和接口处加宽工作面，应包括在管沟土方报价内。

5.2.2　石方工程（010102）

本节包括预裂爆破（010102001）、石方开挖（010102002）、管沟石方（010102003）三个清单项目。

1）预裂爆破（010102001）

预裂爆破是指为降低爆震波对周围已有建筑物或构筑物的影响，按照设计的开挖边线钻一排预裂炮眼。炮眼均需按设计规定的药量装炸药。在开挖区炮爆破前，预先炸裂一条缝，在开挖炮爆破时，这条缝能够反射、阻隔爆震波。

设计要求采用减震孔方式减弱爆破震动波时，应按预裂爆破工程量清单项目编码列项。

减震孔与预裂爆破起相同作用，在设计开挖边线加密炮眼，缩小排间距离，不装炸药，起反射、阻隔爆震波的作用。

（1）工程量计算

按设计图示以钻孔总长度计算，计量单位 m。

（2）项目特征

需描述：岩石类别；单孔深度；单孔装药量；炸药品种、规格；雷管品种、规格。

（3）工程内容

包括：打眼、装药、放炮；处理渗水、积水；安全防护、警卫。

2）石方开挖（010102002）

石方开挖项目适用于人工凿石、人工打眼爆破、机械打眼爆破等，并包括指定范围内的石方清除运输。

（1）工程量计算

按设计图示尺寸以体积计算，计量单位 m^3。

（2）项目特征

需描述：岩石类别；开凿深度；弃渣运距；光面爆破要求；基底摊座要求；爆破石块直径要求。

① 光面爆破是指按照设计要求，某一坡面（多为垂直面）需要实施光面爆破，在这个坡面设计开挖边线，加密炮眼和缩小排间距离，控制药量，达到爆破后该坡面比较规整的要求。

② 基底摊座是指开挖炮爆破后，在需要设置基础的基底进行剔打找平，使基底达到设计标高要求，以便基础垫层的浇筑。

（3）工程内容

包括:打眼、装药、放炮;处理渗水、积水;解小;岩石开凿;摊座;清理;运输;安全防护、警卫。

① 解小是指石方爆破工程中,设计对爆破后的石块有最大粒径的规定,对设计规定的最大粒径的石块或不便于装车运输的石块进行再次爆破。

② 石方爆破的超挖量应包括在报价内。

3) 管沟石方(010102003)

(1) 工程量计算

按设计图示以管道中心线长度计算,计量单位 m。

有管沟设计时,平均深度以沟垫层底表面标高至交付施工场地标高计算;无管沟设计时,直埋管深度应按管底外表面标高至交付施工场地标高的平均高度计算。

(2) 项目特征

需描述:岩石类别;管外径;开凿深度;弃渣运距;基底摊座要求;爆破石块直径要求。

(3) 工程内容

包括:石方开凿、爆破;处理渗水、积水;解小;摊座;清理、运输、回填;安全防护、警卫。

5.2.3 土石方回填(010103)

本节仅有土(石)方回填(010103001)一个清单项目。

"土(石)方回填"项目适用于场地回填、室内回填和基础回填,并包括指定范围内的运输以及借土回填的土方开挖。

(1) 工程量计算

按设计图示尺寸以体积计算,计量单位 m³。

① 场地土石方回填工程量:回填面积乘以平均回填厚度。

② 室内土石方回填工程量:主墙间净面积乘以回填厚度(室外地坪以上至室内地面垫层下皮的土方回填)。"主墙"是指结构厚度在 120 mm 以上(不含 120 mm)的各类墙体。

③ 基础土石方回填工程量:挖方体积减去设计室外地坪以下埋设的基础体积(包括基础垫层和构筑物)。

(2) 项目特征

需描述:土质要求;密实度要求;粒径要求;夯填(碾压);松填;运输距离。

(3) 工程内容

包括:挖土(石)方;装卸、运输;回填;分层碾压、夯实。

(4) 注意事项

如图 5-20 所示基础土方放坡、工作面等施工的增加量应包括在报价内。

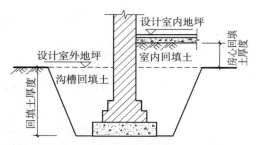

图 5-20　考虑放坡和工作面回填土示意图

【例 5-2】 如图 5-21 所示的基础平面图、剖面图。自然地坪平均标高为室外设计地坪标高,土为二类土;基槽利用开挖干土方原土回填,堆放点至槽坑平均距离 20 m,填土要求分层夯实。室外设计地坪以下各个项目的体积为:垫层体积 4.12 m³(其中 1—1 剖面为 3.8 m³,2—2 剖面为 0.32 m³),砖基础体积 24.26 m³(其中 1—1 剖面为 21.54 m³,2—2 剖面为 2.72 m³),地圈梁(底标高为室外地坪标高)体积 2.55 m³。试编制平整场地、挖基础土方、土方回填的工程量并编制本部分工程量清单。

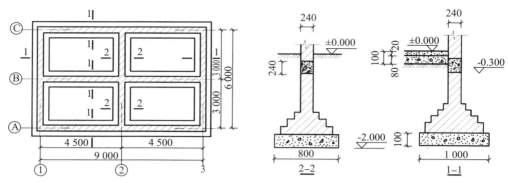

图 5-21 基础示意图

【解】 工程量清单编制

根据《计价规范》的清单项目划分和设计图示要求,有下列清单项目:

(1) 平整场地(010101001001)

清单工程量＝9.24×6.24＝57.66 m²

(2) 挖基础土方(1—1 剖面)(010101003001)

项目特征:条形基础,二类土,垫层宽 1 m,弃土运距 100 m,挖土深 1.7 m。

清单工程量＝1×1.7×[(9+6)×2+(9−1)]＝64.60 m³

(3) 挖基础土方(2—2 剖面)(010101003002)

项目特征:条形基础,二类土,垫层宽 0.8 m,弃土运距 100 m,挖土深 1.7 m。

清单工程量＝0.8×1.7×[(3−1)×2]＝5.44 m³

(4) 基础土方回填(010103001001)

清单工程量＝挖方体积−室外地坪以下基础体积

＝(64.6+5.44)−(4.12+24.26)＝41.66 m³

(5) 工程量清单(见表 5-3)

表 5-3 分部分项工程量清单与计价表

工程名称:×××
共 页,第 页

序号	项目编码	项目名称	项目特征描述	计量单位	工程量	金额(元)		
						综合单价	合价	其中:暂估价
1	010101001001	平整场地	二类土	m²	57.66			
2	010101003001	挖基础土方(1—1 剖面)	条形基础,二类土,垫层宽 1 m,弃土运距 100 m,挖土深 1.7 m	m³	64.60			
3	010101003002	挖基础土方(2—2 剖面)	条形基础,二类土,垫层宽 0.8 m,弃土运距 100 m,挖土深 1.7 m	m³	5.44			
4	010103001001	基础土方回填	条形基础,原土分层夯实,运距 20 m	m³	41.66			

5.3 桩与地基基础工程

本节共 12 个子目,包括混凝土桩、其他桩、地基与边坡处理。适用于地基与边坡的处理、加固。

5.3.1 混凝土桩(010201)

本节包括预制钢筋混凝土桩(010201001)、接桩(010201002)、混凝土灌注(010201003)三个清单项目。

1)预制钢筋混凝土桩(010201001)

预制钢筋混凝土桩项目适用于预制钢筋混凝土方桩、管桩、板桩等。预制钢筋混凝土桩是先在加工厂或施工现场采用钢筋和混凝土预制成各种形状的桩,然后用沉桩设备将其沉入土中以承受上部结构荷载的构件。

(1)工程量计算

预制钢筋混凝土桩工程量按设计图示尺寸以桩长(包括桩尖)或根数计算。计量单位为"m"或"根"。

当以"根"为计量单位,单桩长度应描述为确定值,只描述单桩长度即可;当以"m"为计量单位,单桩长度可以按范围值描述,并注明根数。

(2)项目特征

需描述:土壤级别;单桩长度、根数;桩截面;板桩面积;管桩填充材料种类;桩倾斜度;混凝土强度等级;防护材料种类。

(3)工程内容

包括:桩制作、运输;打桩、试验桩、斜桩;送桩;管桩填充材料、刷防护材料;清理运输。

(4)注意事项

① 试桩应按预制钢筋混凝土桩项目编码单独列项。

② 试桩与打桩之间的间歇时间和机械在现场的停滞时间应包括在打桩试桩报价内。

③ 板桩面积:板桩应在工程量清单中描述其单桩垂直投影面积。打钢筋混凝土预制板桩是指留滞原位(即不拔出)的板桩。

【例 5-3】 已知某工程用静力压桩机将如图所示 C40 钢筋混凝土预制方桩压入二类土,共 20 根,桩长及截面尺寸如图 5-22 所示,试编制预制方桩的工程量清单。

【解】 (1)计算清单工程量

预制方桩根数=20 根

项目编码:010201001001

项目名称:钢筋混凝土预制方桩

项目特征描述:

土壤类别:二类土

单根桩长度:24.6 m(含桩尖)

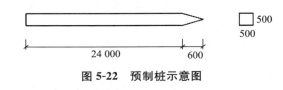

图 5-22 预制桩示意图

桩截面:500 mm×500 mm

混凝土强度等级:C40

(2)编制工程量清单

工程量清单见表5-4所示。

表5-4 分部分项工程量清单与计价表

工程名称:×××   共 页,第 页

序号	项目编码	项目名称	项目特征描述	计量单位	工程量	金额(元)		
						综合单价	合价	其中:暂估价
1	010201001001	钢筋混凝土预制方桩	土壤类别:二类土 单根桩长度:24.6 m(含桩尖) 桩截面:500 mm×500 mm 混凝土强度等级:C40	根	20			

2)接桩(010201002)

接桩项目适用于上述预制桩的接桩。当钢筋混凝土长桩受到运输条件和打桩架高度限制时,一般分成数节制作,分节打入,这时需要在现场进行接桩。接桩采用的接头方式有焊接、法兰连接和硫磺胶泥锚接等几种。

(1)工程量计算

接桩工程量按设计图示规定的尺寸以接头数量(板桩按接头长度)计算,计量单位为"个"或"m"。方桩、管桩接桩按接头个数计算;板桩按接头长度计算。

(2)项目特征

需描述:桩截面;接头长度;接桩材料。

(3)工程内容

包括:桩制作、运输;接桩;材料运输。

预制钢筋混凝土桩尖应包括在报价内。

3)混凝土灌注桩(010201003)

混凝土灌注项目适用于人工挖孔灌注桩、沉管灌注桩、振动灌注桩、爆扩灌注桩、钻孔灌注桩等。混凝土灌注桩是利用各种成孔设备在设计桩位上成孔,然后在孔内灌注混凝土或先放入钢筋笼后再灌注混凝土而制成的承受上部荷载的桩。

(1)工程量计算

按设计图示尺寸以桩长(包括桩尖)或根数计算,计量单位"m"或"根"。

(2)项目特征

需描述:土壤类别;单桩长度、根数;桩截面;成孔方法;混凝土强度等级。

(3)工程内容

包括:桩的成孔、固壁;混凝土制作、运输;灌注、振捣、养护;泥浆池及沟槽砌筑、拆除;泥浆制作、运输。

(4)注意事项

① 人工挖孔时采用的护壁,如砖砌护壁、预制混凝土护壁、现浇混凝土护壁、钢模周转护壁、竹笼护壁等,应包括在报价内。

② 钻孔固壁泥浆的搅拌运输,泥浆池、泥浆沟槽的砌筑、拆除所发生的费用,应包括在报价内。

③ 灌注桩的充盈量、爆扩桩扩大头混凝土量,均应包括在报价内。

【例5-4】 某工程冲击成孔灌注桩资料如下,试编制工程量清单。

土的类别:二类土;单根桩设计长度:7.5 m;桩总根数:186 根;桩直径:φ760 mm;混凝土强度等级:C30。

【解】 (1)工程量计算

① 清单工程量:混凝土灌注桩总长=7.5×186=1 395 m

② 冲击成孔混凝土灌注桩清单项目

项目编码:010201003001

项目名称:混凝土打孔灌注桩

项目特征描述:

土的类别:二类土

单根桩设计长度:7.5 m

桩总根数:186 根

桩直径:φ760 mm

混凝土强度等级:C30

(2)工程量清单编制

本部分工程量清单见表5-5所示

表5-5 分部分项工程量清单与计价表

工程名称:×××

共 页,第 页

序号	项目编码	项目名称	项目特征描述	计量单位	工程量	金额(元)		
						综合单价	合价	其中:暂估价
1	010201003001	混凝土打孔灌注桩	土的类别:二类土 单根桩设计长度:7.5 m 桩总根数:186 根 桩直径:φ760 mm 混凝土强度等级:C30	m	1 395			

5.3.2 其他桩(010202)

本节包括砂石灌注桩(010202001)、灰土挤密桩(010202002)、旋喷桩(010202003)、喷粉桩(010202004)四个清单项目。

1)砂石灌注桩(010202001)

砂石灌注桩适用于各种成孔方式(振动沉管、锤击沉管等)的砂石灌注桩。砂石灌注桩是采用震动成孔机械或锤击成孔机械,将带有活瓣桩类的与砂石桩同直径的钢管沉下,往桩管内灌砂石后,边振动边缓慢拔出管桩后形成砂石桩,从而使地基达到密实、增加地基承载力的桩。

(1)工程量计算

按设计图示尺寸以桩长(包括桩尖)计算,计量单位 m。

(2)项目特征

需描述:土壤级别;桩长;桩截面;成孔方法;砂石级配。

(3)工程内容

包括:成孔;砂石运输;填充;振实。

2)灰土挤密桩(010202002)

挤密桩项目适用于各种成孔方式的灰土、石灰、水泥粉、煤灰、碎石等挤密桩。挤密法是以振动或冲击的方法成孔,然后在孔中填入砂、石、土、石灰、灰土或其他材料,并加以捣实成为桩体,按其填入的材料分别称为砂桩、砂石桩、石灰桩、灰土桩等。挤密法一般采用打桩机或振动打桩机施工,也有用爆破成孔的。

(1)工程量计算

按设计图示尺寸以桩长(包括桩尖)计算,计量单位 m。

(2)项目特征

需描述:土壤级别;桩长;桩截面;成孔方法;灰土级配。

(3)工程内容

包括:成孔;灰土拌和、运输;填充;夯实。

3)旋喷桩(010202003)

旋喷桩项目适用于水泥浆旋喷桩。旋喷桩是利用高压泵将水泥浆液通过钻杆端头的特制喷头,以高速水平喷入土体,借助液体的冲击力切削土层,同时钻杆一面以一定的速度旋转,一面低速徐徐提升,使土体与水泥浆充分搅拌混合凝固,形成具有一定强度的圆柱固结体(即旋喷桩)。

(1)工程量计算

按设计图示尺寸以桩长(包括桩尖)计算,计量单位 m。

(2)项目特征

需描述:桩长;桩截面;水泥强度等级。

(3)工程内容

包括:成孔;水泥浆制作、运输;水泥浆旋喷。

4)喷粉桩(010202004)

喷粉桩项目适用于水泥、生石灰粉等喷粉桩。喷粉桩加固地基的机理是利用粉体喷射桩机在钻孔过程中,用高压空气将粉状固化剂以雾状喷入被加固的软土中,凭借机械上特制的钻头叶片的旋转,使固化剂与原位软土就地强制搅拌混合;固化剂吸水后进行一系列物理化学反应,使桩位原土由软变硬,形成整体性好、水稳性强和承载力高的新桩体。这种桩体与桩间土相互作用形成比天然软土地基承载力有大幅度提高的复合地基。

(1)工程量计算

按设计图示尺寸以桩长(包括桩尖)计算,计量单位 m。

(2)项目特征

需描述:桩长;桩截面;粉体种类;水泥强度等级;石灰粉要求。

（3）工程内容

包括：成孔；粉体运输；喷粉固化。

5.3.3　地基与边坡处理(010203)

本节包括地下连续墙(010203001)、振冲灌注碎石(010203002)、地基强夯(010203003)、锚杆支护(010203004)、土钉支护(010203005)五个清单项目。

1）地下连续墙(010203001)

地下连续墙项目适用于各种导墙施工的复合型地下连续墙工程。地下连续墙是用专用设备沿着深基础或地下构筑物周边采用泥浆护壁开挖出一条具有一定宽度与深度的沟槽，在槽内设置钢筋笼，采用导管法在泥浆中浇筑混凝土，筑成一单元墙段，依次顺序施工，以某种接头方法连接成的一道连续的地下钢筋混凝土墙，以便基坑开挖时防渗、挡土，作为邻近建筑物基础的支护以及直接成为承受直接荷载的基础结构的一部分。

（1）工程量计算

按设计图示墙中心线长乘以厚度乘以槽深以体积计算，计量单位 m³。

（2）项目特征

需描述：墙体厚度；成槽深度；混凝土强度等级。

（3）工程内容

包括：挖孔成槽、余土运输；导墙制作、安装；锁口管吊拔；浇注混凝土连续墙；材料运输。

说明：若地下连续墙作为深基础支护结构应列入措施项目清单费内，在分部分项工程量清单中不反映其项目。

2）振冲灌注碎石(010203002)

振冲法是以起重机吊起振冲器，启动潜水电机带动偏心块，使振动器产生高频振动，同时启动水泵，通过喷嘴喷射高压水流，在边振边冲的共同作用下将振动器沉到土中的预定深度，经清孔后，向孔内逐段填入碎石、沙砾，或不加填料，使之在振动作用下被挤密实，达到要求的密实度后即可提升振动器。如此重复填料和振密，直至地面，在地基中形成一个大直径的密实桩体与原地基构成复合地基，从而提高地基的承载力并减少沉降和不均匀沉降。

（1）工程量计算

按设计图示孔深乘以孔截面积以体积计算，计量单位 m³。

（2）项目特征

需描述：振冲深度；成孔直径；碎石级配。

（3）工程内容

包括：成孔；碎石运输；灌注振实。

3）地基强夯(010203003)

（1）工程量计算

按设计图示尺寸以面积计算，计量单位 m²。

（2）项目特征

需描述：夯击能量；夯击遍数；地耐力要求；夯填。

（3）工程内容

包括：铺夯填材料；强夯；夯填材料运输。

4）锚杆支护（010203004）

锚杆支护项目适用于岩石高削坡混凝土支护挡墙和风化岩石混凝土、砂浆护坡。

（1）工程量计算

按设计图示尺寸以支护面积计算，计量单位 m²。

（2）项目特征

需描述：锚孔直径；锚孔平均深度；锚固方法，浆液种类；支护厚度，材料种类；混凝土强度等级；砂浆强度等级。

（3）工程内容

包括：钻孔；浆液制作，运输，压浆；张拉锚固；混凝土制作、运输、喷射、养护；砂浆制作、运输、喷射、养护。

5）土钉支护（010203005）

土钉支护项目适用于土层的锚固。土钉支护项目是指在需要加固的土层中设置一排土钉（变形钢筋或钢管、角钢等）并灌浆，在加固的土体面层上固定钢丝网喷射混凝土面层后所形成的支护。

（1）工程量计算

按设计图示尺寸以支护面积计算，计量单位 m²。

（2）项目特征

需描述：支护厚度，材料种类；混凝土强度等级；砂浆强度等级。

（3）工程内容

包括：钉土钉；挂网；混凝土制作、运输、喷射、养护；砂浆制作、运输、喷射、养护。

5.3.4 桩与地基工程有关问题说明

（1）混凝土灌注桩的钢筋笼、地下连续墙的钢筋、制作、安装，应按钢筋工程项目编码列项。

（2）锚杆，土钉支护项目中的钻孔、布筋、锚杆安装、灌浆、张拉等需要搭设的脚手架，应列入措施项目清单费内。

5.4 砌筑工程

本节共 25 个项目，包括砖基础、砖砌体、砖构筑物、砌块砌体、石砌体、砖散水、地坪、地沟。适用于建筑物、构筑物的砌筑工程。

5.4.1 砖基础

本节仅包含砖基础（010301001）一个项目。砖基础项目适用于各种类型砖基础，包括柱基础、墙基础、烟囱基础、水塔基础、管道基础等。

（1）基础与墙身的划分

在进行砖基础工程量计算之前，首先要能将砖基础与墙身的分界限找出，这样才能准确的计算出工程量。砖基础与墙身的分界线按以下规定划分：当基础与墙身采用同一种材料时，以设计室内地坪为界，设计室内地坪以下为基础，以上为墙身，见图 5-23(a)；当基础与墙身采用不同材料时，若分界线位于设计室内地坪±300 mm 以内时以不同材料为界，见图 5-23(b)、(c)，若超过±300 mm 的应以设计室内地坪为界，见图 5-23(d)、(e)。

砖围墙以设计室外地坪为界，设计室外地坪以下为基础，以上为墙身，见图 5-23(f)。

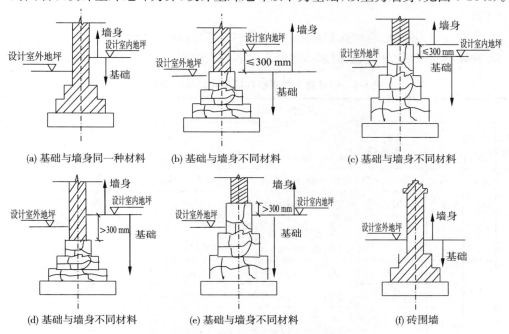

(a) 基础与墙身同一种材料　　(b) 基础与墙身不同材料　　(c) 基础与墙身不同材料

(d) 基础与墙身不同材料　　(e) 基础与墙身不同材料　　(f) 砖围墙

图 5-23　基础与墙身划分示意图

（2）工程量计算

砖基础按设计图示尺寸以体积"m³"计算，公式如下：

$$V = 基础长度 \times 基础断面面积 + 应增加体积 - 应扣除体积 \tag{5-3}$$

式(5-1)中基础的长度外墙按中心线长计算，内墙按净长线长计算。砖基础属于刚性基础，考虑到"无筋扩展角(刚性角)"的制约和地基容许承载力的要求，砖基础下部砌成台阶形(见图 5-24(a))，一般为二皮一收(等高式)和二一间隔收(间隔式)。基础的断面面积计算方

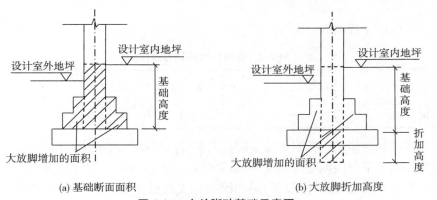

(a) 基础断面面积　　　　　(b) 大放脚折加高度

图 5-24　大放脚砖基础示意图

法为

砖基础断面面积＝基础墙墙厚×基础高度＋大放脚增加的断面面积 （5－4）

为了方便计算，大放脚增加的断面面积可简化成基础墙墙厚乘以一个高度，这个高度称为折加高度，见图5-24(b)中阴影部分的面积。公式如下：

大放脚增加的断面面积＝基础墙墙厚×折加高度 （5－5）

可得

砖基础断面面积＝基础墙墙厚×（基础高度＋折加高度） （5－6）

大放脚增加的断面面积及折加高度见表5-4，根据表中的数据可查出折加高度。

表 5-6 砖基础大放脚折加高度和增加的断面面积

| 放脚层数 | 折加高度(m) | | | | | | | | | | | | 增加的断面面积(m²) | |
| | $\frac{1}{2}$砖 (0.115 mm) | | 1砖 (0.24mm) | | $1\frac{1}{2}$砖 (0.365 mm) | | 2砖 (0.49 mm) | | $2\frac{1}{2}$砖 (0.615 mm) | | 3砖 (0.74mm) | | | |
	等高	间隔式	等高	间隔式	等高	间隔式	等高	间隔式	等高	间隔式	等高	间隔式	等高	间隔式
一	0.137	0.137	0.066	0.066	0.043	0.043	0.032	0.032	0.026	0.026	0.021	0.021	0.015 75	0.015 75
二	0.411	0.342	0.197	0.164	0.129	0.108	0.096	0.080	0.077	0.064	0.064	0.053	0.047 25	0.039 38
三			0.394	0.328	0.259	0.216	0.193	0.161	0.154	0.128	0.128	0.106	0.094 5	0.078 75
四			0.656	0.525	0.432	0.345	0.321	0.253	0.256	0.205	0.213	0.170	0.157 5	0.126
五			0.984	0.788	0.647	0.518	0.482	0.380	0.384	0.307	0.319	0.255	0.236 3	0.189
六			1.378	1.038	0.906	0.712	0.672	0.580	0.538	0.419	0.447	0.351	0.330 8	0.259 9
七			1.838	1.444	1.208	0.949	0.900	0.707	0.717	0.563	0.596	0.468	0.441	0.346 5
八			2.363	1.838	1.553	1.208	1.157	0.900	0.922	0.717	0.766	0.596	0.567	0.441 1
九			2.953	2.297	1.942	1.510	1.447	1.125	1.153	0.896	0.958	0.745	0.708 8	0.551 3
十			3.610	2.789	2.372	1.834	1.768	1.366	1.409	1.088	1.171	0.905	0.866 3	0.669 4

将式(5-4)代入式(5-1)中，得砖基础新的计算公式如下：

V＝基础长度×基础墙墙厚×（基础高度＋折加高度）＋应增加体积－应扣除体积

（5－7）

标准砖墙体厚度按表5-7计算。

表 5-7 标准砖墙体计算厚度

砖　　　数	$\frac{1}{2}$砖	1砖	$1\frac{1}{2}$砖	2砖	$2\frac{1}{2}$砖	3砖
计算厚度(mm)	115	240	365	490	615	740

砖基础应增加的体积包括附墙垛基础宽出部分体积；应扣除的体积包括地梁（圈梁）、构造柱所占体积以及单个面积超过 0.3 m² 以上的孔洞所占体积。在计算中应注意有一部分体积既不扣除也不增加，这部分包括：不扣除基础大放脚 T 形接头处的重叠部分及嵌入基础内的钢筋、铁件、管道，基础砂浆防潮层和单个面积 0.3 m² 以内的孔洞所占体积，靠墙暖

气沟的挑檐不增加。

（3）项目特征

在清单中要描述砖品种、规格、强度等级，基础类型，基础深度和砂浆强度等级。注意基础类型包括柱基础、墙基础、烟囱基础、水塔基础、管道基础等，其余的三个项目特征可在建筑施工图和结构施工图的设计说明以及基础平面图、大样图中找出。

（4）工程内容

本清单报价时包含的内容有砂浆制作、运输，砌砖，防潮层铺设，材料运输。要特别注意防潮层铺设报价含在基础项目内。

5.4.2 砖砌体

本节包含实心砖墙（010302001）、空斗墙（010302002）、空花墙（010302003）、填充墙（010302004）、实心砖柱（010302005）、零星砌砖（010302006）六个清单项目。

1）实心砖墙（010302001）

实心砖墙项目适用于各种类型实心砖墙，可分为外墙、内墙、围墙、双面混水墙、双面清水墙、单面清水墙、直形墙、弧形墙。

（1）工程量计算

实心砖墙按设计图示尺寸以体积"m³"计算，公式如下：

$$V = 墙长 \times 墙厚 \times 墙高 + 应增加体积 - 应扣除体积 \qquad (5-8)$$

式中，墙长：外墙按中心线，内墙按净长线计算；墙厚：若采用标准砖 240 mm×115 mm×53 mm 砌筑的墙体，墙体厚度按表5-7所示计算；墙高：按下列规定计算。

① 外墙墙高：按图示尺寸计算。斜（坡）屋面无檐口天棚者算至外墙中心线屋面板底，见图5-25；有屋架且室内外均有天棚者，其高度算至屋架下弦底另加 200 mm，见图5-26；有屋架、无天棚者算至屋架下弦底另加 300 mm，见图5-27；出檐宽度超过 600 mm 时按实砌高度计算；平屋面算至钢筋混凝土板底，见图5-28；山墙（无论内山墙还是外山墙）高度按其平均高度计算，见图5-29。

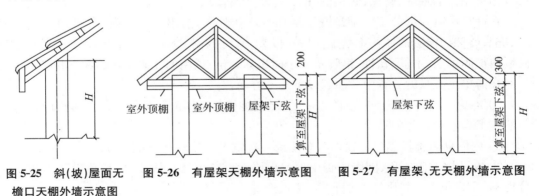

图 5-25　斜（坡）屋面无
檐口天棚外墙示意图

图 5-26　有屋架天棚外墙示意图

图 5-27　有屋架、无天棚外墙示意图

② 内墙：位于屋架下弦者，算至屋架下弦底；无屋架者算至天棚底另加 100 mm，见图5-30；有钢筋混凝土楼板隔层者算至楼板顶，见图5-31；有框架梁时算至梁底。

③ 女儿墙：从屋面板上表面算至女儿墙顶面（如有混凝土压顶时算至压顶下表面），见

图 5-32。

④ 围墙:高度算至压顶上表面(如有混凝土压顶时算至压顶下表面),围墙柱并入围墙体积内。

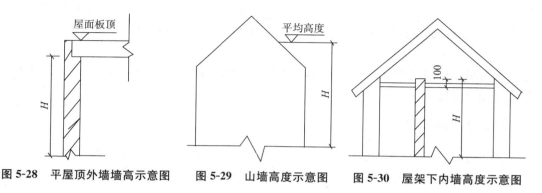

图 5-28　平屋顶外墙墙高示意图　　图 5-29　山墙高度示意图　　图 5-30　屋架下内墙高度示意图

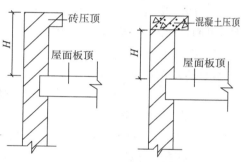

图 5-31　有混凝土板隔层时内墙墙身高度示意图　　图 5-32　女儿墙墙身高度示意图

应增加体积:凸出墙面的砖垛、附墙烟道、通风道、垃圾道并入墙体体积内计算。

应扣除体积:扣除门窗洞口、过人洞、空圈、嵌入墙内的钢筋混凝土柱、梁、圈梁、挑梁、过梁及凹进墙内的壁龛、管槽、暖气槽、消火栓箱所占体积。

在计算中有一部分工作量是既不增加也不扣除的,凸出墙面的腰线、挑檐、压顶、窗台线、虎头砖和门窗套的体积不增加;梁头、板头、檩头、垫木、木楞头、沿椽木、木砖、门窗走头、砖墙内加固钢筋、木筋、铁件、钢管及单个面积 0.3 m^2 以内的孔洞所占体积不扣除。

在清单工程量的计算中应注意以下几个方面:

① 不论三皮砖以下或三皮砖以上的腰线、挑檐突出墙面部分均不计算体积(与《全国统一建筑工程基础定额》不同)。

② 内墙算至楼板隔层板顶(与《全国统一建筑工程基础定额》不同)。

③ 女儿墙的砖压顶、围墙的砖压顶突出墙面部分不计算体积,压顶顶面凹进墙面的部分也不扣除(包括一般围墙的抽屉檐、棱角檐、仿瓦砖檐等)。

④ 墙内砖平碹、砖拱碹、砖过梁的体积不扣除,应包括在报价内。

⑤ 附墙烟道、通风道、垃圾道应按设计图示尺寸以体积(扣除孔洞所占体积)计算,并入所依附的墙体体积内。当设计规定孔洞内需抹灰时应按装饰装修工程量清单项目中墙、柱面工程的相关项目编码列项。

（2）项目特征

需描述：砖品种、规格、强度等级，墙体类型、厚度、高度，勾缝要求，砂浆强度、等级、配合比要求。

（3）工程内容

砂浆制作、运输；砌砖；勾缝；砖压顶砌筑；材料运输。

2）空斗墙（010302002）

空斗墙项目适用于各种砌法的空斗墙，注意区分砌砖品种、规格、强度等级，墙体类型，墙体厚度，墙体高度，勾缝要求和砂浆强度等级、配合比。在工程量清单中应根据工程的具体特征对清单项目的项目特征进行一一描述，墙体类型有外墙、内墙、围墙、双面混水墙、双面清水墙、单面清水墙、直形墙、弧形墙等，不同墙厚、不同砌筑砂浆类别（水泥砂浆、混合砂浆）以及强度、不同砖强度等级和不同勾缝类别。空斗墙一般使用标准砖砌筑，使墙体内形成许多空腔。砌法有一斗一眠、二斗一眠、三斗一眠和无眠空斗等，见图5-33所示。

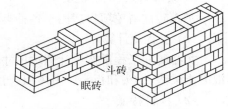

图5-33　空斗墙示意图

（1）工程量计算

空斗墙按设计图示尺寸以空斗墙外形体积"m³"计算，包括墙角、内外墙交接处、门窗洞口立边、窗台砖、屋檐处的实砌部分体积。注意，空斗墙的窗间墙、窗台下、楼板下、梁头下的实砌部分应另行计算，按零星砌砖项目（010302006）编码列项。

（2）项目特征

需描述：砖品种、规格、强度等级，墙体类型，墙体厚度，勾缝要求和砂浆强度等级、配合比。

（3）工程内容

包括：砂浆制作、运输，砌砖，装填充料，勾缝，材料运输。

3）空花墙（010302003）

空花墙又称花格墙，俗称梅花墙，墙面呈各种花格形状，有砖砌花格和混凝土花格砌筑的空花墙之分，本清单项目适用于砖砌花格的空花墙，见图5-34所示。

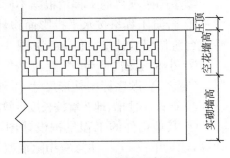

图5-34　空花墙示意图

（1）工程量计算

空花墙按设计图示尺寸以空花部分外围体积"m³"计算，不扣除孔洞部分体积，应包括空花的外框。若使用混凝土花格砌筑的空花墙，实砌墙体与混凝土花格应分别计算工程量，混凝土花格按混凝土及钢筋混凝土预制零星构件编码列项，不能采用此清单项目。

（2）项目特征

需描述：砖品种、规格、强度等级，墙体类型，墙体厚度，勾缝要求和砂浆强度等级、配合比。

（3）工程内容

包括：砂浆制作、运输；砌砖；装填充料；勾缝；材料运输。

4）填充墙（010302004）

本项清单项目指的是墙中间夹保温层、双层夹心墙、中间有填充物（内填炉渣或轻质混凝土、泡沫混凝土等材料)的复合墙,不是指框架结构中填充在柱子之间的框架填充墙。

（1）工程量计算

填充墙按设计图示尺寸以填充墙外形体积"m³"计算。

（2）项目特征

需描述:砖品种、规格、强度等级,墙体厚度,填充材料种类,勾缝要求和砂浆强度等级、配合比。

（3）工程内容

包括:砂浆制作,运输,砌砖;装填充料;勾缝;材料运输。

5）**实心砖柱(010302005)**

实心砖柱清单项目适用于各种类型的砖砌柱:矩形柱、异形柱、圆柱、包柱等。

（1）工程量计算

实心砖柱工程量按设计图示尺寸以体积"m³"计算,应注意工程量中扣除混凝土及钢筋混凝土梁垫、梁头和板头所占体积(与基础定额不同)。

（2）项目特征

需描述:砖品种、规格、强度等级,柱类型,柱截面,柱高,勾缝要求和砂浆强度等级、配合比。

（3）工程内容

包括:砂浆制作、运输,砌砖,勾缝,材料运输。

6）**零星砌砖(010302006)**

零星砌砖项目适用于台阶、锅台、炉灶、池槽、砖砌小便槽、地垄墙、台阶挡墙、梯带、蹲台、池槽腿、花台、花池、楼梯栏板、阳台栏板、屋面隔热板下的砖墩、0.3 m² 以内孔洞填塞等。

（1）工程量计算

零星砌砖项目的工程量根据不同种类的构件计算规则各不相同,具体规则如下:

① 台阶工程量按水平投影面积计算(不包括梯带或台阶挡墙),计量单位 m²,见图 5-35。

② 小型池槽、锅台、炉灶可按"个"计算,并以"长×宽×高"顺序标明外形尺寸。

③ 砖砌小便槽、地垄墙按长度计算,计量单位 m。

④ 其他构件的工程量按设计图示尺寸以体积计算,计量单位 m³。注意应扣除混凝土及钢筋混凝土梁垫、梁头、板头所占的体积。

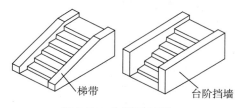

图 5-35 台阶示意图

（2）项目特征

在清单中应进行特征描述,包括:零星砌砖名称、部位,勾缝要求,砂浆强度等级、配合比。

（3）工程内容

包括:砂浆制作、运输,砌砖,勾缝,材料运输。

5.4.3 砖构筑物

本节包含砖烟囱、水塔(010303001),砖烟道(010303002),砖窨井、检查井(010303003),砖水池、化粪池(010303004)四个清单项目。

1) 砖烟囱、水塔(010303001)

砖烟囱、水塔清单项目适用于各种类型砖烟囱、水塔。

(1) 工程量计算

砖烟囱、砖水塔按设计图示筒壁平均中心线周长×厚度×高度以体积"m³"计算,扣除各种孔洞、钢筋混凝土圈梁和过梁等的体积。砖烟囱、砖水塔的筒(塔)身体积可按下式分段计算:

$$V = \sum HC\pi D \tag{5-9}$$

式中:V——筒身体积(m³);

 H——每段筒身垂直高度(m);

 C——每段筒壁厚度(m);

 D——每段筒壁平均直径(m)。

在筒(塔)身高度计算时,砖烟囱以设计室外地坪为界,以下为基础,以上为筒身;砖水塔以砖砌体的扩大部分顶面为界,以上为塔身,以下为基础。

(2) 项目特征

需描述:筒身高度,砖品种、规格、强度等级,耐火砖品种、规格,耐火泥品种,隔热材料种类,勾缝要求和砂浆强度等级、配合比。在列清单时还应注意:

① 烟囱内衬以及隔热填充材料可与烟囱外壁分别编码列项(应用第五级编码区分)。

② 烟囱、水塔爬梯按"计价规范"附录 A.6.6 钢构件相关项目编码列项。

③ 砖水箱内外壁可按"计价规范"附录 A.3.2 砖砌体相关项目编码列项。

(3) 工程内容

包括:砂浆制作、运输,砌砖,涂隔热层,装填充料,砌内衬,勾缝,材料运输。

2) 砖烟道(010303002)

砖烟道项目清单适用于各种类型的砖烟道。

(1) 工程量计算

砖烟道的工程量按设计图示尺寸以体积"m³"计算。在计算中应注意烟道与炉体的划分以第一道闸门为界,其工程量表示如下:

$$V = CL[2H + \pi(R - C/2)] \tag{5-10}$$

式中:V——砖砌烟道工程量(m³);

 C——烟道墙厚(m);

 H——烟道墙垂直部分高度(m);

 R——烟道拱形部分外半径(m);

 L——烟道长度,自炉体第一道闸门至烟囱筒身外表面相交处(m)。

(2) 项目特征

需描述:烟道截面形状、长度,砖品种、规格、强度等级,耐火砖品种、规格,耐火泥品种,勾缝要求和砂浆强度等级、配合比。列清单时应注意烟道内衬可与烟道外壁分别编码列项(应用第五级编码区分)。

(3) 工程内容

包括:砂浆制作、运输,砌砖,涂隔热层,装填充料,砌内衬,勾缝,材料运输。

3）砖窨井、检查井（010303003）

砖窨井、检查井项目适用于各类砖砌窨井、检查井。

（1）工程量计算

砖窨井、检查井按设计图示数量以"座"计算。

（2）项目特征

项目特征：井截面、垫层材料种类、厚度，底板厚度，勾缝要求，混凝土强度等级，砂浆强度等级、配合比，防潮层材料种类。

（3）工程内容

包括：土方挖运，砂浆制作、运输，铺设垫层，底板混凝土制作、运输、浇筑、振捣、养护，砌砖，勾缝，井底、井壁抹灰，抹防潮层，回填，材料运输。

注意：砖窨井、检查井清单项目的工程量以"座"计算，报价时应包括挖土、运输、回填、井池底板、池壁、井池盖板、池内隔断、隔墙、隔栅小梁、隔板、滤板等全部工程；井内爬梯按附录A.6.6钢构件相关项目编码列项，构件内的钢筋按混凝土及钢筋混凝土相关项目编码列项。

4）砖水池、化粪池（010303004）

砖水池、化粪池清单项目适用于各类砖水池、化粪池、沼气池、公厕生化池等。

（1）工程量计算

砖水池、化粪池按设计图示数量以"座"计算。

（2）项目特征

项目特征：池截面、垫层材料种类、厚度，底板厚度，勾缝要求，混凝土强度等级，砂浆强度等级、配合比。

（3）工程内容

包括：土方挖运，砂浆制作、运输，铺设垫层，底板混凝土制作、运输、浇筑、振捣、养护，砌砖，勾缝，池底、池壁抹灰，回填，材料运输。

注意：砖水池、化粪池清单项目的工程量以"座"计算，报价时应包括挖土、运输、回填、井池底板、池壁、井池盖板、池内隔断、隔墙、隔栅小梁、隔板、滤板等全部工程；池内爬梯按附录A.6.6钢构件相关项目编码列项，构件内的钢筋按混凝土及钢筋混凝土相关项目编码列项。

5.4.4 砌块砌体

本节包括空心砖墙、砌块墙（010304001）和空心砖柱、砌块柱（010304002）两个清单项目，指的是采用多孔砖、烧结空心砖、硅酸盐砌块、陶粒混凝土空心砌块、加气混凝土砌块、混凝土空心砌块等材料砌筑的构件。

1）空心砖墙、砌块墙（010304001）

空心砖墙、砌块墙清单项目适用于各种规格的空心砖和砌块砌筑的各种类型的墙体。

（1）工程量计算

空心砖墙、砌块墙项目的工程量按设计图示尺寸以体积"m³"计算。可采用与实心砖墙相同的公式计算：

$$V = 墙长 \times 墙厚 \times 墙高 + 应增加体积 - 应扣除体积 \qquad (5-11)$$

式中的规定与实心砖墙项目的规定一致，其中需注意的是嵌入空心砖墙、砌块墙中的实心砖所占体积不扣除，并入相应的墙体工程量中。

（2）项目特征

需描述：空心砖、砌块品种、规格、强度等级，墙体类型，墙体厚度，勾缝要求和砂浆强度等级、配合比。

（3）工程内容

包括：砂浆制作、运输，砌砖、砌块，勾缝，材料运输。

2）空心砖柱、砌块柱（010304002）

空心砖柱、砌块柱清单项目适用于各种规格的空心砖和砌块砌筑的各种类型的柱，如矩形柱、方柱、异形柱、圆柱、包柱等。

（1）工程量计算

工程量设计图示尺寸以体积"m³"计算。在计算中应注意：扣除混凝土及钢筋混凝土梁头、梁垫、板头所占体积；梁头、板头下镶嵌的实心砖体积不扣除。

（2）项目特征

需描述：空心砖、砌块品种、规格、强度等级，柱截面，柱高，勾缝要求和砂浆强度等级、配合比。

（3）工程内容

包括：砂浆制作、运输，砌砖、砌块，勾缝，材料运输。

5.4.5　石砌体

本节包含石基础（010305001），石勒脚（010305002），石墙（010305003），石挡土墙（010305004），石柱（010305005），石栏杆（010305006），石护坡（010305007），石台阶（010305008），石坡道（010305009），石地沟、石明沟（010305010）十个清单项目。

在编制相关清单项目前要能区分出各部位的划分。石基础、石勒脚、石墙的划分：基础与勒脚应以设计室外地坪为界，勒脚与墙身应以设计室内地坪为界。石围墙内外地坪标高不同时应以较低地坪标高为界，以下为基础；内外标高之差为挡土墙时，挡土墙以上为墙身。

1）石基础（010305001）

石基础清单项目适用于各种规格（条石、块石等）、各种材质（砂石、青石等）和各种类型（柱基、墙基、直形、弧形等）的基础。

（1）工程量计算

石基础按设计图示尺寸以体积"m³"计算。包括附墙垛基础宽出部分体积，不扣除基础砂浆防潮层和单个面积 0.3 m² 以内的孔洞所占体积，靠墙暖气沟的挑檐不增加体积。

在石基础体积计算中，石基础的高度以设计室外地坪为界，从设计室外地坪至基础底的距离为基础高度；石基础长度，外墙按中心线，内墙按净长线计算；石基础厚度按施工图上标注的尺寸。

（2）项目特征

包括：石料品种、规格，基础类型，基础深度和砂浆强度等级、配合比。

（3）工程内容

包括：砂浆制作、运输，砌石，防潮层铺设，材料运输。

注意事项：石基础清单项目中包括剔打石料头、地座荒包、搭拆简易起重架等全部工序。

2) 石勒脚(010305002)

石勒脚清单项目适用于各种规格(条石、块石等)、各种材质(砂石、青石、大理石、花岗石等)和各种类型(直形、弧形等)勒脚。

(1) 工程量计算

石勒脚工程量按设计图示尺寸以体积"m³"计算,扣除单个面积 0.3 m² 以外的孔洞所占的体积。在工程量计算中注意石勒脚的高度从设计室外地坪至设计室内地坪之间的距离。

(2) 项目特征

需描述:石料种类、规格,石表面加工要求,勾缝要求,砂浆强度等级、配合比。

(3) 工程内容

包括:砂浆制作、运输,砌石,石表面加工,勾缝,材料运输。

注意事项:本清单项目中包括石料头、地座打平、拼缝打平和打扁口等工序;石表面加工的打钻路、钉麻石、剁斧、扁光等工序也包括在内。

3) 石墙(010305003)

石墙清单项目适用于各种规格(条石、块石等)、各种材质(砂石、青石、大理石、花岗石等)和各种类型(直形、弧形等)墙体。

(1) 工程量计算

石墙的工程量计算规则同实心砖墙清单项目的计算规则。可采用实心砖墙公式计算:

$$V = 墙长 \times 墙厚 \times 墙高 + 应增加体积 - 应扣除体积 \qquad (5-12)$$

在应用式(5-12)计算时应注意以下问题:

① 墙高:从设计室外地坪标高以上为墙身。

② 墙厚:按设计图示尺寸计算;

③ 石围墙工程量计算中应增加体积除了包括围墙柱的体积外,还应包括砖压顶体积。

(2) 项目特征

需描述:石料种类、规格,墙厚,石表面加工要求,勾缝要求,砂浆强度等级、配合比。

石墙勾缝,有平缝、平圆凹缝、平凹缝、平凸缝、半圆凸缝、三角凸缝。

(3) 工程内容

包括:砂浆制作、运输,砌石,石表面加工,勾缝,材料运输。本清单项目应注意:石料头、地座打平、拼缝打平和打扁口等工序包括在报价内;石表面加工指的是打钻路、钉麻石、剁斧、扁光等。

4) 石挡土墙(010305004)

石挡土墙清单项目适用于各种规格(条石、块石、毛石、卵石等)、各种材质(砂石、青石灰石)和各种类型(直形、弧形、台阶形等)挡土墙,石梯膀也应按石挡土墙项目编码列项。石梯的两个侧面所形成的两个直角三角形称为石梯膀(古建筑中称象眼),见图 5-36 所示。

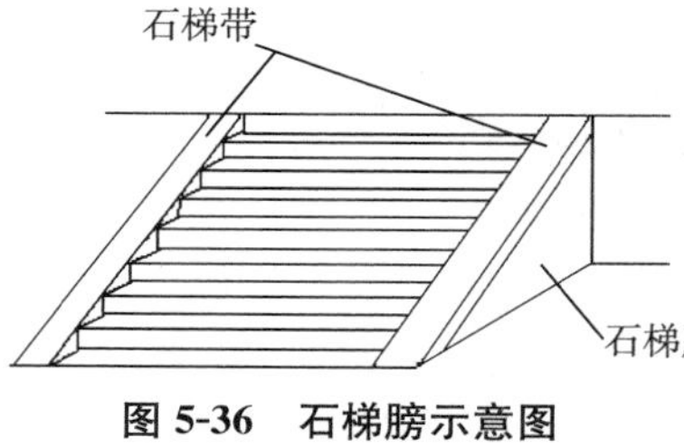

图 5-36 石梯膀示意图

(1) 工程量计算

石挡土墙按设计图示尺寸以体积"m³"计算。石围墙内外地坪标高不同时,内外标高之间的距离为挡土墙。

石梯膀的工程量计算以石梯带下边线为斜边,与地平相交的直线为一直角边,石梯与平台相交的垂线为另一直角边,形成一个三角形,三角形面积乘以砌石的宽度为石梯膀的工程量。

（2）项目特征

需描述:石料种类、规格,墙厚,石表面加工要求,勾缝要求,砂浆强度等级、配合比。

（3）工程内容

包括:砂浆制作、运输,砌石,压顶抹灰,勾缝,材料运输。

本项清单项目应注意:变形缝、泄水孔、压顶抹灰等应包括在项目报价内;挡土墙若有滤水层要求的应包括在项目报价内;包括搭、拆简易起重架。

5）石柱（010305005）

石柱清单项目适用于各种规格、石质、类型的石柱。

（1）工程量计算

石柱按设计图示尺寸以体积"m³"计算,应扣除混凝土梁头、板头和梁垫所占体积。

（2）项目特征

需描述:石料种类、规格,柱截面,石表面加工要求,勾缝要求,砂浆强度等级、配合比。

（3）工程内容

包括:砂浆制作、运输,砌石,石表面加工,勾缝,材料运输。

6）石栏杆（010305006）

石栏杆清单项目适用于无雕饰的一般石栏杆。

（1）工程量计算

石栏杆按设计图示长度以"m"计算。

（2）项目特征

需描述:种类、规格,柱截面,石表面加工要求,勾缝要求,砂浆强度等级、配合比。

（3）工程内容

包括:砂浆制作、运输,砌石,石表面加工,勾缝,材料运输。

7）石护坡（010305007）

石护坡清单项目适用于各种石质、石料（如条石、片石、毛石、块石、卵石等）的护坡。

（1）工程量计算

石护坡按设计图示尺寸以体积"m³"计算。

（2）项目特征

需描述:垫层材料种类、厚度,石料种类、规格,护坡厚度、高度,石表面加工要求,勾缝要求,砂浆强度等级、配合比。

（3）工程内容

包括:砂浆制作、运输,砌石,石表面加工,勾缝,材料运输。

8）石台阶（010305008）

石台阶清单项目包括石梯带（垂带）,不包括石梯膀,石梯膀按石挡土墙项目编码列项。石梯带指的是在石梯的两侧（或一侧）、与石梯斜度完全一致的石梯封头的条石,见图5-36所示。

（1）工程量计算

石台阶按设计图示尺寸以体积"m³"计算,包括石梯带体积。

（2）项目特征

需描述：垫层材料种类、厚度，石料种类、规格，护坡厚度、高度，石表面加工要求，勾缝要求，砂浆强度等级、配合比。

（3）工程内容

包括：铺设垫层，石料加工，砂浆制作、运输，砌石，石表面加工，勾缝，材料运输。

9）石坡道（010305009）

石坡道项目适用于各种石质（大理石、花岗岩、青条石等）的坡道。

（1）工程量计算

石坡道按设计图示尺寸以水平投影面积"m²"计算。

（2）项目特征

需描述：垫层材料种类、厚度，石料种类、规格，护坡厚度、高度，石表面加工要求，勾缝要求，砂浆强度等级、配合比。

（3）工程内容

包括：铺设垫层，石料加工，砂浆制作、运输，砌石，石表面加工，勾缝，材料运输。

10）石地沟、石明沟（010305010）

（1）工程量计算

石地沟、石明沟按设计图示以中心线长度"m"计算。

（2）项目特征

需描述：沟截面尺寸，垫层种类、厚度，石料种类、规格，石表面加工要求，勾缝要求，砂浆强度等级、配合比。

（3）工程内容

包括：土石方挖运，砂浆制作、运输，铺设垫层砌石，石表面加工，勾缝，回填，材料运输。

5.4.6 砖散水、地坪、地沟

本节包含砖散水、地坪（010306001）和砖地沟、明沟（010306002）两个清单项目。

1）砖散水、地坪（010306001）

（1）工程量计算

按设计图示尺寸以面积"m²"计算。

（2）项目特征

需描述：垫层材料种类、厚度，散水、地坪厚度，面层种类、厚度，砂浆强度等级、配合比。

（3）工程内容

包括：地基找平，夯实，铺设垫层，砌砖散水、地坪，抹砂浆面层。

2）砖地沟、明沟（010306002）

（1）工程量计算

按设计图示尺寸以中心线长度"m"计算。

（2）项目特征

需描述：沟截面尺寸，垫层材料种类、厚度，混凝土强度等级，砂浆强度等级、配合比。

（3）工程内容

包括：挖运土石，铺设垫层，底板混凝土制作、运输、浇筑、振捣、养护，砌砖，勾缝、抹灰，材料运输。

5.4.7 工程量计算实例

【例 5-5】 某工程的基础平面图、剖面图如图 5-37 所示。该工程设计室外地坪标高为 −0.30,室内标高±0.00 以下砖基础采用 M10 水泥砂浆标准砖砌筑,室内标高±0.00 以上 采用 M5 混合砂浆多孔砖砌筑,−0.06 处设防水砂浆防潮层,±0.00 以下构造柱的体积为 2.177 m³,试计算砖基础的清单工程量并列出清单。

【解】 (1)工程量计算

① 基础与墙身的划分。

② 防潮层不需计算。

$$V = 基础长度×墙厚×(基础墙高+大放脚折加高度)$$
$$+应增加的体积-应扣除的体积$$

基础长度:外墙按中心线 $L_{中}$;内墙按净长线 $L_{净}$。

$L_{中} = (18.0+17.0)×2 = 70 \text{ m}$

$L_{净} = (18.0-0.24)×2+(7.6-0.24)×6 = 79.68 \text{ m}$

基础长度 $= L_{中}+L_{净} = 149.68 \text{ m}$

墙厚 $= 0.24 \text{ m}$

基础墙高+大放脚折加高度 $= 1.4+0.066 = 1.466 \text{ m}$

应扣除的体积 $=$ 构造柱体积 $= 2.177 \text{ m}^3$

$$V = 基础长度×墙厚×(基础墙高+大放脚折加高度)$$
$$+应增加的体积-应扣除的体积$$
$$= 149.68×0.24×1.466-2.177 = 50.49 \text{ m}^3$$

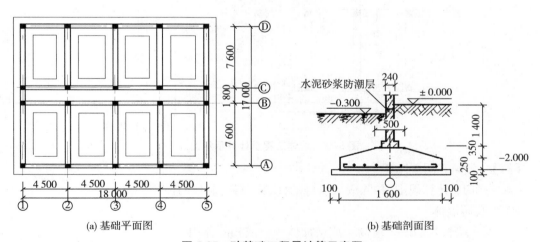

(a)基础平面图 (b)基础剖面图

图 5-37 砖基础工程量计算示意图

(2)工程量清单编制

工程量清单见表 5-8 所示。

表 5-8　分部分项工程量清单与计价表

工程名称:×××

共　页,第　页

序号	项目编码	项目名称	项目特征描述	计量单位	工程量	金额(元)		
						综合单价	合价	其中:暂估价
1	010301001001	砖基础	砖品种、规格、强度、等级:240 mm×115 mm×53 mm 标准规格红砖 基础类型:条形基础 砂浆强度等级:M10 水泥砂浆	m³	50.49			

【例 5-6】　某三类工程项目,底层平面图、墙身剖面图如图 5-38 所示,层高 2.8 m,±0.00 以上为 M7.5 混合砂浆粘土多孔砖砌筑,构造柱 240 mm×240 mm,有马牙槎与墙嵌接,圈梁 240 mm×300 mm,屋面板厚 100 mm,门窗上口无圈梁处设置过梁厚 240×240 mm,过梁长度为洞口尺寸两边各加 250 mm,砌体材料为 KP1 多孔砖,女儿墙采用 M5 水泥砂浆标准砖砌筑,女儿墙上压顶厚 60 mm,窗 C1:1 500 mm×1 500 mm;门 M1:1 200 mm×2 100 mm,M2:900 mm×2 100 mm;一层过梁、构造柱、圈梁的体积为 20.15 m³,女儿墙上构造柱体积为 0.54 m³。试计算墙体工程量。

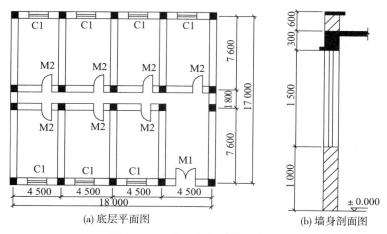

(a) 底层平面图　　　　(b) 墙身剖面图

图 5-38　墙体工程量计算示意图

【解】　(1)工程量计算

[相关知识]计算规则:扣除嵌入墙身的柱、梁、门窗洞口的体积。

① 多孔砖墙体

$$V=墙长×墙厚×墙高+应增加体积-应扣除体积$$

墙长:外墙按中心线,内墙按净长线计算。

$$L_{中}=(18.0+17.0)×2=70 \text{ m}$$

$$L_{净}=18-0.24+4.5×3+(7.6-0.24)×6=75.42 \text{ m}$$

$$墙长=L_{中}+L_{净}=70+75.42=145.42 \text{ m}$$

$$墙厚=0.24 \text{ m}$$

墙高＝2.8－0.1＝2.7 m

扣门窗所占体积＝(1.5×1.5×7＋1.2×2.1＋0.9×2.1×7)×0.24＝7.56 m³

V＝墙长×墙厚×墙高＋应增加体积－应扣除体积

＝145.42×0.24×2.7－7.56－20.15＝66.52 m³

② 女儿墙

墙长＝$L_中$＝(18.0＋17.0)×2＝70 m

墙厚＝0.24 m

墙高＝0.6－0.06＝0.54 m

V＝墙长×墙厚×墙高＋应增加体积－应扣除体积

＝70×0.24×0.54－0.54＝8.53 m³

（2）工程量清单编制

工程量清单见表5-9所示。

表5-9　分部分项工程量清单与计价表

工程名称：×××

共　页，第　页

序号	项目编码	项目名称	项目特征描述	计量单位	工程量	金额（元）		
						综合单价	合价	其中：暂估价
1	010302001001	实心砖墙	砖品种、规格、强度等级：粘土多孔砖 墙体类型：双面混水墙 墙体厚度：240 mm 砂浆强度等级：M7.5混合砂浆	m³	66.52			
2	010302001002	实心砖墙	砖品种、规格、强度等级：标准砖 墙体类型：女儿墙 墙体厚度：240 mm 砂浆强度等级：M5 水泥砂浆	m³	8.53			

5.5　混凝土及钢筋混凝土工程

本节共70个项目，适用于建筑物、构筑物的混凝土工程，包括各种现浇混凝土构件、预制混凝土构件和混凝土构筑物以及钢筋工程、螺栓铁件等。

5.5.1　现浇混凝土基础（010401）

现浇混凝土基础共包括带形基础（010401001）、独立基础（010401002）、满堂基础（010401003）、设备基础（010401004）、桩承台基础（010401005）和垫层（010401006）六个清单项目。

带形基础项目适用于各种带形基础，墙下的板式基础包括浇筑在一字排桩上面的带形基础;独立基础项目适用于块体柱基、杯基、柱下的板式基础、无筋倒圆台基础、壳体基础、电梯井基础等;满堂基础项目适用于地下室的箱式、筏式基础等;设备基础项目适用于设备的块体基础、框架基础等;桩承台基础项目适用于浇筑在组桩(如梅花桩)上的承台;垫层项目在"2008 计价规范"中增补在现浇混凝土基础内。

（1）工程量计算

现浇混凝土基础工程量按设计图示尺寸以体积"m³"计算,不扣除构件内钢筋、预埋铁件和伸入承台基础的桩头所占体积。

① 带形基础

$$V＝基础断面面积×基础长度 \qquad (5-13)$$

式中,带形基础的断面可分为无梁式带形基础和有梁式带形基础两种,见图 5-39 所示,相应的断面面积可分别求出。

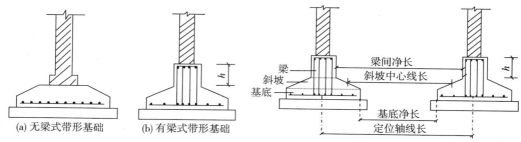

图 5-39　带形基础断面示意图　　　图 5-40　带形基础净长示意图

带形基础的长度:外墙下基础按设计外墙中心线长度,内墙下基础按设计基础间净长计算。以有梁式带形基础为例,内墙下基础之间的净长有三种(图 5-40),分别是基底净长、斜坡中心线长和梁间净长,在计算工程量时这三种净长分别乘以对应的端面面积。

式(5-13)可写成以下形式:

$$V ＝\sum 外墙下基础断面面积×外墙中心线长度$$
$$＋\sum(内墙下基础基底面积×基底净长＋内墙下基础斜坡面积$$
$$×斜坡中心线长＋内墙下基础梁面积×梁间净长) \qquad (5-14)$$

② 独立基础

独立基础按外形分,有平浅柱基础、锥形基础、梯形(踏步形)基础、杯形基础等(图 5-41),在体积工程量计算中,只有锥形基础和杯形基础要注意。锥形基础体积为

$$V ＝ 四棱台体积＋基底体积 ＝ \left[ab+(a+A)(b+B)+AB\right]\frac{h_1}{6}+ABh \quad (5-15)$$

杯形基础的体积在计算时先看成实心体积再扣去杯口的体积,即

$$V ＝ V_1+V_2+V_3-V_4 \qquad (5-16)$$

式中:V_1——杯形基础基底体积;

V_2——杯形基础中部四棱台的体积;

V_3——杯形基础上部块体体积;

V_4——杯形基础上部的杯口体积(倒四棱台)。

式中字母的含义,见图 5-42、图 5-43 所示。

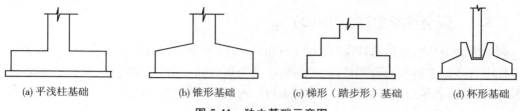

(a) 平浅柱基础　　(b) 锥形基础　　(c) 梯形（踏步形）基础　　(d) 杯形基础

图 5-41　独立基础示意图

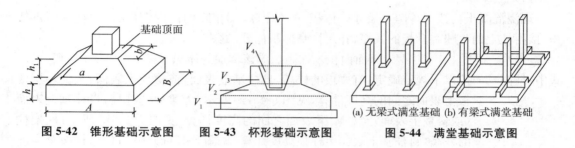

图 5-42　锥形基础示意图　　**图 5-43　杯形基础示意图**　　**图 5-44　满堂基础示意图**

③ 满堂基础

满堂基础按外形分，可分为有梁式满堂基础和无梁式满堂基础，见图 5-44 所示。有梁式满堂基础工程量按板和梁的体积之和计算，见式(5-17)。注意，在计算梁体积时，纵横向梁在相交处的体积不得重复计算；无梁式满堂基础工程量按板和柱帽的体积之和计算，见式(5-18)，柱帽的体积按四棱台的体积公式计算。

有梁式满堂基础　$V=$底板长×宽×板厚$+\sum$（梁断面面积×梁长）　　　　　　（5-17）

无梁式满堂基础　　　　$V=$底板长×宽×板厚$+\sum$柱帽体积　　　　　　　　（5-18）

④ 设备基础、桩承台基础、垫层

设备基础、桩承台基础、垫层的工程量按设计体积计算。桩承台基础分为带形桩承台和独立桩承台两种，带形桩承台按带形基础的计算规则计算，独立桩承台按独立基础的计算规则计算。

(2) 项目特征

现浇混凝土基础需描述：混凝土强度等级，混凝土拌和料要求，砂浆强度等级。

(3) 工程内容

包括：混凝土制作、运输、浇筑、振捣，养护，地脚螺栓二次灌浆。设备基础(010401004)清单项目在报价时应注意包含螺栓孔灌浆。

(4) 注意事项

现浇混凝土构件的供应方式（现场搅拌混凝土、商品混凝土）以招标文件确定。购入的商品构配件以商品价进入报价。

箱式满堂基础或框架式设备基础可按附录要求利用第五级编码分别列项，如箱式满堂基础：满堂基础（010401003001）、箱式满堂基础柱（010401003002）、箱式满堂基础梁（010401003003）、箱式满堂基础墙（010401003004）、箱式满堂基础板（010401003005）。也可以"2008 计价规范"附录中现浇混凝土基础（010401）、现浇混凝土柱（010402）、现浇混凝土梁（010403）、现浇混凝土墙（010404）、现浇混凝土板（010405）中的清单项目分别编码列项。

5.5.2 现浇混凝土柱(010402)

现浇混凝土柱包括矩形柱(010402001)和异形柱(010402002)两个清单项目。矩形柱和异形柱项目适用于各种类形的柱,柱的断面形状为矩形的采用矩形柱清单项目编码列项,截面形状为圆形、多角形等采用异形柱清单项目编码列项,而构造柱应按矩形柱清单项目编码列项。

（1）工程量计算

现浇混凝土柱按设计图示尺寸以体积"m³"计算,不扣除构件内钢筋、预埋铁件所占体积,依附柱上的牛腿和升板的柱帽,并入柱身体积计算,见式(5-19)。

$$V = 断面面积 \times 柱高 + 应该增加的体积 \qquad (5-19)$$

式中:柱高——按以下规定确定:有梁板的柱高,自柱基上表面(或楼板上表面)至上一层楼板上表面之间的高度计算,见图 5-45(a)所示;无梁板的柱高,自柱基上表面(或楼板上表面)至柱帽下表面之间的高度计算,见图 5-45(b)所示;框架柱的柱高,自柱基上表面至柱顶高度计算,见图 5-45(c)所示;构造柱按全高度计算,见图 5-45(d)所示。

应该增加的体积——指的是构造柱与墙嵌结部分(马牙槎)的体积、依附柱上的现浇钢筋混凝土牛腿的体积(图 5-45(e))以及升板的柱帽体积。

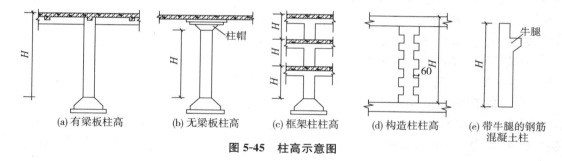

图 5-45 柱高示意图

构造柱的体积按式(5-19)等于柱身体积加上墙嵌结部分(马牙槎)的体积,马牙槎的体积等于出槎长度的一半(有槎与无槎的平均值,60 mm 的一半)乘以出槎宽度,再乘以构造柱柱高。

（2）项目特征

现浇混凝土柱需描述:柱高,柱截面尺寸,混凝土强度等级,混凝土拌和料要求。

（3）工程内容

包括:混凝土制作、运输、浇注、振捣、养护。

（4）注意事项

① 混凝土柱上的钢筋混凝土牛腿的体积并入柱身体积内,如柱上是钢牛腿则按钢构件项目中的零星钢构件编码列项。

② 无梁板的柱帽工程量计算在无梁板体积内,只有采用升板工艺施工的柱帽并入柱体积内计算。

③ 薄壁柱也称隐壁柱,在框剪结构中,隐藏在墙体中的钢筋混凝土柱抹灰后不再有柱的痕迹,薄壁柱按钢筋混凝土墙计算。单独的薄壁柱根据其截面形状,确定以异形柱或矩形

柱编码列项。

④ 现浇混凝土构件的供应方式(现场搅拌混凝土、商品混凝土)以招标文件确定。购入的商品构配件以商品价进入报价。

5.5.3　现浇混凝土梁(010403)

现浇混凝土梁共包括基础梁(010403001)、矩形梁(010403002)、异形梁(010403003)、圈梁(010403004)、过梁(010403005)、弧形、拱形梁(010403006)六个清单项目。

基础梁,指独立基础之间架设的,承受上部墙传来荷载的梁(图 5-46);矩形梁,指的是截面为矩形的梁;异形梁,指的是 T 形、L 形、多角形梁;圈梁,指为了加强结构的整体性,沿外墙四周及部分内隔墙设置的连续闭合的梁;过梁,指为了承受门窗洞口上部砌体所传来的各种荷载,并将这些荷载传给窗间墙,在门窗洞口上设置的钢筋混凝土横梁;弧形、拱形梁,指的是除了以上几种梁以外的截面形状为弧形、拱形的梁。

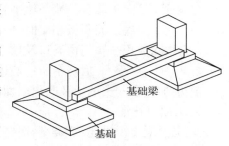

图 5-46　基础梁示意图

(1)工程量计算

现浇混凝土梁按设计图示尺寸以体积"m³"计算,不扣除构件内钢筋、预埋铁件所占体积,伸入墙内的梁头、梁垫并入梁体积内。

$$V = 梁宽 \times 梁高 \times 梁长 + 梁垫体积 \qquad (5-20)$$

式(5-20)在应用中应注意梁长和梁高的规定。

梁长:梁与柱连接时,梁长算至柱侧面,圈梁与构造柱连接时,圈梁长度算至构造柱柱身侧面;主梁与次梁连接时,次梁长度算至主梁侧面;梁长包括伸入墙体内的梁头;圈梁与过梁连接时,工程量应分别计算,过梁长度按门窗洞口宽度,两端各加 250 mm(或按设计规定的搁置长度)计算,其余为圈梁的长度。

梁高:按设计规定,若梁与板整体现浇时,梁高计算至板底。

(2)项目特征

需描述:梁底标高,梁截面,混凝土强度等级,混凝土拌和料要求。

(3)工程内容

包括:混凝土制作、运输、浇注、振捣、养护。

(4)注意事项

① 现浇混凝土构件的供应方式(现场搅拌混凝土、商品混凝土)以招标文件确定。购入的商品构配件以商品价进入报价。

② 项目特征内的梁底标高并不需要每个构件都注上标高,而是要求选择关键部件注明,以便投标人选择吊装机械和垂直运输机械。

③ 圈梁与梁连接时,圈梁体积应扣除伸入圈梁内的梁体积。

④ 在圈梁部位挑出外墙的混凝土梁,圈梁以外墙外边线为界限。

5.5.4　现浇混凝土墙(010404)

现浇混凝土墙包括直形墙(010404001)、弧形墙(010404002)两个清单项目。

(1) 工程量计算

现浇混凝土墙按设计图示尺寸以体积"m³"计算。不扣除构件内钢筋、预埋铁件所占体积,扣除门窗洞口及单个面积 0.3 m² 以外的孔洞所占体积,墙垛及凸出墙面部分并入墙体体积内计算。计算公式如下:

$$V = 墙长 \times 墙厚 \times 墙高 - 应扣除体积 + 应增加体积 \qquad (5-21)$$

式中:墙长——外墙按中心线长度计算,内墙按墙间净长度计算。

　　　墙高——现浇混凝土墙与基础的划分,以基础扩大面的顶面为分界线,以下为基础,以上为墙身。墙与梁平行重叠,墙高算至梁顶;梁宽超过墙宽时,墙高算至梁底。墙与板相交时,墙高算至板底。

　　　应扣除体积——门窗洞口及单个面积 0.3 m² 以外的孔洞所占体积,设后浇带的扣除后浇带所占墙体的体积。

应增加体积——墙垛及凸出墙面部分并入墙体体积内计算

(2) 项目特征

现浇混凝土需描述:墙类型,墙厚度,混凝土强度等级,混凝土拌和料要求。

(3) 工程内容

包括:混凝土制作、运输、浇注、振捣、养护。

(4) 注意事项

① 电梯井处的墙体按外形分别套用直形墙(010404001)或弧形墙(010404002)清单项目。

② 在框剪结构中,隐藏在墙体中的钢筋混凝土柱抹灰后不再有柱的痕迹,成为薄壁柱或称为隐壁柱。与墙相连接的薄壁柱按墙项目编码列项。

③ 现浇混凝土构件的供应方式(现场搅拌混凝土、商品混凝土)以招标文件确定。购入的商品构配件以商品价进入报价。

5.5.5　现浇混凝土板(010405)

现浇混凝土板有梁板(010405001)、无梁板(010405002)、平板(010405003)、拱板(010405004)、薄壳板(010405005)、栏板(010405006)、天沟、挑檐板(010405007)、雨篷、阳台板(010405008)、其他板(010405009)九个清单项目。其中有梁板,指现浇密肋板、井字梁板(即由同一平面内相互正交式斜交的梁与板所组成的结构构件);无梁板,指无梁且直接用柱子支撑的楼板;平板,指直接支撑在墙上(或圈梁上)的现浇楼板;栏板,指楼梯或阳台上所设的安全防护板。

(1) 工程量计算

有梁板、无梁板、平板、拱板、薄壳板、栏板清单项目工程量按设计图示尺寸以体积"m³"计算。不扣除构件内钢筋、预埋铁件及单个面积 0.3 m² 以内的孔洞所占体积,各类板伸入墙内的板头并入板体积内计算。

① 有梁板的工程量按梁、板体积之和计算,梁板交接处不得重复计算。

$$V = 板体积 + 主次梁体积 \qquad (5-22)$$

② 无梁板按板和柱帽体积之和计算。

$$V = 板体积 + 柱帽体积 \qquad (5-23)$$

柱帽的形状为倒置的四棱台,柱帽的体积计算方法与独立基础体积计算方法相同。

③ 平板按图示体积计算,包括伸入墙内的板头的体积在内,见图5-47。

$$V=板长×板宽×板厚 \qquad (5-24)$$

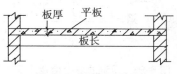 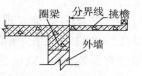

图 5-47　平板示意图　　　　图 5-48　挑檐与现浇板、圈梁连接示意图

④ 薄壳板的肋、基梁并入薄壳板体积内计算。

天沟、挑檐板按设计图示尺寸以体积"m³"计算。现浇挑檐、天沟板与板(包括屋面板、楼板)连接时,以外墙外边线为分界线;与圈梁(包括其他梁)连接时,以梁外边线为分界线,外边线以外为挑檐、天沟。见图5-48所示。

雨篷、阳台板按设计图示尺寸以墙外部分体积"m³"计算,包括伸出墙外的牛腿和雨篷反挑檐的体积。注意:现浇雨篷、阳台与板(包括屋面板、楼板)连接时,以外墙外边线为分界线;与圈梁(包括其他梁)连接时,以梁外边线为分界线。外边线以外为雨篷或阳台。见图5-49所示。

其他板按设计图示尺寸以体积"m³"计算。

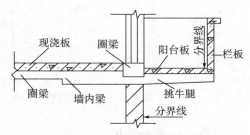

图 5-49　阳台与圈梁连接示意图

(2)项目特征

有梁板(010405001)、无梁板(010405002)、平板(010405003)、拱板(010405004)、薄壳板(010405005)、栏板(010405006)清单需描述:板底标高,板厚度,混凝土强度等级,混凝土拌和料要求。

天沟、挑檐板(010405007),雨篷、阳台板(010405008),其他板(010405009)清单需描述:混凝土强度等级,混凝土拌和料要求。

(3)工程内容

包括:混凝土制作、运输、浇注、振捣、养护。

(4)注意事项

① 现浇混凝土构件的供应方式(现场搅拌混凝土、商品混凝土)以招标文件确定。购入的商品构配件以商品价进入报价。

② 混凝土板采用浇筑复合高强薄型空心管时,其工程量应扣除管所占体积,复合高强薄型空心管应包括在报价内。采用轻质材料浇筑在有梁板内,轻质材料应包括在报价内。

③ 项目特征内的板底标高并不需要每个构件都描述标高和高度,而是要求选择关键部件描述,以便投标人选择吊装机械和垂直运输机械。

5.5.6　现浇混凝土楼梯(010406)

现浇混凝土楼梯包括直形楼梯(010406001)和弧形楼梯(010406002)两个清单项目。

(1)工程量计算

现浇混凝土楼梯按设计图示尺寸以水平投影面积"m²"计算,不扣除宽度小于 500 mm 的楼梯井,伸入墙内部分不计算,见图 5-50、式(5-25)所示。现浇混凝土楼梯的水平投影面积包括休息平台、平台梁、斜梁和梯梁。现浇混凝土楼梯与现浇楼板以楼梯梁的外边缘为界(图 5-51);若楼梯与楼板之间没有梁连接时,以楼梯段最上一个踏步外边缘加 300 mm 为界(图 5-52)。

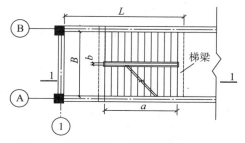

图 5-50 现浇混凝土楼梯平面示意图

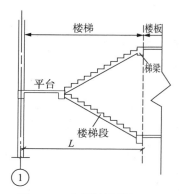

图 5-51 有梯梁楼梯剖面图

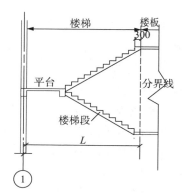

图 5-52 无梯梁楼梯剖面图

当 $b \leqslant 500$ mm 时　　　　　　$S = \sum L \times B$ 　　　　　　(5 − 25a)

当 $b > 500$ mm 时　　　　　　$S = \sum L \times B - a \times b$ 　　　　(5 − 25b)

(2) 项目特征

现浇混凝土楼梯需描述:混凝土强度等级,混凝土拌和料要求。

(3) 工程内容

包括:混凝土制作、运输、浇注、振捣、养护。

(4) 注意事项

① 现浇混凝土构件的供应方式(现场搅拌混凝土、商品混凝土)以招标文件确定。购入的商品构配件以商品价进入报价。

② 单跑楼梯的工程量计算与直形楼梯、弧形楼梯的工程量计算相同,单跑楼梯如无中间休息平台时,应在工程量清单中进行描述。

5.5.7　现浇混凝土其他构件(010407)

现浇混凝土其他构件包括其他构件(010407001),散水、坡道(010407002),电缆沟、地沟(010407003)三个清单项目。

其他构件指的是现浇混凝土小型池槽、压顶、扶手、垫块、台阶、门框等。

(1) 工程量计算

其他构件清单项目按设计图示尺寸以体积"m³"计算,不扣除构件内钢筋、预埋铁件所占体积。而其他构件项目中的压顶、扶手工程量可按延长米"m"计算,台阶工程量可按水平投影面积"m²"计算,台阶与地面的分界线以最上一级踏步外延加 300 mm 计算,见图 5-53 所示。

散水、坡道按设计图示尺寸以面积计算，不扣除单个面积 0.3 m² 以内的孔洞所占面积。

电缆沟、地沟按设计图示尺寸以中心线长度"m"计算。

（2）项目特征

其他构件需描述：构件的类型，构件规格，混凝土强度等级，混凝土拌和料要求。

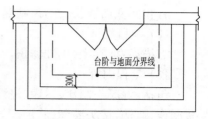

图 5-53　台阶示意图

散水、坡道需描述：垫层材料种类、厚度，面层厚度，混凝土强度等级，混凝土拌和料要求，填塞材料种类。

电缆沟、地沟需描述：沟截面，垫层材料种类、厚度，混凝土强度等级，混凝土拌和料要求，防护材料种类。

（3）工程内容

其他构件包括：混凝土制作、运输、浇注、振捣、养护。

散水、坡道包括：地基夯实，铺设垫层，混凝土制作、运输、浇注、振捣、养护，变形缝塞填。

电缆沟、地沟包括：挖运土石，铺设垫层，混凝土制作、运输、浇注、振捣、养护，刷防护材料。

（4）注意事项

① 现浇混凝土构件的供应方式（现场搅拌混凝土、商品混凝土）以招标文件确定。购入的商品构配件以商品价进入报价。

②"电缆沟、地沟"和"散水、坡道"需抹灰时，应包括在报价内。

5.5.8　后浇带(010408)

本节包括后浇带(010408001)一个清单项目。后浇带是一种刚性变形缝，适用于不允许留设柔性变形缝的部位，一般缝宽在 700～1 000 mm 之间。本项目适用于基础（满堂）、梁、墙、板的后浇带。

（1）工程量计算

后浇带按设计图示尺寸以体积"m³"计算。

（2）项目特征

需描述：部位，混凝土强度等级，混凝土拌和料要求。

（3）工程内容

包括：混凝土制作、运输、浇注、振捣、养护。

5.5.9　预制混凝土柱(010409)

预制混凝土柱项目包括矩形柱(010409001)、异形柱(010409002)两个清单项目。异形柱适用于工字形柱和双肢柱等。

（1）工程量计算

预制混凝土柱按设计图示尺寸以体积"m³"计算，不扣除构件内钢筋、预埋铁件所占体积。若预制柱是带牛腿的柱（图 5-54），工程量中应包括牛腿的体积，见式(5-26)。

预制混凝土柱工程量

＝（上柱断面面积×上柱长度＋下柱断面面积×下柱长度＋牛腿体积）×根数

(5-26)

有相同截面和长度的预制混凝土柱的工程量也可按根数计算。

（2）项目特征

需描述：柱类型，单件体积，安装高度，混凝土强度等级，砂浆强度等级。

（3）工程内容

包括：混凝土制作、运输、浇注、振捣、养护，构件制作、运输，构件安装，砂浆制作、运输，接头灌缝、养护。

（4）注意事项

① 预制构件的制作、运输、安装、接头灌缝等工序的费用包括在项目报价内。

② 预制构件的吊装机械（如履带式起重机、轮胎式起重机、汽车式起重机、塔式起重机等）不应包括在项目报价内，应列入措施项目费。

③ 项目特征内的构件安装高度，不需要每个构件都注上高度，而是要求选择关键部件注明，以便投标人选择吊装机械和垂直运输机械。

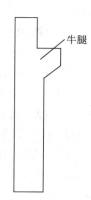

图 5-54　带牛腿柱示意图

5.5.10　预制混凝土梁（010410）

预制混凝土梁项目包括矩形梁（010410001）、异形梁（010410002）、过梁（010410003）、拱形梁（010410004）、鱼腹式吊车梁（010410005）、风道梁（010410006）六个清单项目。鱼腹式吊车梁见图 5-55 所示。

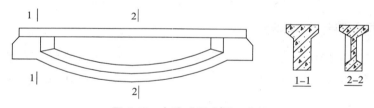

图 5-55　鱼腹式吊车梁示意图

（1）工程量计算

预制混凝土梁工程量按设计图示尺寸以体积"m^3"计算。不扣除构件内钢筋、预埋铁件所占体积。预制混凝土梁有相同截面、长度的工程量可按根数计算。

（2）项目特征

需描述：单件体积，安装高度，混凝土强度等级，砂浆强度等级。

（3）工程内容

包括：混凝土制作、运输、浇筑、振捣、养护，构件制作、运输，构件安装，砂浆制作、运输，接头灌缝、养护。

（4）注意事项

① 预制构件的制作、运输、安装、接头灌缝等工序的费用包括在项目报价内。

② 预制构件的吊装机械（如履带式起重机、轮胎式起重机、汽车式起重机、塔式起重机等）不应包括在项目报价内，应列入措施项目费。

③ 项目特征内的构件安装高度，不需要每个构件都注上高度，而是要求选择关键部件注明，以便投标人选择吊装机械和垂直运输机械。

5.5.11 预制混凝土屋架(010411)

预制混凝土屋架项目包括折线形屋架(010411001)、组合屋架(010411002)、薄腹屋架(010411003)、门式刚架屋架(010411004)、天窗架屋架(010411005)五个清单项目。

(1)工程量计算

预制混凝土屋架工程量计算按设计图示尺寸以体积"m³"计算。不扣除构件内钢筋、预埋铁件所占体积。同类型、相同跨度的预制混凝土屋架的工程量可按"榀"数计算。

(2)项目特征

需描述:屋架的类型、跨度,单件体积,安装高度,混凝土强度等级,砂浆强度等级。

(3)工程内容

包括:混凝土制作、运输、浇筑、振捣、养护,构件制作、运输,构件安装,砂浆制作、运输,接头灌缝、养护。

(4)注意事项

① 预制构件的制作、运输、安装、接头灌缝等工序的费用包括在项目报价内。

② 预制构件的吊装机械(如履带式起重机、轮胎式起重机、汽车式起重机、塔式起重机等)不应包括在项目报价内,应列入措施项目费。

③ 项目特征内的构件安装高度,不需要每个构件都注上高度,而是要求选择关键部件注明,以便投标人选择吊装机械和垂直运输机械。

④ 三角形屋架应按折线形屋架(010411001)项目编码列项。

⑤ 组合屋架中钢杆件应按金属结构工程中相应项目编码列项,工程量按"t"计算。

5.5.12 预制混凝土板(010412)

预制混凝土板项目包括平板(010412001)、空心板(010412002)、槽形板(010412003)、网架板(010412004)、折线板(010412005)、带肋板(010412006)、大型板(010412007)和沟盖板、井盖板、井圈(010412008)八个清单项目。

平板清单项目包括不带肋的预制遮阳板、雨篷板、挑檐板、栏板等;带肋板清单项目包括预制F形板、双T形板、单肋板和带反挑檐的雨篷板、挑檐板、遮阳板等;大型板清单项目包括预制大型墙板、大型楼板、大型屋面板等。

(1)工程量计算

平板、空心板、槽形板、网架板、折线板、带肋板、大型板按设计图示尺寸以体积计算,不扣除构件内钢筋、预埋铁件及单个尺寸 300 mm×300 mm 以内的孔洞所占体积,应扣除空心板孔洞体积。同类型相同构件尺寸的预制混凝土板工程可按块数计算。

沟盖板、井盖板、井圈按设计图示尺寸以体积计算,不扣除构件内钢筋、预埋铁件所占体积。同类型相同构件尺寸的预制混凝土沟盖板的工程量可按块数计算,混凝土井圈、井盖板工程量可按套数计算。

(2)项目特征

预制混凝土板需描述:构件尺寸,安装高度,混凝土强度等级,砂浆强度等级。

(3)工程内容

平板、空心板、槽形板、网架板、折线板、带肋板、大型板包括:混凝土制作、运输、浇注、振捣、养护,构件制作、运输,构件安装,升板提升,砂浆制作、运输,接头灌缝、养护。

沟盖板、井盖板、井圈包括:混凝土制作、运输、浇注、振捣、养护,构件制作、运输,构件安装,砂浆制作、运输,接头灌缝、养护。

(4)注意事项

① 预制构件的制作、运输、安装、接头灌缝等工序的费用包括在项目报价内。

② 预制构件的吊装机械(如履带式起重机、轮胎式起重机、汽车式起重机、塔式起重机等)不应包括在项目报价内,应列入措施项目费。

③ 项目特征内的构件安装高度,不需要每个构件都注上高度,而是要求选择关键部件注明,以便投标人选择吊装机械和垂直运输机械。

5.5.13　预制混凝土楼梯(010413)

预制钢筋混凝土楼梯包括一个清单项目:楼梯(010413001)。

(1)工程量计算

预制混凝土楼梯按设计图示尺寸以体积"m³"计算,不扣除构件内钢筋、预埋铁件所占体积,扣除空心踏步板孔洞体积。

(2)项目特征

需描述:楼梯类型,单件体积,混凝土强度等级,砂浆强度等级。

(3)工程内容

包括:混凝土制作、运输、浇注、振捣、养护,构件制作、运输,构件安装,砂浆制作、运输,接头灌缝、养护。

(4)注意事项

① 预制构件的制作、运输、安装、接头灌缝等工序的费用包括在项目报价内。

② 预制构件的吊装机械(如履带式起重机、轮胎式起重机、汽车式起重机、塔式起重机等)不应包括在项目报价内,应列入措施项目费。

③ 预制钢筋混凝土楼梯,可按斜梁、踏步、楼梯段、平台板分别编码(第五级编码)列项。

5.5.14　其他预制构件(010414)

其他预制构件包括烟囱、垃圾道、通风道(010414001),其他构件(010414002),水磨石构件(010414003)三个清单项目。

其他构件清单项目指预制钢筋混凝土小型池槽、压顶、扶手、垫块、隔热板、花格等。

(1)工程量计算

其他预制构件按设计图示尺寸以体积"m³"计算,不扣除构件内钢筋、预埋铁件及单个尺寸300 mm×300 mm以内的孔洞所占体积,扣除烟囱、通风道、垃圾道的孔洞体积。

(2)项目特征

烟道、垃圾道、通风道需描述:构件类型,单件体积,安装高度,混凝土强度等级,砂浆强度等级。

其他构件、水磨石构件需描述:构件的类型、单件体积、水磨石面层厚度、安装高度、混凝土强度等级、水泥石子浆配合比、石子品种、规格、颜色、酸洗、打蜡要求。

(3)工程内容

包括：混凝土制作、运输、浇注、振捣、养护，（水磨石）构件制作、运输，构件安装，砂浆制作、运输，接头灌缝、养护，酸洗、打蜡。

（4）注意事项

① 预制构件的制作、运输、安装、接头灌缝等工序的费用包括在项目报价内。

② 预制构件的吊装机械（如履带式起重机、轮胎式起重机、汽车式起重机、塔式起重机等）不应包括在项目报价内，应列入措施项目费。

③ 水磨石构件清单中若需要打蜡抛光时，应包括在报价内。

5.5.15 混凝土构筑物（010415）

混凝土构筑物包括储水（油）池（010415001）、储仓（010415002）、水塔（010415003）、烟囱（010415004）四个清单项目。

储水池指供直接用水或供处理水用的储水容器，前者称为储水池，后者称为处理池（沉淀池、冷却池、过滤池等），有钢、钢筋混凝土和砖砌方形、圆形、矩形之分。本清单指的是用钢筋混凝土制作的。

（1）工程量计算

混凝土构筑物按设计图示尺寸以体积"m^3"计算，不扣除构件内钢筋、预埋铁件及单个面积 $0.3 m^2$ 以内的孔洞所占体积。

（2）项目特征

储水（油）池需描述：池类型、池规格、混凝土强度等级、混凝土拌和料要求。

储仓需描述：类型、高度、混凝土强度等级、混凝土拌和料要求。

水塔需描述：类型，支筒高度，水箱容积，倒圆锥形罐壳厚度、直径，混凝土强度等级，混凝土拌和料要求，砂浆强度等级。

烟囱需描述：高度，混凝土强度等级，混凝土拌和料要求。

（3）工程内容

储水（油）池、烟囱包括：混凝土制作、运输、浇注、振捣、养护。

储仓、水塔包括：混凝土制作、运输、浇注、振捣、养护，预制倒圆锥形罐壳、组装、提升、就位，砂浆制作、运输，接头灌缝、养护。

（4）注意事项

① 储水（油）池的池底、池壁、池盖可分别编码（第五级编码）列项。有壁基梁的，应以壁基梁底为界，以上为池壁，以下为池底；无壁基梁的，锥形坡底应算至其上口，池壁下部的八字靴脚应并入池底体积内。无梁池盖的柱高应从池底上表面算至池盖下表面，柱帽和柱座应并入柱体积内。肋形池盖应包括主、次梁体积，球形池盖应以池壁顶面为界，边侧梁应并入球形池盖体积内。

② 储仓立壁和储仓漏斗可分别编码（第五级编码）列项，应以相互交点水平线为界，壁上圈梁应并入漏斗体积内。

③ 滑模筒仓按"储仓"项目编码列项。

④ 水塔基础、塔身、水箱可分别编码（第五级编码）列项。筒式塔身应以筒座上表面或基础底板上表面为界；柱式（框架式）塔身应以柱脚与基础底板或梁顶为界，与基础底板连接的梁应并入基础体积内。塔身与水箱应以箱底相连接的圈梁下表面为界，以上为水箱，以下

为塔身。依附于塔身的过梁、雨篷、挑檐等,应并入塔身体积内;柱式塔身应不分柱、梁合并计算。依附于水箱壁的柱、梁,应并入水箱壁体积内。

⑤ 滑模烟囱按"烟囱"项目编码列项。

5.5.16 钢筋工程(010416)

钢筋工程包括现浇混凝土钢筋(010416001)、预制构件钢筋(010416002)、钢筋网片(010416003)、钢筋笼(010416004)、先张法预应力钢筋(010416005)、后张法预应力钢筋(010416006)、预应力钢丝(010416007)、预应力钢绞线(010416008)八个清单项目。

1) 现浇混凝土钢筋(010416001)

(1) 工程量计算

现浇混凝土钢筋工程量按设计图示钢筋长度乘以单位理论质量以"t"计算。

$$钢筋工程量=钢筋长度×线密度(钢筋单位理论质量) \tag{5-27}$$

其中　　　钢筋线密度(钢筋每米理论质量)$=0.006\ 165×d^2$(d 为钢筋直径)　　(5-28)

或钢筋每米理论质量见表5-10。

表 5-10　钢筋每米理论质量

直　径(mm)	φ4	φ5	φ6	φ6.5	φ8	φ10	φ12	φ14
每米质量(kg/m)	0.099	0.154	0.222	0.260	0.395	0.617	0.888	1.208
直　径(mm)	φ16	φ18	φ20	φ22	φ25	φ28	φ30	φ32
每米质量(kg/m)	1.578	1.998	2.466	2.984	3.850	4.830	5.550	6.310

$$钢筋长度=构件长度-保护层+弯钩长度+锚固增加长度+弯起增加长度+钢筋搭接长度 \tag{5-29}$$

计算钢筋工程量时,钢筋保护层厚度按设计规定计算;设计无规定时,按混凝土结构工程施工及混凝土验收规范规定计算,见表5-11所示。

表 5-11(a)　钢筋的混凝土保护层厚度　　　　　　　　单位:mm

环境类别		墙、板、壳			梁			柱		
		≤C20	C25~C45	≥C50	≤C20	C25~C45	≥C50	≤C20	C25~C45	≥C50
一		20	15	15	30	25	25	30	30	30
二	a	—	20	20	—	30	—	—	30	30
	b	—	25	20	—	35	—	—	35	30
三		30	30	25	—	40	35	—	40	35

注:(1) 基础中纵向受力钢筋的混凝土保护层厚度不应小于40 mm,当无垫层时,不应小于70 mm。

　　(2) 板、墙、壳中分布钢筋的保护层不应小于5-11(a)中相应数值减10 mm,且不应小于10 mm;梁中箍筋和构造钢筋的保护层厚度不应小于15 mm。

　　(3) 当梁、柱中纵向受力钢筋的保护层厚度大于40 mm时,应对保护层采取有效的防裂构造措施。

　　(4) 处于二、三类环境中的悬臂板,其上表面应采取有效的保护措施。环境类别划分见表5-11(b)。

　　(5) 对有防火要求的建筑物,其混凝土保护层厚度应符合国家现行有关标准的要求。

表 5-11(b)　混凝土结构的环境类别

环境类别		条　件
一		室内正常环境
二	a	室内潮湿环境,非严寒和非寒冷地区的露天环境,与无侵蚀性的水或土壤直接接触的环境
	b	严寒和寒冷地区的露天环境,与无侵蚀性水或土壤直接接触的环境
三		使用除冰盐的环境;严寒和寒冷地区冬季水位变动的环境;滨海室外环境
四		海水环境
五		受人为或自然的侵蚀性物质影响的环境

注:严寒和寒冷地区的划分应符合国家现行标准《民用建筑热工设计规程》(JGJ24-86)的规定。

　　钢筋的弯钩增加长度,按设计规定计算。采用Ⅰ级钢做受力筋时,两端需设弯钩,弯钩形式有180°、90°、135°三种,见图 5-56,图中 d 为钢筋直径,三种形式的弯钩增加长度分别为6.25d、3.5d、4.9d。而板上负筋直钩长度一般为板厚减一个保护层。

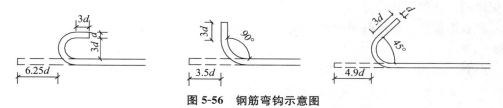

图 5-56　钢筋弯钩示意图

　　钢筋的弯起增加长度,按设计规定计算。弯起钢筋增加的长度为 S-L,见图 5-57 所示。不同弯起角度的 S-L 值见表 5-12 所示。

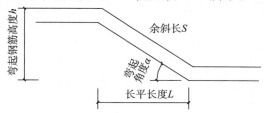

图 5-57　钢筋弯起增加长度示意图

表 5-12　钢筋弯起增加长度计算表

弯起角度	S-L
30°	0.268h
45°	0.414h
60°	0.537h

　　搭接长度计算中按图中注明的搭接长度计算,图中未注明的受拉钢筋搭接长度可按表5-13 计算,受压钢筋的搭接长度按受拉钢筋搭接长度的 0.7 倍计算。钢筋接头采用电渣压力焊或机械接头的,其连接长度不再另行计算,报价中应含相应接头的价格。

表 5-13　钢筋搭接长度计算表

钢筋类型	混凝土强度等级		
	C20	C25	高于 C25
Ⅰ级钢筋	35d	30d	25d
Ⅱ级钢筋	45d	40d	35d
Ⅲ级钢筋	55d	50d	45d

钢筋锚固及搭接长度:纵向受拉钢筋抗震锚固长度,按表 5-14 计算。

表 5-14　纵向受拉钢筋抗震锚固长度　　　　　　单位:mm

钢筋类型与直径		混凝土强度等级与抗震等级					
		C20		C25		C30	
		一、二	三	一、二	三	一、二	三
HPB235 普通钢筋		36d	33d	31d	28d	27d	25d
HRB335 普通钢筋	$d \leqslant 25$	44d	41d	38d	35d	34d	31d
	$d > 25$	49d	45d	42d	39d	38d	34d
HRB400 普通钢筋 RRB400 普通钢筋	$d \leqslant 25$	53d	49d	46d	42d	41d	37d
	$d > 25$	58d	53d	51d	46d	45d	41d

箍筋长度的计算,矩形梁、柱的箍筋长度应按图纸规定计算。无规定时,双肢箍可按式(5-30)计算,四肢箍按式(5-31)计算。箍筋每个弯钩增加长度见表 5-15。估算时也可近似的按梁柱断面外围周长计算。

双肢箍长度=构件截面周长-8×保护层厚+8×箍筋直径+2×弯钩增加长度

$$(5-30)$$

四肢箍长度=一个双肢箍长度×2

$$= \{[(构件宽度-两端保护层厚)×2/3+构件高度$$

$$-两端保护层厚]×2+2×弯钩增加长度+8×箍筋直径\}×2 \quad (5-31)$$

表 5-15　箍筋每个弯钩增加长度计算表

弯钩形式		180°	90°	135°
弯钩增加值	一般结构	8.25d	5.5d	6.87d
	有抗震等级要求结构	—	—	11.87d

箍筋根数,按下式计算:

$$箍筋根数=\frac{箍筋分布长度}{箍筋间距}+1 \quad (5-32)$$

(2)项目特征

需描述:钢筋种类、规格。

(3)工程内容

包括:钢筋(网、笼)制作、运输,钢筋(网、笼)安装。

(4)注意事项

① 现浇构件中固定位置的支撑钢筋、双层钢筋用的"铁马"、伸出构件的锚固钢筋等,应并入钢筋工程量内。

② 马凳筋(图 5-58)是指用于支撑现浇混凝土板或现浇雨篷板中的上部钢筋的铁件。马凳钢筋质量,设计有规定的按设计规定计算;设计无规定时,马凳的材料应比底板钢筋降低一个规格,若底板钢筋规格不同时,按其中规格大的钢筋降低一个规格计算。长度按底板

厚度的 2 倍加 200 mm 计算,每平方米 1 个,计入钢筋总量。设计无规定时计算公式如下:

马凳钢筋质量=(板厚×2+0.2)×板面积×底板钢筋次规格的线密度 （5-33）

图 5-58　马凳筋示意图　　　　　　　　　图 5-59　S 钩示意图

③ 墙体拉结 S 钩(图 5-59)是指用于拉结现浇钢筋混凝土墙内受力钢筋的单支箍。墙体拉结 S 钩钢筋质量,设计有规定的按设计规定计算;设计无规定时按 φ8 钢筋,长度按墙厚加 150 mm 计算。每平方米 3 个,计入钢筋总量。设计无规定时计算公式如下:

墙体拉结 S 钩长度=(墙厚+0.15)×墙面积×3 （5-34）

④ 在计算现浇混凝土构件钢筋时注意砌体加固钢筋也应按设计规定计算,按设计图示长度乘以单位理论质量以"t"计算。

2) 预制构件钢筋(010416002)、钢筋网片(010416003)、钢筋笼(010416004)

(1) 工程量计算

按设计图示钢筋长度乘以单位理论质量,以"t"计算。

(2) 项目特征

需描述:钢筋种类、规格。

(3) 工程内容

包括:钢筋(网、笼)制作、运输,钢筋(网、笼)安装。

(4) 注意事项

伸出构件的锚固钢筋、预制构件的吊钩等,应并入钢筋工程量内。

3) 先张法预应力钢筋(010416005)

(1) 工程量计算

按设计图示钢筋长度乘以单位理论质量,以"t"计算。

(2) 项目特征

需描述:钢筋种类、规格,锚具种类。

(3) 工程内容

包括:钢筋制作、运输,钢筋张拉。

4) 后张法预应力钢筋(010416006)、预应力钢丝(010416007)、预应力钢绞线(010416008)

(1) 工程量计算

按设计图示钢筋(丝束、绞线)长度乘以单位理论质量,以"t"计算。

① 低合金钢筋两端均采用螺杆锚具时,钢筋长度按孔道长度减 0.35 m 计算,螺杆另行计算。

② 低合金钢筋一端采用镦头插片、另一端采用螺杆锚具时,钢筋长度按孔道长度计算,螺杆另行计算。

③ 低合金钢筋一端采用镦头插片、另一端采用帮条锚具时,钢筋增加 0.15 m 计算;两端均采用帮条锚具时,钢筋长度按孔道长度增加 0.3 m 计算。

④ 低合金钢筋采用后张混凝土自锚时,钢筋长度按孔道长度增加 0.35 m 计算。

⑤ 低合金钢筋(钢绞线)采用 JM、XM、QM 型锚具,孔道长度在 20 m 以内时,钢筋长度增加 1 m 计算;孔道长度 20 m 以外时,钢筋(钢绞线)长度按孔道长度增加 1.8 m 计算。

⑥ 碳素钢丝采用锥形锚具,孔道长度在 20 m 以内时,钢丝束长度按孔道长度增加 1 m 计算;孔道长在 20 m 以上时,钢丝束长度按孔道长度增加 1.8 m 计算。

⑦ 碳素钢丝束采用镦头锚具时,钢丝束长度按孔道长度增加 0.35 m 计算。

（2）项目特征

需描述:钢筋种类、规格,钢丝束种类、规格,钢绞线种类、规格,锚具种类,砂浆强度等级。

（3）工程内容

包括:钢筋、钢丝束、钢绞线制作、运输,钢筋、钢丝束、钢绞线安装,预埋管孔道铺设,锚具安装,砂浆制作、运输,孔道压浆、养护。

5.5.17 螺栓、铁件(010417)

螺栓、铁件包括螺栓(010417001)和预埋铁件(010417002)两个清单项目。

（1）工程量计算

螺栓、铁件按设计图示尺寸以质量"t"计算。

（2）项目特征

需描述:钢材种类、规格,螺栓长度,铁件尺寸。

（3）工程内容

包括:螺栓(铁件)制作、运输,螺栓(铁件)安装。

5.5.18 工程量计算实例

【例 5-7】 某工程独立钢筋混凝土柱共 30 个如图 5-60 所示。试计算下列项目的工程量:(1)C10 混凝土基础垫层;(2)独立基础;(3)柱体积的清单工程量。其混凝土的标号为 C30。

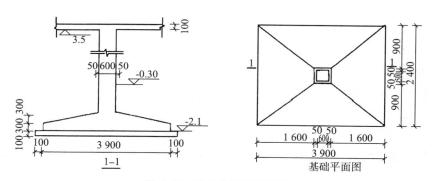

图 5-60 独立柱基础平面图

【解】 （1）计算工程量

① C10 混凝土垫层

$$V=(3.9+0.2)\times(2.4+0.2)\times0.1\times30=31.98 \text{ m}^3$$

② 独立基础

$$V = \{3.9 \times 2.4 \times 0.3 + 1 \div 6 \times 0.3 \times [3.9 \times 2.4 + 0.7 \\ \times 0.6 + (3.9 + 0.7) \times (2.4 + 0.6)]\} \times 30 = 119.61 \ m^3$$

③ 混凝土柱

$$V = 0.6 \times 0.5 \times (3.5 + 0.1 + 2.1 - 0.6) \times 30 = 45.90 \ m^3$$

（2）工程量清单编制

工程量清单见表 5-16 所示。

表 5-16　分部分项工程量清单与计价表

序号	项目编码	项目名称	项目特征描述	计量单位	工程量	金额（元）		
						综合单价	合价	其中：暂估价
1	010401002001	独立基础	混凝土强度等级：混凝土 C30 混凝土拌和料要求：自拌混凝土	m³	119.61			
2	010401006001	垫　层	混凝土强度等级：混凝土 C10 混凝土拌和料要求：自拌混凝土	m³	31.98			
3	010402001001	矩 形 柱	柱截面尺寸：500 mm×600 mm 混凝土强度等级：混凝土 C30 混凝土拌和料要求：自拌混凝土	m³	45.90			

【例 5-8】　试计算图 5-61 所示杯形基础的混凝土体积。混凝土 C25，自拌混凝土，垫层 C10。

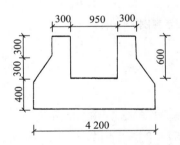 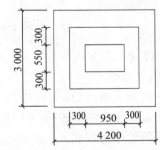

图 5-61　杯形基础平面图

【解】　（1）工程量计算

下部六面体体积　$V_1 = 4.2 \times 3 \times 0.4 = 5.04 \ m^3$

上部六面体体积　$V_2 = 1.55 \times 1.15 \times 0.3 = 0.535 \ m^3$

四棱台体积　$V_3 = [4.2 \times 3 + 1.55 \times 1.15 + (4.2 + 1.55) \times (3 + 1.15)] \times 0.3/6$
$= 1.91 \ m^3$

杯槽体积　$V_4 = 0.95 \times 0.55 \times 0.6 = 0.314 \ m^3$

杯形基础体积　$V = V_1 + V_2 + V_3 - V_4 = 5.04 + 0.535 + 1.91 - 0.314 = 7.17 \ m^3$

（2）工程量清单编制

工程量清单见表 5-17 所示。

表 5-17　分部分项工程量清单与计价表

工程名称：×××　　　　　　　　　　　　　　　　　　　　　　　　　　　　　　　　共　页,第　页

序号	项目编码	项目名称	项目特征描述	计量单位	工程量	金额(元)		
						综合单价	合价	其中:暂估价
1	010401002001	独立基础	混凝土强度等级:混凝土 C25 混凝土拌和料要求:自拌混凝土	m³	7.17			

【例 5-9】　某工程基础平面图、剖面图如图 5-62 所示。C10 混凝土垫层，C25 钢筋混凝土条形基础，试计算基础的清单工程量并列出清单。

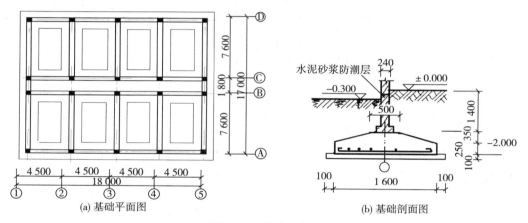

图 5-62　基础示意图

【解】　（1）计算工程量

① 无梁式满堂基础

外墙中心线长度＝(18＋17)×2＝70 m

内墙下基底净长＝(18－1.6)×2＋(7.6－1.6)×6＝68.8 m

内墙下斜坡中心线长＝[18－(1.6＋0.5)÷2]×2＋[7.6－(1.6＋0.5)÷2]×6

　　　　　　　　　　＝73.2 m

V＝∑外墙下基础断面面积×外墙中心线长度＋∑(内墙下基础基底面积×基底净长

　　＋内墙下基础斜坡面积×斜坡中心线长＋内墙下基础梁面积×梁间净长)

　　＝[1/2×(0.5＋1.6)×0.35＋1.6×0.25]×70＋[1.6×0.25×68.8＋1/2

　　×(0.5＋1.6)×0.35×73.2]＝108.15 m³

② 垫层

V＝[(18＋1.8)×(17＋1.8)－(4.5－1.8)×(7.6－1.8)×8]×0.1＝24.70 m³

（2）工程量清单编制

工程量清单见表 5-18 所示。

表 5-18 分部分项工程量清单与计价表

工程名称:×××

序号	项目编码	项目名称	项目特征描述	计量单位	工程量	金额(元)		
						综合单价	合价	其中:暂估价
1	010401001001	带形基础	混凝土强度等级:混凝土 C25 混凝土拌和料要求:自拌混凝土	m³	108.15			
2	010401006001	垫　　层	混凝土强度等级:混凝土 C10 混凝土拌和料要求:自拌混凝土	m³	24.70			

【例 5-10】 有一筏形基础,见图 5-63 所示,底板尺寸 39 m×17 m,板厚 300 mm,凸梁断面 500 mm×500 mm,纵横间距为 2000 mm,边端各距板边 500 mm,基础混凝土等级为 C30,采用商品混凝土,试求该基础的清单工程量,并编制分项工程量清单。

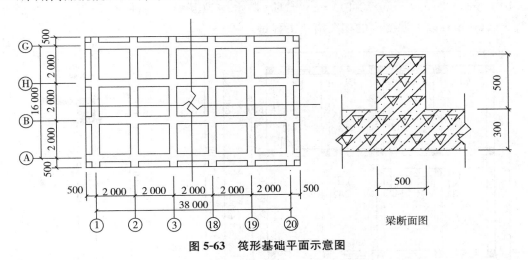

图 5-63 筏形基础平面示意图

【解】 (1) 计算工程量

① 底板体积

$$V_1 = 39 \times 17 \times 0.3 = 198.9 \ \text{m}^3$$

② 凸梁体积

横梁根数=(39−0.5×2)÷2+1=20 根

纵梁根数=(17−0.5×2)÷2+1=9 根

梁长=20×17+(39−0.5×20)×9=601 m

凸梁体积 $V_2 = 0.5 \times 0.5 \times 601 = 150.25 \ \text{m}^3$

③ 体积 $V = V_1 + V_2 = 198.9 + 150.25 = 349.15 \ \text{m}^3$

(2) 工程量清单编制

工程量清单见表 5-19 所示。

表 5-19　分部分项工程量清单与计价表

工程名称:×××

序号	项目编码	项目名称	项目特征描述	计量单位	工程量	综合单价	合价	其中:暂估价
						金额(元)		
1	010401003001	满堂基础	混凝土强度等级:混凝土 C30 混凝土拌和料要求:商品混凝土	m³	349.15			

【**例 5-11**】　某三类工程项目,底层平面图、墙身剖面图如图 5-64 所示,层高 2.8 m,±0.00 以上为 M7.5 混合砂浆粘土多孔砖砌筑,构造柱 240 mm×240 mm,有马牙槎与墙嵌接,圈梁 240 mm×300 mm,屋面板厚 100 mm,外墙门窗上口设置过梁尺寸为 240 mm×240 mm,过梁长度为洞口尺寸两边各加 250 mm,砌体材料为 KP1 多孔砖,女儿墙采用 M5 水泥砂浆标准砖砌筑,女儿墙上压顶厚 60 mm。C1:1 500 mm×1 500 mm;M1:1 200 mm×2 100 mm,M2:900 mm×2 100 mm,台阶、散水均为混凝土构件,均采用 C20 混凝土。计算±0.00 mm 以上混凝土的相关清单工程量。

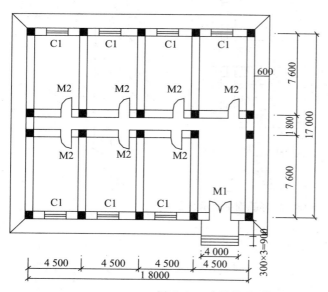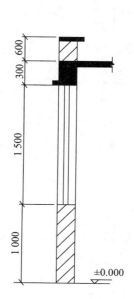

图 5-64　建筑平面、墙身剖面示意图

【**解**】　(1)计算工程量

① 构造柱

V = 柱身体积 + 马牙槎的体积

= 0.24×0.24×2.8×20 + 1/2×0.06×0.24×2.8×(6×2+14×3)

= 3.226 + 1.089 = 4.31 m³

② 圈梁

梁长 = (18+17)×2 + (18−0.24) + (18−4.5+0.12) + (7.6−0.24)×6 − 0.24×20 = 140.74 m

$$V = 梁宽 \times 梁高 \times 梁长 + 梁垫体积 = 0.24 \times 0.3 \times 140.74 = 10.13 \ m^3$$

③ 过梁

$$V = 0.24 \times 0.24 \times [(1.2 + 0.25 \times 2) + (0.9 + 0.25 \times 2) \times 7] = 0.66 \ m^3$$

④ 女儿墙压顶

$$L = (18 + 17) \times 2 = 70 \ m$$

⑤ 台阶

$$面积 = 4 \times (0.9 + 0.3) = 4.8 \ m^2$$

⑥ 散水

$$面积 = [(18 + 17 + 0.24 \times 2 + 0.6 \times 2) \times 2 - 4.0] \times 0.6 = 41.62 \ m^2$$

（2）工程量清单编制

工程量清单见表 5-20 所示

表 5-20 分部分项工程量清单与计价表

工程名称：×××　　　　　　　　　　　　　　　　　　　　　　　　　　　　　　共　页，第　页

序号	项目编码	项目名称	项目特征描述	计量单位	工程量	金额（元）		
						综合单价	合价	其中：暂估价
1	010403004001	圈梁	梁截面：240 mm×300 mm 混凝土强度等级：C20 混凝土拌和料要求：自拌混凝土	m³	10.13			
2	010403005001	过梁	梁截面：240 mm×240 mm 混凝土强度等级：C20 混凝土拌和料要求：自拌混凝土	m³	0.66			
3	010407001001	其他构件	构件类型：女儿墙压顶 混凝土强度等级：C20 混凝土拌和料要求：自拌混凝土	m	70			
4	010407001002	其他构件	构件类型：台阶 混凝土强度等级：C20 混凝土拌和料要求：自拌混凝土	m²	4.8			
5	010407002001	散水、坡道	垫层材料种类、厚度，面层厚度：素土夯实，120 mm 厚碎石垫层，20 厚 1:2 水泥砂浆粉面 混凝土强度等级：60 mm C15 混凝土垫层 混凝土拌和料要求：自拌混凝土 填塞材料种类：沥青砂浆嵌缝	m²	41.62			
6	010402001001	矩形柱	柱截面尺寸：240 mm×240 mm 混凝土强度等级：C20 混凝土拌和料要求：自拌混凝土	m³	4.31			

【例 5-12】　如图 5-65 所示，板的混凝土强度等级 C25，板厚 100 mm，梁、柱居中，柱尺寸为 400 mm×400 mm，梁宽均为 300 mm，板中未注明的分布筋 φ8@200，计算板中钢筋

(不包括分布筋)工程量。

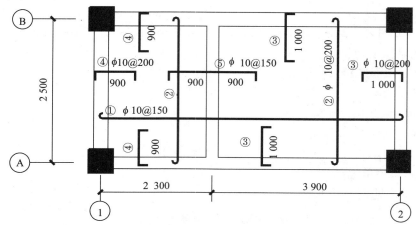

图 5-65　现浇混凝土板示意图

【解】　(1)计算工程量

①号钢筋 $\phi10@150$

　　单根长＝梁中线长＋两个弯钩长

　　　　　　＝2.3＋3.9＋6.25d×2

　　　　　　＝6.2＋6.25×0.01×2

　　　　　　＝6.325 m

　　根数＝(2.5－0.15×2－0.05×2)÷0.15＋1＝15 根

　　总长＝6.325×12＝94.88 m

②号钢筋 $\phi10@200$

　　单根长＝梁中线长＋两个弯钩长

　　　　　　＝2.5＋6.25d×2＝2.5＋6.25×0.010×2＝2.625 m

　　根数＝[(2.3－0.15×2－0.05×2)÷0.2＋1]

　　　　　＋[(3.9－0.15×2－0.05×2)÷0.2＋1]

　　　　＝11＋19＝30 根

　　总长＝2.625×30＝78.75 m

③号钢筋 $\phi10@200$

注意:查 03G101－4 图集,负筋在梁角筋内侧弯

下(一般钢筋 $\phi30$ 以内),见图 5-66 所示。

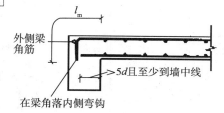

图 5-66　板、梁交接处钢筋示意图

　　单根长＝直线段长＋两个弯钩长

　　　　　　＝直线段长＋(板厚－保护层)×2＋水平段锚固长度

　　　　　　＝1＋(0.1－0.015)×2＋(0.3－0.025－0.03)＝1.415 m

　　根数＝[(3.9－0.15×2－0.05×2)÷0.20＋1]×2

　　　　　＋[(2.5－0.15×2－0.05×2)÷0.20＋1]＝19×2＋12＝50 根

　　总长＝1.415×50＝70.75 m

④号钢筋 $\phi10@200$

　　单根长＝直线段长＋两个弯钩长

$$=直线段长＋(板厚－保护层)\times2＋水平段锚固长度$$
$$=0.9＋(0.1－0.015)\times2＋(0.3－0.025－0.03)=1.315 \text{ m}$$

根数$=[(2.3－0.15\times2－0.05\times2)\div0.2＋1]\times2$
$$＋[(2.5－0.15\times2－0.05\times2)\div0.15＋1]=11\times2＋15=37 \text{ 根}$$

总长$=1.315\times37=48.66 \text{ m}$

⑤号钢筋 $\phi10@150$

单根长$=直线段长＋两个弯钩长=直线段长＋(板厚－保护层)\times2$
$$=0.9\times2＋0.3＋(0.1－0.015)\times2=2.27 \text{ m}$$

根数$=(2.5－0.15\times2－0.05\times2)\div0.15＋1=15 \text{ 根}$

总长$=2.27\times15=34.05 \text{ m}$

汇总 $\phi10$:钢筋重量$=(94.88＋78.75＋70.75＋46.03＋34.05)\times0.617$
$$=201.81 \text{ kg}\approx0.202 \text{ t}$$

(2) 工程量清单编制

工程量清单见表 5-21 所示。

表 5-21　分部分项工程量清单与计价表

工程名称:×××　　　　　　　　　　　　　　　　　　　　　　　　共　页,第　页

序号	项目编码	项目名称	项目特征描述	计量单位	工程量	金额(元)		
						综合单价	合价	其中:暂估价
1	010416001001	现浇混凝土钢筋	$\phi12$ 以内的圆钢	t	0.204			

5.6　厂库房大门、特种门、木结构工程

共三节 11 个项目,包括厂库房大门、特种门、木屋架、木构件,适用于建筑物、构筑物的特种门和木结构工程。

5.6.1　厂库房大门、特种门(010501)

本节共包括木板大门(010501001)、钢木大门(010501002)、全钢板大门(010501003)、特种门(010501004)、围墙铁丝门(010501005)五个清单项目。

木板大门清单项目适用于厂库房的平开、推拉、带观察窗、不带观察窗等各种类型木板大门。

钢木大门清单项目适用于厂库房的平开、推拉、单面铺木板、双面铺木板、防风型、保暖型等各种类型钢木大门。

全钢板大门清单项目适用于厂库房的平开、推拉、折叠、单面铺钢板、双面铺钢板等各种类型全钢板门。

特种门项目适用于各种防射线门、密闭门、保温门、隔音门、冷藏库门、冷冻间门、变电室

定密闭程度的门;冷藏库门是指冷车间、冷藏库用的各种保温隔热及密封程度较高的门;防射线门是指门内夹铅板,能防各种射线作用的安全门。

围墙铁丝门清单项目适用于钢管骨架铁丝门、角钢骨架铁丝门、木骨架铁丝门等。

(1) 工程量计算

工程量按设计图示数量以"樘"或设计图示洞口尺寸以面积"m²"计算。

(2) 项目特征

需描述:开启方式,有框、无框,含门扇数,材料品种、规格,五金种类、规格,防护材料种类,油漆品种、刷漆遍数。

(3) 工程内容

包括:门(骨架)制作、运输,门、五金配件安装,刷防护材料、油漆。

(4) 注意事项

① 木板大门清单项目需描述每樘门所含门扇数和有框或无框。

② 钢木大门清单项目的钢骨架制作安装包括在报价内,防风型钢木门应描述防风材料或保暖材料。

③ 门配件设计有特殊要求时,应计入相应项目报价内。

④ 原木构件设计规定梢径时,应按原木材积计算表计算体积。设计规定使用干燥木材时,干燥损耗及干燥费应包括在报价内。木材的出材率应包括在报价内。木结构有防虫要求时,防虫药剂也应包括在报价内。

5.6.2　木屋架(010502)

本节共包括木屋架(010502001)、钢木屋架(010502002)两个清单项目。

木屋架清单项目适用于各种方木、圆木屋架。

钢木屋架清单项目适用于各种方木、圆木的钢木组合屋架。

(1) 工程量计算

工程量按设计图示数量以"榀"计算。

(2) 项目特征

需描述:跨度,安装高度,材料品种、规格,抛光要求,防护材料种类,油漆品种、刷漆遍数。

(3) 工程内容

包括:制作、运输,安装,刷防护材料、油漆。

(4) 注意事项

① 木屋架清单项目应注意:与屋架相连接的挑檐木应包括在木屋架报价内;钢夹板构件、连接螺栓应包括在报价内。

② 钢木屋架清单项目中的钢拉杆(下弦拉杆)、受拉腹杆、钢夹板、连接螺栓应包括在报价内。

③ 项目特征中关于屋架的跨度应以上、下弦中心线两交点之间的距离计算。

④ 带气楼的屋架和马尾,折角以及正交部分的半屋架,应按相关屋架项目编码列项。

⑤ 马尾,是指四坡水屋顶建筑物两端屋面的端头坡面部位;折角,是指构成L形的坡屋顶建筑横向和竖向相交的部位;正交部分,是指构成丁字形的坡屋顶建筑横向和竖向相交的

部位。见图 5-67 所示。

⑥ 原木构件设计规定梢径时,应按原木材积计算表计算体积。设计规定使用干燥木材时,干燥损耗及干燥费应包括在报价内。木材的出材率应包括在报价内。木结构有防虫要求时,防虫药剂也应包括在报价内。

5.6.3　木构件(010503)

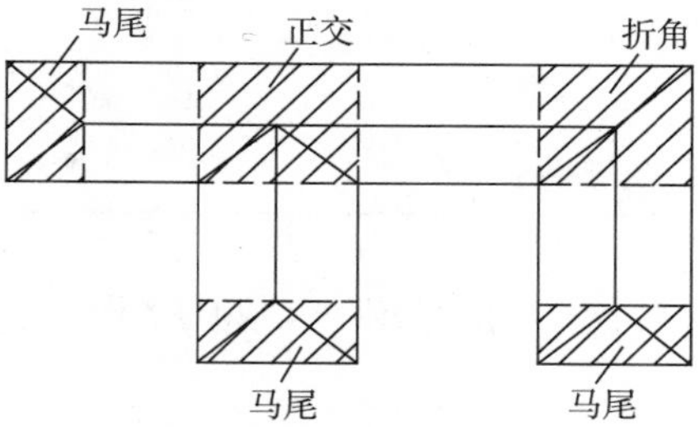

图 5-67　屋架部位示意图

本节包括木柱(010503001)、木梁(010503002)、木楼梯(010503003)、其他木构件(010503004)四个清单项目。

木柱、木梁清单项目适用于建筑物各部位的柱、梁;木楼梯清单项目适用于楼梯和爬梯;其他木构件清单项目适用于斜撑,传统民居的垂花、花芽子、封檐板、博风板等构件。

(1)工程量计算

木柱、木梁工程量按设计图示以体积"m³"计算。

木楼梯工程量按设计图示尺寸以水平投影面积"m²"计算,不扣除宽度小于 300 mm 的楼梯井,伸入墙内部分不计算。

其他木构件工程量按设计图示以体积"m³"或长度"m"计算。封檐板、博风板工程量按延米计算。博风板带大刀头时,每个大刀头增加长度 50 cm。

(2)项目特征

木柱、木梁需描述:构件高度、长度,构件截面,木材种类,抛光要求,防护材料种类,油漆品种、刷漆遍数。

木楼梯需描述:木材种类,抛光要求,防护材料种类,油漆品种、刷漆遍数。

其他木构件需描述:构件名称,构件截面,木材种类,抛光要求,防护材料种类,油漆品种、刷漆遍数。

(3)工程内容

包括:制作,运输,安装,刷防护材料、油漆。

(4)注意事项

① 木柱、木梁清单项目中关于接地、嵌入墙内部分的防腐应包括在报价内。

② 木楼梯清单项目中的楼梯防滑条应包括在报价内。木楼梯栏杆(栏板)、扶手,应按装饰装修工程中楼地面中的扶手、栏杆、栏板装饰(020107)中相关项目编码列项。

③ 原木构件设计规定梢径时,应按原木材积计算表计算体积。设计规定使用干燥木材时,干燥损耗及干燥费应包括在报价内。木材的出材率应包括在报价内。木结构有防虫要求时,防虫药剂也应包括在报价内。

5.6.4　工程量计算实例

【例 5-13】　某工程有 10 榀 6 m 跨度杉原木普通人字屋架,木屋架刷底漆、油调和漆、清漆两遍。试列出该木屋架的工程量清单。

【解】　(1)计算工程量

木屋架工程量＝10 榀

(2)工程量清单编制

工程量清单见表 5-22 所示。

表 5-22 分部分项工程量清单与计价表

工程名称:×××

共 页,第 页

序号	项目编码	项目名称	项目特征描述	计量单位	工程量	金额(元)		
						综合单价	合价	其中:暂估价
1	010502001001	木屋架	跨度:6 m 材料品种、规格,抛光要求:杉原木普通人字屋架 防护材料种类,油漆品种、刷漆遍数:刷底漆、油调和漆、清漆两遍	榀	10			

5.7 金属结构工程

本部分共 7 小节 24 个清单项目,金属结构工程适用于建筑物和构筑物的钢结构工程,包括钢屋架、钢网架、刚托架、钢桁架、钢柱、钢梁、压型钢板楼板、墙板、钢构件、金属网等。

5.7.1 钢屋架、钢网架(010601)

本节包括钢屋架(010601001)、钢网架(010601002)两个清单项目。

钢屋架项目适用于一般钢屋架和轻钢屋架及冷弯薄壁型钢屋架;钢网架项目适用于一般钢网架和不锈钢网架,不分节点形式和节点连接形式均采用此项目。

(1)工程量计算

钢屋架、钢网架均按设计图示尺寸以质量计算。不扣除孔眼、切边、切肢的质量,焊条、铆钉、螺栓等不另增加质量,不规则或多边形钢板以其外接矩形面积乘以厚度乘以单位理论质量计算(见图 5-68、图 5-69)。

图 5-68 不规则钢板

(2)项目特征

钢屋架项目需描述:钢材品种、规格,单榀屋架的重量,屋架跨度,安装高度,探伤要求,油漆品种、刷漆遍数。钢网架项目需描述:钢材品种、规格,网架节点形式、连接方式,网架跨度,安装高度,探伤要求,油漆品种、刷漆遍数。

(3)工程内容

钢屋架、钢网架均包括制作、运输、拼装、安装、探伤、刷油漆。

【例题 5-14】 如图 5-70 所示,某三角形钢屋架跨度 12 000 mm,上下弦夹角 26°34′,上弦为 2L110×8,下弦为 2L75×

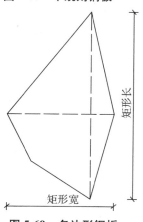

图 5-69 多边形钢板

【**例题 5-14**】 如图 5-70 所示,某三角形钢屋架跨度 12 000 mm,上下弦夹角 26°34′,上弦为 2L110×8,下弦为 2L75×8,屋架矢高为 3 000 m。竖腹杆五个均为 2L63×6,斜腹杆四个均为 2L45×6,节点板为－8 钢板,1、2、3 节点板外接尺寸为 210 mm×200 mm,其他节点板外接尺寸为 200 mm×150 mm。设计要求安装高度

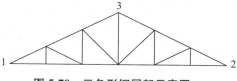

图 5-70 三角形钢屋架示意图

9.00 m,油漆做法为调和漆两遍,刮腻子,防锈漆一遍。试计算 10 榀屋架的工程量。

【**解**】 上弦 2L110×8 $\sqrt{6^2+3^2}×2×2×13.5=362.34$ kg

下弦 2L75×8 $12×2×9.02=216.48$ kg

竖腹杆 2L63×6 $(3+2+1+2+1)×5.72×2=102.96$ kg

斜腹杆 2L45×6 $(2.83+2.24)×2×3.38=68.55$ kg

－8 钢板 $(0.21×0.2×3+0.2×0.15×9)×62.8=24.87$ kg

10 榀屋架的工程量 $(362.34+216.48+102.96+68.55+24.87)×10=7\ 752.00$ kg

5.7.2 钢托架、钢桁架(010602)

本节包括钢托架(010602001)和钢桁架(010602002)两个清单项目。

钢托架适用于一般钢托架、轻钢托架及冷弯薄壁型钢托架;钢桁架适用于一般钢桁架、轻钢桁架及冷弯薄壁型钢桁架。

(1)工程量计算

钢托架、钢桁架均按设计图示尺寸以质量计算。不扣除孔眼、切边、切肢的质量,焊条、铆钉、螺栓等不另增加质量,不规则或多边形钢板,以其外接矩形面积乘以厚度乘以单位理论质量计算。

(2)项目特征

钢托架、钢桁架均需描述:钢材品种、规格,单榀重量,安装高度,探伤要求,油漆品种、刷漆遍数。

(3)工程内容

钢托架、钢桁架均包括制作、运输、拼装、安装、探伤、刷油漆。

5.7.3 钢柱(010603)

本节包括实腹柱(010603001)、空腹柱(010603002)、钢管柱(010603003)三个清单项目。实腹柱是具有实腹式断面的柱(图 5-71);空腹柱是具有格构式断面的柱(图 5-72);钢管柱是具有圆环断面的柱(图 5-73)。

图 5-71 实腹柱

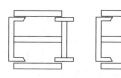

图 5-72 空腹柱

图 5-73 钢管柱

实腹柱适用于实腹钢柱和实腹式型钢混凝土柱;空腹柱适用于空腹钢柱和空腹式型钢

（1）工程量计算

实腹柱、空腹柱均按设计图示尺寸以质量计算。不扣除孔眼、切边、切肢的质量，焊条、铆钉、螺栓等不另增加质量，不规则或多边形钢板以其外接矩形面积乘以厚度乘以单位理论质量计算，依附在钢柱上的牛腿及悬臂梁等并入钢柱工程量内。

钢管柱按设计图示尺寸以质量计算。不扣除孔眼、切边、切肢的质量，焊条、铆钉、螺栓等不另增加质量，不规则或多边形钢板以其外接矩形面积乘以厚度乘以单位理论质量计算，钢管柱上的节点板、加强环、内衬管、牛腿等并入钢管柱工程量内。

（2）项目特征

实腹柱、空腹柱需描述：钢材品种、规格，单根柱重量，探伤要求，油漆品种，刷漆遍数。

钢管柱需描述：钢材品种、规格，单根柱重量，探伤要求，油漆种类，刷漆遍数。

（3）工程内容

实腹柱、空腹柱均包括制作、运输、拼装、安装、探伤、刷油漆；钢管柱包括制作、运输、安装、探伤、刷油漆。

【例 5-15】 某钢管柱结构如图 5-74 所示，试计算其钢柱工程量。

【解】 （1）钢管工程量

钢管长度：$3-0.008 \times 2 = 2.984$ m

每米质量：$0.0246 6 \times 4 \times (108-4) = 10.26$ kg/m

钢管工程量：$3.184 \times 10.26 = 32.67$ kg

（2）钢板工程量

① 方形钢板：

每平方米质量：$7.85 \times 8 = 62.8$ kg/m²

钢板面积：$0.3 \times 0.3 = 0.09$ m²

方形钢板质量：$62.8 \times 0.09 \times 2 = 11.3$ kg

② 不规则钢板

每平方米质量：$7.85 \times 8 = 62.8$ kg/m²

钢板面积：$0.18 \times 0.08 = 0.014$ m²

不规则钢板质量：$62.8 \times 0.014 \times 8 = 7.03$ kg

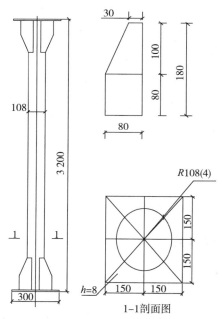

图 5-74 钢管柱结构示意图

5.7.4 钢梁(010604)

本节包括钢梁(010604001)、钢吊车梁(010604002)两个清单项目。

钢梁(010604001)适用于钢梁和实腹式型钢混凝土梁、空腹式型钢混凝土梁。

钢吊车梁(010604002)适用于钢吊车梁及吊车梁的制动梁、制动板、制动桁架。

（1）工程量计算

钢梁和钢吊车梁均按设计图示尺寸以质量计算。不扣除孔眼、切边、切肢的质量，焊条、铆钉、螺栓等不另增加质量，不规则或多边形钢板，以其外接矩形面积乘以厚度乘以单位理论质量计算，制动梁、制动板、制动桁架、车挡并入钢吊车梁工程量内。

（2）项目特征

钢梁、钢吊车梁均需描述：钢材品种、规格，单根重量，安装高度，探伤要求，油漆品种、刷漆遍数。

（3）工程内容

钢梁和钢吊车梁均包括：制作、运输、安装、探伤要求、刷油漆。

5.7.5　压型钢板楼板、墙板（010605）

本节包括压型钢板楼板（010605001）、压型钢板墙板（010605002）两个清单项目。

压型钢板楼板项目适用于现浇混凝土墙板使用压型钢板作永久性模板，并与混凝土叠合后组成共同受力构件；压型钢板墙板项目适用于现浇混凝土楼板使用压型钢板作永久性模板，并与混凝土叠合后组成共同受力构件。

（1）工程量计算规则

压型钢板楼板按设计图示尺寸以铺设水平投影面积计算。不扣除柱、垛及单个 $0.3~m^2$ 以内的孔洞所占面积。

压型钢板墙板按设计图示尺寸以铺挂面积计算。不扣除单个 $0.3~m^2$ 以内的孔洞所占面积，包角、包边、窗台泛水等不另增加面积。

（2）项目特征

压型钢板楼板项目需描述：钢材品种、规格，压型钢板厚度，油漆品种、刷漆遍数。

压型钢板墙板项目需描述：钢材品种、规格，压型钢板厚度，复合板厚度，复合板夹芯材料种类、层数、型号、规格。

（3）工程内容

压型钢板楼板、墙板均包括制作、运输、安装、刷油漆。

5.7.6　钢构件（010606）

本节包括钢支撑（010606001）、钢檩条（010606002）、钢天窗架（010606003）、钢挡风架（010606004）、钢墙架（010606005）、钢平台（010606006）、钢走道（010606007）、钢梯（010606008）、钢栏杆（010606009）、钢漏斗（010606010）、钢支架（010606011）、零星钢构件（010606012）12 个清单项目。

（1）工程量计算

钢支撑、钢檩条、钢天窗架、钢挡风架、钢墙架、钢平台、钢走道、钢梯、钢栏杆按设计图示尺寸以质量计算。不扣除孔眼、切边、切肢的质量，焊条、铆钉、螺栓等不另增加质量，不规则或多边形钢板以其外接矩形面积乘以厚度乘以单位理论质量计算。

钢漏斗按设计图示尺寸以重量计算。不扣除扎眼、切边、切肢的质量，焊条、铆钉、螺栓等不另增加质量，不规则或多边形钢板以其外接矩形面积乘以厚度乘以单位理论质量计算，依附漏斗的型钢并入漏斗工程量内。

钢支架、零星钢构件按设计图示尺寸以质量计算。不扣除孔眼、切边、切肢的质量，焊条、铆钉、螺栓等不另增加质量，不规则或多边形钢板以其外接矩形面积乘以厚度乘以单位理论质量计算。

（2）项目特征

钢支撑需描述：钢材品种、规格，单式、复式，支撑高度，探伤要求，油漆品种、刷漆遍数。

钢檩条需描述：钢材品种、规格，型钢式、格构式，单根重量，安装高度，油漆品种、刷漆遍数。

钢天窗架需描述：钢材品种、规格，单榀重量，安装高度，探伤要求，油漆品种、刷漆遍数。

钢挡风架、钢墙架需描述：钢材品种、规格，单榀重量，探伤要求，油漆品种、刷漆遍数。

钢平台、钢走道需描述：钢材品种、规格，油漆品种、刷漆遍数。

钢梯需描述：钢材品种、规格，钢梯形式，油漆品种、刷漆遍数。

钢栏杆需描述：钢材品种、规格，油漆品种、刷漆遍数。

钢漏斗需描述：钢材品种、规格，方形、圆形，安装高度，探伤要求，油漆品种、刷漆遍数。

钢支架需描述：钢材品种、规格，单件重量，油漆品种、刷漆遍数。

零星钢构件需描述：钢材品种、规格，构件名称；油漆品种、刷漆遍数。

（3）工程内容

钢支撑、钢檩条、钢天窗架、钢挡风架、钢墙架、钢平台、钢走道、钢梯、钢栏杆、钢漏斗、钢支架、零星钢构件均包括制作、运输、安装、探伤、刷油漆。

5.7.7 金属网(010607)

本节包括金属网(010607001)一个清单项目。

（1）工程量计算

按设计图示尺寸以面积计算。

（2）项目特征

需描述：材料品种、规格，边框及立柱型钢品种、规格，油漆品种、刷漆遍数。

（3）工程内容

包括：制作、运输、安装、刷油漆。

（4）注意事项

① 型钢混凝土柱、梁浇筑混凝土和压型钢板楼板上浇筑钢筋混凝土，混凝土和钢筋应按"混凝土及钢筋混凝土"工程中相关项目编码列项。

② 钢墙架项目包括墙架柱、墙架梁和连接杆件。

③ 加工铁件等小型构件，应按"钢构件"中零星钢构件项目编码列项。

5.8 屋面及防水工程

本部分共包括 3 节 12 个清单项目，屋面及防水工程适用于建筑物屋面工程及屋面以外的防水工程，包括瓦、型材屋面(010701)，屋面防水(010702)，墙、地面防水、防潮(010703)。

5.8.1 瓦、型材屋面(010701)

本节包括瓦屋面(010701001)、型材屋面(010701002)、膜结构屋面(010701003)三个清单项目。

瓦屋面适用于小青瓦、平瓦、筒瓦、石棉水泥瓦、玻璃钢波形瓦等材料做的屋面；型材屋面适用于压型钢板、金属压芯钢板、阳光板、玻璃钢等屋面;膜结构屋面适用于膜布屋面。

（1）工程量计算

瓦、型材屋面按设计图示尺寸以斜面积计算。不扣除房上烟囱、风帽底座、风道、小气窗、斜沟等所占面积,小气窗的出檐部分不增加面积。

膜结构屋面按设计图示尺寸以需要覆盖的水平面积计算。

（2）项目特征

瓦屋面需描述:瓦品种、规格、品牌、颜色,防水材料种类,基层材料种类,楔条种类、截面,防护材料种类。

型材屋面需描述:型材品种、规格、品牌、颜色,骨架材料品种、规格,接缝、嵌缝材料种类。

膜结构屋面需描述:膜布品种、规格、颜色,支柱（网架）钢材品种、规格,钢丝绳品种、规格,油漆品种、刷漆遍数。

（3）工程内容

瓦屋面包括檩条、椽子安装,基层铺设,铺防水层,安顺水条和挂瓦条,安瓦,刷防护材料。

型材屋面包括骨架制作、运输、安装,屋面型材安装,接缝、嵌缝。

膜结构屋面包括膜布热压胶接,支柱（网架）制作、安装,膜布安装,穿钢丝绳、锚头锚固,刷油漆。

5.8.2　屋面防水（010702）

本节包括屋面卷材防水（010702001）,屋面涂膜防水（010702002）,屋面刚性防水（010702003）,屋面排水管（010702004）,屋面天沟、沿沟（010702005）五个清单项目。

屋面卷材防水适用于利用胶结材料粘贴卷材进行防水的屋面;屋面涂膜防水适用于厚质涂料、薄质涂料和有加增强材料或无加增强材料的涂膜防水屋面;屋面刚性防水适用于细石混凝土、补偿收缩混凝土、块体混凝土、预应力混凝土和钢纤维混凝土等刚性屋面防水;屋面排水管适用于各种排水管材;屋面天沟、沿沟适用于屋面有组织排水构造。

（1）工程量计算

屋面卷材防水、屋面涂膜防水按设计图示尺寸以面积计算。斜屋顶（不包括平屋顶找坡）按斜面积计算,平屋顶按水平投影面积计算。不扣除房上烟囱、风帽底座、风道、屋面小气窗和斜沟所占面积。屋面的女儿墙、伸缩缝和天窗等处的弯起部分并入屋面工程量内。

屋面刚性防水按设计图示尺寸以面积计算。不扣除房上烟囱、风帽底座、风道等所占面积。

屋面排水管按设计图示尺寸以长度计算。如设计未标注尺寸,以檐口至设计室外散水上表面垂直距离计算。

屋面天沟、沿沟按设计图示尺寸以面积计算。铁皮和卷材天沟按展开面积计算。

（2）项目特征

屋面卷材防水需描述:卷材品种、规格,防水层做法,嵌缝材料种类,防护材料种类。

屋面涂膜防水需描述:防水膜品种,涂膜厚度、遍数、增强材料种类,嵌缝材料种类,防护材料种类。

屋面刚性防水需描述：防水层厚度，嵌缝材料种类，混凝土强度等级。

屋面排水管需描述：排水管品种、规格、品牌、颜色、接缝、嵌缝材料种类，油漆品种、刷漆遍数。

屋面天沟、沿沟需描述：材料品种，砂浆配合比、宽度、坡度、接缝、嵌缝材料种类，防护材料种类。

（3）工程内容

屋面卷材防水包括：基层处理，抹找平层，刷底油，铺油毡卷材、接缝、嵌缝，铺保护层。

屋面涂膜防水包括：基层处理，抹找平层，涂防水膜，铺保护层。

屋面刚性防水包括：基层处理，混凝土制作、运输、铺筑、养护。计量单位 m²。

屋面排水管包括：排水管及配件安装、固定，雨水斗、雨水箅子安装，接缝、嵌缝。计量单位 m。雨水口、水斗、箅子板、安装排水管的卡箍都包括在排水管项目内。

屋面天沟、檐沟包括：砂浆制作、运输，砂浆找坡、养护，天沟材料铺设，天沟配件安装，接缝、嵌缝，刷防护材料。计量单位 m²。

5.8.3 墙、地面防水、防潮（010703）

本节包括卷材防水（010703001）、涂膜防水（010703002）、砂浆防水（潮）（010703003）、变形缝（010703004）四个清单项目。

卷材防水、涂膜防水均适用于基础、楼地面、墙面等部位的防水；砂浆防水（潮）适用于地下、基础、楼地面、墙面等部位的防水防潮；变形缝适用于基础、墙体、屋面等部位变形缝的处理。

（1）工程量计算

卷材防水、涂膜防水、砂浆防水（潮）按设计图示尺寸以面积计算。地面防水按主墙间净空面积计算，扣除凸出地面的构筑物、设备基础等所占面积，不扣除间壁墙及单个 0.3 m² 以内的柱、垛、烟囱和孔洞所占面积。墙基防水，外墙按中心线，内墙按净长乘以宽度计算。变形缝按设计图示以长度计算。

（2）项目特征

卷材防水、涂膜防水需描述：卷材、涂膜品种，涂膜厚度、遍数、增强材料种类，防水部位，防水做法，接缝、嵌缝材料种类，防护材料种类。

砂浆防水（潮）需描述：防水（潮）部位，防水（潮）厚度、层数，砂浆配合比，外加剂材料种类。

变形缝需描述：变形缝部位，嵌缝材料种类，止水带材料种类，盖板材料，防护材料种类。

（3）工程内容

卷材防水包括：基层处理，抹找平层，刷粘结剂，铺防水卷材，铺保护层，接缝、嵌缝。

涂膜防水包括：基层处理，抹找平层，刷基层处理剂，铺涂膜防水层，铺保护层。

砂浆防水（潮）包括：基层处理，挂钢丝网片，设置分格缝，砂浆制作、运输、摊铺、养护。

变形缝包括：清缝，填塞防水材料，止水带安装，盖板制作，刷防护材料。

5.8.4 工程量计算实例

【例 5-16】 某工程的平屋面及檐沟做法如图 5-75 所示，计算其屋面及防水工程量。其中已知檐口高度为 11.80 m,室内外高差 300 mm。

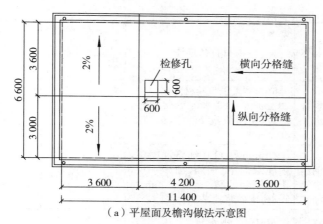

（a）平屋面及檐沟做法示意图

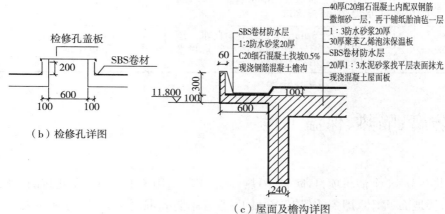

（b）检修孔详图

（c）屋面及檐沟详图

图 5-75　屋面及檐沟做法示意图

【解】　（1）工程量计算

① 屋面卷材防水工程量

平屋面：$(11.40+0.24)\times(6.60+0.24)-0.80\times0.80=78.98$ m^2

检修孔弯起：$(0.80+0.80)\times2\times0.20=0.64$ m^2

总计：$78.98+0.64=79.62$ m^2

② 屋面刚性防水工程量

$(11.40+0.24)\times(6.60+0.24)-0.80\times0.80=78.98$ m^2

③ 屋面排水管工程量

$(11.80+0.10+0.30)\times6=73.20$ m

④ 屋面天沟、檐沟工程量

$(11.64+6.84)\times2\times0.10+[(11.64+0.54)+(6.84+0.54)]\times2\times0.54+$
$[(11.64+1.08)+(6.84+1.08)]\times2\times(0.30+0.06)=39.68$ m^2

（2）工程量清单编制

工程量清单见表 5-23 所示。

表 5-23　分部分项工程量清单与计价表

工程名称:×××

序号	项目编码	项目名称	项目特征描述	计量单位	工程量	金额(元)		
						综合单价	合价	其中:暂估价
1	010702001001	屋面卷材防水	6 mm 厚 SBS 卷材防水一道,20 mm 厚 1:3 水泥砂浆找平;1:6水泥焦渣找 2%坡,最薄处 30 mm 厚	m²	79.62			
2	010702003001	屋面钢性防水	40 mm 厚 C20 细石混凝土,内配双向 φ4 钢筋,细砂一层,干铺纸胎油毡一层,20 mm 厚 1:3防水砂浆找平。	m²	78.98			
3	010702004001	屋面排水管	φ75PVC 排水管、水斗、镀锌铁皮水口	m	73.20			
4	010702005001	屋面天沟、檐沟	6 mm 厚 SBS 卷材防水一道,20 mm 厚 1:2 防水砂浆找平;C20 细石混凝土找坡 0.5%	m²	39.68			

5.9　防腐、隔热、保温工程

本章共 3 节 14 个清单项目,防腐、隔热、保温工程适用于工业与民用建筑的基础、地面、墙面防腐;楼地面、墙体、屋盖的保温、隔热工程,包括防腐混凝土面层、防腐砂浆面层、防腐胶泥面层、玻璃钢防腐面层、聚氯乙烯板面层、块料防腐面层。

5.9.1　防腐面层(010801)

防腐面层包括防腐混凝土面层(010801001)、防腐砂浆面层(010801002)、防腐胶泥面层(010801003)、玻璃钢防腐面层(010801004)、聚氯乙烯板面层(010801005)、块料防腐面层(010801006)六个清单项目。

防腐混凝土面层、防腐砂浆面层、防腐胶泥面层适用于平面或立面的水玻璃混凝土、水玻璃砂浆、水玻璃胶泥、沥青混凝土等防腐工程。

玻璃钢防腐面层适用于树脂胶料与玻璃纤维丝、布、玻璃纤维表面毡、玻璃纤维短切毡或涤纶布、涤纶毡等增强材料复合塑料制成的玻璃钢防腐工程;聚氯乙烯板面层适用于地面、踢脚板、墙面的软硬聚氯乙烯板防腐工程;块料防腐面层适用于地面、踢脚板、沟槽、基础的各类块料防腐工程。

(1)工程量计算

防腐混凝土面层、防腐砂浆面层、防腐胶泥面层、玻璃钢防腐面层按设计图示尺寸以面积计算。平面防腐,扣除凸出地面的构筑物、设备基础等所占面积;立面防腐,砖垛等突出部分按展开面积并入墙面积内。

聚氯乙烯板面层、块料防腐面层按设计图示尺寸以面积计算。平面防腐,扣除凸出地面的构筑物、设备基础等所占面积;立面防腐,砖垛等突出部分按展开面积并入墙面积内;踢脚板防腐,扣除门洞所占面积并相应增加门洞侧壁面积。

（2）项目特征

防腐混凝土面层、防腐砂浆面层、防腐胶泥面层需描述:防腐部位,面层厚度,砂浆、混凝土、胶泥种类。

玻璃钢防腐面层需描述:防腐部位,玻璃钢种类,贴布层数,面层材料品种。

聚氯乙烯板面层需描述:防腐部位,面层材料品种,粘结材料种类。

块料防腐需描述:防腐部位,块料品种、规格,粘结材料种类,勾缝材料种类。

（3）工程内容

防腐混凝土面层、防腐砂浆面层包括:基层清理,基层刷稀胶泥,砂浆制作、运输、摊铺、养护,混凝土制作、运输、摊铺、养护。

防腐胶泥面层包括:基层清理,胶泥调制、摊铺。

玻璃钢防腐面层包括:基层清理,刷底漆,刮腻子,胶浆配制、涂刷、粘布、涂刷面。

聚氯乙烯板面层包括:基层清理,配料,涂胶,聚氯乙烯板铺设,铺贴踢脚板。

块料防腐面层包括:基层清理,砌块料,胶泥调制、勾缝。

5.9.2　其他防腐（010802）

本节包括隔离层（010802001）、砌筑沥青浸渍砖（010802002）、防腐涂料（010802003）三个清单项目。

隔离层适用于楼地面的沥青类、树脂玻璃钢类防腐工程隔离层;砌筑沥青浸渍砖适用于浸渍标准砖;防腐涂料适用于建筑物、构筑物及钢结构防腐。

（1）工程量计算

隔离层按设计图示尺寸以面积计算。平面防腐,扣除凸出地面的构筑物、设备基础等所占面积;立面防腐,砖垛等突出部分按展开面积并入墙面积内。

砌筑沥青浸渍砖按设计图示尺寸以体积计算。

防腐涂料按设计图示尺寸以面积计算。平面防腐,扣除凸出地面的构筑物、设备基础等所占面积;立面防腐,砖垛等突出部分按展开面积并入墙面积内。

（2）项目特征

隔离层需描述:隔离层部位,隔离层材料品种,隔离层做法,粘贴材料种类。

砌筑沥青浸渍砖需描述:砌筑部位,浸渍砖规格,浸渍砖砌法（平砌、立砌）。

防腐涂料需描述:涂刷部位,基层材料类型,涂料品种、刷涂遍数。

（3）工程内容

隔离层包括:基层清理、刷油,煮沥青,胶泥调制,隔离层铺设。

砌筑沥青浸渍砖包括:基层清理,胶泥调制,浸渍砖铺砌。

防腐涂料包括:基层清理,刷涂料。

5.9.3　隔热、保温（010803）

本节共包括保温隔热屋面（010803001）、保温隔热天棚（010803002）、保温隔热墙

(010803003)、保温柱(010803004)、隔热楼地面(010803005)五个清单项目。

保温隔热屋面适用于各种保温隔热材料屋面;保温隔热天棚适用于各种材料的下贴式或吊顶上搁置式的保温隔热天棚;保温隔热墙适用于工业与民用建筑外墙、内墙保温隔热工程;保温柱适用于各种材料的柱保温;隔热楼地面适用于各种材料的楼地面隔热保温。

(1)工程量计算

保温隔热屋面、保温隔热天棚按设计图示尺寸以面积计算。不扣除柱、垛所占面积。

保温隔热墙按设计图示尺寸以面积计算。扣除门窗洞口所占面积;门窗洞口侧壁需做保温时,并入保温墙体工程量内。

保温柱按设计图示以保温层中心线展开长度乘以保温层高度以面积"m²"计算。

隔热楼地面按设计图示尺寸以面积计算。不扣除柱、垛所占面积。

(2)项目特征

需描述:保温隔热屋面、保温隔热天棚、保温隔热墙、保温柱、隔热楼地面均包括保温隔热部位,保温隔热方式(内保温、外保温、夹心保温),踢脚线、勒脚线保温做法,保温隔热面层材料品种、规格、性能,保温隔热材料品种、规格,隔气层厚度,粘结材料种类,防护材料种类。

(3)工程内容

保温隔热屋面、保温隔热天棚包括:基层清理,铺贴保温层,刷防护材料。

保温隔热墙、保温柱包括:基层清理,底层抹灰,粘贴龙骨,填贴保温材料,粘贴面层,嵌缝,刷防护材料。

隔热楼地面包括:基层清理,铺设粘贴材料,铺贴保温层,刷防护材料。

5.9.4 工程量计算实例

【例 5-17】 某一具有防腐耐酸要求的车间和仓库如图 5-76 所示,试计算其防腐耐酸工程量。其中,墙厚 240 mm,墙高 3.00 m,墙面基层抹灰厚度为 20 mm,且假设先抹灰。仓库墙面为 20 厚钠水玻璃防腐砂浆,地面为 230 mm × 113 mm × 62 mm 防腐瓷砖,踢脚板为 300 mm×200 mm×20 mm 防腐铸石板,车间墙面抹防腐涂料两遍;车间地面为 300 mm× 200 mm×20 mm 防腐铸石板。门窗尺寸如下:C1 为 1 200 mm × 1 500 mm,C2 为 1 800 mm × 1 500 mm,M1 为 1 800 mm × 2 700 mm,M2 为 900 mm×2 700 mm。

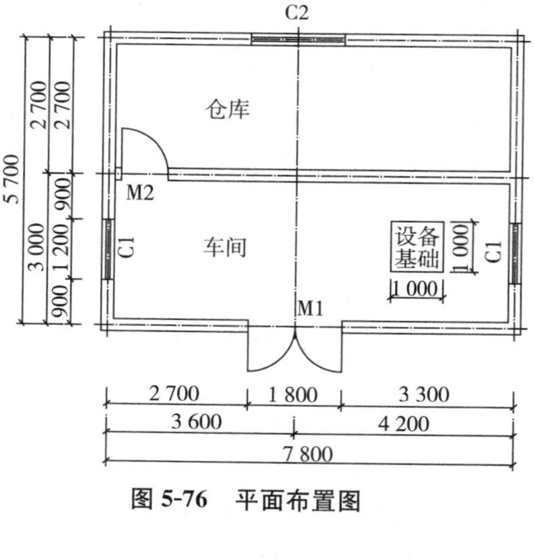

图 5-76 平面布置图

【解】 (1)工程量计算

① 车间铸石板防腐地面工程量

车间面积 (7.80-0.24-0.02×2)×(3.00-0.24-0.02×2)=20.45 m²

扣设备基础 1.00×1.00=1.00 m²

M1 开口处增加 (0.24+0.02×2)×(1.80-0.02×2)=0.49 m²

总面积 20.45-1.00+0.49=19.94 m²

② 仓库瓷砖防腐地面工程量

仓库面积 $(7.80-0.24-0.02\times2)\times(2.70-0.24-0.02\times2)=18.20$ m²

M2 开口处增加 $(0.24+0.02\times2)\times(0.90-0.02\times2)=0.24$ m²

总面积 $18.20+0.24=18.44$ m²

③ 仓库铸石板防腐踢脚板工程量

$L=(7.80-0.24-0.02\times2)\times2+(2.70-0.24-0.02\times2)\times2-(0.90-0.02\times2)$

$=19.02$ m

$S=19.02\times0.20=3.80$ m²

④ 仓库钠水玻璃防腐砂浆墙面工程量

墙面部分 $(7.80-0.24-0.02\times2+2.70-0.24-0.02\times2)\times2\times3.00=59.64$ m²

扣 C2 面积 $(1.80-0.02\times2)\times(1.50-0.02\times2)=2.57$ m²

扣 M2 面积 $(0.90-0.02\times2)\times(2.70-0.02\times2)=2.30$ m²

C2 侧壁增加 $(1.80-0.02\times2+1.50-0.02\times2)\times2\times0.10=0.64$ m²

总面积 $59.64-2.57-2.30+0.64=55.41$ m²

⑤ 仓库防腐涂料墙面工程量

墙面部分 $(7.8-0.24-0.02\times2+3.00-0.24-0.02\times2)\times2\times3.00=61.44$ m²

扣 C1 面积 $(1.2-0.02\times2)\times(1.5-0.02\times2)\times2=3.38$ m²

扣 M1 面积 $(1.8-0.02\times2)\times(2.70-0.02\times2)=4.68$ m²

C1 侧壁增加 $(1.2-0.02\times2+1.5-0.02\times2)\times2\times2\times0.10=1.05$ m²

总面积 $61.44-3.38-4.68+1.05=54.43$ m²

（2）工程量清单编制

工程量清单见表 5-24 所示。

表 5-24　分部分项工程量清单与计价表

工程名称：×××　　　　　　　　　　　　　　　　　　　　　　　　　共　页，第　页

序号	项目编码	项目名称	项目特征描述	计量单位	工程量	金额（元）		
						综合单价	合价	其中：暂估价
1	010801002001	防腐砂浆墙面	20 厚钠水玻璃防腐砂浆仓库墙面	m²	55.41			
2	010801006001	铸石板防腐地面	300 mm × 200 mm × 20 mm 防腐铸石板车间地面	m²	19.94			
3	010801006002	瓷砖防腐地面	230 mm × 113 mm × 62 mm 防腐瓷砖仓库地面	m²	18.44			
4	010801006003	铸石板防腐踢脚板	300 mm × 200 mm × 20 mm 防腐铸石板踢脚板	m²	3.80			
5	010802003001	防腐涂料墙面	车间墙面抹防腐涂料两遍 20 mm 厚基层抹灰	m²	54.43			

5.10 楼地面工程

楼地面是建筑物底层地面(地面)和楼层地面(楼面)的总称。在室内的楼地面上,人们从事着各种活动,放置各种家具和设备,地面要经受各种侵蚀、摩擦、冲击并保证室内环境,因此要求地面要有足够的强度和防潮、防火、耐腐蚀性。其主要功能是创造良好的空间氛围,保护结构层。楼地面工程一般由下列构造层次组成:

(1)基层。地面为夯实地基,楼面为楼板。基层的工程单价在建筑工程相应项目中计算。进行装饰施工时,一般必须先对基层进行清理。

(2)垫层。垫层按所用材料不同,有混凝土垫层、砂石级配垫层、碎石垫层、三合土垫层等。采用不同的垫层材料、配比和不同的厚度,其工程单价不同。

(3)找平层。找平层是指在楼板或垫层上或填充层上起找平、找坡和加强作用的构造层。一般有水泥砂浆找平,细石混凝土、沥青砂浆、沥青混凝土等找平。找平层材料品种、配合比、厚度均影响工程造价。

(4)隔离层。隔离层是起防水、防潮作用的构造层。一般有卷材、防水砂浆、沥青砂浆或防水涂料等隔离层。

(5)填充层。是在建筑楼地面上起隔音、保温、找坡或敷设暗管、暗线等作用的构造层。可以采用轻质的松散材料,或块体材料,或整体材料进行填充。

(6)面层。面层是直接承受各种荷载作用的表面层,分为整体面层和块料面层两大类。在面层构造中,为了保护面层,延长其使用寿命,或使面层更具有装饰效果或加强面层的使用功能等,在面层中包括下列材料、构造:防护材料是耐酸、耐碱、耐臭氧、耐老化、防火、防油渗等的材料;嵌条材料是用于水磨石分格、作图案的嵌条,如玻璃条、铝合金嵌条等;压线条是用于地毯、橡胶板、橡胶卷材等的压线条,如铝合金、不锈钢、铜压线条等;防滑条是楼梯、台阶踏步的防滑设施,如水泥防滑条、水泥玻璃防滑条、铁防滑条等。

本章共9节43个清单项目,适用于楼地面、楼梯、台阶等装饰工程,包括整体面层,块料面层,橡塑面层,其他材料面层,踢脚线,楼梯装饰,扶手、栏杆、栏板装饰,台阶装饰,零星装饰等项目。

5.10.1 整体面层(020101)

整体面层楼地面构造层次一般包括垫层、找平层、防水层、面层等,因此各清单项目应按设计要求描述各构造层次所用材料规格、厚度及工艺要求。项目工程内容也应包括各构造层次的材料及其运输、铺设、嵌条处理、打蜡等费用。清单项目第五级编码列项应根据工程特征和工程内容组合列项。

整体面层包括水泥砂浆楼地面(020101001)、现浇水磨石楼地面(020101002)、细石混凝土楼地面(020101003)、菱苦土楼地面(020101004)四个清单项目。适用于楼面、地面所做的整体面层工程。

(1)工程量计算

按设计图示尺寸以面积计算。扣除凸出地面构筑物、设备基础、室内铁道、地沟等所占面积,不扣除间壁墙和 0.3 m² 以内的柱、垛、附墙烟囱及孔洞所占面积。门洞、空圈、暖气包槽、壁龛的开口部分不增加面积。

（2）项目特征

水泥砂浆楼地面需描述:垫层材料种类、厚度,找平层厚度、砂浆配合比,防水层厚度、材料种类,面层厚度、砂浆配合比。

现浇水磨石楼地面需描述:垫层材料种类、厚度,找平层厚度、砂浆配合比,防水层厚度、材料种类,面层厚度、水泥石子浆配合比,嵌条材料种类、规格,石子种类、规格、颜色,颜料种类、颜色,图案要求,磨光、酸洗、打蜡要求。

细石混凝土楼地面需描述:垫层材料种类、厚度,找平层厚度、砂浆配合比,防水层厚度、材料种类,面层厚度、混凝土强度等级。

菱苦土楼地面需描述:垫层材料种类、厚度,找平层厚度、砂浆配合比,防水层厚度、材料种类,面层厚度,打蜡要求。

（3）工程内容

水泥砂浆楼地面包括:基层清理,垫层铺设,抹找平层,防水层铺设,抹面层,材料运输。

现浇水磨石楼地面包括:基层清理,垫层铺设,抹找平层,防水层铺设,面层铺设,嵌缝条安装,磨光、酸洗、打蜡,材料运输。

细石混凝土楼地面包括:基层清理,垫层铺设,抹找平层,防水层铺设,面层铺设,材料运输。

菱苦土楼地面包括:基层清理,垫层铺设,抹找平层,防水层铺设,面层铺设,打蜡,材料运输。

5.10.2　块料面层（020102）

块料面层包括石材楼地面(020102001)和块料楼地面(020102002)两个清单项目。

实际列项时,应结合设计要求,根据面层材料的品种、规格,结合层材料及配合比,填充材料的种类,找平层材料种类、厚度等进行第五级编码列项。各清单项目应包括各个构造层次的材料、运输、铺设、施工。

（1）工程量计算

块料面层工程量按设计图示尺寸以面积计算。扣除凸出地面构筑物、设备基础、室内铁道、地沟等所占面积,不扣除间壁墙和 0.3 m² 以内的柱、垛、附墙烟囱及孔洞所占面积。门洞、空圈、暖气包槽、壁龛的开口部分不增加面积。

（2）项目特征

需描述:垫层材料种类、厚度,找平层厚度、砂浆配合比,防水层、材料种类,填充材料种类、厚度,结合层厚度、砂浆配合比,面层材料品种、规格、品牌、颜色,灰缝材料种类,防护层材料种类,酸洗、打蜡要求。

（3）工程内容

包括:基层清理、铺设垫层、抹找平层,防水层铺设、填充层铺设、面层铺设,嵌缝,刷防护材料,酸洗、打蜡,材料运输。

5.10.3 橡塑面层(020103)

本节包括橡胶板楼地面(020103001)、橡胶卷材楼地面(020103002)、塑料板楼地面(020103003)、塑料卷材楼地面(020103004)四个清单项目。适用于用粘结剂粘贴橡塑楼面、地面面层工程。

（1）工程量计算

按设计图示尺寸以面积计算。门洞、空圈、暖气包槽、壁龛的开口部分并入相应的工程量内。

（2）项目特征

需描述：找平层厚度、砂浆配合比，填充材料种类、厚度，粘结层厚度、材料种类，面层材料品种、规格、品牌、颜色，压线条种类。

（3）工程内容

包括：基层清理、抹找平层，铺设填充层，面层铺贴，压缝条装钉，材料运输。

5.10.4 其他材料面层(020104)

本节包括楼地面地毯（020104001）、竹木地板（020104002）、防静电活动地板（020104003）、金属复合地板（020104004）四个清单项目。

1）楼地面地毯(020104001)

地毯有纯毛地毯和化纤地毯两种类型，其铺设有固定式铺设和不固定式铺设两种方式。

（1）工程量计算

按设计图示尺寸以面积计算。门洞、空圈、暖气包槽、壁龛的开口部分并入相应的工程量内。

（2）项目特征

需描述：找平层厚度、砂浆配合比，填充材料种类、厚度，面层材料品种、规格、品牌、颜色，防护材料种类，粘结材料种类，压线条种类。

（3）工程内容

包括：清理基层、抹找平层，铺设填充层，铺贴面层，刷防护材料，装钉压条，材料运输。

2）竹木地板(020104002)

（1）工程量计算

按设计图示尺寸以面积计算。门洞、空圈、暖气包槽、壁龛的开口部分并入相应的工程量内。

（2）项目特征

需描述：找平层厚度、砂浆配合比，填充材料种类、厚度，找平层厚度、砂浆配合比，龙骨材料种类、规格、铺设间距，基层材料种类、规格，面层材料品种、规格、品牌、颜色，粘结材料种类，防护材料种类，油漆品种、刷漆遍数。

（3）工程内容

包括：基层清理、抹找平层，铺设填充层，龙骨铺设，铺设基层，面层铺贴，刷防护材料，材料运输。

5.10.5 踢脚线(020105)

本节包括水泥砂浆踢脚线(020105001)、石材踢脚线(020105002)、块料踢脚线(020105003)、现浇水磨石踢脚线(020105004)、塑料板踢脚线(020105005)、木质踢脚线(020105006)、金属踢脚线(020105007)、防静电踢脚线(020105008)八个清单项目。

1)水泥砂浆踢脚线(020105001)

(1)工程量计算

按设计图示长度乘以高度以面积计算。

(2)项目特征

需描述:踢脚线高度,底层厚度、砂浆配合比,面层厚度、砂浆配合比。

(3)工程内容

包括:基层清理,底层抹灰,面层铺贴,勾缝,磨光、酸洗、打蜡,刷防护材料,材料运输。

2)石材踢脚线(020105002)

(1)工程量计算

按设计图示长度乘以高度以面积计算。

(2)项目特征

需描述:踢脚线高度,底层厚度、砂浆配合比,粘贴层厚度、材料种类,面层材料品种、规格、品牌、颜色,勾缝材料种类,防护材料种类。

(3)工程内容

包括:基层清理,底层抹灰,面层铺贴,勾缝,磨光、酸洗、打蜡,刷防护材料,材料运输。

3)块料踢脚线(020105003)

(1)工程量计算

按设计图示长度乘以高度以面积计算。

(2)项目特征

需描述:踢脚线高度,底层厚度、砂浆配合比,粘贴层厚度、材料种类,面层材料品种、规格、品牌、颜色,勾缝材料种类,防护材料种类。

(3)工程内容

包括:基层清理,底层抹灰,面层铺贴,勾缝,磨光、酸洗、打蜡,刷防护材料,材料运输。

4)现浇水磨石踢脚线(020105004)

(1)工程量计算

按设计图示长度乘以高度以面积计算。

(2)项目特征

需描述:踢脚线高度,底层厚度、砂浆配合比,面层厚度、水泥石子浆配合比,石子种类、规格、颜色,颜料种类、颜色,磨光、酸洗、打蜡要求。

(3)工程内容

包括:基层清理,底层抹灰,面层铺贴,勾缝,磨光、酸洗、打蜡,刷防护材料,材料运输。

5)塑料板踢脚线(020105005)

(1)工程量计算

按设计图示长度乘以高度以面积计算。

（2）项目特征

需描述：踢脚线高度，底层厚度、砂浆配合比，粘结层厚度、材料种类，面层材料种类、规格、品牌、颜色。

（3）工程内容

包括：基层清理，底层抹灰，面层铺贴，勾缝，磨光、酸洗、打蜡，刷防护材料，材料运输。

6）木质踢脚线（020105006），金属踢脚线（020105007），防静电踢脚线（020105008）

（1）工程量计算

按设计图示长度乘以高度以面积计算。

（2）项目特征

需描述：踢脚线高度，底层厚度、砂浆配合比，基层材料种类、规格，面层材料品种、规格、品牌、颜色，防护材料种类，油漆品种、刷漆遍数。

（3）工程内容

包括：基层清理，底层抹灰，基层铺贴，面层铺贴，刷防护材料，刷油漆，材料运输。

5.10.6 楼梯装饰（020106）

本节共包括六个清单项目：石材楼梯面层（020106001）、块料楼梯面层（020106002）、水泥砂浆楼梯面（020106003）、现浇水磨石楼梯面（020106004）、地毯楼梯面（020106005）、木板楼梯面（020106006）。

1）石材楼梯面层（020106001）、块料楼梯面层（020106002）

（1）工程量计算

按设计图示尺寸以楼梯（包括踏步、休息平台及 500 mm 以内的楼梯井）水平投影面积计算。楼梯与楼地面相连时，算至梯口梁内侧边沿；无梯口梁者，算至最上一层踏步边沿加 300 mm。

（2）项目特征

需描述：找平层厚度、砂浆配合比，粘结层厚度、材料种类，面层材料品种、规格、品牌、颜色，防滑条材料种类、规格，勾缝材料种类，防护层材料种类，酸洗、打蜡。

（3）工程内容

包括：基层清理，抹找平层，面层铺贴，贴嵌防滑条，勾缝，刷防护材料，酸洗、打蜡，材料运输。

2）水泥砂浆楼梯面（020106003）

（1）工程量计算

按设计图示尺寸以楼梯（包括踏步、休息平台及 500 mm 以内的楼梯井）水平投影面积计算。楼梯与楼地面相连时，算至梯口梁内侧边沿；无梯口梁者，算至最上一层踏步边沿加 300 mm。

（2）项目特征

需描述：找平层厚度、砂浆配合比，面层厚度、砂浆配合比，防滑条材料种类、规格。

（3）工程内容

包括：基层清理，抹找平层，抹面层，抹防滑条，材料运输。

3）现浇水磨石楼梯面（020106004）

（1）工程量计算

按设计图示尺寸以楼梯（包括踏步、休息平台及 500 mm 以内的楼梯井）水平投影面积计算。楼梯与楼地面相连时，算至梯口梁内侧边沿；无梯口梁者，算至最上一层踏步边沿加 300 mm。

（2）项目特征

需描述：找平层厚度、砂浆配合比，面层厚度、水泥石子浆配合比，防滑条材料种类、规格，石子种类、规格、颜色，颜料种类、颜色，磨光、酸洗、打蜡。

（3）工程内容

包括：基层清理，抹找平层，抹面层，贴嵌防滑条，磨光、酸洗、打蜡，材料运输。

4）地毯楼梯面（020106005）

（1）工程量计算

按设计图示尺寸以楼梯（包括踏步、休息平台及 500 mm 以内的楼梯井）水平投影面积计算。楼梯与楼地面相连时，算至梯口梁内侧边沿；无梯口梁者，算至最上一层踏步边沿加 300 mm。

（2）项目特征

需描述：基层种类，找平层厚度、砂浆配合比，面层材料品种、规格、品牌、颜色，防护材料种类，粘结材料种类，固定配件材料种类、规格。

（3）工程内容

包括：基层清理，抹找平层，铺贴面层，固定配件安装，刷防护材料，材料运输。

5）木板楼梯面（020106006）

（1）工程量计算

按设计图示尺寸以楼梯（包括踏步、休息平台及 500 mm 以内的楼梯井）水平投影面积计算。楼梯与楼地面相连时，算至梯口梁内侧边沿；无梯口梁者，算至最上一层踏步边沿加 300 mm。

（2）项目特征

需描述：找平层厚度、砂浆配合比，基层材料种类、规格，面层材料品种、规格、品牌、颜色，粘结材料种类，防护材料种类，油漆品种、刷漆遍数。

（3）工程内容

包括：基层清理，抹找平层，基层铺贴，面层铺贴，刷防护材料、油漆，材料运输。

注意事项：单跑楼梯无论其中间是否有休息平台，其工程量计算与双跑楼梯相同。

5.10.7 扶手、栏杆、栏板装饰（020107）

本节包括金属扶手带栏杆和栏板（020107001）、硬木扶手带栏杆和栏板（020107002）、塑料扶手带栏杆和栏板（020107003）、金属靠墙扶手（020107004）、硬木靠墙扶手（020107005）、塑料靠墙扶手（020107006）六个清单项目。适用于楼梯、阳台、走廊、回廊及其他装饰性扶手、栏杆、栏板。

1）金属扶手带栏杆和栏板（020107001）、硬木扶手带栏杆和栏板（020107002）、塑料扶手带栏杆和栏板（020107003）

（1）工程量计算

按设计图示尺寸以扶手中心线长度（包括弯头长度）计算。

（2）项目特征

需描述：扶手材料种类、规格、品牌、颜色，栏杆材料种类、规格、品牌、颜色，栏板材料种类、规格、品牌、颜色，固定配件种类，防护材料种类，油漆品种、刷漆遍数。

（3）工程内容

包括：制作，运输，安装，刷防护材料，刷油漆。

2）金属靠墙扶手（020107004）、硬木靠墙扶手（020107005）、塑料靠墙扶手（020107006）

（1）工程量计算

按设计图示尺寸以扶手中心线长度（包括弯头长度）计算。

（2）项目特征

需描述：扶手材料种类、规格、品牌、颜色，固定配件种类，防护材料种类，油漆品种、刷漆遍数。

（3）工程内容

包括：制作，运输，安装，刷防护材料，刷油漆。

5.10.8　台阶装饰（020108）

本节包括石材台阶面（020108001）、块料台阶面（020108002）、水泥砂浆台阶面（020108003）、现浇水磨石台阶面（020108004）、剁假石台阶面（020108005）五个清单项目。

1）石材台阶面（020108001）、块料台阶面（020108002）

（1）工程量计算

按设计图示尺寸以台阶（包括最上层踏步边沿加 300 mm）水平投影面积计算。

（2）项目特征

需描述：垫层材料种类、厚度，找平层厚度、砂浆配合比，粘结层材料种类，面层材料品种、规格、品牌、颜色，勾缝材料种类，防滑条材料种类、规格，防护材料种类。

（3）工程内容

石材台阶面包括：基层清理，铺设垫层，抹找平层，面层铺贴，贴嵌防滑条，勾缝，刷防护材料；材料运输。

块料台阶面包括：基层清理，铺设垫层，抹找平层，抹面层，抹防滑条，材料运输。

2）水泥砂浆台阶面（020108003）

（1）工程量计算

按设计图示尺寸以台阶（包括最上层踏步边沿加 300 mm）水平投影面积计算。

（2）项目特征

需描述：垫层材料种类、厚度，找平层厚度、砂浆配合比，面层厚度、砂浆配合比，防滑条材料种类。

（3）工程内容

包括：基层清理，铺设垫层，抹找平层，抹面层，抹防滑条，材料运输。

3）现浇水磨石台阶面（020108004）

（1）工程量计算

按设计图示尺寸以台阶(包括最上层踏步边沿加 300 mm)水平投影面积计算。

（2）项目特征

需描述：垫层材料种类、厚度，找平层厚度、砂浆配合比，面层厚度、水泥石子浆配合比，防滑条材料种类、规格，石子种类、规格、颜色，颜料种类、颜色，磨光、酸洗、打蜡要求。

（3）工程内容

包括：基层清理，铺设垫层，抹找平层，抹面层，贴嵌防滑条，打磨、酸洗、打蜡，材料运输。

4）剁假石台阶面(020108005)

（1）工程量计算

按设计图示尺寸以台阶(包括最上层踏步边沿加 300 mm)水平投影面积计算。

（2）项目特征

需描述：垫层材料种类、厚度，找平层厚度、砂浆配合比，面层厚度、砂浆配合比，剁假石要求。

（3）工程内容

包括：基层清理，铺设垫层，抹找平层，抹面层，剁假石，材料运输。

（4）注意事项

台阶项目中不包括牵边、侧面装饰，如发生则应按"零星装饰项目"编码列项。

台阶面与平台面是同一种材料时，平台面层与台阶面层不可重复计算。当台阶计算最上一层踏步加 300 mm 时，则平台面层中必须扣除该面积。如果平台与台阶以平台外沿为分界线，那么在台阶报价时，最上一步台阶的踢面应考虑在台阶报价内。

工程量清单项目一般对应的消耗量定额项目包括找平层和面层。

5.10.9　零星装饰(020109)

本节包括石材零星项目(020109001)、碎拼石材零星项目(020109002)、块料零星项目(020109003)、水泥砂浆零星项目(020109004)四个清单项目。

适用于小面积(0.5 m² 以内)少量分散的楼地面装饰工程项目。

（1）工程量计算

按设计图示尺寸以面积计算

（2）项目特征

石材零星项目、碎拼石材零星项目、块料零星项目需描述：工程部位，找平层厚度、砂浆配合比，结合层厚度、材料种类，面层材料品种、规格、品牌、颜色，勾缝材料种类，防护材料种类，酸洗、打蜡。

水泥砂浆零星项目需描述：工程部位，找平层厚度、砂浆配合比，面层厚度、砂浆厚度。

（3）工程内容

石材零星项目、碎拼石材零星项目、块料零星项目包括：基层清理，抹找平层，面层铺贴，勾缝，刷防护材料，酸洗、打蜡，材料运输。

水泥砂浆零星项目包括：清理基层，抹找平层，抹面层，材料运输。

5.10.10　工程量计算实例

【例 5-18】　图 5-77 为建筑物底层平面图,该工程为水泥砂浆楼地面,地面工程做法为:基层素土夯实,80 mm 厚 C10 混凝土垫层,25 mm 厚 1:2 水泥砂浆面层抹面压实抹光。试计算水泥砂浆地面工程量并编制水泥砂浆地面工程量清单。

【解】　(1)计算水泥砂浆地面工程量

$S_{净} = (4.2 - 0.24) \times (6 - 0.24) = 22.81 \text{ m}^2$

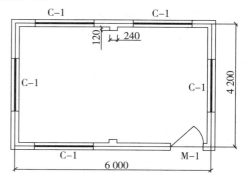

根据清单工程量计算规则规定,由于该房屋墙垛面积小于 0.3 m²,不扣除间壁墙和 0.3 m² 以内的柱、垛、附墙烟囱及孔洞所占面积。

(2)计算垫层工程量

80 mm 厚 C10 混凝土垫层:

$$\text{地面面积} \times \text{垫层厚度} = 22.81 \times 0.08$$
$$= 1.82 \text{ m}^3$$

图 5-77　建筑物底层平面图

(3)编制水泥砂浆地面工程量清单

水泥砂浆地面工程量清单见表 5-25 所示。

表 5-25　分部分项工程量清单与计价表

工程名称:×××　　　　　　　　　　　　　　　　　　　　　　　　　共　页,第　页

序号	项目编码	项目名称	项目特征描述	计量单位	工程量	金额(元)		
						综合单价	合价	其中:暂估价
1	020101001001	水泥砂浆楼地面	25 mm 厚 1:2 水泥砂浆面层;80 mm 厚 C10 混凝土垫层;1.82 m³	m²	22.81			

【例 5-19】　如图 5-78 所示的某建筑物一层平面图,工程做法为:20 mm 厚磨光大理石楼面,白水泥擦缝,撒素水泥面;30 mm 1:4 干硬性水泥砂浆结合层;20 mm 厚 1:3 水泥砂浆找平层;现浇钢筋混凝土楼板。试求大理石工程量,并编制石材楼地面工程量清单。

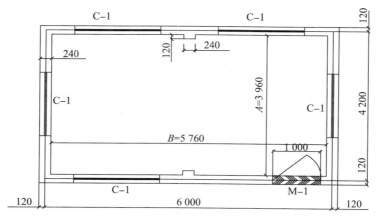

图 5-78　建筑物一层平面图

【解】 （1）计算大理石楼面工程量

$$A = 6 - 0.24 = 5.76 \text{ m}$$

$$B = 4.2 - 0.24 = 3.96 \text{ m}$$

根据清单规则规定，由于该房屋墙垛面积小于 0.3 m^2，不扣除间壁墙和 0.3 m^2 以内的柱、垛、附墙烟囱及孔洞所占面积。

$$S_净 = A \times B = 5.76 \times 3.96 = 22.81 \text{ m}^2$$

（2）计算找平层工程量

20 mm 厚 1:3 水泥砂浆找平层工程量同面层，为 5.76×3.96＝22.81 m^2。

大理石楼面工程量清单见表 5-26 所示。

表 5-26　分部分项工程量清单与计价表

工程名称：×××

共　页,第　页

序号	项目编码	项目名称	项目特征描述	计量单位	工程量	金额（元）		
						综合单价	合价	其中：暂估价
1	020102001001	石材楼地面	20 mm 厚磨光大理石楼面 600 mm×600 mm；白水泥擦缝，撒素水泥面；30 mm 1:4 干硬性水泥砂浆结合层；20 mm 厚 1:3 水泥砂浆找平层 22.81 m^2	m^2	22.81			

【例 5-20】　如图 5-78 所示的某建筑一层平面图，室内为水泥砂浆地面，踢脚线做法为 1:2 水泥砂浆踢脚线，厚度为 20 mm，高度为 150 mm，底层为 30 mm 厚 1:3 水泥砂浆找平层。试计算水泥砂浆踢脚线量并编制水泥砂浆踢脚线工程量清单。

【解】 （1）计算水泥砂浆踢脚线工程量

$$L = (6 - 0.24) \times 2 + (4.2 - 0.24) \times 2 - 1.0(\text{门宽})$$
$$+ [0.24 - 0.08(\text{门框宽})] \times 2(\text{门侧边}) + 0.12 \times 4(\text{柱侧边}) = 19.24 \text{ m}$$

$$S = 19.24 \times 0.15 = 2.89 \text{ m}^2$$

（2）综合工程内容工程量

30 mm 厚 1:3 水泥砂浆找平层工程量同面层，为 19.24×0.15＝2.89 m^2。

（3）水泥砂浆踢脚线工程量清单见表 5-27 所示。

表 5-27　分部分项工程量清单与计价表

工程名称：×××

共　页,第　页

序号	项目编码	项目名称	项目特征描述	计量单位	工程量	金额（元）		
						综合单价	合价	其中：暂估价
1	020105001001	水泥砂浆踢脚线	20 mm 1:2 水泥砂浆踢脚线；30 mm 厚 1:3 水泥砂浆找平层 2.89 m^2	m^2	2.89			

【例 5-21】 如图 5-79 所示,为某楼梯贴大理石面层,工程做法为:20 mm 芝麻白大理石(600 mm×600 mm)面层,撒素水泥面;30 mm 厚 1∶4 干硬性水泥砂浆结合层;刷素水泥浆一道。试计算大理石面层工程量并编制本部分工程量清单。

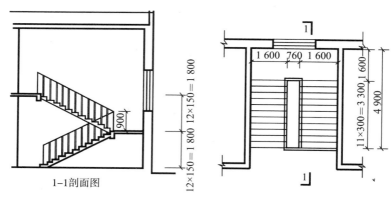

图 5-79 楼梯平面图

【解】 (1)计算大理石面层工程量

因楼梯井的宽度超过 500 mm,故楼梯贴面的工程量为

$$S=(1.6×2+0.76)×4.9-0.76×3.3=16.90 \ m^2$$

(2)楼梯大理石面层工程量清单见表 5-28 所示。

表 5-28 分部分项工程量清单与计价表

工程名称:×××   共 页,第 页

序号	项目编码	项目名称	项目特征描述	计量单位	工程量	金额(元)		
						综合单价	合价	其中:暂估价
1	020106001001	大理石楼梯面层	20 mm 芝麻白大理石(600 mm×600 mm)面层,撒素水泥面;30 mm 厚 1∶4 干硬性水泥砂浆结合层;刷素水泥浆一道	m²	16.90			

【例 5-22】 如图 5-80 所示为某建筑物门前台阶,工程做法为:30 mm 厚芝麻白机刨花岗岩(600 mm×600 mm)铺面,白水泥擦缝,撒素水泥面;30 mm 厚 1∶4 干硬性水泥砂浆结合层;向外找坡 1%,刷素水泥浆结合层一道,60 mm C15 混凝土;150 mm 厚 3∶7 灰土垫层;素土夯实。试计算贴花岗岩台阶面层的工程量,并编制本部分工程量清单。

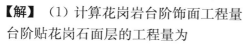

图 5-80 台阶平面图

【解】 (1)计算花岗岩台阶饰面工程量

台阶贴花岗石面层的工程量为

$$(5.0+0.3×2)×0.3×3+(3.5-0.3)×0.3×3=7.92 \ m^2$$

（2）花岗岩台阶饰面工程量清单见表 5-29 所示。

表 5-29　分部分项工程量清单与计价表

工程名称：×××

共　页，第　页

序号	项目编码	项目名称	项目特征描述	计量单位	工程量	金额（元）		
						综合单价	合价	其中：暂估价
1	020108001001	花岗岩台阶面	30 mm 厚芝麻白机刨花岗岩（600 mm×600 mm）铺面，白水泥擦缝，撒素水泥面；30 mm 厚 1∶4 干硬性水泥砂浆结合层；向外找坡 1%，刷素水泥浆结合层一道，60 mm C15 混凝土；150 mm 厚 3∶7 灰土垫层；素土夯实	m²	7.92			

5.11　墙、柱面工程

本部分共 10 节 34 个清单项目，适用于一般抹灰、装饰抹灰工程，包括墙面抹灰、柱面抹灰、零星抹灰、墙面镶贴块料、柱面镶贴块料、零星镶贴块料、墙饰面、柱（梁）饰面、隔断、幕墙等工程。

墙面抹灰、墙面镶贴块料墙饰面项目适用于各种类型的墙体（包括砖墙、混凝土墙、砌块墙等）；柱面抹灰、柱面镶贴块料、柱（梁）饰面项目适用于各种类型柱（包括矩形柱、异形柱及所用材料为砖、石、混凝土等柱）的抹灰、装饰工程；零星抹灰、零星镶贴块料项目适用于 0.5 m² 以内少量分散的抹灰和镶贴块料面层。

5.11.1　墙面抹灰（020201）

墙面抹灰包括墙面一般抹灰（020201001）、墙面装饰抹灰（020201002）、墙面勾缝（020201003）三个清单项目。

墙面一般抹灰指采用一般通用型的砂浆抹灰工程，包括石灰砂浆、水泥砂浆、水泥混合砂浆、聚合物水泥砂浆、麻刀石灰、纸筋石灰、石膏灰等。

墙面装饰抹灰指利用普通材料模仿某种天然石材花纹抹成具有艺术效果的抹灰，包括水刷石、斩假石（剁斧石）、干粘石、假面砖等。

（1）工程量计算

按设计图示尺寸以面积计算。扣除墙裙、门窗洞口及单个面积超过 0.3 m² 的孔洞面积，不扣除踢脚线、挂镜线以及墙与构件交接处（指墙与梁的交接处所占面积，不包括墙与楼板的交接）的面积，门窗洞口和孔洞的侧壁及顶面不增加面积。附墙柱、梁、垛、烟囱侧壁并入相应的墙面面积内。

① 外墙抹灰面积按外墙垂直投影面积计算。

② 外墙裙抹灰面积按其长度乘以高度计算。

③ 内墙抹灰面积按主墙间的净长乘以高度计算。高度确定如下：无墙裙的，高度按室内楼地面至天棚底面计算；有墙裙的，高度按墙裙顶至天棚底面计算。

④ 内墙裙抹灰面按内墙净长乘以高度计算。

（2）项目特征

① 墙面一般抹灰、墙面装饰抹灰在编制清单时需描述：墙体类型（区分砖墙、石墙、混凝土墙、砌块墙等不同材料以及内墙外墙等部位），底层厚度、砂浆配合比，面层厚度、砂浆配合比，装饰面材料种类，分格缝宽度、材料种类。

② 墙面勾缝需描述：墙体类型、勾缝类型、勾缝材料种类。

（3）工程内容

① 墙面抹灰的内容包含基层清理，砂浆制作、运输，底层抹灰，抹面层（一般抹灰），抹装饰面（装饰抹灰），勾分格缝。

② 墙面勾缝包含基层清理，砂浆制作、运输，勾缝。

（4）注意事项

① 墙面抹灰工程项目特征描述时要特别注意抹灰的层数，每层抹灰的厚度及各层砂浆的强度等级。

② 计算有墙裙的墙面抹灰和墙裙工程量时，扣减门窗洞口面积时要注意墙裙高度与门窗洞口的高度关系，并应分段扣减。

③ 0.5 m² 以内少量分散的抹灰也应按上述有关项目编码列项。

5.11.2 柱面抹灰（020202）

柱面抹灰包括柱面一般抹灰（020202001）、柱面装饰抹灰（020202002）、柱面勾缝（020202003）三个清单项目。

（1）工程量计算

按设计图示柱断面周长乘以高度以面积计算。

（2）项目特征

① 柱面一般抹灰、柱面装饰抹灰在编制清单时需描述：柱体类型（区分砖柱、石柱、混凝土柱等不同材料以及矩形、圆形等形状），底层厚度、砂浆配合比，面层厚度、砂浆配合比，装饰面材料种类，分格缝宽度、材料种类。

② 柱面勾缝需描述：柱体类型、勾缝类型、勾缝材料种类。

（3）工程内容

① 柱面抹灰的内容包括：基层清理，砂浆制作、运输，底层抹灰，抹面层（一般抹灰），抹装饰面（装饰抹灰），勾分格缝。

② 柱面勾缝包括：基层清理，砂浆制作、运输，勾缝。

5.11.3 零星抹灰（020203）

零星抹灰包括零星项目一般抹灰（020203001）和零星项目装饰抹灰（020203002）两个清单项目。

（1）工程量计算

按设计图示尺寸以面积计算。

（2）项目特征

需描述：墙体类型（区分砖墙、石墙、混凝土墙、砌块墙等不同材料以及内墙外墙等部位），底层厚度、砂浆配合比，面层厚度、砂浆配合比，装饰面材料种类，分格缝宽度、材料种类。

（3）工程内容

包括：基层清理，砂浆制作、运输，底层抹灰，抹面层（一般抹灰），抹装饰面（装饰抹灰），勾分格缝。

5.11.4　墙面镶贴块料（020204）

墙面镶贴块料包括石材墙面（020204001）、碎拼石材墙面（020204002）、块料墙面（020204003）、干挂石材钢骨架（020204004）四个清单项目。

（1）工程量计算

墙面镶贴块料按设计图示尺寸以镶贴面积计算；干挂石材钢骨架按设计图示尺寸以质量计算。

（2）项目特征

① 墙面镶贴块料需描述：墙体类型，底层厚度、砂浆配合比，粘结层厚度、材料种类，挂贴方式，干挂方式（膨胀螺栓、钢龙骨），面层材料品种、规格、品牌、颜色，缝宽，嵌缝材料种类，防护材料种类，磨光、酸洗、打蜡要求。

② 干挂石材钢骨架需描述：骨架种类、规格，油漆品种、刷漆遍数。

（3）工程内容

① 墙面镶贴块料包括：基层清理，砂浆制作、运输，底层抹灰，结合层铺贴，面层铺贴，面层挂贴，面层干挂，嵌缝，刷防护材料，磨光、酸洗、打蜡。

② 干挂石材钢骨架包括：骨架制作、运输、安装，骨架油漆。

5.11.5　柱面（梁面）镶贴块料（020205）

柱面镶贴块料包括石材柱面（020205001）、碎拼石材柱面（020205002）、块料柱面（020205003）、石材梁面（020205004）、块料梁面（020205005）五个清单项目。

（1）工程量计算

按设计图示尺寸以镶贴面积计算。

（2）项目特征

① 柱面镶贴块料需描述：柱体材料，柱截面类型、尺寸，底层厚度、砂浆配合比，粘结层厚度、材料种类，挂贴方式，干贴方式，面层材料品种、规格、品牌、颜色，缝宽，嵌缝材料种类，防护材料种类，磨光、酸洗、打蜡要求。

② 梁面镶贴块料需描述：底层厚度、砂浆配合比，粘结层厚度、材料种类，面层材料品种、规格、品牌、颜色，缝宽，嵌缝材料种类，防护材料种类，磨光、酸洗、打蜡要求。

（3）工程内容

① 柱面镶贴块料包括：基层清理，砂浆制作、运输，底层抹灰，结合层铺贴，面层铺贴，面

层挂贴,面层干挂,嵌缝,刷防护材料,磨光、酸洗、打蜡。

② 梁面镶贴块料包括:基层清理,砂浆制作、运输,底层抹灰,结合层铺贴,面层铺贴,面层挂贴,嵌缝,刷防护材料,磨光、酸洗、打蜡。

5.11.6 零星镶贴块料(020206)

零星镶贴块料包括石材零星项目(020206001)、碎拼石材零星项目(020206002)、块料零星项目(020206003)三个清单项目。

（1）工程量计算

按设计图示尺寸以镶贴面积计算。

（2）项目特征

需描述:柱、墙体类型,底层厚度、砂浆配合比,粘结层厚度、材料种类,挂贴方式,干挂方式,面层材料品种、规格、品牌、颜色,缝宽,嵌缝材料种类,防护材料种类,磨光、酸洗、打蜡要求。

（3）工程内容

包括:基层清理,砂浆制作、运输,底层抹灰,结合层铺贴,面层铺贴,面层挂贴,面层干挂,嵌缝,刷防护材料,磨光、酸洗、打蜡。

5.11.7 墙饰面(020207)

墙饰面适用于金属饰面板、塑料饰面板、木质饰面板、软包带衬板饰面等装饰板墙面。只包含一个清单项目,即装饰板墙面(020207001)。

（1）工程量计算

按设计图示墙净长乘以净高以面积计算。扣除门窗洞口及单个 $0.3 m^2$ 以上的孔洞所占面积。

（2）项目特征

需描述:墙体类型,底层厚度、砂浆配合比,龙骨材料种类、规格、中距,隔离层材料种类、规格,基层材料种类、规格,面层材料品种、规格、品牌、颜色,压条材料种类、规格,防护材料种类,油漆品种、刷漆遍数。

（3）工程内容

墙饰面工程内容包含基层清理,砂浆制作、运输,底层抹灰,龙骨制作、运输、安装,钉隔离层,基层铺钉,面层铺贴,刷防护材料、油漆。

5.11.8 柱(梁)饰面(020208)

柱(梁)饰面适用于除了石材、块料装饰柱、梁面的装饰项目。只包括一个清单项目,即柱(梁)面装饰(020208001)。

（1）工程量计算

按设计图示饰面外围尺寸以面积计算。柱帽、柱墩并入相应柱饰面工程量内。

（2）项目特征

需描述:柱(梁)体类型,底层厚度、砂浆配合比,龙骨材料种类、规格、中距,隔离层材料种类,基层材料种类、规格,面层材料品种、规格、品牌、颜色,压条材料种类、规格,防护材料种类,油漆品种、刷漆遍数。

（3）工程内容

包括:基层清理,砂浆制作、运输,底层抹灰,龙骨制作、运输、安装,钉隔离层,基层铺钉,面层铺贴,刷防护材料、油漆。

5.11.9　隔断(020208)

本项仅隔断(020209001)一个清单项目。

（1）工程量计算

按设计图示框外围尺寸以面积计算。扣除单个 0.3 m² 以上的孔洞所占面积;浴厕门的材质与隔断相同时门的面积并入隔断面积内。

（2）项目特征

需描述:隔断所用的骨架、边框材料种类、规格,隔板材料品种、规格、品牌、颜色,嵌缝塞口材料品种,压条材料种类,防护材料种类,油漆品种、刷漆遍数。

（3）工程内容

包括:骨架及边框制作、运输、安装,隔板制作、运输、安装,嵌缝、塞口,装钉压条,刷防护材料、油漆。

（4）注意事项

隔断上的门窗可包括在隔断项目报价内,也可单独编码列项,要在清单项目名称栏中进行描述。若门窗包括在隔断项目报价内,则门窗洞口面积不扣除。

5.11.10　幕墙(020210)

幕墙包括带骨架幕墙(020210001)和全玻幕墙(020210002)两个清单项目。

（1）工程量计算

① 带骨架幕墙按设计图示框外围尺寸以面积计算。与幕墙同种材质的窗所占面积不扣除。

② 全玻幕墙按设计图示尺寸以面积计算,带肋全玻幕墙按展开面积计算。

（2）项目特征

① 带骨架幕墙在编制清单时需描述:骨架材料种类、规格、中距,面层材料品种、规格、品牌、颜色,面层固定方式,嵌缝、塞口材料种类。

② 全玻幕墙在编制清单时需描述:玻璃品种、规格、品牌、颜色,粘结塞口材料种类,固定方式。

（3）工程内容

① 带骨架幕墙的工程内容包括:骨架制作、运输、安装,面层安装,嵌缝、塞口,清洗。

② 全玻幕的工程内容包括:幕墙安装,嵌缝、塞口,清洗。

5.11.11　工程量计算实例

【例5-23】　图 5-81 所示为某房间建筑平面图,窗洞口尺寸为 1 500 mm×1 800 mm,门洞口尺寸为 900 mm×2 100 mm,室内地面距天棚底面净高为 3.0 m(无墙裙)。内墙面做法为:刷乳胶漆两遍;5 mm 厚 1:0.3:2.5 水泥石膏砂浆抹面压实抹光,13 厚 1:1:6 水泥石膏砂浆打底扫毛；刷混凝土界面处理剂一道（随刷随抹底灰）。试计算内墙面抹灰工程量，并编制该项工程量清单。

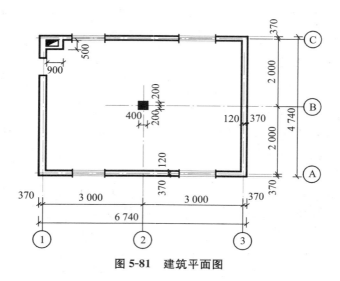

图 5-81　建筑平面图

【解】　（1）计算内墙抹灰工程量

$$S = [(3.0 \times 2 - 0.24) \times 2 + (2.0 \times 2 - 0.24) \times 2] \times 3.0 - 1.5 \times 1.8 \times 4 - 0.9 \times 2.1$$
$$= 44.43 \text{ m}^2$$

（2）工程量清单编制

内墙抹灰工程量清单见表 5-30 所示。

表 5-30　分部分项工程量清单与计价表

工程名称：×××　　　　　　　　　　　　　　　　　　　　　　　　　　　　共　页，第　页

序号	项目编码	项目名称	项目特征描述	计量单位	工程量	金额（元）		
						综合单价	合价	其中：暂估价
1	020201001001	墙面一般抹灰（内墙）	5 mm 厚 1:0.3:2.5 水泥石膏砂浆抹面压实抹光，13 厚 1:1:6 水泥石膏砂浆打底	m²	44.43			

【例 5-24】　如图 5-81 所示，柱面采用水泥砂浆抹灰（无墙裙），具体做法为：乳胶漆两遍，5 mm 厚 1:0.3:2.5 水泥石膏砂浆抹面压实抹光，13 厚 1:1:6 水泥石膏砂浆打底扫毛；刷混凝土界面处理剂一道（随刷随抹底灰）；混凝土基层。试求柱面抹灰工程量并编制该项工程量清单。

【解】　（1）计算柱面抹灰工程量

$$S = 0.4 \times 4 \times 3.0 = 4.8 \text{ m}^2$$

（2）工程量清单编制

柱面抹灰工程量清单见表 5-31 所示。

表 5-31　分部分项工程量清单与计价表

工程名称：×××

共　页，第　页

序号	项目编码	项目名称	项目特征描述	计量单位	工程量	综合单价	合价	其中：暂估价
						金额（元）		
1	020202001001	柱面一般抹灰	400 mm×400 mm 矩形柱；5 mm 厚 1：0.3：2.5 水泥石膏砂浆抹面压实抹光，13 厚 1：1：6 水泥石膏砂浆打底	m²	4.8			

【例 5-25】　某建筑物钢筋混凝土柱 14 根，构造如图 5-82 所示，柱面挂贴花岗岩面层，具体做法为：钢筋混凝土柱体；50 mm 厚 1：2 水泥砂浆灌浆；20 mm 厚花岗岩板。试计算柱面镶贴块料工程量，并编制该项工程量清单。

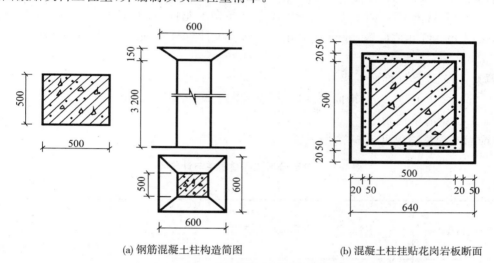

(a) 钢筋混凝土柱构造简图　　　　　　(b) 混凝土柱挂贴花岗岩板断面

图 5-82　钢筋混凝土柱构造示意图

【解】　（1）工程量计算

柱面贴块料计算外围尺寸应在拐角处加上砂浆厚度和块料面层之和的尺寸计算工程量，则镶贴的柱断面如图 5-82 所示。

① 柱身挂贴花岗岩工程量为

$$S_1 = 0.64 \times 4 \times 3.2 \times 14 = 114.69 \ \text{m}^2$$

② 花岗岩柱帽工程量按图示尺寸展开面积，本例柱帽为倒置四棱台，即应计算四棱台的斜表面积，公式为

四棱台全斜表面积＝1/2×斜高×（上面的周边长＋下面的周边长）

按图示尺寸代入，柱帽展开面积为：

$$S_2 = 1/2 \times \sqrt{0.15^2 + 0.05^2} \times (0.64 \times 4 + 0.74 \times 4) \times 14 = 6.11 \ \text{m}^2$$

③ 柱面、柱帽工程量合并计算，即

$$114.69 + 6.11 = 120.8 \ \text{m}^2$$

（2）工程量清单编制

柱面挂贴花岗岩工程量清单见表5-32所示。

表5-32 分部分项工程量清单与计价表

工程名称：×××   共 页，第 页

序号	项目编码	项目名称	项目特征描述	计量单位	工程量	金额（元）		
						综合单价	合价	其中：暂估价
1	020205001001	花岗岩柱面	矩形钢筋混凝土柱体500 mm×500 mm；50 mm厚1:2水泥砂浆灌浆；20 mm厚花岗岩板	m²	120.8			

【例5-26】 某工程有独立柱六根，柱高5.4 m，柱结构断面为500 mm×500 mm；饰面厚度为51 mm，具体工程做法为30 mm×40 mm单向木龙骨，间距400 mm，18 mm厚细木工板基层，3 mm红胡桃面板，醇酸清漆五遍成活。试计算柱饰面工程量，并编制该项工程量清单。

【解】 （1）计算柱饰面工程量

$$S_柱=[0.4+0.051(饰面厚度)\times2]\times4\times6\times5.4=65.06 \text{ m}^2$$

（2）工程量清单编制

柱饰面工程量清单见表5-33所示。

表5-33 分部分项工程量清单与计价表

工程名称：×××   共 页，第 页

序号	项目编码	项目名称	项目特征描述	计量单位	工程量	金额（元）		
						综合单价	合价	其中：暂估价
1	020208001001	柱饰面	矩形钢筋混凝土柱体500 mm×500 mm；饰面厚度为51 mm；30 mm×40 mm单向木龙骨，间距400 mm；18 mm厚细木工板基层；3 mm红胡桃面板，醇酸清漆5遍成活	m²	65.06			

5.12 天棚工程

5.12.1 天棚抹灰（020301）

天棚抹灰包括天棚抹灰（020301001）一个清单项目。适用于各种基层（混凝土现浇板、预制板、木板条等）上的抹灰工程。

（1）工程量计算

按设计图示尺寸以水平投影面积计算。不扣除间壁墙、垛、柱、附墙烟囱、检查口和管道所占的面积，带梁天棚、梁两侧抹灰面积并入天棚面积内，板式楼梯底面抹灰按斜面积计算，锯齿形楼梯底板抹灰按展开面积计算。

（2）项目特征

需描述：基层类型，抹灰厚度、材料种类，装饰线条道数，砂浆配合比。

（3）工程内容

包含基层清理，底层抹灰，抹面层，抹装饰线条。

5.12.2 天棚吊顶（020302）

天棚吊顶适用于形式上非镂空式的天棚吊顶，包括天棚吊顶（020302001）、格栅吊顶（020302002）、吊筒吊顶（020302003）、藤条造型悬挂吊顶（020302004）、织物软雕吊顶（020302005）、网架（装饰）吊顶（020302006）六个清单项目。

（1）工程量计算

① 天棚吊顶按设计图示尺寸以水平投影面积计算。天棚面中的灯槽及跌级、锯齿形、吊挂式、藻井式天棚面积不展开计算。不扣除间壁墙、检查口、附墙烟囱、柱垛和管道所占面积，扣除单个 0.3 m² 以外的孔洞、独立柱及与天棚相连的窗帘盒所占的面积。

② 其他吊顶按设计图示尺寸以水平投影面积计算。

（2）项目特征

① 天棚吊顶需描述：吊顶形式，龙骨类型、材料种类、规格、中距，基层材料种类、规格，面层材料品种、规格、品牌、颜色，压条材料种类、规格，嵌缝材料种类，防护材料种类，油漆品种、刷漆遍数。

② 格栅吊顶需描述：龙骨类型、材料种类、规格、中距，基层材料种类、规格，面层材料品种、规格、品牌、颜色，防护材料种类，油漆品种、刷漆遍数。

③ 吊筒吊顶需描述：底层厚度、砂浆配合比，吊筒形状、规格、颜色、材料种类，防护材料种类，油漆品种、刷漆遍数。

④ 藤条造型悬挂吊顶需描述：底层厚度、砂浆配合比，骨架材料种类、规格，面层材料品种、规格、颜色，防护层材料种类，油漆品种、刷漆遍数。

⑤ 织物软雕吊顶需描述：底层厚度、砂浆配合比，骨架材料种类、规格，面层材料品种、规格、颜色，防护层材料种类，油漆品种、刷漆遍数。

⑥ 网架（装饰）吊顶需描述：底层厚度、砂浆配合比，面层材料品种、规格、颜色，防护材料品种，油漆品种、刷漆遍数。

（3）工程内容

① 天棚吊顶包括：基层清理，龙骨安装，基层板铺贴，面层铺贴，嵌缝，刷防护材料、油漆。

② 格栅吊顶包括：基层清理，底层抹灰，安装龙骨，基层板铺贴，面层铺贴，刷防护材料、油漆。

③ 吊筒吊顶包括：. 基层清理，底层抹灰，吊筒安装，刷防护材料、油漆。

④ 藤条造型悬挂吊顶包括：基层清理，底层抹灰，吊筒安装，刷防护材料、油漆。

⑤ 织物软雕吊顶包括：基层清理，底层抹灰，龙骨安装，铺贴面层，刷防护材料、油漆。

⑥ 网架(装饰)吊顶包括：基层清理，底面抹灰，面层安装，刷防护材料、油漆。

5.12.3 天棚其他装饰(020303)

天棚其他装饰包括灯带(020303001)，送风口、回风口(020303002)两个清单项目。

（1）工程量计算

灯带按设计图示尺寸以框外围面积计算，送风口、回风口按设计图示数量计算。

（2）项目特征

① 灯带需描述：灯带型式、尺寸，格栅片材料品种、规格、品牌、颜色，安装固定方式。

② 送风口、回风口需描述：风口材料品种、规格、品牌、颜色，安装固定方式，防护材料种类。

（3）工程内容

① 灯带包括：安装、固定。

② 送风口、回风口包括：安装、固定，刷防护材料。

（4）注意事项

采光天棚和天棚设保温隔热吸音层时应按隔热、保温中相关项目编码列项。

5.12.4 工程量计算实例

【例 5-27】 如图 5-78 所示平面图，楼板为钢筋混凝土现浇楼板，板厚为 110 mm，在宽度方向有现浇钢筋混凝土单梁一根，梁截面尺寸为 240 mm×500 mm，梁顶与板顶在同一标高。天棚抹灰的工程做法为：喷乳胶漆，6 mm 厚 1:2.5 水泥砂浆抹面，8 mm 厚 1:3 水泥砂浆打底，刷素水泥砂浆一道(内掺 107 胶)，现浇混凝土板。试计算天棚抹灰的工程量，并编制该项工程量清单。

【解】（1）计算天棚抹灰工程量

$$S_{天棚抹灰} = 5.76 \times 3.96 + (0.5 - 0.11)(梁净高) \times 2(梁两侧) \times 3.96 = 25.90 \text{ m}^2$$

（2）工程量清单编制

天棚抹灰工程量清单见表 5-34 所示。

表 5-34 分部分项工程量清单与计价表

工程名称：×××　　　　　　　　　　　　　　　　　　　　　共 页，第 页

序号	项目编码	项目名称	项目特征描述	计量单位	工程量	金额(元)		
						综合单价	合价	其中：暂估价
1	020301001001	天棚抹灰	喷乳胶漆；6 mm 厚 1:2.5 水泥砂浆抹面；8 mm 厚 1:3 水泥砂浆打底；刷素水泥砂浆一道(内掺 107 胶)；现浇混凝土板	m²	25.90			

【例 5-28】 如图 5-81 所示平面图，设计采用纸面石膏板吊顶天棚，具体工程做法为：刮腻子喷乳胶漆两遍，纸面石膏板规格为 1 200 mm×800 mm×6 mm；U 形轻钢龙骨；钢筋吊

杆;钢筋混凝土楼板。试求天棚吊顶工程量并编制该项工程量清单。

【解】 （1）计算天棚吊顶工程量

天棚抹灰与天棚吊顶工程量计算规则有所不同:天棚抹灰不扣除柱、垛所占面积;天棚吊顶不扣除柱、垛所占面积,但应扣除独立柱所占面积。

$$S_{天棚吊顶}=(6.74-0.49\times2)\times(4.74-0.49\times2)-0.4\times0.4=21.50 \text{ m}^2$$

（2）编制工程量清单

天棚吊顶工程量清单见表 5-35 所示。

表 5-35 分部分项工程量清单与计价表

工程名称:×××
共 页,第 页

序号	项目编码	项目名称	项目特征描述	计量单位	工程量	金额(元)		
						综合单价	合价	其中:暂估价
1	020302001001	天棚吊顶	纸面石膏板吊顶;刮腻子喷乳胶漆两遍,纸面石膏板规格为 1 200 mm×800 mm×6 mm;U 形轻钢龙骨;钢筋吊杆;钢筋混凝土楼板	m²	21.50			

5.13 门窗工程

本部分共包括 9 节 59 个清单项目,适用于门窗工程。包括木门,金属门,金属卷帘门,其他门,木窗,金属窗,门窗套,窗帘盒,窗帘轨,窗台板。

门和窗是建筑物中的围护构件。门在建筑中的作用主要是交通联系,并兼有采光、通风之用,窗的作用主要是采光和通风。门的形状、尺寸、排列组合以及材料,对建筑物的立面效果影响很大。门窗还要有一定的保温、隔声、防雨、防风沙等能力,在构造上应满足开启灵活、关闭紧密、坚固耐久、便于擦洗、符合模数等方面的要求。门、窗的类型根据不同的方式可分为以下几类。

（1）按所用的材料分类

① 木门窗。选用优质松木或杉木等制作。具有自重轻、加工制作简单、造价低、适于安装等优点;但耐腐蚀性能一般,且耗用木材。

② 钢门窗。由轧制成型的型钢经焊接而成。可大批生产,成本较低,又可节约木板。具有强度大、透光率大、便于拼接组合等优点;但易锈蚀,且自重大,目前采用较少。

③ 铝合金门窗。由经表面处理的专用铝合金型材制作构件,经装配组合制成。具有高强轻质、美观耐久、透光率大、密闭性好等优点;但其价格较高。

④ 塑料门窗。由工程塑料经注模制作而成。具有密闭性好、隔声、表面光洁、不需油漆等优点;但其抗老化性能差,通常只用于洁净度要求较高的建筑。

⑤ 钢筋混凝土门窗。主要是用预应力钢筋混凝土做门窗框,门窗扇由其他材料制作。具有耐久性好、价格低、耐潮湿等优点;但密闭性及表面光洁度较差。

（2）按开启方式分类

门按开启方式,可分为平开门、弹簧门、推拉门、转门、折叠门、卷门、自动门等,窗可分为平开窗、推拉窗、悬窗、固定窗等几种形式。

（3）按镶嵌材料分类

可以把窗分为玻璃窗、百叶窗、纱窗、防火窗、防爆窗、保温窗、隔声窗等。按门板的材料,可以把门分为镶板门、拼板门、纤维板门、胶合板门、百叶门、玻璃门、纱门等。

5.13.1　木门(020401)

本节包括镶板木门(020401001)、企口木板门(020401002)、实木装饰门(020401003)、胶合板门(020401004)、夹板装饰门(020401005)、木质防火门(020401006)、木纱门(020401007)、连窗门(020401008)八个清单项目。

（1）工程量计算

按设计图示数量或设计图示洞口尺寸以面积计算。

（2）项目特征

① 镶板木门、企口木板门、实木装饰门、胶合板门需描述:门的类型,框截面尺寸,单扇面积,骨架材料种类,面层材料品种、规格、品牌、颜色,玻璃品种、厚度,五金材料、品种、规格,防护或防火材料种类,油漆品种、刷漆遍数。

② 夹板装饰门、木质防火门、木纱门需描述:门的类型,框截面尺寸、单扇面积,骨架材料种类,防火材料种类,门纱材料品种、规格,面层材料品种、规格、品牌、颜色,玻璃品种、厚度,五金材料、品种、规格,防护材料种类,油漆品种、刷漆遍数。

③ 连窗门需描述:门的类型,框截面尺寸、单扇面积,骨架材料种类,面层材料品种、规格、品牌、颜色,玻璃品种、厚度,五金材料、品种、规格,防护材料种类,油漆品种、刷漆遍数。

（3）工程内容

包括:门的制作、运输、安装,五金、玻璃安装,刷防护材料、油漆。

5.13.2　金属门(020402)

本节包括金属平开门(020402001)、金属推拉门(020402002)、金属地弹门(020402003)、彩板门(020402004)、塑钢门(020402005)、防盗门(020402006)、钢质防火门(020402007)七个清单项目。

（1）工程量计算

按设计图示数量或设计图示洞口尺寸以面积计算。

（2）项目特征

需描述:门的类型,框材质,外围尺寸,扇材质,外围尺寸,玻璃品种、厚度,五金材料、品种、规格,防护材料种类,油漆品种、刷漆遍数。

（3）工程内容

包括:门的制作、运输、安装,五金、玻璃安装,刷防护材料、油漆。

5.13.3 金属卷帘门（020403）

本节包括金属卷闸门（020403001）、金属格栅门（020403002）、防火卷帘门（020403003）三个清单项目。

从开启形式分，可分为手动卷帘：借助卷帘中心轴上的扭簧平衡力量，达到手动上下拉动卷帘开关；电动卷帘：用专用电机带动卷帘中心轴转动，达到卷帘开关，当转动到电机设定的上下限位时自动停止。

卷帘门专用电机有外挂卷门机、澳式卷门机、管状卷门机、防火卷门机、无机双帘卷门机、快速卷门机等。

从门片材质分，可分为无机布卷帘门、网状卷帘门、欧式卷帘门、铝合金卷帘门、水晶卷帘门、不锈钢卷帘门、彩板卷帘门。

从用途上可分为普通卷帘门、防风卷帘门、防火卷帘门、快速卷帘门、电动澳式（静音）卷帘门和不锈钢卷帘门。

（1）工程量计算

按设计图示数量或设计图示洞口尺寸以面积计算。

（2）项目特征

需描述：门材质、框外围尺寸，启动装置品种、规格、品牌，五金材料、品种、规格，防护材料种类，油漆品种、刷漆遍数。

（3）工程内容

包括：门的制作、运输、安装，启动装置、五金安装，刷防护材料、油漆。

5.13.4 其他门（020404）

本节包括电子感应门（020404001）、转门（020404002）、电子对讲门（020404003）、电动伸缩门（020404004）、全玻门（带扇框）（020404005）、全玻自由门（无扇框）（020404006）、半玻门（带扇框）（020404007）、镜面不锈钢饰面门（020404008）八个清单项目。

（1）工程量计算

按设计图示数量或设计图示洞口尺寸以面积计算。

（2）项目特征

① 电子感应门、转门、电子对讲门、电动伸缩门需描述：门材质、品牌、外围尺寸，玻璃品种、厚度，五金材料、品种、规格，电子配件品种、规格、品牌，防护材料种类，油漆品种、刷漆遍数。

② 全玻门（带扇框）、全玻自由门（无扇框）、半玻门（带扇框）、镜面不锈钢饰面门需描述：门类型，框材质、外围尺寸，扇材质、外围尺寸，玻璃品种、厚度，五金材料、品种、规格，油漆品种、刷漆遍数。

（3）工程内容

① 电子感应门、转门、电子对讲门、电动伸缩门包括：门制作、运输、安装，五金、电子配件安装，刷防护材料、油漆。

② 全玻门（带扇框）、全玻自由门（无扇框）、半玻门（带扇框）包括：门制作、运输、安装，五金安装，刷防护材料、油漆。

③ 镜面不锈钢饰面门包括：门扇骨架及基层制作、运输、安装，包面层，五金安装。

5.13.5 木窗（020405）

本节包括木质平开窗（020405001）、木质推拉窗（020405002）、矩形木百叶窗（020405003）、异形木百叶窗（020405004）、木组合窗（020405005）、木天窗（020405006）、矩形木固定窗（020405007）、异形木固定窗（020405008）、装饰空花木窗（020405009）九个清单项目。

（1）工程量计算

按设计图示数量或设计图示洞口尺寸以面积计算。

（2）项目特征

需描述：窗的类型，框材质、外围尺寸，扇材质、外围尺寸，玻璃品种、厚度，五金材料、品种、规格，防护材料种类，油漆品种、刷漆遍数。

（3）工程内容

包括：窗制作、运输、安装，五金、玻璃安装，刷防护材料、油漆。

5.13.6 金属窗（020406）

本节包括金属推拉窗（020406001）、金属平开窗（020406002）、金属固定窗（020406003）、金属百叶窗（020406004）、金属组合窗（020406005）、金属组合窗（020406006）、塑钢窗（020406007）、金属防盗窗（020406008）、金属格栅窗（020406009）、特殊五金窗（0204060010）十个清单项目。

（1）工程量计算

按设计图示数量或设计图示洞口尺寸以面积计算，特殊五金按设计图示数量计算。

（2）项目特征

① 需描述：窗的类型，框材质、外围尺寸，扇材质、外围尺寸，玻璃品种、厚度，五金材料、品种、规格，防护材料种类，油漆品种、刷漆遍数。

② 特殊五金需描述：五金名称、用途，五金材料、品种、规格。

（3）工程内容

① 包括：窗制作、运输、安装，五金、玻璃安装，刷防护材料、油漆。

② 特殊五金包括：五金安装，刷防护材料、油漆。

5.13.7 门窗套（020407）

门框套是墙体中围着门窗框外围凸出墙面的封闭式线条，它不是门窗部分。门窗框是形成门窗空间的主要构件，是固定在墙体中的，而门窗扇则依附于门窗框中，可开启使用。

本节包括木门窗套（020407001）、金属门窗套（020407002）、石材门窗套（020407003）、门窗木贴脸（020407004）、硬木筒子板（020407005）、饰面夹板筒子板（020407006）六个清单项目。

（1）工程量计算

按设计图示尺寸以展开面积计算。

（2）项目特征

需描述:底层厚度、砂浆配合比,立筋材料种类、规格,基层材料种类,面层材料品种、规格、品牌、颜色,防护材料种类,油漆品种、刷漆遍数。

(3)工程内容

包括:清理基层,底层抹灰,立筋制作、安装,基层板安装,面层铺贴,刷防护材料、油漆等。

5.13.8 窗帘盒、窗帘轨(020408)

本节共包括木窗帘盒(020408001),饰面夹板塑料窗帘盒(020408002),金属窗帘盒(020408003),窗帘轨(020408004)四个清单项目。

(1)工程量计算

按设计图示尺寸以长度计算。

(2)项目特征

需描述:窗帘盒材质、规格、颜色,窗帘轨材质、规格,防护材料种类,油漆种类、刷漆遍数。

(3)工程内容

包括:制作、运输、安装,刷防护材料、油漆。

5.13.9 窗台板(020409)

本节包括木窗台板(020409001)、铝塑窗台板(020409002)、石材窗台板(020409003)、金属窗台板(020409004)四个清单项目。

(1)工程量计算

按设计图示尺寸以长度计算。

(2)项目特征

需描述:找平层厚度、砂浆配合比,窗台板材质、规格、颜色,防护材料种类,油漆种类、刷漆遍数。

(3)工程内容

包括:基层清理,抹找平层,窗台板制作、安装,刷防护材料、油漆。

5.13.10 注意事项

门窗工程清单计价其他相关问题应按下列规定处理:

(1)玻璃、百叶面积占其门扇面积一半以内者应为半玻门或半百叶门,超过一半时应为全玻门或全百叶门。

(2)木门五金包括:折页、插销、风钩、弓背拉手、搭扣、木螺丝、弹簧折页(自动门)、管子拉手(自由门、地弹门)、地弹簧(地弹门)、角铁、门轧头(地弹门、自由门)等。

(3)木窗五金包括:折页、插销、风钩、木螺丝、滑轮滑轨(推拉窗)等。

(4)铝合金窗五金包括:卡锁、滑轮、铰拉、执手、拉把、拉手、风撑、角码等。

(5)铝合金门五金包括:地弹簧、门锁、拉手、门插、门铰、螺丝等。

(6)其他门五金包括:手执型插锁(双舌)、球形执手锁(单舌)、门轧头、地锁、防盗门扣、门眼(猫眼)、门碰珠、电子销(磁卡销)、闭门器、装饰拉手等。

5.13.11 工程量计算实例

【例5-29】 某工程建筑平面图如图5-83所示,工程采用镶板木门、塑钢窗。M1 型号:M12-1524,洞口尺寸:1 500 mm×2 400 mm 双扇、平开、带亮镶板木门;M2 型号:M12-1024,洞口尺寸:1 000 mm×2 400 mm 单扇、平开、带亮镶板木门;C1 型号:C123-1515,洞口尺寸:1 500 mm×1 500 mm;C2 型号:C124-1815,洞口尺寸:1 800 mm×1 500 mm。塑钢窗具体工程做法为:忠旺型材 80 系列;双层中空白玻璃,外侧 3 mm 厚,内侧 5 mm 厚。试计算门窗工程量并编制该项工程量清单。

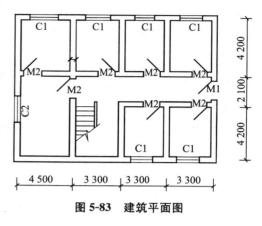

图 5-83 建筑平面图

【解】 (1)计算门窗工程量

M1 数量:1 樘;M2 数量:7 樘;C1 数量:6 樘;C2 数量:1 樘。

(2)编制工程量清单

门窗工程量清单见表5-36所示。

表 5-36 分部分项工程量清单与计价表

工程名称:×××　　　　　　　　　　　　　　　　　　　　　　　　　　共 页,第 页

序号	项目编码	项目名称	项目特征描述	计量单位	工程量	金额(元)		
						综合单价	合价	其中:暂估价
1	020401001001	镶板木门 1524	洞口尺寸 1 500 mm× 2 400 mm; 双扇、平开、带亮镶板木门	樘	1			
2	020401001002	镶板木门 1024	洞口尺寸 1 000 mm× 2 400 mm; 单扇、平开、带亮镶板木门	樘	7			
3	020406007001	塑钢窗 1515	洞口尺寸 1 500 mm× 1 500 mm; 忠旺型材 80 系列; 双层中空白玻璃,外侧 3 mm 厚,内侧 5 mm 厚	樘	6			
4	020406007002	塑钢窗 1815	洞口尺寸 1 800 mm× 1 500 mm; 忠旺型材 80 系列; 双层中空白玻璃,外侧 3 mm 厚,内侧 5 mm 厚	樘	1			

5.14 油漆、涂料、裱糊工程

本部分包括 9 节 30 个清单项目,适用于门窗油漆、金属、抹灰面油漆工程,有关项目已包括油漆、涂料的不再单独列项(如门窗油漆包括在门窗工程项目内,墙面、顶棚刷涂料包括在墙面、顶棚工程项目内)。腻子种类有石膏油腻子(熟桐油、石膏粉、适量水)、胶腻子(大白、色粉、羧甲基纤维素)、漆片腻子(漆片、酒精、石膏粉、适量色粉)、油腻子(矾石粉、桐油、脂肪酸、松香)等。刮腻子要求,分刮腻子遍数(道数),或满刮腻子,或找补腻子等。

5.14.1 门油漆(020501)

本节包括门油漆(020501001)一个清单项目。适用于各种类型门的油漆工程,连窗门也可按门油漆项目编码列项。

(1)工程量计算

按设计图示数量以每樘或设计图示单面洞口面积计算,计量单位 m²。

(2)项目特征

需描述:门的类型,腻子种类,刮腻子要求,防护材料种类,油漆品种、刷漆遍数。

(3)工程内容

包括:基层清理,刮腻子,刷防护材料、油漆。

(4)注意事项

门油漆应区分单层木门、双层木门、全玻自由门、半玻自由门、装饰门及有框门或无框门等,不同类型的应分别编码列项。

5.14.2 窗油漆(020502)

本节包括窗油漆(020501001)一个清单项目。适用于各类型窗的油漆工程。

(1)工程量计算

按设计图示数量或设计图示单面洞口面积计算。

(2)项目特征

需描述:窗的类型,腻子种类,刮腻子要求,防护材料种类,油漆品种、刷漆遍数。

(3)工程内容

包括:基层清理,刮腻子,刷防护材料、油漆。

(4)注意事项

窗油漆应区分单层玻璃窗、双层木窗、三层木窗、单层组合窗、双层组合窗、木百叶窗、木推拉窗等,分别编码列项。

5.14.3 木扶手及其他板条线条油漆(020503)

本节包括木扶手油漆(020503001),窗帘盒油漆(020503002),封檐板、顺水板油漆

（020503003），挂衣板、黑板框油漆（020503004），挂镜线、窗帘棍、单独木线油漆（020503005）五个清单项目。

（1）工程量计算

按设计图示尺寸以长度计算。

（2）项目特征

需描述：腻子种类，刮腻子要求，油漆体单位展开面积，油漆体长度，防护材料种类，油漆品种、刷漆遍数。

（3）工程内容

包括：基层清理，刮腻子，刷防护材料、油漆。

5.14.4 木材面油漆（020504）

本节包括木板、纤维板、胶合板油漆（020504001），木护墙、木墙裙油漆（020504002），窗台板、筒子板、盖板、门窗套、踢脚线油漆（020504003），清水板条天棚、檐口油漆（020504004），木方格吊顶天棚油漆（020504005），吸音板墙面、天棚面油漆（020504006），暖气罩油漆（020504007），木间壁、隔断油漆（020504008），玻璃间壁露明墙筋油漆（020504009），木栅栏、木栏杆（带扶手）油漆（020504010），衣柜、壁柜油漆（020504011），梁柱饰面油漆（020504012），零星木装修油漆（020504013），木地板油漆（020504014），木地板烫硬蜡面（020504015）15 个清单项目。

（1）工程量计算

① 木板、纤维板、胶合板油漆，木护墙、木墙裙油漆，窗台板、筒子板、盖板、门窗套、踢脚线油漆，清水板条天棚、檐口油漆，木方格吊顶天棚油漆，吸音板墙面、天棚面油漆，暖气罩油漆的工程量按设计图示尺寸以面积计算。

② 木间壁、隔断油漆，玻璃间壁露明墙筋油漆，木栅栏、木栏杆（带扶手）油漆的工程量按设计图示尺寸以单面外围面积计算。

③ 衣柜、壁柜油漆，梁柱饰面油漆，零星木装修油漆，木地板油漆的工程量按设计图示尺寸以油漆部分展开面积计算。

④ 木地板烫硬蜡面的工程量按设计图示尺寸以面积计算。孔洞、空圈、暖气包槽、壁龛的开口部分并入相应的工程量内。

（2）项目特征

① 木地板烫硬蜡面需描述：硬蜡品种，面层处理要求。

② 其他项目清单需描述：腻子种类，刮腻子要求，防护材料种类，油漆品种、刷漆遍数。

（3）工程内容

① 木地板烫硬蜡面包括：基层清理，烫蜡。

② 其他项目清单包括：基层清理，刮腻子，刷防护材料、油漆。

5.14.5 金属面油漆（020505）

本节包括金属面油漆（020505001）一个清单项目。

（1）工程量计算

按设计图示尺寸以质量计算。

（2）项目特征

需描述：腻子种类，刮腻子要求，防护材料种类，油漆品种、刷漆遍数。

（3）工程内容

包括：基层清理，刮腻子，刷防护材料、油漆。

5.14.6　抹灰面油漆(020506)

本节包括抹灰面油漆(020506001)、抹灰线条油漆(020506002)两个清单项目。

1）抹灰面油漆(020506001)

（1）工程量计算

抹灰面油漆工程量按设计图示尺寸以面积计算。

（2）项目特征

需描述：基层类型，线条宽度、道数，腻子种类，刮腻子要求，防护材料种类，油漆品种、刷漆遍数。

（3）工程内容

包括：基层清理，刮腻子，刷防护材料、油漆。

2）抹灰线条油漆(020506002)

（1）工程量计算

按设计图示尺寸以长度计算。

（2）项目特征

需描述：基层类型，线条宽度、道数，腻子种类，刮腻子要求，防护材料种类，油漆品种、刷漆遍数。

（3）工程内容

包括：基层清理，刮腻子，刷防护材料、油漆。

5.14.7　喷刷涂料(020507)

本节包括喷刷涂料(020507001)一个清单项目。

（1）工程量计算

按设计图示尺寸以面积计算。

（2）项目特征

需描述：基层类型，腻子种类，刮腻子要求，涂料品种、喷刷遍数。

（3）工程内容

包括：基层清理，刮腻子，喷、刷涂料。

5.14.8　花饰、线条刷涂料(020508)

本节包括空花格、栏杆刷涂料(020508001)，线条刷涂料(020508002)两个清单项目。

1）空花格、栏杆刷涂料(020508001)

（1）工程量计算

按设计图示尺寸以单面外围面积计算。

（2）项目特征

需描述:腻子种类,线条宽度,刮腻子要求,涂料品种、喷刷遍数。

（3）工程内容

包括:基层清理,刮腻子,喷、刷涂料。

2）线条刷涂料(020508002)

（1）工程量计算

按设计图示尺寸以长度计算。

（2）项目特征

需描述:腻子种类,线条宽度,刮腻子要求,涂料品种、喷刷遍数。

（3）工程内容

包括:基层清理,刮腻子,喷、刷涂料。

5.14.9 裱糊(020509)

本节包括墙纸裱糊(020509001)、织缎锦裱糊(020509002)两个清单项目。

（1）工程量计算

按设计图示尺寸以面积计算。

（2）项目特征

需描述:基层类型,裱糊构件部位,腻子种类,刮腻子要求,粘结材料种类,防护材料种类,面层材料品种、规格、品牌、颜色。

（3）工程内容

包括:基层清理,刮腻子,面层铺粘,刷防护材料。

5.14.10 注意事项

（1）门油漆应区分单层木门、双层（一玻一纱）木门、双层（单裁口）木门、全玻自由门、半玻自由门、装饰门及有框门或无框门等,分别编码列项。

（2）窗油漆应区分单层玻璃窗、双层（一玻一纱）木窗、双层框扇（单裁口）木窗、双层框三层（二玻一纱）木窗、单层组合窗、双层组合窗、木百叶窗、木推拉窗等,分别编码列项。

（3）木扶手应区分带托板与不带托板,分别编码列项。

（4）油漆、涂料、裱糊工程的项目内容在计价规范中基本已包含在楼地面、墙柱面、天棚面、门窗等的项目中,不必再单独列项。

（5）在计价规范中门窗油漆是以"樘"为计量单位,其余项目油漆基本以该项目的图示尺寸或长度或面积计算工程量;而在计价表中很多项目工程量须根据相应项目的油漆系数表乘以折算系数后才能套用定额子目。

（6）有线角、线条、压条的油漆、涂料的工料消耗应包括在报价内。

（7）空花格、栏杆刷涂料工程量按外框单面垂直投影面积计算,应注意其展开面积工料消耗应包括在报价内。

5.14.11 工程量计算实例

【例5-30】 已知某一层建筑的 M1 为有腰单扇无纱五冒镶板门,规格为 900 mm×2 700 mm,框设计断面为 60 mm×120 mm,共 10 樘,现场制作安装,门扇规格与定额相同,框设计断面均指净料,全部安装球形执手锁。门采用聚氨酯漆油漆三遍,计算该门的油漆工程量。

【解】 油漆工程量＝0.9×2.7×10＝24.3 m²

5.15 其他工程

本部分包括7节共49个清单项目。主要内容包括:招牌、灯箱基层;招牌、灯箱面层;美术字安装;压条、装饰线条;镜面玻璃;卫生间配件;窗帘盒、窗帘轨、窗台板、门窗套制作安装;木盖板、木隔板、固定式玻璃黑板;暖气罩;天棚面零星项目;窗帘装饰布制作安装;墙、地面成品防护;隔断;柜类、货架。

5.15.1 柜类、货架(020601)

本节包括柜台(020601001)、酒柜(020601002)、衣柜(020601003)、存包柜(020601004)、鞋柜(020601005)、书柜(020601006)、厨房壁柜(020601007)、木壁柜(020601008)、厨房吊柜(020601009)、房吊橱柜(020601010)、矮柜(020601011)、吧台背柜(020601012)、酒吧吊柜(020601013)、酒吧台(020601014)、展台(020601015)、收银台(020601016)、试衣间(020601017)、货架(020601018)、书架(020601019)、服务台(020601020)20个清单项目。

(1)工程量计算

按设计图示数量以"个"计算。

(2)项目特征

需描述:台柜规格,材料种类、规格,五金种类、规格,防护材料种类,油漆品种、刷漆遍数。

(3)工程内容

包括:台柜制作、运输、安装(安放),刷防护材料、油漆。

5.15.2 暖气罩(020602)

本节包括饰面板暖气罩(020602001)、塑料板暖气罩(020602002)、金属暖气罩(020602003)三个清单项目。

(1)工程量计算

按设计图示尺寸以垂直投影面积(不展开)计算。

(2)项目特征

需描述:暖气罩材质,单个暖气罩投影面积,防护材料种类,油漆品种、刷漆遍数。

(3)工程内容

包括:暖气罩制作、运输、安装,刷防护材料、油漆。

5.15.3 浴厕配件(020603)

本节包括洗漱台(020603001)、晒衣架(020603002)、帘子杆(020603003)、浴缸拉手(020603004)、毛巾杆(架)(020603005)、毛巾环(020603006)、卫生纸盒(020603007)、肥皂盒

（020603008）、镜面玻璃（020603009）、镜箱（020603010）10 个清单项目。

1）洗漱台（020603001）

（1）工程量计算

按设计图示尺寸以台面外接矩形面积计算，不扣除孔洞、挖弯、削角所占面积，挡板、吊沿板面积并入台面面积内，计量单位 m²。

（2）项目特征

需描述：材料品种、规格、颜色，支架、配件品种、规格、品牌，油漆品种、刷漆遍数。

（3）工程内容

包括：台面及支架制作、运输、安装，杆、环、盒等配件安装，刷油漆。

2）晒衣架（020603002）、帘子杆（020603003）、浴缸拉手（020603004）

（1）工程量计算

按设计图示数量以"根（套）"计算。

（2）项目特征

需描述：材料品种、规格、颜色，支架、配件品种、规格、品牌，油漆品种、刷漆遍数。

（3）工程内容

包括：台面及支架制作、运输、安装，杆、环、盒等配件安装，刷油漆。

3）毛巾杆（架）（020603005）

（1）工程量计算

按设计图示数量以"副"计算。

（2）项目特征

需描述：材料品种、规格、颜色，支架、配件品种、规格、品牌，油漆品种、刷漆遍数。

（3）工程内容

包括：台面及支架制作、运输、安装，杆、环、盒等配件安装，刷油漆。

4）卫生纸盒（020603007）、肥皂盒（020603008）

（1）工程量计算

按设计图示数量以"个"计算。

（2）项目特征

需描述：材料品种、规格、颜色，支架、配件品种、规格、品牌，油漆品种、刷漆遍数。

（3）工程内容

包括：台面及支架制作、运输、安装，杆、环、盒等配件安装，刷油漆。

5）镜面玻璃（020603009）

（1）工程量计算

按设计图示尺寸以边框外围面积计算，计量单位 m²。

（2）项目特征

需描述：镜面玻璃品种、规格，框材质、断面尺寸，基层材料种类，防护材料种类，油漆品种、刷漆遍数。

（3）工程内容

包括：基层安装，玻璃及框制作、运输、安装，刷防护材料、油漆。

6)镜箱(020603010)

（1）工程量计算

按设计图示数量以"个"为单位计算。

（2）项目特征

需描述:玻璃品种、规格,箱材质、规格,基层材料种类,防护材料种类,油漆品种、刷漆遍数。

（3）工程内容

包括:基层安装,箱体制作、运输、安装,玻璃安装,刷防护材料、油漆。

（4）注意事项

① 洗漱台现场制作时,其切割、磨边等人工、机械费用应包括在报价中。

② 洗漱台项目适用于石材(天然石材、人造石材等)、玻璃等材料。

③ 镜面玻璃安装时所用的基层材料,是指玻璃背后的衬垫材料,如胶合板、油毡等。

5.15.4 压条、装饰线(020604)

本节包括金属装饰线(020604001)、木质装饰线(020604002)、石材装饰线(020604003)、石膏装饰线(020604004)、镜面玻璃线(020604005)、铝塑装饰线(020604006)、塑料装饰线(020604007)七个清单项目。

（1）工程量计算

按设计图示尺寸以长度计算。

（2）项目特征

需描述:基层类型,线条材料品种、规格、颜色,防护材料种类,油漆品种、刷漆遍数。

（3）项目工程

包括:线条制作、安装,刷防护材料、油漆。

5.15.5 雨篷、旗杆(020605)

本节包括雨篷吊挂饰面(020605001)和金属旗杆(020605002)两个清单项目。

1)雨篷吊挂饰面(020605001)

（1）工程量计算

雨篷吊挂饰面按设计图示尺寸以水平投影面积计算,计量单位 m²。

（2）项目特征

需描述:基层类型,龙骨材料种类、规格、中距,面层材料品种、规格、品牌,吊顶(天棚)材料品种、规格、品牌,嵌缝材料种类,防护材料种类,油漆品种、刷漆遍数。

（3）工程内容

包括:底层抹灰,龙骨基层安装,面层安装,刷防护材料、油漆。

2)金属旗杆(020605002)

（1）工程量计算

按设计图示数量计算,计量单位为"根"。

（2）项目特征

需描述:旗杆材料、种类、规格,旗杆高度,基础材料种类,基座材料种类,基座面层材料、种类、规格。

（3）工程内容

包括：土石挖填，基础混凝土浇筑，旗杆制作、安装，旗杆台座制作、安装。

（4）项目相关说明

① 旗杆高度为旗杆台座上表面至旗杆顶。

② 旗杆的砖砌台座或混凝土台座以及台座饰面可按相关附录内容另行编码列项（附录A 中"砌筑工程"或"混凝土工程"），也可纳入旗杆项目一并报价。

5.15.6　招牌、灯箱（020606）

本节包括平面箱式招牌（020606001），竖式标箱（020606002），灯箱（020606003）三个清单项目。

（1）工程量计算

① 平面箱式招牌按设计图示尺寸以正立面边框外围面积计算。复杂形的凹凸造型部分不增加面积，计量单位 m²。

② 竖式标箱、灯箱按设计图示数量计算，计量单位"个"。

（2）项目特征

需描述：箱体规格，基层材料种类，面层材料种类，防护材料种类，油漆品种、刷漆遍数。

（3）工程内容

包括：基层安装，箱体及支架制作、运输、安装，面层制作、安装，刷防护材料、油漆。

5.15.7　美术字（020607）

本节包括泡沫塑料字（020607001）、有机玻璃字（020607002）、木质字（020607003）、金属字（020607004）四个清单项目。

（1）工程量计算

按设计图示数量计算，计量单位"个"。

（2）项目特征

需描述：基层类型，镌字材料品种、颜色，字体规格，固定方式，油漆品种、刷漆遍数。

（3）工程内容

包括：字的制作、运输、安装，刷油漆。

5.15.8　注意事项

（1）计价规范中招牌工程量计算是"按设计图示尺寸以正立面边框外围面积计算"，而灯箱是"以设计图示数量计算"，在计价表中是按基层、骨架、面层分别计算，并分别对应不同的计算规则："平面型招牌基层按正立面投影面积计算，箱体式钢结构招牌基层按外围体积计算。灯箱的面层按展开面积计算"。在按计价规范计算好工程量后套计价表时应注意区分。

（2）货架、柜类，计价规范的工程量计算规则是"按设计图示数量计算"。计价表中不同的项目其计量单位各不相同：柜台、吧台、附墙书柜（衣柜、酒柜）是以"m"为计量单位；货架以正立面的高乘以宽以"m²"计算；收银台以"个"为计量单位。

（3）台柜项目以"个"计算，应按设计图纸或说明，包括台柜、台面材料（石材、皮草、金属、实木等)、内隔板材料、连接件、配件等,均应包括在报价内。

（4）洗漱台现场制作,切割、磨边等人工、机械费用应包括在报价内。

（5）金属旗杆也可以将旗杆台座及台座面层一并纳入报价。

5.15.9 工程量计算实例

【例 5-31】 如图 5-84 所示,求墙面木线工程量。

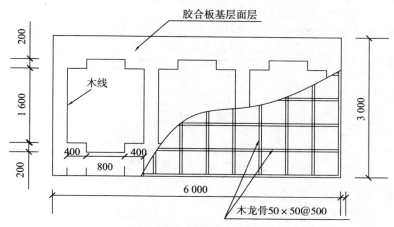

图 5-84 某墙面示意图

【解】 木线工程量计算如下:

$$工程量=[(0.4\times2+0.8)+(0.2\times2+1.6)]\times2\times3=21.6\ m$$

【例 5-32】 如图 5-85、图 5-86 所示,①~②轴线间做木制挂镜线(一道),求挂镜线工程量。

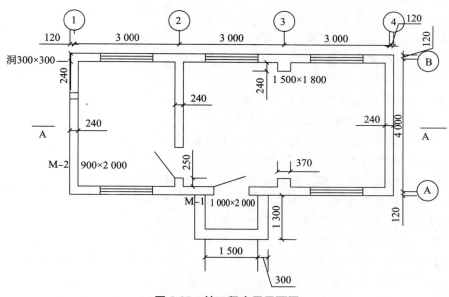

图 5-85 某工程底层平面图

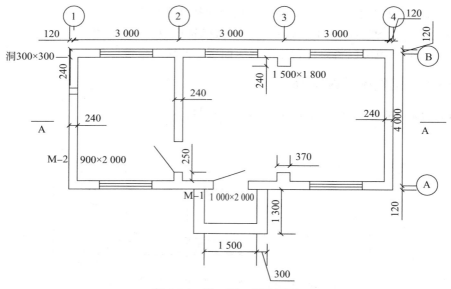

图 5-86 某工程二层平面图

【解】 挂镜线工程量计算如下：

$$挂镜线工程量＝(3-0.12×2+4-0.12×2)×2×2＝26.08 \text{ m}$$

思考与练习

1. 什么是建筑面积？建筑面积计算规则有哪些？

2. 怎样计算挖地槽工程量？

3. 砖墙与墙身怎么划分？

4. 怎样计算箍筋的弯钩增加长度？

5. 怎样计算满堂基础工程量？

6. 怎样计算框架柱、框架梁工程量？

7. 怎样计算构造柱工程量？

8. 怎样计算有梁板工程量？

9. 怎样计算现浇雨篷工程量？清单如何设置？

10. 怎样计算楼地面面层工程量？清单如何设置？

11. 怎样计算台阶面层工程量？清单如何设置？

12. 墙面抹灰工程如何计算工程量？

13. 柱(梁)饰面工程计算工程量时应符合什么计算规则？

14. 天棚工程共包括多少个清单项目？

15. 门窗工程工程量计算时应注意什么问题？

16. 抹灰面漆计算时需描述的项目特征是什么？

17. 某建筑物基础平面及剖面如图 5-87 所示。已知设计室外地坪以下砖基础体积量为 15.85 m³，混凝土垫层体积为 2.86 m³，室内地面厚度为 180 mm，工作面 $c＝300$ mm，土质为Ⅱ类土。要求挖出土方堆于现场，回填后余下的土外运。试对土石方工程相关项目进行列项，并计算平整场地、挖沟槽各分项工程量。

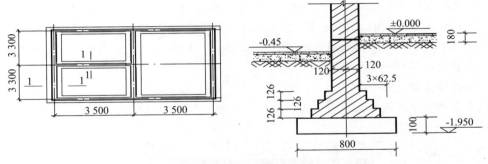

图 5-87 基础平面、剖面图

18. 某建筑物基础平面及剖面如图 5-87 所示。已知设计室外地坪以下砖基础体积量为 15.85 m^3,混凝土垫层体积为 2.86 m^3,工作面 $c=300$ mm,土质为 Ⅱ 类土。要求挖出土方堆于现场,回填后余下的土外运。试对土石方工程相关项目进行列项,并计算回填土、运土各分项工程量。

19. 某单位传达室基础平面图及基础详图如图 5-88 所示,室内地坪 ±0.00,防潮层 −0.06,防潮层以下用 M10 水泥砂浆砌标准砖基础,防潮层以上为多孔砖墙身。计算砖基础、混凝土基础以及垫层的清单工程量,并编制该项工程量清单。

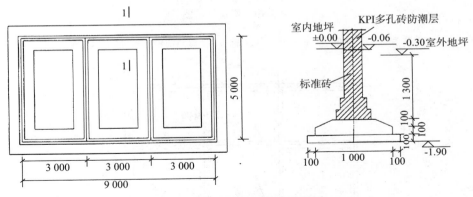

图 5-88 某传达室基础示意图

20. 图 5-89 为某框架梁配筋图,抗震等级为二级,混凝土 C25,框架柱 500 mm × 500 mm,在正常环境下使用,计算梁的钢筋工程量。

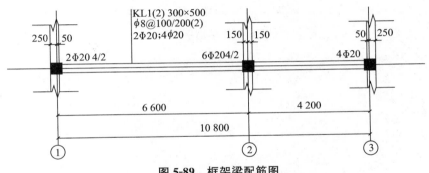

图 5-89 框架梁配筋图

21. 某房屋平面图如图 5-90 所示,已知内外墙的墙厚均为 240 mm,内墙净高 2.9 m,踢脚线高度为 150 mm,门窗尺寸为:M1:1 500 mm × 2 100 mm,M2:1 000 mm × 2 100 mm,M3:900 mm×2 100 mm;C1:1 500 mm×1 800 mm,试计算如下工程量:

(1) 水泥砂浆楼地面工程量。

(2) 内墙抹灰工程量。

(3) 水泥砂浆踢脚线工程量。

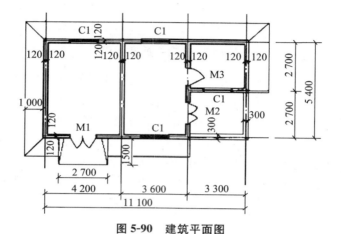

图 5-90　建筑平面图

22. 某钢筋混凝土天棚如图 5-91 所示。已知板厚 100 mm,试计算其天棚抹灰工程量。

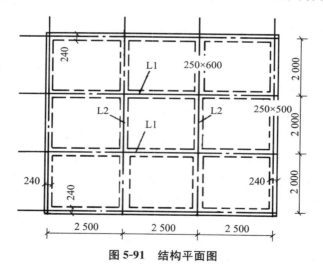

图 5-91　结构平面图

6 招标控制价及投标报价的编制

本章提要：本章主要介绍了工程量清单投标报价的编制依据、方法，重点；通过本章学习，使学生能够根据施工图纸、计价定额及招标人发布的工程量清单，计算计价工程量和编制工程量清单报价。

《建设工程工程量清单计价规范》（GB 50500-2008）（建设部第 63 号）自 2008 年 7 月 9 日发布，12 月 1 日起实施。这是对原《建设工程工程量清单计价规范》（GB 50500-2003）的第一次修编。

新《建设工程工程量清单计价规范》的内容涵盖了工程实施阶段从招投标开始到工程竣工结算办理的全过程。包括工程量清单的编制，招标控制价和投标报价的编制，工程发包、承包合同签订时对合同价款的约定，施工过程中工程量的计量与价款支付，索赔与现场签证，工程价款的调整，工程竣工后竣工结算的办理以及对工程计价争议的处理。

本章只涉及在工程量清单计价模式下招标控制价及投标报价的编制。

6.1 工程量清单计价方法概述

6.1.1 工程量清单计价方法概念

工程量清单计价方法是在建设工程招标投标工作中，由招标人按照国家统一的工程量计价规范，提供工程量清单，将其作为招标技术文件之一，由投标人依据工程量清单自主报价，并按照经评审低价中标（投标价格低于企业实际成本的除外）的工程造价计价方式。

6.1.2 工程量清单计价的特点

工程量清单计价是市场形成工程造价的主要形式，它给企业自主报价提供了空间，实现了从政府定价到市场定价的转变。工程量清单计价是一种既符合建筑市场竞争规则、经济发展需要，又符合国际惯例的计价办法，具有以下特点：

（1）充分体现施工企业自主报价，市场竞争形成价格。工程量清单计价主要特点是施工企业依据建设行政主管部门颁布的《建设工程工程量清单计价规范》（以下简称《计价规范》），按照施工图纸、踏勘施工现场、招标文件的有关规定，由施工企业自主报价。所有工程中人工、材料、机械台班费用价格都由市场价格来确定，真正体现了企业自主报价、市场竞争形成价格的崭新局面。

（2）搭建了一个平等竞争的平台，满足充分竞争的需要。在工程招投标中，投标报价往往是决定是否中标的关键因素，工程量计算的准确性是影响投标报价质量的一个重要因素。工程量清单计价模式，要求招标人提供工程量清单，对所有投标人都是一样的，不存在工程项目、工程数量方面的误差，有利于公平竞争。所有投标人根据招标人提供的统一的工程量清单,根据企业管理水平和技术能力,考虑各种风险因素,自主确定人工、材料、施工机械台班消耗量及相应价格,自主确定企业管理费、利润,提供了投标人充分竞争的环境。

(3)促进施工企业整体素质的提高,增强竞争能力。工程量清单计价反映的是施工企业个别成本,而不是社会平均成本。投标人在报价时,必须通过对单位工程成本、利润进行分析,统筹兼顾,精心选择施工方案,并根据报价人自身的情况综合考虑人工、材料、施工机械等要素的投入与配置,优化组合,合理确定投标报价,以提高投标竞争力。工程量清单报价体现了企业施工、技术管理水平等综合实力,这就要求投标人必须加强管理,改善施工条件,加快技术进步,提高劳动生产率,鼓励创新,从技术中要效率,从管理中要利润;注重市场信息的搜集和施工资料的积累,推动施工企业编制自己的消耗量定额,全面提升企业素质,增强综合竞争能力,才能在激烈的市场竞争中不断发展和壮大,使企业立于不败之地。

(4)有利于招标人对投资的控制,提高投资效益。采用了工程量清单计价模式,工程变更对工程造价的影响一目了然,这样发包人就能根据投资情况来决定是否变更或进行多方案比选,以决定最恰当的处理方法。同时,工程量清单为招标人的期中付款提供了便利,用工程量清单计价简单、明了,只要完成的工程数量与综合单价相乘,即可计算工程造价。另一方面,采用工程量清单计价模式,投标人完全根据自身的技术装备、管理水平自主确定工、料、机消耗量及相应价格和各项管理费用,有利于降低工程造价,节约了资金,提高了资金使用效益。

(5)风险分配合理化,符合风险分配原则。建设工程一般都比较复杂,建设周期长,工程变更多,因而风险比较大,采用工程量清单计价模式后,招标人提供工程量清单,对工程数量的准确性负责,承担工程项目、工程数量误差风险;根据我国工程建设特点,投标人应完全承担的风险是技术风险和管理风险,如管理费和利润;应有限度地承担的是市场风险,如材料价格、施工机械使用费等的风险;应完全不承担的是法律、法规、规章和政策变化的风险。这种格局符合风险合理分配与责权利关系对等的一般原则。合理的风险分配,可以充分发挥发包、承包双方的积极性,降低工程成本,提高投资效益,达到双赢的目的。

(6)有利于简化工程结算,正确处理工程索赔。施工过程发生的工程变更,包括发包人提出工程设计变更、工程质量标准及其他实质性变更,工程量清单计价模式为确定工程变更造价提供了有利条件。工程量清单计价具有合同化的法定性,投标时的分项工程单价在工程设计变更计价、进度报表计价、竣工结算计价时是不能改变的,从而大大减少了双方在单价上的争议,简化了工程项目各个阶段的预结算编审工作。除了一些隐蔽工程或一些不可预测的因素外,工程量都可依据图纸或实测实量。因此,在结算时能够做到清晰、快捷。

6.2 招标控制价和投标报价概述

6.2.1 招标控制价

1)概念

招标控制价指招标人根据国家或省级、行业建设主管部门颁发的有关计价依据和办法,按设计施工图纸计算的,对招标工程限定的最高工程造价,也称拦标价和预算控制价。

国有资金投资的工程建设项目应实行工程量清单招标,并应编制招标控制价。招标控制价超过批准的概算时,招标人应报原概算审批部门审核。投标人的投标报价高于招标控制价的,其投标应予以拒绝。

2) 编制依据

招标控制价体现的是社会平均价格,因此应按国家建设行政主管部门有关规定计算。

(1) 建设工程工程量清单计价规范。

(2) 国家或省级、行业建设主管部门颁发的计价定额和计价办法。

(3) 建设工程设计文件及相关资料。

(4) 招标文件中的工程量清单及有关要求。

(5) 与建设项目相关的标准规范、技术资料。

(6) 工程造价管理机构发布的工程造价信息,工程造价信息没有发布的参照市场价。

(7) 其他相关资料。

3) 编制人资格

招标控制价应由具有编制能力的招标人或受其委托具有相应资质的工程造价咨询人编制。

4) 招标控制价公布时限

招标控制价应在招标期间公布,江苏省规定招标控制价应当在递交投标文件截止日 10 日前发给投标人。招标人应将招标控制价及有关资料在发给投标人的 3 天内报送工程所在地工程造价管理机构备查。招标控制价超过批准的概算时,招标人应将其报原概算审批部门审核。

5) 编制招标控制价的作用

控制价的作用只作为投标单位编制投标报价时参考的上限标准。投标人自主报价,只要投标价高于控制价就不能成为中标单位,从而起到政府宏观调控的作用,可有效控制投资,防止恶性哄抬报价带来的投资风险。公开招标也提高了透明度,避免了暗箱操作、寻租等违法活动的产生。

6.2.2 投标价

1) 概念

投标价是投标人根据招标文件对招标工程承包价格作出的要约表示,是投标文件的核心内容。根据《中华人民共和国招投标法》规定,投标单位不能以低于成本价投标报价。

2) 编制依据

工程量清单计价模式下,投标价体现的是企业的个别报价。因此,投标单位应依据招标工程及其招标文件的要求,结合本企业具体情况确定施工方案,依据企业定额或现行定额和取费标准提出投标报价。

(1) 建设工程工程量清单计价规范。

(2) 国家或省级、行业建设主管部门颁发的计价办法。

(3) 企业定额,国家或省级、行业建设主管部门颁发的计价定额。

(4) 招标文件、工程量清单及其补充通知、答疑纪要。

(5) 建设工程设计文件及相关资料。

(6) 施工现场情况、工程特点及拟定的投标施工组织设计或施工方案。

(7) 与建设项目相关的标准、规范等技术资料。

（8）市场价格信息或工程造价管理机构发布的工程造价信息。

（9）其他的相关资料。

3）编制人资格

投标价应由投标人或受其委托具有相应资质的工程造价咨询人编制。投标价不得低于企业成本。

由于招标控制价和投标报价编制过程类似，下面几节着重介绍投标报价的编制。

6.3 工程造价计价程序及编制工程投标报价的步骤

采用工程量清单计价，建设工程造价由分部分项工程费、措施项目费、其他项目费、规费和税金组成（见图 6.1）。

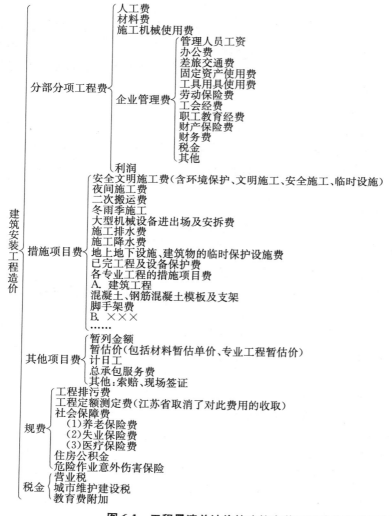

图6-1 工程量清单计价的建筑安装工程造价组成示意图

6.3.1 工程造价计价程序

工程量清单计价模式下江苏省工程造价计算程序见表 6-1、表 6-2 所示。

包工包料、包工不包料和计日工计算规定：

(1) 包工包料是施工企业承包工程用工和材料供应的方式。

(2) 包工不包料是指只承包工程计价表用工的方式。施工企业自带施工机械和周转材料的工程按包工包料标准执行。

(3) 计日工,在施工过程中,完成发包人提出的施工图纸以外的零星项目或工作,按合同中约定的综合单价计价。

(4) 包工不包料、计日工的临时设施应由建设单位提供。

表 6-1　工程量清单计价模式下工程造价计算程序(包工包料)

序号	费用名称		计 算 公 式	备 注
一	分部分项工程量清单费用		工程量×综合单价	
	其中	1. 人工费	《计价表》人工消耗量×人工单价	按《计价表》
		2. 材料费	《计价表》材料消耗量×材料单价	
		3. 机械费	《计价表》机械消耗量×机械单价	
		4. 管理费	(1+3)×费率	
		5. 利　润	(1+3)×费率	
二	措施项目清单费用		分部分项工程费×费率或综合单价×工程量	按《计价表》或按规定计取
三	其他项目费用			双方约定
四	规费			
	其中	1. 工程排污费	(一+二+三)×费率	按规定计取
		2. 安全生产监督费		
		3. 社会保障费		
		4. 住房公积金		
五	税金		(一+二+三+四)×费率	按当地规定计取
六	工程造价		一+二+三+四+五	

表 6-2　工程量清单计价模式下工程造价计算程序(包工不包料)

序号	费用名称	计 算 公 式	备 注
一	分部分项工程量清单人工费	《计价表》人工消耗量×人工单价	按《计价表》
二	措施项目清单费用	(一)×费率或工程量×综合单价	按《计价表》或按规定计取
三	其他项目费用		双方约定

续表 6-2

序号	费用名称		计 算 公 式	备 注
四	其中	规 费		
		1. 工程排污费	（一＋二＋三）×费率	按规定计取
		2. 安全生产监督费		
		3. 社会保障费		
		4. 住房公积金		
五	税 金		（一＋二＋三＋四）×费率	按当地规定计取
六	工程造价		一＋二＋三＋四＋五	

6.3.2 编制工程投标报价的步骤

（1）熟悉工程量清单和施工图纸。招标人提供的工程量清单是确定工程造价的重要依据。计价时应了解清单项目、项目特征以及所包含的工程内容等，并根据施工图纸核对工程量清单，以保证正确计价。

（2）了解招标文件的其他内容。招标文件中不仅包括了工程量清单，还包括了有关工程承发包范围、内容、合同条件、材料设备采购供应方式等，这些都是工程计价的重要依据。

（3）了解施工方案、施工组织设计、与建设项目相关的标准、规范等技术资料。施工方案和施工组织设计是施工单位对拟建工程的施工技术、施工组织、施工方法等方面的全面安排。其中的技术措施、安全措施、组织措施、机械配置、施工方法的选用等会影响工程综合单价，关系到措施项目的设置和费用内容。

（4）计算分部分项工程费。按照企业定额或政府消耗量定额标准及预算价格确定人工费、材料费、机械费，并以此为基础确定管理费和利润、风险，由此可计算出分部分项工程的综合单价。

$$分部分项工程费＝\sum（清单工程量×综合单价）$$

（5）计算措施项目费。投标报价时，措施项目费由投标人根据自己企业的情况及工程量清单规定确定措施费项目并计算措施项目费，措施项目费以综合单价或分部分项工程费为基数按费率计算的方法确定。

$$措施项目费＝\sum（清单工程量×综合单价）$$

或

$$措施项目费＝\sum（分部分项工程费×相应的费率）$$

（6）确定其他项目费。其他项目费按相关文件及投标人的实际情况进行计算汇总

（7）计算规费。规费按政府的有关规定执行。

$$规费＝（分部分项工程费＋措施项目费＋其他项目费）×规费费率$$

（8）计算税金。税金按国家或地方税法的规定执行

$$税金＝（分部分项工程费＋措施项目费＋其他项目费＋规费）×综合税率$$

（9）计算单位工程造价。汇总分部分项工程费、措施项目费、其他项目费、规费、税金等得到单位工程造价。

$$单位工程造价＝分部分项工程费＋措施项目费＋其他项目费＋规费＋税金$$

（10）计算单项工程工程造价。汇总涉及的单位工程造价得到单项工程工程造价。

$$单项工程工程造价＝\sum 单位工程造价$$

（11）计算工程项目的总价。汇总涉及的单项工程工程造价得到工程项目的总价，即投标报价。

$$工程项目的总价＝\sum 单项工程工程造价$$

6.4　综合单价的确定

综合单价是工程量清单计价的计价方式。投标报价是整个投标工作的核心，而综合单价的计算是核心中的核心，综合单价计算的正确与否决定了总价的正确与否，且综合单价是中标后签订合同、支付工程进度款、进行工程索赔、办理工程竣工结算的主要依据，必须引起高度重视。

6.4.1　综合单价的概念

《计价规范》规定，综合单价指完成一个规定计量单位的分部分项工程量清单项目或措施清单项目所需的人工费、材料费、施工机械使用费和企业管理费、利润，以及一定范围内的风险费用。

说明：这里综合单价的概念指的是清单项目的综合单价，并非指计价子目综合单价。综合单价综合了完成一个规定计量单位的清单项目所包含的所有计价子目的人工费、材料费、施工机械使用费和企业管理费、利润，以及一定范围内的风险费用。

1）人工、材料、机械台班价格的确定

人工、材料、机械台班价格是确定分部分项工程量清单综合单价的重要依据。

（1）材料价的确定

材料和设备在工程造价中常常占总造价的 60% 左右，对报价的影响非常大，所以投标方在报价时一定要对材料和设备的市场行情非常了解，可以通过询价确定材料价。

询价的方式有很多种，如到厂家或供应商处上门询价、历史工程的材料价格参考、厂家或供应商的挂牌价格、造价管理部门定期或不定期发布的市场信息价、各种建筑材料信息网站发布的信息价等。在清单模式下，材料的价格随着时间的推移变化很大，而在一般情况下又不允许对单价做出调整，所以，采集材料价格的时候不能只考虑当时的价格，必须做到对不同渠道查询到的材料价格进行有机综合，并能分析出今后材料价格的变化趋势，用综合方法预测价格变化，把风险变为具体数值加到价格上。

（2）人工价的确定

人工价应依据社会平均水平和当地人工工资的标准，结合企业内部管理水平，确定一个适中的价格，既要保证风险最低，又要具有一定的竞争力。

（3）机械台班使用价的确定

机械设备是以台班使用价的方式进入报价的，可根据当地市场机械设备租赁价或企业自有机械的台班使用价确定。

2）企业管理费、利润

施工企业组织管理工作的效率、管理水平的高低与管理费标准有直接关系。为了确定投标报价，企业应确定适合本企业的管理费用计算模型和各种间接费标准。

利润为施工企业完成所承包工程获得的盈利。施工单位根据本企业情况，按规定计取适合本企业的计划利润。

3）风险费用

投标报价的风险是工程建设施工阶段发包、承包双方在招投标活动和合同履约及施工中所面临的涉及工程计价方面的风险。

《计价规范》规定，采用工程量清单计价的工程，应在招标文件或合同中明确风险内容及其范围（幅度），不得采用无限风险、所有风险或类似语句规定风险内容及其范围（幅度）。

在工程施工阶段，发包、承包双方都面临许多风险，但不是所有的风险以及无限度的风险都应由承包人承担，而是应按风险共担的原则，对风险进行合理分摊。具体体现则是应在招标文件或合同中对发包、承包双方各自应承担的风险内容及其风险范围或幅度进行界定和明确，而不能要求承包人承担所有风险或无限度承担风险。

根据国际惯例并结合我国社会主义市场经济条件下工程建设的特点，发包、承包双方对工程施工阶段的风险宜采用如下分摊原则：

（1）对于主要由市场价格波动导致的价格风险，如工程造价中的建筑材料、燃料等价格风险，发包、承包双方应当在招标文件中或在合同中对此类风险的范围和幅度予以明确约定，进行合理分摊。根据工程特点和工期要求，《计价规范》中提出承包人可承担 5% 以内的材料价格风险，10% 的施工机械使用费的风险。

（2）对于法律、法规、规章或有关政策出台导致工程税金、规费、人工费发生变化，并由省级、行业建设行政主管部门或其授权的工程造价管理机构根据上述变化发布的政策性调整，承包人不应承担此类风险，应按照有关调整规定执行。

（3）对于承包人根据自身技术水平、管理、经营状况能够自主控制的风险，如承包人的管理费、利润的风险，承包人应结合市场情况，根据企业自身实际合理确定、自主报价，该部分风险由承包人全部承担。

6.4.2 两种工程量的概念及其关系

一般清单项目综合单价的确定需要依据招标人提供的清单工程量和报价编制人计算的计价工程量才能确定。清单工程量和计价工程量是两个不同范畴的工程量。

1）清单工程量

清单工程量是由招标人发布的拟建工程的招标工程量，是投标人投标报价或编制招标控制价的重要依据。

清单工程量作为统一各投标人工程报价的口径，对所有投标人都是一样的，不存在工程项目、工程数量方面的误差，有利于报价人的公平竞争。

招标人提供的工程量清单中的工程量，是按照国家计价规范中的工程量计算规则计算的，反映的是工程的实体工程量。工程量清单项目中没有体现的，但施工中又必须发生的工程内容不包括在内，需另行计算。投标人应根据工程量清单和施工图纸及施工方案等依据计算计价工程量。

2）计价工程量

计价工程量也称报价工程量，它是计算工程投标报价的重要依据。

计价工程量是投标人根据拟建工程施工图、施工方案、工程量清单和所采用的计价定额上相对应的工程量计算规则计算出来的工程量，是确定综合单价必不可少的数据。

3）清单工程量与计价工程量的关系

很多情况下，清单工程量与计价工程量在数值上是相等的，也有许多项目，清单工程量不等于计价工程量，计价工程量的计算内容有时要多于清单工程量。这个"多于"包含两层含义：

（1）计价工程量不但要计算每个清单项目本身的计价工程量，而且还要计算清单项目工程内容中所发生的项目计价工程量。例如，砖基础清单项目，计价时不但要计算清单项砖基础项目的计价工程量，若做了墙基防潮层还要计算墙基防潮层的计价工程量。

（2）有些清单项目的计价工程量大于清单工程量。下面以平整场地项目和挖基础土方项目为例说明清单计价时《建筑与装饰工程计价表》里包含的工程量与编制工程量清单和计价表时清单工程量的计算规则区别。

① 平整场地项目。《计价规范》规定的工程量计算规则是：平整场地工程量等于建筑物的首层面积。由于施工需要，实际平整场地的面积大于建筑物首层面积，按建筑物外墙外边线每边各加 2 m，以平方米计算。但是大于建筑物首层建筑面积部分，工程量清单中没有包括，实际施工时，这部分工程内容需要完成，计价工程量中应包括。

② 挖基础土方项目。《计价规范》规定的工程量计算规则是：挖基础土方的工程量等于基础垫层的底面积乘以挖土深度，不考虑工作面和放坡的土方量。实际施工时工作面和放坡的土方量都是可能发生的，计价工程量中需考虑。

6.4.3 确定清单综合单价的方法

清单综合单价的确定是工程量清单计价活动的一项关键性工作，也是核心工作。组价方式通常分为以下两大类。

1）按照计价依据以及相关文件规定组价

这种方法是按照工程量清单名称和项目特征以及包含的工作内容，选择地区计价定额中内容一致或相近的子目进行组合，选取对应的材料及其信息或市场价格、管理费率、利润率及考虑有限度的风险进行调整汇总而成。

由于计价定额列出了大部分常规的施工做法、社会平均水平的含量，因此这种方法在企业定额体系尚未建成的情况下，作为编制投标报价、办理竣工结算的方法之一，也是目前综合单价组价的最常用方法。以此方法组成综合单价的优点是操作简便、快速，适用比较广泛。但此法对计价定额有一定的依赖性，特别是在定额缺项时，临时组价往往依据不足。另外，计价定额的计算规则和计量单位中有小部分与清单规范有所区别，在组成综合单价时需要进行同口径折算。

2）根据企业定额自行组价

自行组价同样也是要按照规范要求，根据工程量清单列项的名称和项目特征描述以及包含的工作内容来进行组价。它是投标报价单位根据本企业的情况，结合工程实际，用拟定的施工方案、生产力水平、价格水平以及预期利润来设置项目内容组成，确定项目人、材、机消耗量与价格、管理费率、利润率及考虑有限度的风险的组价方式。

该方法的优点是充分结合具体工程,针对性强;报价能充分体现出企业的竞争性,适应多种竞争环境,操作灵活。缺点是在实际应用中有相当的局限性,需要有一套比较完整的企业定额来支持,其含量确定必须有牢靠的基础资料作保证,价格来源需要进行分析处理。此方法虽在目前还只是组价的辅助手段,但随着建设市场报价体系的不断配套完善,未来将成为主导。

6.4.4 编制清单项目综合单价的步骤

现阶段由于企业不具备企业定额,故大多数按地区计价定额进行报价,现以2004年《江苏省建筑与装饰工程计价表》(以下简称《计价表》)、江苏2009年编制的《江苏省建设工程费用定额》及相关计价文件规定来说明清单项目综合单价确定的步骤。

1)综合单价的确定步骤

清单综合单价,应根据《计价规范》规定的综合单价组成,按招标文件中的相关规定、设计文件、工程量清单项目中的项目特征的描述和包含的工程内容确定。

(1)分析清单项目的工程内容

由于《计价规范》和《计价表》在工程项目划分上不完全一致,工程量清单以"综合实体"项目为主划分(实体项目中一般可以包括许多工程内容),而《计价表》中定额项的消耗量是按分项工程或结构构件进行设置的,包括的工作内容与工程量清单的工程内容不一致,因此需要清单计价的编制人根据工程量清单描述的项目特征和完成清单项所包含的工程内容以及计价定额,确定清单项目所包含的计价定额子目。确定方法如下:分析《计价规范》中工程量清单项目中的"工程内容"一栏内提供的施工过程,结合《计价表》中定额子目的"工作内容",确定与其相对应的定额子目。

下面以砖基础清单项目为例,对《计价规范》中工程量清单项目中的"工程内容"与《计价表》定额各子目的"工作内容"对照分析。

表6-3 砖基础清单项目与定额子目对应表

项目编码	项目名称	项目特征	计量单位	工程内容		《计价表》定额子目
010301001	砖基础	1.砖品种、规格、强度等级 2.基础类型 3.基础深度 4.砂浆强度等级	m³	1.砂浆制作运输		砌砖基础、防潮层等定额子目中已包括
				2.砌砖		第三章砖基础子目
				3.防潮层铺设		第三章墙基防潮层子目
				4.材料运输	场内运输	各子目都包括场内运输
					场外运输	除商品混凝土外,其他材料价格中均包括场外运输

根据表6-3分析知砖基础清单项工作内容共包含两个定额子目,即砖基础子目和墙基防潮层子目。

(2)计算定额子目的计价工程量

一个清单项目可能包含多个定额子项,计价前应确定每个子项目的工程量,以便综合确定清单项目综合单价。

根据所选计价定额的工程量计算规则计算计价工程量,当与工程量清单计算规则一致时,可直接以清单中的工程量作为计价定额子目相应工程内容的工程数量。

上例中需按《计价表》中计算规则计算出砖基础子目和墙基防潮层子目的计价工程量。

(3) 确定单位计价工程量含量

计价工程量含量指完成一个计量单位的清单工程量需要消耗的某一子目计价定额中规定计量单位的计价工程含量。即

$$计价工程量含量 = \frac{对应的计价工程量(计价定额中规定计量单位)}{所属的清单工程量(清单工程量单位)}$$

例如,砖基础清单项包含砖基础子目和墙基防潮层子目两个子目,若完成 1 m³ 的砖基础清单项目中砖基础子目的计价工程量为 1 m³,墙基防潮层子目的计价工程量为 0.6 m²,则砖基础子目计价工程量的含量为 1(m³/m³),墙基防潮层子目的计价工程量含量为 0.06(10 m²/m³)。

(4) 确定人工、材料、机械台班的单价

编制招标控制价采用政府部门规定的价格,编制投标价一般采用市场价格。

(5) 计算每计量单位计价工程量的人工费、材料费和机械使用费

各计价子目规定计量单位的人工费、材料费和机械使用费如下:

$$人工费 = \sum(计价定额中人工消耗量 \times 人工单价)$$

$$材料费 = \sum(计价定额中材料消耗量 \times 材料单价)$$

$$机械使用费 = \sum(计价定额中机械台班消耗量 \times 台班单价)$$

(6) 确定每计量单位计价工程量的管理费、利润,并据此确定每单位计价工程量的综合单价。

在工程量清单计价模式下,管理费的计价一般以基数乘以费率的形式摊入分部分项单价和措施项目费中。

利润的计算一般以基数乘以费率的形式摊入分部分项单价和措施项目费中。

如果企业制定了适合自身的管理费和利润计算模型,那么企业可以根据已有的模型来确定管理费和利润;如果企业没有成熟的管理费计算模型,可采用当地主管部门颁布的取费标准,按照造价部门规定的费率标准进行计算。现以江苏省建筑工程包工包料的情况计算管理费和利润,此种情况管理费和利润的计算基数为人工费和机械费之和。

① 管理费的计算

江苏省企业管理费的费率取定见表 6-4 所示。

$$管理费 = (人工费 + 机械使用费) \times 管理费费率$$

表 6-4　建筑工程企业管理费、利润取费标准表

序号	项目名称	计算基础	企业管理费率(%)			利润率(%)
			一类工程	二类工程	三类工程	
一	建筑工程	人工费+机械费	35~40	28~33	22~26	12
二	预制构件制作	人工费+机械费	17	15	13	6
三	构件吊装	人工费+机械费	12	10.5	9	5
四	制作兼打桩	人工费+机械费	19	16.5	14	8
五	打预制桩	人工费+机械费	15	13	11	6
六	机械施工大型土石方工程	人工费+机械费	7	6	5	4

注:如计取意外伤害保险费,则在原管理费费率基础上增加 0.35%。

② 利润的计算

江苏省企业利润的费率取定见表6-5所示。

$$利润＝(人工费＋机械使用费)×利润率$$

表6-5 单独装饰工程企业管理费率和利润率取费标准

序号	项目名称	计算基础	企业管理费率(%)	利润率(%)
一	单独装饰工程	人工费＋机械费	45~60	15

注:如计取意外伤害保险费,则在原管理费费率基础上增加0.3%。

③ 风险费用按一定的原理,可采取风险系数在材料费、机械台班使用费、管理费和利润中体现。

计价子目综合单价
　　＝子目人工费＋子目材料费＋子目机械台班使用费＋子目管理费＋子目利润

(7)确定清单项目综合单价

清单项目综合单价＝∑(各计价工程量含量×相应子目综合单价)

清单项目综合单价也可用以下表达式表示:

$$清单项目综合单价=\frac{清单项目组价内容中各计价工程量费用之和}{清单项目工程数量}$$

$$＝∑(计价工程量×相应子目综合单价)/清单项目工程数量$$

2)江苏省工程类别的划分及企业管理费、利润取费标准和规定

(1)工程类别的划分

工程类别划分标准,是根据不同的单位工程,按其施工难易程度,结合江苏省建筑市场项目管理水平确定的。建筑工程的工程类别按工业建筑工程、民用建筑工程、构筑物工程、大型机械吊装工程、桩基础工程分列并分为三类,对于单独装饰工程不分工程类别。

① 建筑工程类别划分(见表6-6)

表6-6 建筑工程类别划分表

工程类型			单位	工程类别划分标准		
				一类	二类	三类
工业建筑	单层	檐口高度	m	≥20	≥16	<16
		跨度	m	≥24	≥18	<18
	多层	檐口高度	m	≥30	≥18	<18
民用建筑	住宅	檐口高度	m	≥62	≥34	<34
		层数	层	≥22	≥12	<12
	公共建筑	檐口高度	m	≥56	≥30	<30
		层数	层	≥18	≥10	<10
构筑物	烟囱	混凝土结构高度	m	≥100	≥50	<50
		砖结构高度	m	≥50	≥30	<30

表 6-6

6
招标控制价及投标报价的编制

工程类型			单位	工程类别划分标准		
				一类	二类	三类
构筑物	烟囱	混凝土结构高度	m	≥100	≥50	<50
		砖结构高度	m	≥50	≥30	<30
	水塔	高度	m	≥40	≥30	<30
	筒仓	高度	m	≥30	≥20	<20
	储池	容积(单体)	m³	≥2 000	≥1 000	<1 000
	栈桥	高度	m	—	≥30	<30
		跨度	m	—	≥30	<30
大型机械吊装工程		檐口高度	m	≥20	≥16	<16
		跨度	m	≥24	≥18	<18
桩基础工程		预制混凝土(钢板)桩长	m	≥30	≥20	<20
		灌注混凝土桩长	m	≥50	≥30	<30

② 建筑工程类别划分说明

不同层数组成的单位工程,当高层部分屋面的水平投影面积占总水平投影面积的 30% 或以上时,按高层的指标确定工程类别,不足 30% 的按低层指标确定工程类别。

在确定工程类别时,对于工程施工难度很大的工程(如建筑造型复杂、有地下室、基础要求高、采用新的施工工艺等),其类别由各市工程造价管理部门根据实际情况予以核定。

单独承包地下室工程的按二类标准取费,如地下室建筑面积 ≥10 000 m² 则按一类标准取费。

建筑物、构筑物高度系指设计室外地面标高至檐口顶标高(不包括女儿墙,高出屋面电梯间、楼梯间、水箱间等的高度),跨度系指轴线之间的宽度。

工业建筑工程:指从事物质生产和直接为生产服务的建筑工程,主要包括生产(加工)车间、实验车间、仓库、独立实验室、化验室、民用锅炉房、变电所和其他生产用建筑工程。

民用建筑工程:指直接用于满足人们的物质和文化生活需要的非生产性建筑,主要包括商住楼、综合楼、办公楼、教学楼、宾馆、宿舍及其他民用建筑工程。

构筑物工程:指与工业和民用建筑工程相配套且独立于工业和民用建筑的工程,主要包括烟囱、水塔、仓类、池类、栈桥等。

桩基础工程:指天然地基上的浅基础不能满足建筑物、构筑物和稳定性要求而采用的一种深基础。主要包括各种现浇和预制桩。

强夯法加固地基、基础钢管支撑均按建筑工程二类标准执行。深层搅拌桩、粉喷桩、基坑锚喷护壁按制作兼打桩三类标准执行。专业预应力张拉施工如主体为一类工程则按一类工程取费;主体为二、三类工程的均按二类工程取费。

轻钢结构的单层厂房按单层厂房的类别降低一类标准计算,但不得低于最低类别标准。

预制构件制作工程类别划分按相应的建筑工程类别划分标准执行。

与建筑物配套的零星项目,如化粪池、检查井、分户围墙,除按相应的主体建筑工程类别标准确定外,其余如厂区围墙、道路、下水道、挡土墙等零星项目均按三类标准执行。

建筑物加层扩建时要与原建筑物一并考虑套用类别标准。

在计算层数指标时，半地下室和层高小于 2.2 m 的均不计算层数。

凡工程类别标准中，有两个指标控制的，只要满足其中一个指标即可按指标确定工程类别。

工程类别标准中未包括的特殊工程，如展览中心、影剧院、体育馆、游泳馆、别墅、别墅群等，由当地工程造价管理部门根据具体情况确定，报上级造价管理部门备案。

（2）企业管理费、利润取费标准

本取费标准是为配套清单计价规范及江苏《计价表》计价模式而发布的。

6.4.5 编制清单项目综合单价实例

【例 6-1】 根据企业实际情况编制清单项目综合单价

已知某工程包工包料，已获得招标文件，其中招标文件中挖基础土方分部分项工程量清单见表 6-7(a)所示。

根据施工图纸知：某多层砖混住宅工程，土壤类别为三类土，基础为砖大放脚带形基础，垫层为 C10 细石混凝土，厚 100 mm，宽度为 920 mm，挖土深度为 1.8 m，弃土运距为 4 km，基础总长为 1 590.6 m。

某投标人根据地质资料和招标文件拟定如下土方开挖的施工方案：采用人工开挖，工作面宽度各边 0.25 m，放坡系数为 0.2。所挖土方除沟边堆土外，现场堆土 2 170.5 m³，运距 60 m，采用人工运输，其余土方外运，装载机装自卸汽车运输，运距 4 km，土方量为 1 210 m³。

根据投标人的施工定额，有关数据如下：人工挖土方单价 8.4 元/m³，人工运土方单价 7.38 元/m³，基底打夯单价 0.014 4 元/m²；装载机装自卸汽车运土所需费用为：人工费 363.0 元，材料费 26.14 元，机械费 23 824.17 元，大型机械进出场费 1 390 元。

问：假如人工挖土方分部分项工程量清单费率为管理费率 12%，利润率 8%，风险系数 1%（以分部分项工程费为计算基数），试计算投标人人工挖土方分项工程量清单的综合单价。

表 6-7(a) 分部分项工程量清单与计价表

序号	项目编码	项目名称	项目特征描述	计量单位	工程量	金额（元）		
						综合单价	合价	其中：暂估价
1	010101003001	挖基础土方	1. 三类土 2. 砖大放脚带形基础 3. 垫层宽度为 920 mm，底面积为 1 563.35 m² 4. 挖土深度 为 1.8 m 5. 弃土运距为 4 km	m³	2 634			

【解】（1）根据地质资料及施工方案计算计价工程量

① 挖基础土方工程量：(0.92+2×0.25+1.8×0.2)×1.8×1 590.6＝5 096.28 m³

② 基底打夯工程量：(0.92+2×0.25)×1 590.6＝2 258.65 m²

（2）人工挖基础土方直接工程费

① 人工费：5 096.28×8.4＝42 808.92 元

机械费:(电动打夯机)2 258.65×0.014 4＝32.52 元

材料费:0 元

小计:42 841.44 元

② 人工运土(运距 60 m)

人工费:2 170.5×7.38＝16 018.29 元

机械费:0 元

材料费:0 元

小计:16 018.29 元

③ 装载机装自卸汽车运土(运距 4 km)

人工费:363.0 元

机械费:23 824.17 元

材料费:26.14 元

小计:24 213.31 元

④ 人工挖基础土方直接工程费合计

42 841.44＋16 018.29＋24 213.31＝83 073.04 元

(3) 人工挖基础土方管理费及利润、风险费的计算

人工挖基础土方人工费和机械费合计

    42 841.44＋16 018.29＋363.0＋23 824.17＝83 046.9 元

    管理费＝83 046.9×12%＝9 965.63 元

    利润＝83 046.9×8%＝6 643.75 元

    风险费＝(83 073.04＋9 965.63＋6 643.75)×1%＝996.82 元

(4) 人工挖基础土方总费用合计

    83 073.04＋9 965.63＋6 643.75＋996.82＝100 679.24 元

(5) 人工挖基础土方综合单价为:100 679.24÷2 634＝38.22 元

将综合单价和合价填入表 6-7(b)中。

表 6-7(b)　分部分项工程量清单与计价表

序号	项目编码	项目名称	项目特征描述	计量单位	工程量	金额(元)		
						综合单价	合价	其中:暂估价
1	010101003001	挖基础土方	1. 三类土 2. 砖大放脚带形基础 3. 垫层宽度为 920 mm,底面积为 1 563.35 m² 4. 挖土深度 为 1.8 m 5. 弃土运距为 4 km	m³	2 634	38.22	100 679.24	

【例 6-2】 按照江苏省《计价表》以及相关文件规定组价

已知硬木踢脚线设计长度 60 m,毛料断面 120 mm×20 mm,钉在砖墙上,润油粉、刮腻子、聚氨酯清漆三遍。根据表 6-8 木质踢脚线工程量清单和《计价表》编制清单项的综合单价(已知市场人工单价为 50 元/工日,聚氨酯清漆市场价为 20 元/kg,其余材料价格和机械台班价格按《计价表》编写)。

表 6-8　工程量清单及计价表

序号	项目编码	项目名称	项目特征描述	计量单位	工程量	金额(元)		
						综合单价	合价	其中：暂估价
1	020105006001	木质踢脚线	1. 高度 120 mm 2. 20 mm 厚毛料硬木踢脚板 3. 聚氨酯清漆三遍	m²	7.2			

【解】　(1) 分析清单项目的工程内容

根据项目特征的描述,查计价表知,需要根据 12-137 硬木踢脚线制作安装与 16-106 润油粉、刮腻子、聚氨酯清漆三遍踢脚线定额子目来组价。

(2) 计算定额子目的计价工程量

依据《计价表》上相应计算规则计算定额子目工程量。

硬木踢脚线制作安装计价工程量为 60 m;润油粉、刮腻子、聚氨酯清漆三遍踢脚线计价工程量为 60 m。

(3) 套用计价定额计算各定额子目造价

① 根据已知条件计算硬木踢脚线的制作安装定额子目综合单价,见表 6-9 所示。

表 6-9　硬木踢脚线

工作内容:下料、制作、垫木安置、安装、清理　　　　　　　　　　　　　　　　计量单位:100 m

定　额　编　号				12-137	
项　　　　目	单　　位	单　　价		硬木踢脚线制作安装	
				数量	合价
综合单价		元		1312.5	
其中	人工费	元		244	
	材料费	元		962.73	
	机械费	元		11.30	
	管理费	元		63.83	
	利　润	元		30.64	
	一类工	工日	(28.00) 50.00	4.88	244
材料	401031　硬木成材	m³	2 449.00	0.33	808.17
	401029　普通成材	m³	1 599.00	0.09	143.91
	611001　防腐油	kg	1.71	3.68	6.29
	511533　铁钉	kg	3.60	1.21	4.36
机械	07012　木工锯圆机φ500 mm	台班	24.28	0.10	2.43
	07018　木工压倒订(单面)600 mm	台班	34.57	0.17	5.88
	07024　木工裁口机(多面)400 mm	台班	37.36	0.08	2.99

注:踢脚线按 150 mm×20 mm 的毛料计算,设计断面不同,材积按比例换算。

② 根据已知条件计算润油粉、刮腻子、聚氨酯清漆三遍踢脚线定额子目综合单价,见表 6-10 所示。

表 6-10　聚氨酯漆

工作内容:清扫、磨砂纸、润油粉、刷聚氨酯清漆三遍等全部操作过程。　　　　　　　　　计量单位:10 m²

定　额　编　号				16-106	
项　　　目	单　位	单　价		润油粉、刮腻子、聚氨酯清漆、踢脚线	
				10 m	
				数量	合价
综合单价		元		64.67	
其中	人工费	元		36.5	
	材料费	元		14.66	
	机械费	元			
	管理费	元		9.13	
	利润	元		4.38	
	一类工	工日	(28.00) 50.00	0.73	36.5
材料	601069　聚氨酯清漆	kg	(14.25) 20.00	0.63	12.6
	601125　清油	kg	10.64	0.04	0.43
	603045　油漆溶剂油	kg	3.33	0.08	0.27
	613056　二甲苯	kg	3.42	0.08	0.27
	609032　大白粉	kg	0.48	0.19	0.09
	607018　石膏粉 325 目	kg	0.45	0.05	0.02
	其他材料费	元			0.98

③ 12-137 硬木踢脚线制作安装这一定额子目在计价表中该子目是按 150×20 毛料编制的,而题目要求的是 120×20 毛料,因此就需要对此进行换算:12-137$_换$＝1 312.5－0.33×(1－120/150)×2 449＝1 150.87 元/100 m。

硬木踢脚线制作安装的计价工程量为 60 m,故此项合价为 1 150.87 元×60/100＝690.52 元。

④ 查《计价表》知,16-106 润油粉、刮腻子、聚氨酯清漆三遍踢脚线,与本题做法一致,因为无需任何换算,就直接套用表 6-10 中 16-106 定额子目的综合单价 64.67 元/10 m。

油漆计价工程量为 60 m,故此项合价为 64.67×60/10＝388.02 元。

(4)计算木质踢脚线清单项目综合单价

计算出组成清单项目的各子目合价后,将各子目合价进行加总,再用这个总数除以项目工程量,就得到木质踢脚线清单项目综合单价:(690.52＋388.02)/7.2＝149.79 元。

将综合单价和合价填入表 6-11 中。

表 6-11　工程量清单及计价表

序号	项目编码	项目名称	项目特征描述	计量单位	工程量	金额(元)		
						综合单价	合价	其中: 暂估价
1	020105006001	木质踢脚线	1. 高度 120 mm 2. 20 mm 厚毛料硬木踢脚板 3. 聚氨酯清漆三遍	m²	7.2	149.79	1 078.54	

例 6-2 中所用《计价表》定额子目录见表 6-12、表 6-13 所示。

表 6-12　硬木踢脚线

工作内容:下料、制作、垫木安置、安装、清理　　　　　　　　　　　　　　　　计量单位:100 m

定　额　编　号				12-137	
项　　　目		单　位	单　价	硬木 踢脚线 制作安装	
				数量	合价
综合单价		元		1 165.41	
其 中	人工费	元		136.64	
	材料费	元		962.73	
	机械费	元		11.30	
	管理费	元		36.99	
	利　润	元		17.75	
	一类工	工日	28.00	4.88	136.64
材 料	401031　硬木成材	m³	2 449.00	0.33	808.17
	401029　普通成材	m³	1 599.00	0.09	143.91
	611001　防腐油	kg	1.71	3.68	6.29
	511533　铁　钉	kg	3.60	1.21	4.36
机 械	07012　木工锯圆机 φ500 mm	台班	24.28	0.10	2.43
	07018　木工压刨床(单面)600 mm	台班	34.57	0.17	5.88
	07024　木工裁口机(多面)400 mm	台班	37.36	0.08	2.99

注:踢脚线按 150 mm×20 mm 毛料计算,设计断面不同,材积按比例换算。

表 6-13　聚氨酯漆

工作内容:清扫、磨砂纸、润油粉、刷聚氨酯清漆三遍等全部操作过程　　　　　　计量单位:10 m²

定　额　编　号				16-106	
项　　　目		单　位	单　价	润油粉、刮腻子、聚氨酯 踢脚线 10 m	
				数量	合价
综合单价		元		39.04	
其 中	人工费	元		20.44	
	材料费	元		11.04	
	机械费	元			
	管理费	元		5.11	
	利　润	元		2.45	
	一类工	工日	28.00	0.73	20.44
材 料	601069　聚氨酯清漆	kg	14.25	0.63	8.98
	601125　清油	kg	10.64	0.04	0.43
	603045　油漆溶剂油	kg	3.33	0.08	0.27
	613056　二甲苯	kg	3.42	0.08	0.27
	609032　大白粉	kg	0.48	0.19	0.09
	607018　石膏粉 325 目	kg	0.45	0.05	0.02
	其他材料费	元			0.98

6.4.6 计算综合单价应注意的问题

计算综合单价时应注意以下组价时不能漏项：

（1）工程量清单中的工程量是以建筑物的实体量来计算的，工程量清单项目中没有体现的但施工中又必须发生的工程内容所需的费用不要漏算。如：平整场地中实际平整的面积大于建筑物首层建筑面积部分不能不算；基础土方中的放坡部分和工作面的土方量应该根据实际情况按合理的施工方法进行计算；多级天棚的跌落部分等面积不能漏算等。

（2）一个清单项目由多个工程内容组成，不能遗漏。如砖基础砌筑包括砌砖基础和墙基防潮层两个定额子目，因此在进行综合单价分析时不能只算砌砖基础1个子目，还需计算墙基防潮层子目所发生的费用。

为了防止组价时漏项，江苏省编制了《江苏省建设工程工程量清单计价项目指引》，造价人员可根据《计价指引》查找各分部分项工程量清单计价时应包含的定额子目。

本章以下几节中分部分项工程费、措施项目费、其他项目费、规费、税金等都按2009年《江苏省建设工程费用定额》及相关计价文件确定。

6.5 分部分项工程费的组成及确定

分部分项工程费是指施工过程中耗费的构成工程实体性项目的各项费用，由人工费、材料费、施工机械使用费、企业管理费和利润构成。

6.5.1 分部分项工程费的组成

分部分项工程费用项目包括以下内容：

1）人工费

人工费是指直接从事建筑安装工程施工的生产工人开支的各项费用，内容包括：

（1）基本工资。是指发放给生产工人的基本工资，包括基础工资、岗位（职级）工资、绩效工资等。

（2）工资性（津）补贴。是指企业发放的各种性质的津贴、补贴，包括物价补贴、交通补贴、住房补贴、施工补贴、误餐补贴、带薪休假、节假日（夜间）加班费等。

（3）生产工人辅助工资。是指生产工人年有效施工天数以外非作业天数的工资，包括职工学习、培训期间的工资，探亲、休假期间的工资，因气候影响的停工工资，女工哺乳时间的工资，病假时间的工资，病假在六个月以内的工资及产、婚、丧假期的工资。

（4）职工福利费。是指按规定标准计提的职工福利费以及发放的各种带福利性质的物品，如计划生育、独生子女补贴费等。

（5）劳动保护费。是指按规定标准发放的劳动保护用品、工作服装制作、防暑降温费、劳动保护中高危毒险工种施工作业防护补贴费等。

（6）奖金。在生产过程中发放的奖金。各类性质的生产奖、超产奖、质量奖、安全奖、完成任务奖、承包奖等。

2）材料费

材料费是指施工过程中耗费的构成工程实体的原材料、辅助材料、构配件、零件、半成品的费用和周转使用材料的摊销（或租赁）费用。内容包括：

（1）材料原价（或供应价格）。

（2）材料运杂费。是指材料自来源地运至工地仓库或指定堆放地点所发生的全部费用。

（3）运输损耗费。是指材料在运输装卸过程中不可避免的损耗。

（4）采购及保管费。是指为组织采购、供应和保管材料过程所需要的各项费用。包括采购费、仓储费、工地保管费、仓储损耗。

3）施工机械使用费

施工机械使用费是指施工机械作业所发生的机械使用费以及机械安拆费和场外运费。

施工机械台班单价由下列七项费用组成：

（1）折旧费。指施工机械在规定的使用年限内，陆续收回其原值及购置资金的时间价值。

（2）大修理费。指施工机械按规定的大修理间隔台班进行必要的大修理，以恢复其正常功能所需的费用。

（3）经常修理费。指施工机械除大修理以外的各级保养和临时故障排除所需的费用。包括为保障机械正常运转所需替换设备与随机配备工具用具的摊销和维护费用、机械运转及日常保养所需润滑与擦拭的材料费用、机械停滞期间的维护和保养费用等。

（4）安拆费及场外运费。安拆费指施工机械在现场进行安装与拆卸所需的人工、材料、机械和试运转费用以及机械辅助设施的折旧、搭设、拆除等费用；场外运费指施工机械整体或分体自停放地点运至施工现场或由一施工地点运至另一施工地点的运输、装卸、辅助材料及架线等费用。

（5）人工费。指机上司机（司炉）和其他操作人员的工作日人工费及上述人员在施工机械规定的年工作台班以外的人工费。

（6）燃料动力费。指施工机械在运转作业中所消耗的固体燃料（煤、木柴）、液体燃料（汽油、柴油）及水、电等。

（7）养路费及车船使用税。指施工机械按照国家规定和有关部门规定应缴纳的养路费、车船使用税、保险费和年检费等。

4）企业管理费

企业管理费是指施工企业组织施工生产和经营管理所需的费用。内容包括：

（1）管理人员的基本工资、工资性（津）补贴、职工福利费、劳动保护费、奖金。

（2）差旅交通费。指企业职工因公出差、住勤补助费、市内交通费和误餐补助费，职工探亲路费、劳动力招募费、工地转移费以及交通工具油料、燃料、牌照、养路费等。

（3）办公费。指企业办公用文具、纸张、账表、印刷、邮电、书报、会议、水、电、燃煤、燃气等费用。

（4）固定资产使用费。指企业属于固定资产的房屋、设备、仪器等的折旧、大修、维修或租赁费。

（5）生产工具用具使用费。指企业管理使用不属于固定资产的工具、用具、家具、交通工具、检验、试验、消防等的购置、维修和摊销费,以及支付给工人自备工具的补贴费。

（6）工会经费及职工教育经费。工会经费是指企业按职工工资总额计提的工会经费;职工教育经费是指企业为职工学习培训按职工工资总额计提的费用。

（7）财产保险费。指企业管理用财产、车辆保险。

（8）财务费。指企业为筹集资金而发生的各种费用。

（9）税金。指企业按规定缴纳的房产税、车船使用税、土地使用税、印花税等。

（10）意外伤害保险费。

（11）工程定位、复测、点交、场地清理费。

（12）非甲方所为4 h以内的临时停水停电费用。

（13）其他。包括技术转让费、技术开发费、业务招待费、绿化费、广告费、公证费、法律顾问费、审计费、咨询费、联防费等。

5) 利润

利润是指施工企业完成所承包工程获得的盈利。

6.5.2　分部分项工程费的确定

分部分项工程量清单应采用综合单价计价。

分部分项工程费用的确定取决于两个方面:一是取决于清单工程量(业主已确定);二是取决于清单项目综合单价。分部分项工程费＝∑(清单工程量×综合单价)。

6.5.3　某屋面及防水工程清单计价实例

【例6-3】　根据表6-14(a)某工程屋面及防水工程的工程量清单项目计算出综合单价及合价,填入该分项工程量清单与计价表中(本例中费用不作调整,按江苏省《计价表》计算)。

表6-14(a)　分部分项工程量清单与计价表

工程名称:某工程

序号	项目编码	项目名称	项目特征描述	计量单位	工程量	金额(元)		
						综合单价	合价	其中暂估价
1	010702001001	屋面卷材防水	(1)卷材品种、规格:SBS改性沥青卷材,厚3 mm (2)防水层做法:冷粘 (3)找平层:1:3水泥砂浆20 mm厚,分格,高强APP嵌缝膏嵌缝	m²	79.62			
2	010702003001	屋面刚性防水	(1)防水层厚度:40 mm (2)嵌缝材料:高强APP嵌缝膏嵌缝 (3)混凝土强度等级:C20细石混凝土 (4)找平层:1:3水泥砂浆20 mm厚,分格,高强APP嵌缝膏嵌缝	m²	78.98			

续表 6-14(a)

序号	项目编码	项目名称	项目特征描述	计量单位	工程量	金额(元)		
						综合单价	合价	其中:暂估价
3	010702004001	屋面排水管	(1)排水管品种、规格、颜色:白色 D100UPVC 增强塑料管 (2)排水口:D100 带罩铸铁雨水口 (3)雨水斗:矩形白色 UPVC 增强塑料雨水斗	m	73.20			
4	010702005001	屋面天沟、檐沟	(1)卷材品种、规格:SBS 改性沥青卷材,厚 3 mm (2)防水层做法:冷粘 (3)找坡:C20 细石混凝土找坡 0.5% (4)找平层:1:2防水砂浆 20 mm 厚,不分格	m²	39.68			
小　计								

【解】 (1)卷材防水屋面清单项目。

本清单项目下包含 SBS 卷材和 1:3 水泥砂浆有分格找平层这两个计价定额子目内容。可以根据《计价表》计算规则计算出计价工程量乘以相应的《计价表》综合单价,再除以清单总工程量,得出清单综合单价。也可以先计算出每平方米卷材清单项目中所包含的《计价表》中计价定额子目工程含量,乘以相应的《计价表》综合单价进行汇总计算,得出清单综合单价。

计算步骤:

① 分别计算出单位清单项目数量中所含的《计价表》项目的数量、含量及单价和合价

a. 屋面防水卷材清单工程量为 79.62 m²

SBS 卷材计价工程量同清单工程量:79.62 m²

含量:79.62÷79.62＝0.10(10 m²/m²)

查《计价表》,定额编号为 9-30,子目综合单价为 389.78 元/10 m²。

合价:389.78×0.10＝38.98 元

b. 1:3水泥砂浆有分格找平层

计价工程量:(11.40＋0.24)×(6.60＋0.24)－0.80×0.80＝78.98 m²

含量:78.98÷79.62＝0.099(10 m²/m²)

查《计价表》,定额编号为 9-75,子目综合单价为 89.13 元/10 m²。

合价:89.13×0.099＝8.82 元

② 计算本清单项目综合单价

本条清单综合单价:38.98＋8.82＝47.80 元/m²

(2)刚性防水层面清单项目

本清单项目下包含 40 mm 厚 C20 细石混凝土刚性防水层和 1:3 水泥砂浆有分格找平层这两个计价定额子目内容。可先计算出《计价表》项目总价,再除以清单工程量,得出清单综合

单价。

① 分别计算出清单项目中所含的《计价表》定额子目的计价工程量、单价和合价

a. 刚性防水屋面

计价工程量：78.98 m² = 7.898(10 m²)

查《计价表》，定额编号为 9-72，子目综合单价为 211.07 元/10 m²。

合价：211.07×7.898 = 1 667.03 元

b. 1:3 水泥砂浆有分格找平层

计价工程量：78.98 m² = 7.898(10 m²)

查《计价表》，定额编号为 9-75，子目综合单价为 89.13 元/10 m²。

合价：89.13×7.898 = 703.95 元

② 用上述总合价除以清单数量，即得出清单单价

本条清单综合单价：(1667.03＋703.95)÷78.98 = 30.02 元/m²

（3）屋面排水管清单项目

本条清单下包含排水管、雨水口和雨水斗三个《计价表》定额子目。

① 分别计算出清单项目中所含的《计价表》定额子目的计价工程量、单价和合价

a. φ100UPVC 排水管

计价工程量：73.20 m = 7.32(10 m)

查《计价表》，定额编号为 9-188，子目综合单价为 289.94 元/10 m。

合价：289.94×7.32 = 2 122.36 元

b. φ100 铸铁带罩雨水口

计价工程量：6 只 = 0.6(10 只)

查《计价表》，定额编号为 9-196，子目综合单价为 172.65 元/10 只。

合价：172.65×0.6 = 103.59 元

c. φ100UPVC 雨水斗

计价工程量：6 只 = 0.6(10 只)

查《计价表》，定额编号为 9-190，子目综合单价为 257.02 元/10 只。

合价：257.02×0.6 = 154.21 元

② 用上述总合价除以清单数量，即得出清单单价

本条清单综合单价：(2 122.36＋103.59＋154.21)÷73.20 = 32.52 元/m

（4）屋面天沟、檐沟清单项目

本条清单下包括 SBS 卷材防水层、C20 细石混凝土找坡和 1:2 水泥砂浆面层三个《计价表》定额子目。分别计算出清单项目中所含的《计价表》定额子目的计价工程量、单价和合价。

① SBS 卷材

计价工程量：39.68 m² = 3.968(10 m²)

查《计价表》，定额编号为 9-30，子目综合单价为 389.78 元/10 m²。

合价：389.78×3.968 = 1 546.65 元

② C20 细石混凝土找坡平均 25 mm 厚

计价工程量：(11.64＋0.54＋6.84＋0.54)×2×0.54 = 21.12 m² = 2.112(10 m²)

查《计价表》，定额编号为 12-18、12-19，子目综合单价：106.78－12.28×3 = 69.94 元/10 m²

合价:69.94×2.112=147.71 元

③ 防水砂浆屋面无分格 20 mm 厚

计价工程量:39.68 m² =3.968(10 m²)

查《计价表》,定额编号为 9-70,9-71,子目综合单价:115.68—18.32=97.36 元/10 m²。

合价:97.36×3.968=386.32 元

(5) 用上述总合价除以清单数量,即得出清单单价

本条清单综合单价:(1 546.65+147.71+386.32)÷39.68=52.44 元/m²

(6) 将各清单项的综合单价、合价填入表 6-14(b)中。

表 6-14(b)　分部分项工程量清单与计价表

工程名称:某工程

序号	项目编码	项目名称	项目特征描述	计量单位	工程量	综合单价	合价	其中:暂估价
1	010702001001	屋面卷材防水	(1)卷材品种、规格:SBS改性沥青卷材,厚 3 mm (2)防水层做法:冷粘 (3)找平层:1:3水泥砂浆 20 mm 厚,分格,高强APP嵌缝膏嵌缝	m²	79.62	47.80	3 805.84	
2	010702003001	屋面刚性防水	(1)防水层厚度:40 mm (2)嵌缝材料:高强 APP嵌缝膏嵌缝 (3)混凝土强度等级:C20 细石混凝土 (4)找平层:1:3水泥砂浆 20 mm 厚,分格,高强APP嵌缝膏嵌缝	m²	78.98	30.02	2 370.98	
3	010702004001	屋面排水管	(1)排水管品种、规格、颜色:白色 D100UPVC 增强塑料管 (2)排水口:D100 带罩铸铁雨水口 (3)雨水斗:矩形白色UPVC 增强塑料雨水斗	m	73.20	32.52	2 380.46	
4	010702005001	屋面天沟、檐沟	(1)卷材品种、规格:SBS改性沥青卷材,厚 3 mm (2)防水层做法:冷粘 (3)找坡:C20 细石混凝土找坡 0.5% (4)找平层:1:2防水砂浆 20 mm 厚,不分格	m²	39.68	52.44	2 080.82	
			小　计				10 638.10	

思考:若本例中人工费取 56 元/工日,工程类别为二类工程,此例题该如何计算?请读者自行计算。

例 6-3 中所用《计价表》定额子目摘录见表 6-15~表 6-21 所示。

表 6-15　卷材屋面

工作内容:1. 清理基层、涂刷基层处理剂;2. 铺贴卷材及附加层;3. 封口、收头、钉压条　　　计量单位:10 m²

定　额　编　号		单　位	单　价	9-30	
				SBS改性沥青防水卷材	
项　　　目				冷粘法	
				单　层	
				数量	合价
综合单价		元		389.78	
其中	人工费	元		15.60	
	材料费	元		368.41	
	机械费	元			
	管理费	元		3.90	
	利　润	元		1.87	
二类工		工日	26.00	0.60	15.60
材料	610019	SBS聚酯胎乙烯膜卷材厚度3mm	m²	22.00	12.50	275.00
	610006	改性沥青粘结剂	kg	5.20	13.40	69.68
	610001	APP及SBS基层处理剂	kg	4.60	3.55	16.33
	610016	SBS封口油膏	kg	7.50	0.62	4.65
	503152	钢压条	kg	3.00	0.52	1.56
	511213	钢钉	kg	6.37	0.03	0.19
		其他材料费	元			1.00

表 6-16　刚性防水屋面

工作内容:清理基层、刷水泥浆、砂浆搅拌、分格、分格缝内嵌油膏　　　　　　　　　　　计量单位:10 m²

定　额　编　号		单　位	单　价	9-70		9-71	
				防水砂浆			
项　　　目				无分格缝		每增(减)5 mm	
				25 mm 厚			
				数量	合价	数量	合价
综合单价		元		115.68		18.32	
其中	人工费	元		27.30		3.38	
	材料费	元		69.77		12.99	
	机械费	元		6.21		0.51	
	管理费	元		8.38		0.97	
	利　润	元		4.02		0.47	
二类工		工日	26.00	1.05	27.30	0.13	3.38
材料	013009	水泥砂浆1:2	m³	254.76	0.253	64.45	0.051	12.99
	013075	素水泥浆	m³	426.22	0.01	4.26		
	613206	水	m³	2.80	0.38	1.06		
机械	06016	灰浆拌和机200L	台班	51.43	0.051	2.62	0.01	0.51
	13072	混凝土搅拌机400L	台班	83.39	0.043	3.59		

表 6-17　刚性防水屋面(1)

工作内容:撒细砂、干铺油毡一层、拌和混凝土、浇捣、分格、分格缝内嵌油膏　　　　　计量单位:10 m²

定　额　编　号				9-72	
项　　　目		单　位	单　价	细石混凝土	
				有分格缝	
				40 mm 厚	
				数量	合价
综合单价		元		211.07	
其中	人工费	元		52.52	
	材料费	元		135.49	
	机械费	元		2.65	
	管理费	元		13.79	
	利润	元		6.62	
二类工		工日	26.00	2.02	52.52
材料	001001　现浇 C20 混凝土	m³	174.50	0.404	70.50
	604038　石油沥青油毡 350#	m²	2.96	10.50	31.08
	610039　高强 APP 嵌缝膏	kg	8.17	3.69	30.15
	401035　周转木材	m³	1 249.00	0.001	1.25
	101021　细砂	t	28.00	0.031	0.87
	511533　铁钉	kg	3.60	0.05	0.18
	613206　水	m³	2.80	0.52	1.46
机械	13072　混凝土搅拌机 400L	台班	83.39	0.025	2.08
	15003　混凝土振动器(平板式)	台班	14.00	0.041	0.57

表 6-18　刚性防水屋面(2)

工作内容:调制砂浆、运输、抹灰、分格;分格缝内嵌油膏　　　　　计量单位:10 m²

定　额　编　号				9-75	
项　　　目		单　位	单　价	水泥砂浆	
				有分格缝	
				20 mm 厚	
				数量	合价
综合单价		元		89.13	
其中	人工费	元		22.36	
	材料费	元		55.67	
	机械费	元		2.06	
	管理费	元		6.11	
	利润	元		2.93	
二类工		工日	26.00	0.86	22.36
材料	013005　水泥砂浆 1:3	m³	176.30	0.202	35.61
	401035　周转木材	m³	1 249.00	0.000 4	0.50
	511533　铁钉	kg	3.60	0.03	0.11
	610039　高强 APP 嵌缝膏	kg	8.17	2.36	19.28
	613206　水	m³	2.80	0.06	0.17
机械	06016　灰浆拌和机 200L	台班	51.43	0.04	2.06

表 6-19　PVC 管排水

工作内容:切(配)管,粘接管道、管件和安装

计量单位:10 只

定　额　编　号		单位	单价	9-188		9-190	
项　　目				PVC 水落管		PVC 水斗	
				φ100		φ100	
				10 m			
				数量	合价	数量	合价
综合单价		元		289.94		257.02	
其中	人工费	元		11.96		9.88	
	材料费	元		273.55		243.48	
	机械费	元					
	管理费	元		2.99		2.47	
	利　润	元		1.44		1.19	
二类工		工日	26.00	0.46	11.96	0.38	9.88
材料	605355　增强塑料水管(PVC 水管)φ75 mm	m	11.66				
	605356　增强塑料水管(PVC 水管)φ100 mm	m	21.44	10.20	218.69		
	605026　PVC 水斗 φ75 mm	只	9.00				
	605280　塑料水斗(PVC 水斗)φ100 mm	只	15.96			10.20	162.79
	605153　塑料抱箍(PVC)φ75 mm	副	1.66				
	605154　塑料抱箍(PVC)φ100 mm	副	3.52	10.60	37.31	10.20	35.90
	605023　PVC 速接 φ75 mm	只	3.42				
	605024　PVC 速接 φ100 mm	只	4.18	2.74	11.45	10.20	42.64
	605289　塑料弯头(PVC)φ75135 度	只	3.80				
	605291　塑料弯头(PVC)φ100135 度	只	8.17	0.57	4.66		
	613098　胶水	kg	7.98	0.18	1.44	2.27	2.15

表 6-20　铸铁管排水

工作内容:铸铁落水口及水斗就位、安装

计量单位:10 只

定　额　编　号		单位	单　价	9-196	
项　　目				屋面铸铁落水口(带罩)	
				φ100	
				数量	合价
综合单价		元		172.65	
其中	人工费	元		47.58	
	材料费	元		107.46	
	机械费	元			
	管理费	元		11.90	
	利　润	元		5.71	
二类工		工日	26.00	1.83	47.58
材料	508264　铸铁雨水口(带罩)φ100 mm	套	10.64	10.10	107.46

表 6-21 找平层

工作内容:1. 细石混凝土搅拌、捣平、压实、养护;2. 清理基层、熬沥青砂浆、捣平、压实　　　　计量单位:m²

定额编号				12-18		12-19	
项目		单位	单价	细石混凝土			
				厚 40 mm		厚度每增(减)5 mm	
				数量	合价	数量	合价
综合单价		元		106.78		12.28	
其中	人工费	元		22.88		2.08	
	材料费	元		71.62		8.98	
	机械费	元		2.78		0.33	
	管理费	元		6.42		0.60	
	利润	元		3.08		0.29	
二类工		工日	26.00	0.88	22.88	0.08	2.08
材料	001001 现浇 C20 混凝土	m³	174.50	0.404	70.50	0.051	8.90
	613206 水	m³	2.80	0.40	1.12	0.03	0.08
机械	13072 混凝土搅拌机 400L	台班	83.39	0.025	2.08	0.003	0.25
	15003 混凝土振动器(平板式)	台班	14.00	0.05	0.70	0.006	0.08

6.6 建筑工程项目措施项目的组成及措施项目费的确定

措施项目费是指为完成工程项目施工所必须发生的施工准备和施工过程中技术、生活、安全、环境保护等方面的非工程实体项目费用。

6.6.1 措施项目费的组成

措施项目费用包括以下内容:

(1) 环境保护费。是指施工现场为达到环保部门要求所需要的各项费用。包括施工企业按照国家及地方有关规定保护施工现场周围环境,防止和减轻工程施工对周围环境的污染和危害,建筑垃圾外弃,以及竣工后修整和恢复在工程施工中受到破坏的环境等所需的费用。

(2) 临时设施费。是指施工企业为进行建筑工程施工所必须搭设的生活和生产用的临时建筑物、构筑物和其他临时设施等费用。

临时设施费内容包括临时设施的搭设、维修、拆除、摊销等费用。

临时设施包括临时宿舍、文化福利及公用事业房屋与构筑物、仓库、办公室、加工场以及规定范围内(沿建筑物外边线起向外 50 m 内,多栋建筑两栋间隔 50 m 内)围墙、道路、水电、管线等临时设施和小型临时设施。

建设单位同意在施工就近地点临时修建混凝土构件预制场所发生的费用,应向建设单位结算。

（3）安全文明施工费。是指为满足施工现场安全、文明施工以及职工健康生活所需要的各项费用。本项为不可竞争费用。

① 安全施工措施包括建立安全生产的各类制度，安全检查，安全教育，安全生产培训，安全标牌、标志，"三宝"、"四口"、"五临边"防护的费用，建筑四周垂直封闭，消防设施，防止邻近建筑危险沉降，基坑施工人员上下专用通道、基坑支护变形监测、垂直作业上下隔离防护，施工用电防护，在建建筑四周垂直封闭网，起重吊装专设人员上下爬梯及作业平台临边支护，其他安全施工所需要的防护措施。

② 文明施工措施包括施工现场围挡（围墙）及大门，出入口清洗设施，施工标牌、标志，施工场地硬化处理，排水设施，温暖季节施工的绿化布置，防粉尘、防噪音、防干扰措施，保安费，保健急救措施，卫生保洁。

③ 费用组成包括基本费、现场考评费和奖励费三部分。基本费是施工企业在施工过程中必须发生的安全文明措施的基本保障费。现场考评费是施工企业执行有关安全文明施工规定，经考评组织现场核查打分和动态评价获取的安全文明措施增加费。奖励费是施工企业根据与建设方的约定，加大投入，加强管理，创建省、市级文明工地的奖励费用。以上三项在《计价规范》中统称为安全文明施工费（含环境保护、文明施工、安全施工、临时设施），此费用为不可竞争费。

（4）夜间施工增加费。是指规范、规程要求正常作业而发生的夜班补助、夜间施工降效、照明设施摊销及照明用电等费用。

（5）二次搬运费。是指因施工场地狭小等特殊情况而发生的二次搬运费用。

（6）冬雨季施工增加费。指在冬雨季施工期间所增加的费用。包括冬季作业、临时取暖、建筑物门窗洞口封闭及防雨措施、排水、工效降低等费用。

（7）大型机械设备进出场及安拆费。是指机械整体或分体自停放场地运至施工现场，或由一个施工地点运至另一个施工地点所发生的机械进出场运输转移、机械安装、拆卸等费用。

（8）混凝土模板及支架费。是指混凝土施工过程中需要的各种模板、支架等的制作、安装、拆除、维护、运输、周转材料摊销等费用。

（9）脚手架费。指脚手架搭设、加固、拆除、周转材料摊销等费用。

（10）已完工程及设备保护。是指对已施工完成的工程和设备采取保护措施所发生的费用。

（11）施工排水、降水费。是指为确保工程在正常条件下施工，采取各种排水、降水措施所发生的各种费用。

（12）垂直运输机械费。是指在合理工期内完成单位工程全部项目所需的垂直运输机械台班费用。

（13）检验试验费。是指施工企业按规定进行建筑材料、构配件等试样的制作、封样、送检和其他为保证工程质量进行的材料检验试验工作所发生的费用。根据有关国家标准或施工验收规范要求对材料、构配件和建筑物工程质量检测检验发生的费用由建设单位直接支付给所委托的检测机构。

（14）赶工费。是指施工合同约定工期相比定额工期提前，施工企业为缩短工期所发生的费用。

（15）工程按质论价。是指施工合同约定质量标准超过国家规定，施工企业完成工程质量达到经有权部门鉴定为优质工程所必须增加的施工成本费。

（16）住宅工程分户验收费。根据有关规定，对住宅项目竣工验收时实行一户一验发生的相关费用。

（17）特殊条件下施工增加费。是指地下不明障碍物、铁路、航空、航运等交通干扰而发生的施工降效费用以及地上、地下设施和建筑物的临时保护设施等费用。

（18）各专业工程的措施项目费。包括建筑工程（土方支护结构等）和装饰工程（室内空气污染测试等）。

6.6.2 措施项目费的确定

1）措施项目的确定

措施项目的内容应依据招标人提供的措施项目清单和投标人投标时拟定的施工组织设计或施工方案确定。

由于各投标人拥有的施工装备、技术水平和采用的施工方法有所差异，招标人提出的措施项目清单是根据一般情况确定的，没有考虑不同投标人的"个性"，因此投标人投标时应根据自身编制的投标施工组织设计（或施工方案）确定措施项目，并对招标人提供的措施项目进行调整。

2）措施项目费确定的原则

（1）计价方式

措施项目费的计价方式应根据招标文件的规定，可以计算工程量的措施清单项目采用综合单价方式报价，其余的措施清单项目采用以"项"为计量单位的方式报价。

（2）不可竞争费与竞争费要分清

在措施项目投标报价时，要分清哪些是政府规定的费用，哪些是企业自主报价竞争费用。措施项目清单中的安全文明施工费应按照国家或省级、行业建设主管部门的规定计价，不得作为竞争性费用。安全文明施工费包括措施费的文明施工费、环境保护费、临时设施费、安全施工费，其余费用为竞争费用。

（3）要对措施项目清单作出实质性响应

报价人计算措施项目费要根据招标人的招标文件所要求的技术指标、质量要求、工期要求等指标确定。在措施项目清单中所列的措施项目一般是招标人密切关注的项目，如对重要结构和部位的施工方案及其费用、脚手架和模板的施工方案及其费用、安全施工采取的具体措施及其费用等，报价人在措施项目清单中都必须根据施工组织设计列出详细的清单报价，既符合自身状况又满足招标人招标文件要求，作为实质性响应。

3）措施项目费计算方法

措施项目费计算分为三种形式：一是以工程量乘以综合单价计算；二是以费率计算；三是根据施工方案分析确定。

（1）以综合单价方法计算措施项目费

根据计价定额规定的计算规则计算出工程量，执行相应定额，计算出相应的综合单价，用工程量乘以综合单价得到该项目的措施项目费。计算公式为：

$$措施项目费 = \sum 清单工程量 \times 综合单价$$

可按工程量乘以综合单价计算的措施项目,如大型机械设备进出场及安拆,混凝土模板及支架,脚手架,施工排水、降水,垂直运输机械,建筑、装饰工程的二次搬运费等。

(2)以费率计算措施项目费

以费率计算措施项目费就是按一定的基数乘以政府部门规定的费率或根据企业施工经验取定的费率进行计算。若以分部分项工程费为基数,计算公式可表达为:

$$措施项目费 = \sum 分部分项工程费 \times 相应的费率$$

可按费率计算的措施项目有:安全文明施工费(文明施工费、环境保护费、临时设施费、安全施工费)、夜间施工费、冬雨季施工费、检验试验费、已完工程及设备保护费、二次搬运费、赶工费、特殊条件下施工增加费、按质论价费、住宅分户验收费等。

以费率计算的措施项目,江苏省取定的费率标准见表 6-22~表 6-24 所示。

表 6-22 措施项目费费率标准

项 目	计算基础	费率(%)	
		建筑工程	单独装饰
安全、文明施工措施费	分部分项工程费	按照省相应文件计取	
环境保护措施费		0.05~0.1	0~0.1
临时设施费		1.5~2.5	0.3~1.2
夜间施工增加费		0.05~0.1	0~0.1
冬雨季施工增加费		0~0.05	—
检验试验费		0.18	0.18
已完工程及设备保护		0.0~0.1	0.2
赶工费		0.0~0.1	2.5~4.5
按质论价		0.0~0.1	1.0~2.0
住宅分户验收		0.08	0.08

表 6-23 安全文明施工措施费费率

序号	项目名称	基本费率(%)	现场考评费率(%)	奖励费(获市级文明工地/获省级文明工地)(%)
一	建筑工程	2.0	1.1	0.4/0.7
二	构件吊装	0.8	0.5	—
三	桩基工程	1.0	0.6	0.2/0.4
四	机械施工大型土石方工程	1.0	0.6	—
五	单独装饰工程	0.8	0.5	0.2/0.4

表 6-24 按质论价奖罚系数表

项 目		一次核验不合格	二次核验不合格	优质	市优	省优	国优
建安工程	住宅工程	−0.8~1.0	−1.2~2	1.5~2	2~2.4	2.4~2.7	2.7~3
	其他工程	−0.5~0.8	−1~1.7	1~1.5	1.5~1.9	1.9~2.2	2.2~2.5

（3）方案分析法

方案分析法是通过编制具体的措施实施方案，对方案所涉及的各种经济技术参数计算后确定措施项目费用。

可根据方案分析法确定的措施项目有夜间施工、二次搬运、冬雨季施工、大型机械进出场及安拆费、特殊条件下施工增加费、已完工程及设备保护费、垂直运输费等。

6.6.3 措施费计算实例

【例 6-4】 已知某住宅工程分部分项工程费为 310 万元，发生的措施项目及措施费取费如下：根据有关规定环境保护费费率取 0.05%，现场安全文明施工费取中，基本费费率取 2%，考评费费率为 1.1%，奖励费费率为 0.4%，检验试验费费率为 0.18%，该工程质量目标"市优"，取费费率为 0.1%，根据施工组织设计测算出夜间施工费为 3.6 万元，大型机械进出场费为 1.6 万元，根据以往工程的资料测算临时设施费率为 2%，已根据《计价表》计算出模板费为 9.6 万元，脚手架费为 6.5 万元，垂直运输费为 8.6 万元。试计算该工程的措施费。

【解】 （1）环境保护费：$3\ 100\ 000 \times 0.05\% = 1\ 550$ 元

（2）现场安全文明施工措施费：$3\ 100\ 000 \times (2\% + 1.1\% + 0.4\%) = 108\ 500$ 元

（3）临时设施费：根据以往工程的资料测算费率为 2%，$3\ 100\ 000 \times 2\% = 62\ 000$ 元

（4）检验试验费：按分部分项工程费的 0.18% 计算，$3\ 100\ 000 \times 0.18\% = 5\ 580$ 元

（5）夜间施工费：根据施工组织设计测算出夜间施工费为 36 000 元

（6）大型机械设备进场及安拆费：大型机械进出场费为 16 000 元

（7）模板费用：96 000 元

（8）脚手架费：65 000 元

（9）垂直运输机械费：86 000 元

（10）工程优质奖：该工程质量目标"市优"，取费费率为 0.1%，$3\ 100\ 000 \times 0.1\% = 3\ 100$ 元

该住宅工程措施费为

$1\ 550 + 108\ 500 + 62\ 000 + 5\ 580 + 36\ 000 + 16\ 000 + 96\ 000 + 65\ 000 + 86\ 000 + 3\ 100$
$= 479\ 730$ 元

6.7 其他项目费的组成及其确定

6.7.1 其他项目费的组成

（1）总承包服务费。总承包服务费是总承包人为配合协调发包人进行的工程分包自行采购的设备、材料等进行管理、服务以及施工现场管理、竣工资料汇总整理等服务所需的费用。

① 建设单位单独分包的工程，总包单位与分包单位的配合费由建设单位、总包单位和分包单位在合同中明确。

② 总包单位自行分包的工程所需的总包管理费由总包单位和分包单位自行解决。

③ 安装施工单位与土建施工单位的施工配合费由双方协商确定。

（2）暂列金额。招标人在工程量清单中暂定并包括在合同价款中的款项，用于施工合

同签订时尚未明确或不可预见的所需材料、设备、服务的采购,施工中可能发生的工程变更,合同约定调整因素出现时的工程价款调整及发生的索赔,现场签证确认等的费用。

(3)暂估价。招标人在工程量清单中提供的用于支付必然发生但暂时不能确定价格的材料的单价以及专业工程的金额。

(4)计日工。在施工过程中,完成发包人提出的施工图纸以外的零星项目或工作,按合同中约定的综合单价计价。

6.7.2 其他项目费的确定

其他项目清单应根据工程特点和有关规定计价。

招标人在工程量清单中提供了暂估价的材料和专业工程属于依法必须招标的,由承包人和招标人共同通过招标确定材料单价与专业工程分包价。

若材料不属于依法必须招标的,经发包、承包双方协商确认单价后计价。

若专业工程不属于依法必须招标的,由发包人、总承包人与分包人按有关计价依据进行计价。专业工程的暂估价一般应是综合暂估价,应分不同专业,按有关计价规定估算,应当包括除规费和税金以外的管理费、利润等取费。

(1)暂列金额应按招标人在其他项目清单中列出的金额填写。

(2)材料暂估价应按招标人在其他项目清单中列出的单价计入综合单价;专业工程暂估价应按招标人在其他项目清单中列出的金额填写。

(3)计日工按招标人在其他项目清单中列出的项目和数量,自主确定综合单价并计算计日工费用。

(4)总承包服务费根据招标文件中列出的内容和提出的要求由投标人自主确定。招标人应预计该项费用并按投标人的投标报价向投标人支付该项费用。

6.8 规费及税金

规费和税金的计取标准是依据有关法律、法规和政策规定制定的,具有强制性。投标人在投标报价时必须按照国家或省级、行业建设主管部门的有关规定计算规费和税金。

6.8.1 规费及税金的组成

1)规费

规费是指政府和有关权力部门规定必须缴纳的费用。包括以下内容:

(1)工程排污费。施工现场按各市规定缴纳的工程排污费。工程排污费包括污水排污费、废气排污费、固体废物及危险废物排污费、噪声超标排污费,应按有权收费部门征收的实际金额计算。施工单位违反环境保护的有关规定进行施工而受到有关行政主管部门的罚款,不属于工程排污费,应由施工单位承担。

(2)安全生产监督费。有权部门批准的由施工安全生产监督部门收取的安全生产监督费。

（3）社会保障费

① 养老保险费。是指企业按规定标准为职工缴纳的基本养老保险费。

② 失业保险费。是指企业按规定标准为职工缴纳的基本失业保险费。

③ 医疗保险费。是指企业按规定标准为职工缴纳的基本医疗保险费。

④ 工伤保险费。是指企业按规定标准为职工缴纳的基本工伤保险费。

⑤ 生育保险费。是指企业按规定标准为职工缴纳的基本生育保险费。

（4）住房公积金。是指企业按规定标准为职工缴纳的住房公积金。

2）税金

税金是指国家税法规定的应计入建筑安装工程造价内的营业税、城市维护建设税及教育费附加。包括以下内容：

（1）营业税。是指以产品销售或劳务取得的营业额为对象的税种。

（2）城市建设维护税。是为加强城市公共事业和公共设施的维护建设而开征的税，它以附加形式依附于营业税。

（3）教育费附加。是为发展地方教育事业、扩大教育经费来源而征收的税种，它以营业税的税额为计征基数。

6.8.2 规费及税金取费标准及有关规定

规费和税金应按国家或省级、行业建设主管部门的规定计算，不得作为竞争性费用。

1）规费取费标准及有关规定

工程排污费：施工现场按各市规定缴纳的工程排污费，按有权收费部门征收的实际金额计算（或按当地环保部门排污费缴纳凭证所记载金额计算），以不含税工程造价（税前工程造价）为计算基础。

安全生产监督费取费标准：按各市规定计取，以不含税工程造价为计算基础。

社会保障费及住房公积金：按各省、市规定计取，以不含税工程造价为计算基础。

2）规费和税金的计算

（1）规费的计算

规费的计算以分部分项工程费、措施项目费和其他项目费之和为计算基数进行计算。

$$规费＝（分部分项工程费＋措施项目费＋其他项目费）×规费费率$$

江苏省规费费率取费标准见表 6-25 所示。

表 6-25　规费费率标准

项　　　目		计算基础	费率（%）
社会保障费	养老保险费	分部分项工程费＋措施项目费＋其他项目费	2.8
	失业保险费		
	医疗保险费		
	工伤保险费		
	生育保险费		
住房公积金			0.8

（2）税金的计算

① 建筑业的营业税率为营业额的 3％，即以含税造价为基数计算营业税。计算公式为

应纳营业税额＝含税工程造价×3％

＝（分部分项工程费＋措施项目费＋其他项目费＋规费＋税金）×3％

考虑到实际应用，上式变换后为

应纳营业税额＝（分部分项工程费＋措施项目费＋其他项目费＋规费）×3％/（1－3％）

② 城市建设维护税率：城市 7％，县城、镇 5％，农村 1％。城乡维护建设税计算公式为

应纳税额＝应纳营业税额×适用税率

③ 教育费附加标准按当地税务部门的规定计算，一般取营业税的 3％。教育费附加计算公式为

应纳税额＝应纳营业税额×3％

故可综合考虑三税种以税前造价为计算基础计算综合税率，计算公式为

综合税率＝{1/[1－营业税税率－（营业税税率×城市维护建设税适用税率）

－（营业税税率×教育费附加税率）]－1}×100％

依据综合税率计算税金，计算公式为

税金＝（分部分项工程费＋措施项目费＋其他项目费＋规费）×综合税率

6.8.3 规费、税金及单位工程造价实例

【例 6-5】 已知江苏省某市某土建工程分部分项费为 310 万元，措施项目费为 48 万元，其他项目费为 6 万元。该市规费费率为 3.6％，营业税税率为 3％，城市建设维护税税率为 7％，教育费附加税率为 3％，试计算该土建工程的规费、税金以及土建工程造价。

【解】 规费＝（分部分项工程费＋措施项目费＋其他项目费）×规费费率

＝（3 100 000＋480 000＋60 000）×3.6％＝131 040 元

税金＝（分部分项工程费＋措施项目费＋其他项目费＋规费）×综合税率

＝（3 100 000＋480 000＋60 000＋131 040）

×{1/[1－3％－（3％×7％）－（3％×3％）]－1}

＝128 592 元

土建工程造价＝3 100 000＋480 000＋60 000＋131 040＋128 592＝3 899 632 元

6.9 编制招标控制价及投标报价计价表格组成

6.9.1 封面

1）招标控制价（封-1）

招标人自行编制招标控制价时，由招标人单位注册的造价人员编制。招标人盖单位公章，法定代表人或其授权人签字或盖章；编制人是造价工程师的，由其签字盖执业专用章；编制人是造价员的，由其在编制人栏签字盖专用章，应由造价工程师复核，并在复核人栏签字

盖执业专用章。

招标人委托工程造价咨询人编制招标控制价时,由工程造价咨询人单位注册的造价人员编制。工程造价咨询人盖单位资质专用章,法定代表人或其授权人签字或盖章;编制人是造价工程师的,由其签字盖执业专用章;编制人是造价员的,在编制人栏签字盖专用章,应由造价工程师复核,并在复核人栏签字盖执业专用章。

2) 投标总价(封-2)

投标人编制投标报价时,由投标人单位注册的造价人员编制。投标人盖单位公章,法定代表人或其授权人签字或盖章;编制的造价人员(造价工程师或造价员)签字盖执业专用章。

封-1

_____工程

招 标 控 制 价

招标控制价(小写):_____

(大写):_____

工 程 造 价

招　标　人:_____　咨　询　人:_____
　　　　　　　　(单位盖章)　　　　　　　　　　　　　　　(单位资质专用章)

法定代表人　　　　　　　　　　　　　　法定代表人
或其授权人:_____　或其授权人:_____
　　　　　　　　(签字或盖章)　　　　　　　　　　　　　　(签字或盖章)

编　制　人:_____　复　核　人:_____
　　　　(造价人员签字盖专用章)　　　　　　　　　(造价工程师签字盖专用章)

编制时间:　年　月　日　　　　　　　复核时间:　年　月　日

注:此为招标人委托工程造价咨询人编制招标控制价或招标人自行编制招标控制价的封面。

封-2

投 标 总 价

招　标　人:_____

工 程 名 称:_____

投 标 总 价(小写):_____

(大写):_____

投　标　人:_____
　　　　　　　　　　　(单位盖章)

法定代表人
或其授权人:_____
　　　　　　　　　　　(签字或盖章)

编　制　人:_____
　　　　　　　　(造价人员签字盖专用章)

编制时间:　年　月　日

6.9.2　总说明

总说明见表6-26所示。总说明表只列出了一个表,需要说明的是,在工程计价的不同阶段,说明的内容是有差别的,要求是不同的。

(1) 工程量清单,总说明的内容应包括:

① 工程概况,如建设地址、建设规模、工程特征、交通状况、环保要求等。

② 工程发包、分包范围。

③ 工程量清单编制依据,如采用的标准、施工图纸、标准图集等。

④ 使用材料设备、施工的特殊要求等。

⑤ 其他需要说明的问题。

(2) 招标控制价,总说明的内容应包括:

① 采用的计价依据。

② 采用的施工组织设计。

③ 采用的材料价格来源。

④ 综合单价中风险因素和风险范围(幅度)。

⑤ 其他有关内容的说明等。

(3) 投标报价,总说明的内容应包括:

① 采用的计价依据。

② 采用的施工组织设计。

③ 综合单价中包含的风险因素和风险范围(幅度)。

④ 措施项目的依据。

⑤ 其他有关内容的说明等。

表 6-26 总说明

工程名称: 第 页 共 页

6.9.3 汇总表

(1) 工程项目招标控制价/投标报价汇总表(表 6-27)

由于编制招标控制价和投标价包含的内容相同,只是对价格的处理不同,因此,对招标控制价和投标报价汇总表的设计使用同一表格。实践中,对招标控制价或投标报价可分别印制该表格。

(2) 单项工程招标控制价/投标报价汇总表(表 6-28)

与招标控制价的表格一致,此处需要说明的是,投标报价汇总表与投标函中投标报价金额应当一致。就投标文件的各个组成部分而言,投标函是最重要的文件,其他组成部分都是投标函的支持性文件,投标函是必须经过投标人签字画押,并且在开标会上当众宣读的文件。如果投标报价汇总表的投标总价与投标函填报的投标总价不一致,应当以投标函中填写的大写金额为准。实践中,对该原则一直缺少一个明确的依据,为了避免出现争议,可以在"投标人须知"中给予明确,用在招标文件中预先给予明示约定的方式来弥补法律、法规依据的不足。

表 6-27　工程项目招标控制价/投标报价汇总表

工程名称：　　　　　　　　　　　　　　　　　　　　　　　　　　第　页　共　页

序号	单项工程名称	金额（元）	其　中		
			暂估价（元）	安全文明施工费（元）	规费（元）
合　计					

注：本表适用于工程项目招标控制价或投标报价的汇总。

表 6-28　单项工程招标控制价/投标报价汇总表

工程名称：　　　　　　　　　　标段：　　　　　　　　　　第　页　共　页

序号	单项工程名称	金额（元）	其　中		
			暂估价（元）	安全文明施工费（元）	规　费（元）
合　计					

注：本表适用于单项工程招标控制价或投标报价的汇总。暂估价包括分部分项工程中的暂估价和专业工程暂估价。

（3）单位工程招标控制价/投标报价汇总表（表 6-29）

表 6-29　单位工程招标控制价/投标报价汇总表

工程名称：　　　　　　　　　　标段：　　　　　　　　　　第　页　共　页

序号	汇总内容	金额（元）	其中：暂估价（元）
1	分部分项工程		
1.1			
1.2			
1.3			
2	措施项目		
2.1	安全文明施工费		

续表 6-29

序号	汇总内容	金额(元)	其中:暂估价(元)
3	其他项目		
3.1	暂列金额		
3.2	专业工程暂估价		
3.3	计日工		
3.4	总承包服务费		
4	规费		
5	税金		
招标控制价合计＝1＋2＋3＋4＋5			

注:本表适用于单位工程招标控制价或投标报价的汇总,如无单位工程的划分,单项工程汇总也使用本表汇总。

6.9.4 分部分项工程量清单表

(1) 分部分项工程量清单与计价表(表 6-30)。

编制投标报价时,投标人对表中的"项目编码"、"项目名称"、"项目特征描述"、"计量单位"、"工程量"均不应改动。"综合单价"、"合价"自主决定填写,对其中的"暂估价"栏,投标人应将招标文件中提供了暂估材料单价的暂估价进入综合单价,并应计算出暂估单价的材料在"综合单价"及其"合价"中的具体数额。因此,为更详细反映暂估价情况,也可在"综合单价"中增设一栏"暂估价"。

表 6-30　分部分项工程量清单与计价表

工程名称:　　　　　　　　　　标段:　　　　　　　　　　　　第　页　共　页

序号	项目编码	项目名称	项目特征描述	计量单位	工程量	金　额(元)		
						综合单价	合价	其中:暂估价
	本页小计							
	合　计							

(2) 工程量清单综合单价分析表(表 6-31)。

工程量清单单价分析表是评标委员会评审和判别综合单价组成和价格完整性、合理性的主要基础,对因工程变更调整综合单价也是必不可少的基础价格数据来源。采用经评审的最低投标价法评标时,该分析表的重要性更加突出。

该分析表集中反映了构成每一个清单项目综合单价的各个价格要素的价格及其主要的"工、料、机"消耗量。投标人在投标报价时,需要对每一个清单项目进行组价。为了使组价工作具有可追溯性(回复评标质疑时尤其需要),需要表明每一个数据的来源。该分析表实际上是投标人投标组价工作的一个阶段性成果文件,借助计算机辅助报价系统,可以由电脑自动生成,并不需要投标人付出太多额外劳动。

该分析表一般随投标文件一同提交,作为竞标价的工程量清单的组成部分,以便中标后作为合同文件的附属文件。"投标人须知"中需要就该分析表提交的方式作出规定,该规定需要考虑是否有必要对该分析表的合同地位给予定义。一般而言,该分析表所载明的价格数据对投标人是有约束力的,但是投标人能否以此作为错报和漏报等的依据而寻求招标人的补偿是实际中需要注意的问题。比较恰当的做法是通过评标过程中的清标、质疑、澄清、说明和补正机制,不但解决清单综合单价的合理性问题,而且将合理化的清单综合单价反馈到综合单价分析表中,形成相互衔接、相互呼应的最终成果,在这种情况下,即使是将综合单价分析表定义为有合同约束力的文件,也没有上述顾虑了。

编制招标控制价,使用本表时应填写使用的省级或行业建设主管部门发布的计价定额名称。编制投标报价,使用本表时可填写使用的省级或行业建设主管部门发布的计价定额,如不使用,不填写。

表 6-31　工程量清单综合单价分析表

工程名称:　　　　　　　　　　标段:　　　　　　　　　　第 页 共 页

项目编码		项目名称		计量单位	

清单综合单价组成明细

定额编号	定额名称	定额单位	数量	单　价				合　价			
				人工费	材料费	机械费	管理费和利润	人工费	材料费	机械费	管理费和利润
人工单价			小　计								
元/工日			未计价材料费								

清单项目综合单价

材料费明细	主要材料名称、规格、型号	单位	数量	单价(元)	合价(元)	暂估单价(元)	暂估合价(元)
	其他材料费						
	材料费小计						

注:(1) 如不使用省级或行业建设主管部门发布的计价依据,可不填定额项目、编号等。
　　(2) 招标文件提供了暂估单价的材料,按暂估的单价填入表内"暂估单价"栏及"暂估合价"栏。

6.9.5 措施项目清单表

（1）措施项目清单与计价表（一）（表6-32）

此表适用于以"项"计价的措施项目。

① 编制工程量清单时，表中的项目可根据工程实际情况进行增减。

② 编制招标控制价时，计费基础、费率应按省级或行业建设主管部门的规定计取。

③ 编制投标报价时，除"安全文明施工费"必须按本规范的强制性规定，按省级、行业建设主管部门的规定计取外，其他措施项目均可根据投标施工组织设计自主报价。

结合江苏省2009年《江苏省建设工程费用定额》中将能列入措施项目清单与计价表（一）中的措施项目列入表6-32中。

表6-32 措施项目清单与计价表（一）

工程名称：　　　　　　　　　　标段：　　　　　　　　　第　页　共　页

序号	项目名称	计算基础	费率（%）	金额（元）
1	现场安全文明施工措施费			
1.1	基本费	分部分项工程费		
1.2	考评费	分部分项工程费		
1.3	奖励费	分部分项工程费		
2	环境保护费			
3	夜间施工增加费			
4	二次搬运费			
5	冬雨季施工增加费			
6	大型机械设备进出场及安拆费			
7	施工排水费			
8	施工降水费			
9	地上、地下设施，建筑物的临时保护设施费			
10	已完工程及设备保护费			
11	临时设施费			
12	检验试验费			
13	赶工措施费			
14	工程按质论价			
15	特殊条件下施工增加费			
16	住宅工程分户验收费			
⋮				
合　计				

注：本表适用于以"项"计价的措施项目。

（2）措施项目清单与计价表（二）（表6-33）

此表适用于以分部分项工程量清单项目综合单价方式计价的措施项目。

表6-33 措施项目清单与计价表（二）

工程名称：　　　　　　　　　　标段：　　　　　　　　　　第 页 共 页

序号	项目编码	项目名称	项目特征描述	计量单位	工程量	金额（元）	
						综合单价	合价
1		模板费					
2		脚手架费					
3		二次搬运费					
4		垂直运输机械费					
		⋮					
		本页小计					
		合　计					

注：本表适用于以综合单价形式计价的措施项目。

6.9.6 其他项目清单表

（1）其他项目清单与计价汇总表（表6-34）

使用本表时，由于计价阶段的差异，应注意：

① 编制工程量清单，应汇总"暂列金额"和"专业工程暂估价"，以提供给投标人报价。

② 编制招标控制价，应按有关计价规定估算"计日工"和"总承包服务费"。如工程量清单中未列"暂列金额"和"专业工程暂估价"，应按有关规定编列。

③ 编制投标报价，应按招标文件工程量清单提供的"暂列金额"和"专业工程暂估价"填写金额，不得变动。"计日工"、"总承包服务费"自主确定报价。

表6-34 其他项目清单与计价汇总表

工程名称：　　　　　　　　　　标段：　　　　　　　　　　第 页 共 页

序号	项目名称	计量单位	金额（元）	备　注
1	暂列金额			明细详见表6-35
2	暂估价			
2.1	材料暂估价			明细详见表6-36
2.2	专业工程暂估价			明细详见表6-37
3	计日工			明细详见表6-38
4	总承包服务费			明细详见表6-39
	⋮			
	合　计			

注：材料暂估单价进入清单项目综合单价，此处不汇总。

（2）暂列金额明细表（表6-35）

"暂列金额"在实际履约过程中可能发生，也可能不发生。本表要求招标人能将暂列金额与拟用项目列出明细，但如确实不能详列也可只列暂定金额总额，投标人应将上述暂列金额计入投标总价中。

如某工程量清单中给出的暂列金额及拟用项目如表6-35。投标人只需要直接将工程量清单中所列的暂列金额纳入投标总价，并且不需要在工程量清单中所列的暂列金额以外再考虑任何其他费用。

表6-35　暂列金额明细表

工程名称：　　　　　　　　　　　　　标段：　　　　　　　　　　　　第　页　共　页

序号	项目名称	计量单位	暂列金额（元）	备　注
1	图纸中已经标明可能位置，但未最终确定是否需要主入口处的钢结构雨篷工程的安装工作	项	500 000	此部分的设计图纸有待进一步完善
2	其他	项	600 000	
	暂列金额合计		1 100 000	

注：投标人应将上述暂列金额计入投标总价中。

上述的暂列金额尽管包含在投标总价中（所以也将包含在中标人的合同总价中），但并不属于承包人所有和支配，是否属于承包人所有受合同约定的开支程序制约。

（3）材料暂估价表（表6-36）

暂估价是在招标阶段预见肯定要发生，只是因为标准不明确或者需要由专业承包人完成，暂时无法确定具体价格。暂估价数量和拟用项目应当在本表"备注"栏给予补充说明。

要求招标人针对每一类暂估价给出相应的拟用项目，即按照材料设备的名称分别给出，这样的材料设备暂估价能够纳入到项目综合单价中。

如表6-36中列明的材料设备的暂估价仅指此类材料、工程设备本身运至施工现场内工地地面价，但不包括这些材料设备的安装和安装所必需的辅助材料，以及发生在现场内的验收、存储、保管、开箱、二次搬运、从存放地点运至安装地点和其他任何必要的辅助工作（以下简称"暂估价项目的安装及辅助工作"）所发生的费用。与暂估价项目的安装及辅助工作所发生的费用应该包括在投标价格中并且固定包死。

表6-36　材料暂估价表

工程名称：　　　　　　　　　　　　　标段：　　　　　　　　　　　　第　页　共　页

序号	名　称	单位	数量	单价（元）	合价（元）	备　注
1	硬木装饰门	m²	2 423.40	1 000.00	2 423 400.00	含门框、门扇，其他特征描述见工程量清单，用于本工程的门安装工程项目
2	低压开关柜（CGD190380/220V）	台	1	45 000.00	45 000.00	用于低压开关柜安装项目
	小　计					

（4）专业工程暂估价表（表6-37）

专业工程暂估价应在表内填写工程名称、工程内容、暂估金额，投标人应将上述金额计入投标总价中。

表中列明的专业工程暂估价，是指分包人实施专业分包工程的含税金后的完整价（即包含了该分包工程中所有供应、安装、完工、调试、修复缺陷等全部工作），除了合同约定的承包人应承担的总包管理、协调、配合和服务责任所对应的总承包服务费用以外，承包人为履行其总包管理、配合、协调和服务等所需发生的费用应该包括在投标价格中。

表6-37 专业工程暂估价表

工程名称：　　　　　　　　　　　　标段：　　　　　　　　　　　第　页 共　页

序号	专业工程名称	工程内容	金额（元）	备　　注
1				例如，"消防工程项目设计图纸有待完善"
2				
3				
合　　计				

（5）计日工表（表6-38）

① 编制工程量清单时，"项目名称"、"计量单位"、"暂估数量"由招标人填写。

② 编制招标控制价时，人工、材料、机械台班单价由招标人按有关计价规定填写计算合价。

③ 编制投标报价时，人工、材料、机械台班单价由投标人自主确定，按已给暂估数量计算合价计入投标总价中。

表6-38 计日工表

工程名称：　　　　　　　　　　　　标段：　　　　　　　　　　　第　页 共　页

编号	项目名称	单位	暂定数量	综合单价	合价
一	人工				
1					
2					
人工小计					
二	材料				
1					
2					
材料小计					
三	施工机械				
1					
2					
施工机械小计					
总　　计					

注：此表项目名称、数量由招标人填写，编制招标控制价时，单价由招标人按有关计价规定确定；投标时，单价由投标人自主报价，计入投标总价中。

（6）总承包服务费计价表（表6-39）

① 编制工程量清单时，招标人应将拟定进行专业分包的专业工程、自行采购的材料设备等决定清楚，填写项目名称、服务内容，以便投标人决定报价。

② 编制招标控制价时，招标人按有关计价规定计价。

③ 编制投标报价时，由投标人根据工程量清单中的总承包服务内容自主决定报价。

表6-39 总承包服务费计价表

工程名称：　　　　　　　　　　标段：　　　　　　　　第 页 共 页

序号	项目名称	项目价值（元）	服务内容	费率（%）	金额（元）
1	发包人发包专业工程		（1）按专业工程承包人的要求提供施工工作面并对施工现场进行统一管理，对竣工资料进行统一整理汇总 （2）为专业工程承包人提供垂直运输机械和焊接电源接入点，并承担垂直运输费和电费 （3）为防盗门安装后进行补缝和找平并承担相应费用		
2	发包人供应材料		对发包人供应的材料进行验收、保管和使用发放		
合　计					

6.9.7 规费、税金项目清单与计价表

规费、税金项目清单与计价表的使用见表6-40所示，此表按建设部、财政部印发的《建筑安装工程费用项目组成》（建标〔2003〕206号）列举的规费项目列项。在施工实践中，有的规费项目（如工程排污费）并非每个工程所在地都要征收，实践中可作为按实计算的费用处理。此外，按照国务院《工伤保险条例》，工伤保险建议列入，与"危险作业意外伤害保险"一并考虑。结合江苏省实际情况，2009年《江苏省建设工程费用定额》中将列出的规费、税金列入表6-40中。

表6-40 规费、税金项目清单与计价表

工程名称：　　　　　　　　　　标段：　　　　　　　　第 页 共 页

序号	项目名称	计算基础	费率（%）	金额（元）
1	规　费			
1.1	工程排污费	分部分项工程费＋措施项目费＋其他项目费		
1.2	建筑安全监督管理费	分部分项工程费＋措施项目费＋其他项目费		
1.3	社会保障费	分部分项工程费＋措施项目费＋其他项目费		
1.4	住房公积金	分部分项工程费＋措施项目费＋其他项目费		
2	税　金	分部分项工程费＋措施项目费＋其他项目费＋规费		
合计				

思考与练习

1. 什么是工程量清单计价？

2. 如何理解清单综合单价的含义？各部分如何确定？

3. 简述单项工程投标报价编制程序。

4. 分部分项工程费如何确定？

5. 措施项目费包括哪些内容？如何确定措施项目费？

6. 其他项目清单包括哪些内容？该如何确定？

7. 根据江苏省 2004 计价表计算第 5 章中思考与练习题 1 编制好的 240 mm 厚 M10 砖基础、C20 混凝土基础及 C10 混凝土垫层的清单工程量计算清单的综合单价。

（假设：市场工料机单价同定额取定；工程取费标准按工程类别及企业水平情况，企业管理费按人工费及机械费之和的 22%，利润按人工费及机械费之和的 12%，风险按人工费的 20% 和机械费的 10% 考虑）

8. 根据江苏省 2004 计价表及表 6-41 各构件模板工程量，计算模板工程措施项目费。假定该工程按复合模板考虑，假设工料机市场信息价格同定额取定，管理费、利润、风险按人工费、机械费之和为基础，分别以 20%、14%、5% 计算。

表 6-41　各构件模板工程量表

序号	项目名称	计量单位	工程数量
1	矩形梁模板：层高 4.5 m	m²	131.84
2	板模板：层高 4.5 m	m²	77.52
3	密肋板模板：层高 4.5 m	m²	69.02

7　工程结算与竣工决算

本章提要:工程结算与竣工决算,是工程造价在施工阶段中比较重要的环节,也是承发包方较为关注的环节。本章主要介绍工程结算的概念、内容和方式,工程预付款支付和扣还,以及竣工结算与决算的内容。重点讲述工程结算的编制与计算。

7.1　概述

承包人在施工过程中消耗的生产资料及支付给工人的报酬,必须通过预付款和进度款的形式,定期或分期向发包人结算得到补偿。长期以来,我国施工单位没有足够的流动资金,施工所需周转资金要通过向发包人收取预付款和结算进度款予以补充和补偿。

7.1.1　工程结算的概念

所谓工程结算,是指对建设工程的承发包合同价款进行约定和依据合同约定进行工程预付款、工程进度款、工程竣工价款结算的活动。工程结算应按合同约定办理,合同未作约定或约定不明确的,由双方协商确定。

7.1.2　工程价款结算的方式

按照财政部、建设部印发的《建设工程价款结算暂行办法》(财建〔2004〕369 号)的规定,工程价款结算与支付的方式有以下两种:

1) 分段结算与支付

分段结算是按照工程形象进度,划分不同阶段进行结算。分段结算可以按月预支工程款。

为了简化手续,可将房屋建筑物划分几个形象部位,例如,划分为±0.00 以下基础结构工程、±0.00 以上主体结构工程、装修工程、室外工程及收尾等形象部位,确定各部位完成后支付施工合同价一定百分比的工程款。这样的结算不受月度限制,各形象部位达到完工标准就可以进行该部位的工程结算,中小型工程常采用这种办法。可参照的结算比例如下:工程开工后,按合同价款拨付 10%～20%;±0.00 以下基础结构工程完成,经验收合格后,拨付 20%;工程主体完成,经验收合格后,拨付 35%～55%;工程竣工验收合格后,拨付 5%～10%。

总价合同通常按形象进度付款。总价合同结算管理的重点是:一要注意工程变更;二要注意付款条件。

2) 按月结算与支付

按月结算是实行每月结算一次工程款、竣工后清算的办法。即根据工程形象进度,按照已完分部分项工程的工程量,按月结算(或预支)工程价款,合同工期在两个年度以上的工程,在年终进行工程盘点,办理年度结算。

单价合同通常按月付款。单价合同结算管理的重点是计量支付。实行按月结算的优点是:

(1) 能准确地计算已完分部分项工程量,加强施工过程的质量管理,"干多少活,给多少钱"。

(2) 有利于发包人对已完工程进行验收和承包人考核月度成本情况。

(3) 承包人的工程价款收入符合其完工进度,使生产耗费得到及时合理的补偿,有利于承包人的资金周转。

(4) 有利于发包人对建设资金实行控制,根据进度控制分期付款。施工过程中如发生设计变更,承包人须根据施工合同规定,及时提出变更工程价款要求,办理有关手续,并在当月工程进度款中同期结算。

通常,发包人只办理承包人(总包人)的付款事项。分包人的工程款由分包人根据总分包合同规定向承包人(总包人)提出分包付款数额,由承包人(总包人)审查后列入"工程价款结算账单"统一向发包人办理收款手续,然后结转给分包人。分包工程属于专业安装工程和其他特殊工程,经承包人(总包人)的书面委托、发包人同意,分包人亦可直接与发包人办理有关结算。

7.1.3　竣工决算的概念

竣工决算是以实物数量和货币指标为计量单位,综合反映竣工项目从筹建开始到项目竣工交付使用为止的全部建设费用、投资效果和财务情况的总结性文件,是竣工验收报告的重要组成部分。竣工决算是正确核定新增固定资产价值,考核分析投资效果,建立健全经济责任制的依据,是反映建设项目实际造价和投资效果的文件。通过竣工决算,既能够正确反映建设工程的实际造价和投资结果;又可以通过竣工决算与概算、预算的对比分析考核投资控制的工作成效,为工程建设提供重要的技术经济方面的基础资料,提高未来工程建设的投资效益。

建设项目竣工决算的作用有以下几个方面:

(1) 建设项目竣工决算是综合全面地反映竣工项目建设成果及财务情况的总结性文件。它采用货币指标、实物数量、建设工期和各种技术经济指标综合、全面地反映建设项目自开始建设到竣工为止全部建设成果和财务状况。

(2) 建设项目竣工决算是办理交付使用资产的依据,也是竣工验收报告的重要组成部分。建设单位与使用单位在办理交付资产的验收交接手续时,通过竣工决算反映了交付使用资产的全部价值,包括固定资产、流动资产、无形资产和其他资产的价值。及时编制竣工决算可以正确核定固定资产价值并及时办理交付使用,可缩短工程建设周期,节约建设项目投资,准确考核和分析投资效果。

(3) 建设项目竣工决算是分析和检查设计概算的执行情况,考核建设项目管理水平和投资效果的依据。竣工决算反映了竣工项目计划、实际的建设规模、建设工期以及设计和实际的生产能力,反映了概算总投资和实际的建设成本,同时还反映了所达到的主要技术经济指标。通过对这些指标计划数、概算数与实际数进行对比分析,不仅可以全面掌握建设项目计划和概算执行情况,而且可以考核建设项目投资效果,为今后制订建设项目计划、降低建设成本、提高投资效果提供必要的参考资料。

7.2 工程结算的编制

7.2.1 工程合同价款的约定

1)工程合同价款约定的要求

实行招投标的工程合同价款应在中标通知书发出之日起 30 天内,由发包、承包双方依据招标文件和中标人的投标文件在书面合同中约定。不实行招投标的工程合同价款,在发包、承包双方认可的工程价款基础上,由发包、承包双方在合同中约定。

实行招标的工程,合同约定不得违背招投标文件中关于工期、造价、质量等方面的实质性内容。招标文件与中标人投标文件不一致的地方,以投标文件为准。采用工程量清单计价的工程宜采用单价合同。

2)工程合同价款约定的内容

发包、承包双方应在合同条款中对下列事项进行约定;合同中没有约定或约定不明确的,由双方协商确定;协商不能达成一致的,按清单计价规范执行。

(1)预付工程款的数额、支付时限及抵扣方式。

(2)工程进度款的支付方式、数额及时限。

(3)工程施工中发生变更时,工程价款的调整方法、索赔方式、时限要求及金额支付方式。

(4)发生工程价款纠纷的解决方法。

(5)约定承担风险的范围和幅度以及超出约定范围和幅度的调整办法。

(6)工程竣工价款的结算与支付方式、数额及时限。

(7)工程质量保证(保修)金的数额、预扣方式及时限。

(8)安全措施和意外伤害保险费用。

(9)工期及工期提前或延后的奖惩办法。

(10)与履行合同、支付价款相关的担保事项。

7.2.2 工程计量与价款支付

1)工程预付款及计算

施工企业承包工程一般都实行包工包料,这就需要有一定数量的备料周转金。在工程承包合同条款中,一般要明文规定发包人在开工前拨付给承包人一定限额的工程预付款。预付款是发包人为解决承包人在施工准备阶段资金周转问题提供的协助。此预付款构成施工企业为该承包工程项目储备主要材料、结构件所需的流动资金。

支付预付款是公平合理的,因为承包人早期使用的资金数额相当大,预付款相当于发包人给承包人的无息贷款。

工程预付款也是国际工程承发包的一种通行做法。国际上的工程预付款不仅有材料、设备预付款,还有为施工人员组织、完成临时设施工程等准备工作之用的动员预付款。根据国际土木工程施工合同规定,预付款一般为合同总价的 10%～15%。世界银行贷款的工程项目预付款较高,但不会超过 20%。近几年来,国际上减少工程预付款额度的做法有扩展的趋势,一些国家纷纷压低预付款的额度。但无论如何,工程预付款仍是支付工程价款的前提。

预付款的有关事项,如数量、支付时间和方式、支付条件、偿(扣)还方式等,应在施工合同中明确规定。《建筑工程施工发包与承包计价管理办法》规定:建筑工程的发包、承包双方应当根据建设行政主管部门的规定,结合工程款、建设工期和包工包料情况在合同中约定预付工程款的具体事宜。凡是没有签订施工合同和不具备施工条件的工程,发包人不得预付备料款,不准以备料款为名转移资金;承包人收取备料款后两个月仍不开工或发包人无故不按施工合同规定付给备料款的,可以根据施工合同的约定分别要求收回或付出备料款。

(1) 工程预付款的支付时间

按照《建设工程价款结算暂行办法》的规定,在具备施工条件的前提下,发包人应在双方签订合同后的一个月内或不迟于约定的开工日期前的 7 天内预付工程款,发包人不按约定预付,承包人应在预付时间到期后 10 天内向发包人发出要求预付的通知,发包人收到通知后仍不按要求预付,承包人可在发出通知 14 天后停止施工,发包人应从约定应付之日起向承包人支付应付款的利息(利率按同期银行贷款利率计),并承担违约责任。

工程预付款仅用于承包人支付施工开始时与本工程有关的动员费用。如承包人滥用此款,发包人有权立即收回。除专用合同条款另有约定外,承包人应在收到预付款的同时向发包人提交预付款保函。预付款保函的担保金额与预付款金额相同,在发包人全部扣回预付款之前,该银行保函将一直有效。当预付款被发包人扣回时,银行保函金额相应递减。

(2) 工程预付款的数额

包工包料的工程原则上预付款比例不低于合同金额(扣除暂列金额)的 10%,不高于合同金额(扣除暂列金额)的 30%;对重大工程项目,按年度工程计划逐年预付。实行工程量清单计价的工程,实体性消耗和非实体性消耗部分应在合同中分别约定预付款比例(或金额)。

在实际工作中,工程预付款的数额要根据各工程类型、合同工期、承包方式和供应体制等不同条件确定。例如,工业项目中钢结构和管道安装占比重较大的工程,其主要材料所占比重比一般安装工程要高,因而工程预付款数额也要相应提高;工期短的工程比工期长的要高;材料由承包人自购的比由发包人提供材料的要高。对于只包工不包料的工程项目,则可以不预付备料款。

按施工合同规定由发包人供应材料的,按招标文件提供的"发包人供应材料价格表"所示的暂定价或定额取定材料预算价或材料指导价由发包人将材料转给承包人。材料价款在结算工程款时陆续抵扣。这部分材料,承包人不应收取备料款。

预付备料款的计算公式为:

$$预付备料款＝施工合同价或年度建安工作量×预付备料款额度(\%) \qquad (7-1)$$

预付备料款的额度,执行地方规定或由合同双方商定。原则是要保证施工所需材料和构件的正常储备。数额太少,备料不足,可能造成施工生产停工待料;数额太多,影响投资的有效使用。施工招标时在合同条件中应约定工程预付款的百分比。

备料款的数额可以根据施工工期、建安工作量、主要材料和构件费用占建安工作量的比例以及材料储备周期等因素经测算确定。对于施工企业常年应备的备料款数额可按下式计算：

$$预付备料款数额 = \frac{全年建安工作量 \times 主材比重}{年度施工日历天数} \times 材料储备天数 \qquad (7-2)$$

$$预付备料款额度 = \frac{预付备料款数额}{年度建安工作量} \times 100\% \qquad (7-3)$$

式中，年度施工天数按 365 天日历天计算；材料储备天数由当地材料供应的在途天数、加工天数、整理天数、供应间隔天数、保险天数等因素决定。

（3）工程预付款的扣回

发包单位拨付给承包单位的工程预付款属于预支性质，工程实施后，随着工程所需主要材料储备的逐步减少，应以抵充工程价款的方式陆续扣回，抵扣方式必须在合同中约定。扣款的方法有两种：

① 可以从未施工工程尚需的主要材料及构件的价值相当于工程预付款数额时起扣，从每次结算工程价款中，按材料比重扣抵工程价款，竣工前全部扣清。其基本表达公式为

$$T = P - \frac{M}{N} \qquad (7-4)$$

式中：T——起扣点，即工程预付款开始扣回时的累计完成工作量金额；

M——工程预付款限额；

N——主要材料及构件所占比重；

P——承包工程价款总额。

② 承发包双方也可在专用条款中约定不同的扣回方法，例如建设部招标文件范本中规定，在承包人完成金额累计达到合同总价的 10% 后，由承包人开始向发包人还款，发包人从每次应付给承包人的金额中扣回工程预付款，发包人至少在合同规定的完工期前三个月将工程预付款的总计金额按逐次分摊的办法扣回。

在实际经济活动中，情况比较复杂，有些工程工期较短，就无需分期扣回。有些工程工期较长，如跨年度施工，工程预付款可以不扣或少扣，并于次年按应付工程预付款调整，多退少补。具体来说，跨年度工程，预计次年承包工程价值大于或相当于当年承包工程价值时可以不扣回当年的工程预付款，如小于当年承包工程价值时应按实际承包工程价值进行调整，在当年扣回部分工程预付款，并将未扣回部分转入次年，直到竣工年度，再按上述办法扣回。

在颁发工程接收证书前，由于不可抗力或其他原因解除合同时，尚未扣清的预付款余额应作为承包人的到期应付款。

2）工程进度款的支付（中间结算）

施工企业在施工过程中，按逐月（或形象进度）完成的工程数量计算各项费用，向发包人办理工程进度款的支付（即中间结算）。

（1）已完工程量的计量

根据《建设工程工程量清单计价规范》形成的合同价中包含综合单价和总价包干两种不同形式，应采取不同的计量方法。除专用合同条款另有约定外，综合单价子目已完成工程量按月计算，总价包干子目的计量周期按批准的支付分解报告确定。

① 综合单价子目的计量。已标价工程量清单中的单价子目工程量为估算工程量。若

发现工程量清单中出现漏项、工程量计算偏差，以及工程量变更引起的工程量增减，应在工程进度款支付即中间结算时调整，结算工程量是承包人在履行合同义务过程中实际完成，并按合同约定的计量方法进行计量的工程量。

② 总价包干子目的计量。总价包干子目的计量和支付应以总价为基础，不因物价波动引起的价格调整的因素而进行调整。承包人实际完成的工程量，是进行工程目标管理和控制进度支付的依据。承包人在合同约定的每个计量周期内，对已完成的工程进行计量，并提交专用条款约定的合同总价支付分解表所表示的阶段性或分项计量的支持性资料，以及所达到工程形象目标或分阶段需完成的工程量和有关计量资料。总价包干子目支付分解表的形成一般有以下三种方式：

a. 对于工期较短的项目，将总价包干子目的价格按合同约定的计量周期平均。

b. 对于合同价值不大的项目，按照总价包干子目的价格占签约合同价的百分比，以及各个支付周期内所完成的总价值，以固定百分比方式均摊支付。

c. 根据有合同约束力的进度计划、预先确定的里程碑形象进度节点（或者支付周期）、组成总价子目的价格要素的性质（与时间、方法和（或）当期完成合同价值等的关联性），将组成总价包干子目的价格分解到各个形象进度节点（或者支付周期中），汇总形成支付分解表。实际支付时，经检查核实其实际形象进度，达到支付分解表的要求后即可支付经批准的每阶段总价包干子目的支付金额。

（2）已完工程量复核

承包人应按照合同约定向发包人递交已完工程量报告，发包人应在接到报告后按合同约定进行核对。当发包、承包双方在合同中未对工程量的计量时间、程序、方法和要求作约定时，按以下规定办理：

① 承包人应在每个月末或合同约定的工程阶段完成后向发包人递交上月或上一工程阶段已完工程量报告。

② 发包人应在接到报告后 7 天内按施工图纸（含设计变更）核对已完工程量，并应在计量前 24 小时通知承包人。承包人应提供条件并按时参加。

③ 计量结果

a. 如发包、承包双方均同意计量结果，那么双方应签字确认。

b. 如承包人收到通知后不参加计量核对，则由发包人核实的计量应认为是对工程量的正确计量。

c. 如发包人未在规定的核对时间内进行计量核对，承包人提交的工程计量视为发包人已经认可。

d. 如发包人未在规定的核对时间内通知承包人，致使承包人未能参加计量核对的，则由发包人所作的计量核实结果无效。

e. 对于承包人超出施工图纸范围或因承包人原因造成返工的工程量，发包人不予计量。

f. 如承包人不同意发包人核实的计量结果，承包人应在收到上述结果后 7 天内向发包人提出，申明承包人认为不正确的详细情况。发包人收到报告后，应在 2 天内重新核对有关工程量的计量，或予以确认，或将其修改。

发包、承包双方认可的核对后的计量结果，应作为支付工程进度款的依据。

（3）承包人提交进度款支付申请

工程量经复核认可后，承包人应在每个付款周期末向发包人递交进度款支付申请，并附相应的证明文件。除合同另有约定外，进度款支付申请应包括下列内容：

① 本期已实施工程的价款。

② 累计已完成的工程价款。

③ 累计已支付的工程价款。

④ 本周期已完成的计日工金额。

⑤ 应增加和扣减的变更金额。

⑥ 应增加和扣减的索赔金额。

⑦ 应抵扣的工程预付款。

⑧ 应扣减的质量保证金。

⑨ 根据合同应增加和扣减的其他金额。

⑩ 本付款周期实际应支付的工程价款。

（4）进度款支付时间

发包人应按合同约定的时间核对承包人的支付申请，并应按合同约定的时间和比例向承包人支付工程进度款。当发包、承包双方在合同中未对工程进度款支付申请的核对时间以及工程进度款支付时间、支付比例作约定时，根据财政部、建设部印发的《建设工程价款结算暂行办法》（财建〔2004〕369号）第十三条的相关规定办理：

① 发包人应在收到承包人的工程进度款支付申请后14天内核对完毕。否则，从第15天起承包人递交的工程进度款支付申请视为被批准。

② 发包人应在批准工程进度款支付申请的14天内，向承包人按不低于计量工程价款的60%、不高于计量工程价款的90%向承包人支付工程进度款。

③ 发包人在支付工程进度款时，应按合同约定的时间、比例（或金额）扣回工程预付款。

发包人未在合同约定时间内支付工程进度款，承包人应及时向发包人发出要求付款的通知，发包人收到承包人通知后仍不按要求付款，可与承包人协商签订延期付款协议，经承包人同意后延期支付。协议应明确延期支付的时间和从付款申请生效后按同期银行贷款利率计算应付款的利息。

发包人不按合同约定支付工程进度款，双方又未达成延期付款协议，导致施工无法进行时，承包人可停止施工，由发包人承担违约责任。

3）质量保证金

建设工程质量保证金（以下简称保证金）是指发包人与承包人在建设工程承包合同中约定，从应付的工程款中预留，用以保证承包人在缺陷责任期内对建设工程出现的缺陷进行维修的资金。质量保证金的计算额度不包括预付款的支付、扣回以及价格调整的金额。

（1）保证金的预留和返还

① 承发包双方的约定。发包人应当在招标文件中明确保证金预留、返还等内容，并与承包人在合同条款中对涉及保证金的下列事项进行约定：

a. 保证金预留、返还方式。

b. 保证金预留比例、期限。

c. 保证金是否计付利息，如计付利息，利息的计算方式。

d. 缺陷责任期的期限及计算方式。

e. 保证金预留、返还及工程维修质量、费用等争议的处理程序。

f. 缺陷责任期内出现缺陷的索赔方式。

② 保证金的预留。从第一个付款周期开始,在发包人的进度付款中,按约定比例扣留质量保证金,直至扣留的质量保证金总额达到专用条款约定的金额或比例为止。全部或者部分使用政府投资的建设项目,按工程价款结算总额 5% 左右的比例预留保证金。社会投资项目采用预留保证金方式的,预留保证金的比例可参照执行。

③ 保证金的返还。缺陷责任期内,承包人认真履行合同约定的责任。约定的缺陷责任期满,承包人向发包人申请返还保证金。发包人在接到承包人返还保证金申请后,应于 14 日内会同承包人按照合同约定的内容进行核实。如无异议,发包人应当在核实后 14 日内将保证金返还给承包人,逾期支付的,从逾期之日起,按照同期银行贷款利率计付利息,并承担违约责任。发包人在接到承包人返还保证金申请后 14 日内不予答复,经催告后 14 日内仍不予答复,视同认可承包人的返还保证金申请。

缺陷责任期满时,承包人没有完成缺陷责任的,发包人有权扣留与未履行责任剩余工作所需金额相应的质量保证金余额,并有权根据约定要求延长缺陷责任期,直至完成剩余工作为止。

(2) 保证金的管理及缺陷修复

① 保证金的管理。缺陷责任期内,实行国库集中支付的政府投资项目,保证金的管理应按国库集中支付的有关规定执行。其他的政府投资项目,保证金可以预留在财政部门或发包方。缺陷责任期内,如发包人被撤销,保证金随交付使用资产一并移交使用单位管理,由使用单位代行发包人职责。社会投资项目采用预留保证金方式的,发包、承包双方可以约定将保证金交由金融机构托管;采用工程质量保证担保、工程质量保险等其他保证方式的,发包人不得再预留保证金,并按照有关规定执行。

② 缺陷责任期内缺陷责任的承担。缺陷责任期内,由承包人原因造成的缺陷,承包人应负责维修,并承担鉴定及维修费用。如承包人不维修也不承担费用,发包人可按合同约定扣除保证金,并由承包人承担违约责任。承包人维修并承担相应费用后,不免除对工程的一般损失赔偿责任。由他人原因造成的缺陷,发包人负责组织维修,承包人不承担费用,且发包人不得从保证金中扣除费用。

7.2.3 索赔与现场签证

发包人、承包人未能按施工合同约定履行自己的各项义务或发生错误,给另一方造成经济损失的,由受损方按合同约定提出索赔,索赔金额按施工合同约定支付。

1) 工程索赔的概念

工程索赔是在工程承包合同履行中,当事人一方由于另一方未履行合同所规定的义务或者出现了应当由对方承担的风险而遭受损失时,向另一方提出赔偿要求的行为。建设工程施工中的索赔是发包、承包双方行使正当权利的行为,承包人可向发包人索赔,发包人也可向承包人索赔。但在工程实践中,发包人索赔数量较小,而且处理方便。可以通过冲账、扣拨工程款、扣保证金等实现对承包人的索赔;而承包人对发包人的索赔则比较困难一些。通常情况下,索赔是指承包人(施工单位)在合同实施过程中,对非自身原因造成的工程延期、费用增加而要求发包人给予补偿损失的一种权利要求。

索赔有较广泛的含义，可以概括为以下三个方面：

(1) 一方违约使另一方蒙受损失，受损方向对方提出赔偿损失的要求。

(2) 发生应由发包人承担责任的特殊风险或遇到不利自然条件等情况，使承包人蒙受较大损失而向发包人提出补偿损失要求。

(3) 承包人本应当获得的正当利益，由于没能及时得到监理人的确认和发包人应给予的支付，而以正式函件向发包人索赔。

任何索赔事件的确立，其前提条件是必须有正当的索赔理由。对正当索赔理由的说明必须具有证据，因为进行索赔主要是靠证据说话。没有证据或证据不足，索赔是难以成功的。《建设工程工程量清单计价规范》中规定，当合同一方向另一方提出索赔时，要有正当的索赔理由，且有索赔事件发生时的有效证据，并应在本合同约定的时限内提出。

2) 工程索赔产生的原因

(1) 当事人违约。当事人违约常常表现为没有按照合同约定履行自己的义务。发包人违约常常表现为没有为承包人提供合同约定的施工条件、未按照合同约定的期限和数额付款等。监理人未能按照合同约定完成工作，如未能及时发出图纸、指令等也视为发包人违约。承包人违约的情况则主要是没有按照合同约定的质量、期限完成施工，或者由于不当行为给发包人造成其他损害。

(2) 不可抗力或不利的物质条件。不可抗力又可以分为自然事件和社会事件。自然事件主要是工程施工过程中不可避免地发生并不能克服的自然灾害，包括地震、海啸、瘟疫、水灾等；社会事件则包括国家政策、法律、法令的变更和战争、罢工等。不利的物质条件通常是指承包人在施工现场遇到的不可预见的自然物质条件、非自然的物质障碍和污染物，包括地下和水文条件。

(3) 合同缺陷。合同缺陷表现为合同文件规定不严谨甚至矛盾、合同中的遗漏或错误。在这种情况下，工程师应当给予解释，如果这种解释将导致成本增加或工期延长，发包人应当给予补偿。

(4) 合同变更。合同变更表现为设计变更、施工方法变更、追加或者取消某些工作、合同规定的其他变更等。

(5) 监理人指令。监理人指令有时也会产生索赔，如监理人指令承包人加速施工、进行某项工作、更换某些材料、采取某些措施等，并且这些指令不是由于承包人的原因造成的。

(6) 其他第三方原因。其他第三方原因常常表现为与工程有关的第三方的问题而引起的对本工程的不利影响。

3) 工程索赔的分类

工程索赔依据不同的标准可以进行不同的分类。

(1) 按索赔的合同依据分类

按索赔的合同依据可以将工程索赔分为合同中明示的索赔和合同中默示的索赔。

① 合同中明示的索赔。合同中明示的索赔是指承包人所提出的索赔要求，在该工程项目的合同文件中有文字依据，承包人可以据此提出索赔要求，并取得经济补偿。这些在合同文件中有文字规定的合同条款，称为明示条款。

② 合同中默示的索赔。合同中默示的索赔，即承包人的该项索赔要求，虽然在工程项

目的合同条款中没有专门的文字叙述,但可以根据该合同的某些条款的含义,推论出承包人有索赔权。这种索赔要求同样具有法律效力,有权得到相应的经济补偿。这种有经济补偿含义的条款,在合同管理工作中被称为"默示条款"或"隐含条款"。默示条款是一个广泛的合同概念,它包含合同明示条款中没有写入但符合双方签订合同时设想的愿望和当时环境条件的一切条款。这些默示条款,或者从明示条款所表述的设想愿望中引申出来,或者从合同双方在法律上的合同关系引申出来,经合同双方协商一致,或被法律和法规所指明,都成为合同文件的有效条款,要求合同双方遵照执行。

(2) 按索赔目的分类

按索赔目的可以将工程索赔分为工期索赔和费用索赔。

① 工期索赔。由于非承包人的原因而导致施工进度延误,要求批准顺延合同工期的索赔,称为工期索赔。工期索赔形式上是对权利的要求,以避免在原定合同竣工日不能完工时被发包人追究拖期违约责任。一旦获得批准合同工期顺延后,承包人不仅免除了承担拖期违约赔偿费的严重风险,而且可能得到提前工期的奖励,最终仍反映在经济收益上。

② 费用索赔。费用索赔的目的是要求经济补偿。当施工的客观条件改变导致承包人增加开支,要求对超出计划成本的附加开支给予补偿,以挽回不应由其承担的经济损失。

(3) 按索赔事件的性质分类

按索赔事件的性质可以将工程索赔分为工程延误索赔、工程变更索赔、合同被迫终止索赔、工程加速索赔、意外风险和不可预见因素索赔、其他索赔。

① 工程延误索赔。因发包人未按合同要求提供施工条件,如未及时交付设计图纸、施工现场、道路等,或因发包人指令工程暂停或不可抗力事件等原因造成工期拖延的,承包人对此提出索赔。这是工程中常见的一类索赔。

② 工程变更索赔。由于发包人或监理工程师指令增加或减少工程量或增加附加工程、修改设计、变更工程顺序等,造成工期延长和费用增加,承包人对此提出索赔。

③ 合同被迫终止索赔。由于发包人或承包人违约以及不可抗力事件等原因造成合同非正常终止,无责任的受害方因其蒙受经济损失而向对方提出索赔。

④ 工程加速索赔。由于发包人或监理工程师指令承包人加快施工速度,缩短工期,引起承包人的人、财、物的额外开支而提出的索赔。

⑤ 意外风险和不可预见因素索赔。在工程实施过程中,因人力不可抗拒的自然灾害、特殊风险以及一个有经验的承包人通常不能合理预见的不利施工条件或外界障碍,如地下水、地质断层、溶洞、地下障碍物等引起的索赔。

⑥ 其他索赔。如因货币贬值、汇率变化、物价上涨、政策法令变化等原因引起的索赔。

4) 施工索赔的程序

(1) 索赔的证据

一方向另一方提出索赔,必须要有正当理由,且有索赔事件发生时的有效证据。

① 对索赔证据的要求

a. 真实性。索赔证据必须是在实施合同过程中确定存在和发生的,必须完全反映实际情况,能经得住推敲。

b. 全面性。所提供的证据应能说明事件的全过程。索赔报告中涉及的索赔理由、事件过程、影响、索赔数额等都应有相应证据,不能零乱和支离破碎。

c. 关联性。索赔的证据应当能够互相说明，相互具有关联性，不能互相矛盾。

d. 及时性。索赔证据的取得及提出应当及时，符合合同约定。

e. 具有法律证明效力。一般要求证据必须是书面文件，有关记录、协议、纪要必须是双方签署的；工程中重大事件、特殊情况的记录、统计必须由合同约定的发包人现场代表或监理工程师签证认可。

② 索赔证据的种类：

· 招标文件、工程合同、发包人认可的施工组织设计、工程图纸、技术规范等。

· 工程各项有关的设计交底记录、变更图纸、变更施工指令等。

· 工程各项经发包人或合同中约定的发包人现场代表或监理工程师签认的签证。

· 工程各项往来信件、指令、信函、通知、答复等。

· 工程各项会议纪要。

· 施工计划及现场实施情况记录。

· 施工日记及工长工作日志、备忘录。

· 工程送电、送水、道路开通、封闭的日期及数量记录。

· 工程停电、停水和干扰事件影响的日期及恢复施工的日期记录。

· 工程预付款、进度款拨付的数额及日期记录。

· 工程图纸、图纸变更、交底记录的送达份数及日期记录。

· 工程有关施工部位的照片及录像等。

· 工程现场气候记录，如有关天气的温度、风力、雨雪等。

· 工程验收报告及各项技术鉴定报告等。

· 工程材料采购、订货、运输、进场、验收、使用等方面的凭据。

· 国家和省级或行业建设主管部门有关影响工程造价、工期的文件、规定等。

（2）承包人的索赔

若承包人认为由非承包人原因发生的事件造成了承包人的经济损失，承包人应在确认该事件发生后，按合同约定向发包人发出索赔通知。发包人在收到最终索赔报告并在合同约定时间内未向承包人做出答复，视为该项索赔已经认可。当发包、承包双方在合同中对此通知未作具体约定时，按以下规定办理：

① 承包人应在确认引起索赔的事件发生后 28 天内向发包人发出索赔通知，否则，承包人无权获得追加付款，竣工时间不得延长。

② 承包人应在现场或发包人认可的其他地点，保持证明索赔可能需要的记录。发包人收到承包人的索赔通知后，未承认发包人责任前，可检查记录保持情况，并可指示承包人保持进一步的同期记录。

③ 在承包人确认引起索赔的事件后 42 天内，承包人应向发包人递交一份详细的索赔报告，包括索赔的依据、要求追加付款的全部资料。

如果引起索赔的事件具有连续影响，承包人应按月递交进一步的中间索赔报告，说明累计索赔的金额。

承包人应在索赔事件产生的影响结束后 28 天内递交一份最终索赔报告。

④ 发包人在收到索赔报告后 28 天内应做出回应，表示批准或不批准并附具体意见。还可以要求承包人提供进一步的资料，但仍要在上述期限内对索赔做出回应。

⑤ 发包人在收到最终索赔报告后的 28 天内未向承包人做出答复,视为该项索赔报告已经认可。

（3）发包人的索赔

承包人未能按合同约定履行自己的各项义务或发生错误,给发包人造成经济损失,发包人可按上述时限向承包人提出索赔。

（4）承包人索赔的程序

承包人索赔按下列程序处理:

① 承包人在合同约定的时间内向发包人递交费用索赔意向通知书。

② 发包人指定专人收集与索赔有关的资料。

③ 承包人在合同约定的时间内向发包人递交费用索赔申请表。

④ 发包人指定的专人初步审查费用索赔申请表,符合《建设工程工程量清单计价规范》（GB50500-2008）第 4.6.1 条规定的条件时予以受理。

⑤ 发包人指定的专人进行费用索赔核对,经造价工程师复核索赔金额后,与承包人协商确定并由发包人批准。

⑥ 发包人指定的专人应在合同约定的时间内签署费用索赔审批表,或发出要求承包人提交有关索赔的进一步详细资料的通知,待收到承包人提交的详细资料后,按本条第（4）、（5）款的程序进行。

若承包人的费用索赔与工程延期索赔要求相关联时,发包人在做出费用索赔的批准决定时,应结合工程延期的批准,综合做出费用索赔和工程延期的决定。

（5）发包人索赔的程序

若发包人认为由于承包人的原因造成额外损失,发包人应在确认引起索赔的事件后按合同约定向承包人发出索赔通知。承包人在收到发包人索赔通知并在合同约定时间内未向发包人做出答复,视为该项索赔已经认可。

当合同中对此未作具体约定时,按以下规定办理:

① 发包人应在确认引起索赔的事件发生后 28 天内向承包人发出索赔通知,否则,承包人免除该索赔的全部责任。

② 承包人在收到发包人索赔报告后的 28 天内应做出回应,表示同意或不同意并附具体意见。如在收到索赔报告后的 28 天内未向发包人做出答复,视为该项索赔报告已经认可。

5）索赔费用的计算

费用索赔的项目同合同价款的构成类似,也包括直接费、管理费、利润等。索赔费用的计算方法基本上与报价计算相似。

实际费用法是索赔计算最常用的一种方法。计算原则是以承包人为某项索赔事件所支付的实际开支为根据,向发包人要求费用补偿。用实际费用法计算时,一般是先计算与索赔事件有关的直接费用,然后计算应分摊的管理费、利润等。关键是选择合理的分摊方法。由于实际费用法所依据的是实际发生的成本记录或单据,因此在施工过程中,系统而准确地积累记录资料非常重要。

（1）人工费索赔。人工费索赔包括完成合同范围之外的额外工作所花费的人工费用,由于发包人责任的工效降低所增加的人工费用,由于发包人责任导致的人员窝工费,法定的人工费增长等。

（2）材料费索赔。材料费索赔包括完成合同范围之外的额外工作所增加的材料费，由于发包人的责任材料实际用量超过计划用量而增加的材料费，由于发包人的责任工程延误所导致的材料价格上涨和材料超期储存费用，有经验的承包人不能预料的材料价格大幅度上涨等。

（3）施工机械使用费索赔。施工机械使用费索赔包括完成合同范围之外的额外工作所增加的机械使用费，由于发包人责任的工效降低所增加的机械使用费，由于发包人责任导致机械停工的窝工费等。机械窝工费的计算，如系租赁施工机械，一般按实际租金计算（应扣除运行使用费用）；如系承包人自有施工机械，一般按机械折旧费加人工费（司机工资）计算。

（4）管理费索赔。按国际惯例，管理费包括现场管理费和公司管理费。由于我国工程造价没有区别现场管理费和公司管理费，因此有关管理费的索赔需综合考虑。

① 现场管理费索赔包括完成合同范围之外的额外工作所增加的现场管理费，由于发包人责任的工程延误期间的现场管理费等。对部分工人窝工损失索赔时，如果有其他工程仍然进行（非关键线路上的工序），一般不予计算现场管理费索赔。

② 公司管理费索赔主要指工程延误期间所增加的公司管理费。

国际惯例中，管理费的索赔有以下分摊计算方法：

a. 日费率分摊法。计算公式为

$$日管理费 = \frac{合同价款中所包含的管理费}{合同工期} \qquad (7-5)$$

$$管理费索赔额 = 日管理费 \times 合同延误天数 \qquad (7-6)$$

b. 直接费分摊法。计算公式为

$$单位直接费的管理费率 = \frac{管理费总额}{总直接费} \times 100\% \qquad (7-7)$$

$$管理费索赔额 = 索赔直接费 \times 单位工程直接费的管理费率 \qquad (7-8)$$

（5）利润。工程范围变更引起的索赔，承包人是可以列入利润的。而对于工程延误的索赔，由于延误工期并未影响或削减某些项目的实施，未导致利润减少，因此一般很难在延误的费用索赔中加进利润损失。当工程顺利完成，承包人通过工程结算实现了分摊在工程单价中的全部期望利润。但如果因发包人的原因工程终止，承包人可以对合同利润未实现部分提出索赔要求。

索赔利润的款额计算与原报价的利润率保持一致，即在工程成本的基础上，乘以原报价利润率，作为该项索赔款的利润。

6）现场签证

（1）现场签证的概念

现场签证主要是指施工企业就施工图纸、设计变更所确定的工程内容以外，施工图预算或预算定额取费中未包含而施工过程中又实际发生费用的施工内容所办理的签证。它是施工过程中所遇到的某些特殊情况实施的书面依据，由此发生的价款也成为工程造价的组成部分。由于现代工程规模和投资都较大，技术含量高，建设周期长，设备材料价格变化快，工程合同不可能对整个施工期可能出现的情况做出准确的预见和约定，工程预算也不可能对整个施工期所发生的费用做出详尽的预测。而且在实际施工中，主客观条件的变化又会给施工过程带来许多不确定的因素。因此,在项目实施的整个过程中发生的最终以价款形式体现在工程结算中的现场签证成为控制工程造价的重要环节,它是计算预算外费用的原始依据,是建设工程施工阶段造价管理的主要组成部分。现场签证的正确与否,直接影响到工程造价。

(2)现场签证的范围

建设工程的施工特点是:工期长,涉及面广,环节多,受影响的因素多而复杂,所以时刻都可能冒出这样或那样的签证。现场签证内容包括大体范围、图纸变更签证、材料代用及其他签证等。

(3)签证的特性

签证是一项非常细致而严肃的工作,它直接涉及承包、发包双方的权益,不得有任何轻率马虎。在工程造价管理工作中,经常会遇到一些这样或那样不太规范的签证,现分别叙述如下:

① 时间性、准确性差。时间是签证的基本要求之一,也是签证准确度的基础。施工现场签证的含义就是在施工中现场发生合同以外的工程费用,双方代表当时就在工程现场根据实际发生的情况进行测定、描述、办理签证手续,作为工程结算的计费依据。所以要求现场签证必须及时,但是有的负责签证的人员不负责任,当时不办理,口头答应,事后回忆补办,甚至在结算过程中还在办签证手续,这样只能导致现场发生的具体情况回忆不清,补写的签证单与实际发生的条件不符,数据不准,造成结算或审计过程中双方代表经常互相争吵扯皮。

② 合法性、合理性差。负责签证的双方代表必须是双方法人授权的,而且应具有一定权力范围。但有时由于当事人责任心不强,在办理签证手续的时候没有形成实际记录,只好事后追记。所以签证单中的条件与客观实际不符,往往会产生不合理签证。还有一些签证虽然内容完整,条理清楚,但双方代表签字盖章不全,手续不完整亦属于合法性不足的签证。

③ 操作性差。操作性差是指签证单中的资料记载不详,含糊不清,模棱两可,计算费用的依据条件不足,无法计算应发生的费用。俗称无法操作或操作性差。归纳起来有以下几种:

a. 计费依据条件不足。如挖运土石方 50 m³ 没有描述是土方还是石方,或者是土方、石方各占多少,人工挖还是机械挖,挖出的土石方如何处理,运距是多少等,均没有说清楚,造成无法计费。

b. 用语不确切。如抽水费用 500 元,其水泵规格、数量、用了多少台班都没有说明清楚。

(4)现场签证的方式及注意点

现场签证的方式包括工程技术、工程经济、工程工期及工程隐蔽等几种,无论哪一种,最终都会直接或间接地发生现场签证价款,影响整个工程造价,现分述如下:

① 工程技术签证。是业主与承包商对某一施工环节技术要求或具体施工方法进行联系确定的一种方式,包括技术联系单,是施工组织设计方案的具体化和有效补充,因其有时涉及的价款数额较大,故不可忽视。对一些重大施工组织设计方案、技术措施的临时修改应征求设计人员的意见,必要时应组织论证,使之尽可能安全适用和经济。

② 工程经济签证。是指在工程施工期间由于场地变化、业主要求、环境变化等可能造

成工程实际造价与合同造价产生差额的各类签证,主要包括业主违约、非承包商引起的工程变更及工程环境变化、合同缺陷等。因其涉及面广,项目繁多复杂,要切实把握好有关定额、文件规定,尤其要严格控制签证范围和内容。现举例如下:

a. 设计变更或施工图有错误,而承包商已经开工、下料或购料。此类签证只需签变更项目或修正项目,原图纸不变的不要重复签证,已下料或购料的,要写清楚材料的名称、半成品或成品、规格、数量、变更日期、是否运到施工现场、有无回收或代用价值等。

b. 停工损失,包括由非承包商责任造成的停工或停水、停电超过间接费规定的范围。如停工造成的工人、机械、模板、脚手架等停滞的损失;临时停水、停电超过定额规定的时间;由于业主资金不到位,长时间中断停工,大型机械不能撤离而造成的损失。当发生停工时,双方应尽快以书面形式签认停工的起始日期、现场实际停工工人的数量、现场停滞机械的型号、数量、规格以及已购材料的名称、规格、数量、单价等。对于间接费定额已明确规定的,不要再另行签证;对于定额没有规定的,如停工模板、支撑、脚手架等停滞损失如何界定和补偿,是一个比较棘手的问题,应根据不同的工程实际情况做出补偿。双方均应实事求是地根据工程的具体实际情况,参考有关定额和规定,尽可能合理地办理签证。

c. 建筑材料单价的签证。建筑材料的价格是影响工程造价的重要因素之一,在工程结算造价中占有相当大的比例。随着建设事业的发展和市场经济体系的建立,建筑材料价格也因市场产、供、销变化和国家政策影响而不断升降,从而直接影响工程造价的升降。因此,建筑材料单价的签证价款控制尤其重要。在办理建筑材料单价的签证时,应注意弄清哪些材料需要办理签证以及如何办理,因为并不是所有的建筑材料都要办理签证。对于所签证的建筑材料单价,如已包含采保运杂费的应注明,避免结算时重复计算。不要把建筑工程主要材料的单价签证列入直接费,应只做调价差处理。对于需办签证的材料单价,最好双方一起做市场调查,如实签明材料的名称、规格、厂家、单价、时间以及是否已包含采保运杂费等。还要注意不要把材料的损耗计入单价内,因为在结算套定额时就已包含了材料的损耗。

d. 分清直接费和独立费。在施工过程中,经常会出现一些无法计算工程量或某些特殊的项目,往往以双方商定的具体金额来签证解决,这是允许的,但只能作为独立费。而有些承包商往往在签证单最后写上一句"……列入直接费",业主代表又不理解直接费与独立费的不同是前者可以参加取费,后者只能收取税金,于是签字,结算时双方发生争议,给工程结算审核造成许多人为的不必要困难。

③ 工程工期(进度)签证。指在工程实施过程中因主要分部分项工程的实际施工进度、工程主要材料、设备进退场时间及业主原因造成的延期开工、暂停开工、工期延误的签证;在建筑工程结算中,同一工程在不同时期完成的工作量,其材料价差和人工费的调整都不同。不少工程因为没有办理工程进度签证或没有如实办理而在结算时发生双方扯皮的情况。

④ 工程隐蔽签证。指施工完成后将被覆盖的工程签证。此类签证资料一旦缺失将难以完成结算,其中应特别注意的有:基坑开挖验槽记录;基础换土材质、深度、宽度记录;桩灌入深度及有关出槽量记录;钢筋验收记录。签证必须真实和及时,不能补签,因为一旦被覆盖再发生争议就很麻烦,有些隐蔽项目是不能揭开的,即使能够揭开也是劳民伤财。如湛江市某工程,回填石粉时没及时对填石粉的高度签证,结算时,承包商按 800 mm 计算,业主则要按 200 mm 计算。这时工程已完工,挖开的混凝土路面也已修复,双方的扯皮给结算带来许多困难。此外,对于基坑隐蔽签证要真实记录其放坡系数及开挖深度等。

现场签证要注意的问题如下：一是现场签证必须是业主驻工地代表（至少 2 人以上）和承包商驻工地代表双方签字，对于签证价款较大或大宗材料单价应加盖公章。双方工地代表均为合同委派或书面委派。二是凡预算定额或间接费定额、有关文件有规定的项目不得另行签证。若把握不了，可向工程造价中介机构咨询，或委托其参与解决。三是现场签证内容、数量、项目、原因、部位、日期等要明确，价款的结算方式、单价的确定应明确商定。四是现场签证要及时签办，不应拖延过后补签。对于一些重大的现场变化还应及时拍照或录像，以保存第一手原始资料。五是现场签证要一式几份，各方至少保存 1 份原件（最好按档案要求的份数），避免自行修改，结算时无对证。曾出现同一部位项目的两份签证上分别有 1 人和 2 人签名的情况，很明显多出的 1 个签名是模仿他人的笔迹加上去的，且已将项目内容做了修改，而另一方又没有存底，造成无法对证。六是现场签证应编号归档。在送审时，统一由送审单位加盖"送审资料"章，以证明此签证单是由送审单位提交给审核单位的，避免在审核过程中，各方根据自己的需要自行补交签证单。

7.2.4　工程价款的调整（调价结算）

《建设工程工程量清单计价规范》（GB 50500-2008）第 4.7.1 条规定，招标工程以投标截止日前 28 天，非招标工程以合同签订前 28 天为基准日，其后国家的法律、法规、规章和政策发生变化影响工程造价的，应按省级或行业建设主管部门或其授权的工程造价管理机构发布的规定调整合同价款。

1）工程合同价款中综合单价的调整

施工中出现施工图纸（含设计变更）与工程量清单项目特征描述不符的，发包、承包双方应按新的项目特征确定相应工程量清单项目的综合单价。

因分部分项工程量清单漏项或非承包人原因的工程变更，造成增加新的工程量清单项目，其对应的综合单价按下列方法确定：

（1）合同中已有适用的综合单价，按合同中已有的综合单价确定。

（2）合同中有类似的综合单价，参照类似的综合单价确定。

（3）合同中没有适用或类似的综合单价，由承包人提出综合单价，经发包人确认后执行。

因分部分项工程量清单漏项或非承包人原因的工程变更，引起措施项目发生变化，造成施工组织设计或施工方案变更，原措施费中已有的措施项目，按原措施费的组价方法调整；原措施费中没有的措施项目，由承包人根据措施项目变更情况提出适当的措施费变更，经发包人确认后调整。

因非承包人原因引起的工程量增减，该项工程量变化在合同约定幅度以内的，应执行原有的综合单价；该项工程量变化在合同约定幅度以外的，其综合单价及措施项目费应予以调整。

在合同履行过程中，因非承包人原因引起的工程量增减与招标文件中提供的工程量可能有偏差，该偏差对工程量清单项目的综合单价将产生影响，是否调整综合单价以及如何调整应在合同中约定。若合同未作约定，按以下原则办理：

（1）当工程量清单项目工程量的变化幅度在 10% 以内时，其综合单价不作调整，执行原有综合单价。

（2）当工程量清单项目工程量的变化幅度在 10％以上，且其影响分部分项工程费超过 0.1％时，其综合单价以及对应的措施费（如有）均应作调整。调整的方法是由承包人对增加的工程量或减少后剩余的工程量提出新的综合单价和措施项目费，经发包人确认后调整。

2）物价波动引起的价格调整

若施工期内市场价格波动超出一定幅度时，应按合同约定调整工程价款；合同没有约定或约定不明确的，应按省级或行业建设主管部门或其授权的工程造价管理机构的规定调整。

一般情况下，因物价波动引起的价格调整，可采用以下两种方法中的某一种计算。

（1）采用价格指数调整价格差额

此方式主要适用于使用的材料品种较少，但每种材料使用量较大的土木工程，如公路、水坝等。因人工、材料和设备等价格波动影响合同价格时，根据投标函附录中的价格指数和权重表约定的数据，按以下价格调整公式计算差额并调整合同价格：

$$\Delta P = P_0\left[A + \left(B_1 \times \frac{F_{t1}}{F_{01}} + B_2 \times \frac{F_{t2}}{F_{02}} + B_3 \times \frac{F_{t3}}{F_{03}} + \cdots + B_n \times \frac{F_{tn}}{F_{0n}}\right) - 1\right] \quad (6-9)$$

式中：ΔP——需调整的价格差额；

P_0——根据进度付款、竣工付款和最终结清等付款证书中，承包人应得到的已完成工程量的金额，此项金额不包括价格调整、不计质量保证金的扣留和支付、预付款的支付和扣回，变更及其他金额已按现行价格计价的也不计在内；

A——定值权重（即不调部分的权重）；

$B_1, B_2, B_3, \cdots, B_n$——各可调因子的变值权重（即可调部分的权重）为各可调因子在投标函投标总报价中所占的比例；

$F_{t1}, F_{t2}, F_{t3}, \cdots, F_{tn}$——各可调因子的现行价格指数，指根据进度付款、竣工付款和最终结清等约定的付款证书相关周期最后一天前 42 天的各可调因子的价格指数；

$F_{01}, F_{02}, F_{03}, \cdots, F_{0n}$——各可调因子的基本价格指数，指基准日期（即投标截止时间前 28 天）的各可调因子的价格指数。

以上价格调整公式中的各可调因子、定值和变值权重，以及基本价格指数及其来源在投标函附录价格指数和权重表中约定。价格指数应首先采用有关部门提供的价格指数，缺乏上述价格指数时，可采用有关部门提供的价格代替。

在运用这一价格调整公式进行工程价格差额调整中应注意以下三点：

① 暂时确定调整差额。在计算调整差额时得不到现行价格指数的，可暂用上一次价格指数计算，并在以后的付款中再按实际价格指数进行调整。

② 权重的调整。按变更范围和内容所约定的变更，导致原定合同中的权重不合理时，由监理人与承包人和发包人协商后进行调整。

③ 承包人工期延误后的价格调整。由于承包人原因未在约定的工期内竣工的，则对原约定竣工日期后继续施工的工程，在使用价格调整公式时，应采用原约定竣工日期与实际竣工日期的两个价格指数中较低的一个作为现行价格指数。

（2）采用造价信息调整价格差额

施工期内，因人工、材料、设备和机械台班价格波动影响合同价格时，人工、机械使用费按照国家或省、自治区、直辖市建设行政管理部门、行业建设管理部门或其授权的工程造价管理机构发布的人工成本信息、机械台班单价或机械使用费系数进行调整;需要进行价格调整的材料,其单价和采购数应由监理人复核,监理人确认需调整的材料单价及数量,作为调整工程合同价格差额的依据。

3)因不可抗力事件导致的价格调整

因不可抗力事件导致的费用,发包、承包双方应按以下原则分别承担并调整工程价款:

(1)工程本身的损害、因工程损害导致第三方人员伤亡和财产损失以及运至施工场地用于施工的材料和待安装的设备的损害,由发包人承担。

(2)发包人、承包人人员伤亡,由其所在单位负责,并承担相应费用。

(3)承包人的施工机械设备损坏及停工损失,由承包人承担。

(4)停工期间,承包人应发包人要求留在施工场地的必要的管理人员及保卫人员的费用,由发包人承担。

(5)工程所需清理、修复费用,由发包人承担。

7.2.5 工程竣工结算的编制及其审核

工程竣工结算是指承包人按照合同规定的内容全部完成所承包的工程,经验收质量合格并符合合同要求之后,向发包人进行的最终工程价款结算。工程竣工结算分为单位工程竣工结算、单项工程竣工结算和建设项目竣工总结算,其中单位工程竣工结算和单项工程竣工结算也可看作是分阶段结算。单位工程竣工结算由承包人编制,发包人审查;实行总承包的工程,由具体承包人编制,在总包人审查的基础上,发包人审查。单项工程竣工结算或建设项目竣工总结算由总(承)包人编制,发包人可直接进行审查,也可以委托具有相应资质的工程造价咨询机构进行审查。政府投资项目,由同级财政部门审查。单项工程竣工结算或建设项目竣工总结算经发包、承包人签字盖章后有效。

1)工程竣工结算的编制

工程竣工结算由承包人或受其委托具有相应资质的工程造价咨询人编制,由发包人或受其委托的具有相应资质的工程造价咨询人核对。

(1)工程竣工结算编制的主要依据

根据《建设工程工程量清单计价规范》(GB 50500-2008)的规定,工程竣工结算编制的主要依据包括以下内容:

①《建设工程工程量清单计价规范》(GB 50500-2008)。

② 施工合同。

③ 工程竣工图纸及资料。

④ 双方确认的工程量。

⑤ 双方确认追加(减)的工程价款。

⑥ 双方确认的索赔、现场签证事项及价款。

⑦ 投标文件。

⑧ 招标文件。

⑨ 其他依据。

(2)工程竣工结算的编制内容

在采用工程量清单计价的方式下,工程竣工结算的编制内容应包括工程量清单计价表所包含的各项费用内容：

① 分部分项工程费应依据双方确认的工程量、合同约定的综合单价计算；如发生调整的，以发包、承包双方确认调整的综合单价计算。

② 措施项目费的计算应遵循以下原则：

a. 采用综合单价计价的措施项目，应依据发包、承包双方确认的工程量和综合单价计算。

b. 明确采用"项"计价的措施项目，应依据合同约定的措施项目和金额或发包、承包双方确认调整后的措施项目费金额计算。

c. 措施项目费中的安全文明施工费应按照国家或省级、行业建设主管部门的规定计算。施工过程中，国家或省级、行业建设主管部门对安全文明施工费进行了调整的，措施项目费中的安全文明施工费应做相应调整。

③ 其他项目费应按以下规定计算：

a. 计日工的费用应按发包人实际签证确认的数量和合同约定的相应项目综合单价计算。

b. 暂估价中的材料单价应按发包、承包双方最终确认价在综合单价中调整；专业工程暂估价应按中标价或发包人、承包人与分包人最终确认价计算。

c. 总承包服务费应依据合同约定金额计算，如发生调整的，以发包、承包双方确认调整的金额计算。

d. 索赔费用应依据发包、承包双方确认的索赔事项和金额计算。

e. 现场签证费用应依据发包、承包双方签证资料确认的金额计算。

f. 暂列金额应减去工程价款调整与索赔、现场签证金额计算，如有余额的归发包人。

④ 规费和税金应按照国家或省级、行业建设主管部门对规费和税金的计取标准计算。

2）工程竣工结算审核

竣工结算审核是指对工程项目造价最终计算报告和财务划拨款额进行的审查核定。

（1）竣工结算的审核程序

① 承包人递交竣工结算书。承包人应在合同约定时间内编制完成竣工结算书，并在提交竣工验收报告的同时递交给发包人。承包人未在合同约定时间内递交竣工结算书，经发包人催促后仍未提供或没有明确答复的，发包人可以根据已有资料办理结算。

② 发包人进行核对。发包人在收到承包人递交的竣工结算书后，应按合同约定时间核对。竣工结算的核对时间按发包、承包双方合同约定的时间完成。

最高人民法院《关于审理建设工程施工合同纠纷案件适用法律问题的解释》（法释〔2004〕14 号）第二十条规定："当事人约定，发包人收到竣工结算文件后，在约定期限内不予答复，视为认可竣工结算文件的，按照约定处理。承包人请求按照竣工结算文件结算工程价款的，应予支持。"根据这一规定，要求发包、承包双方不仅应在合同中约定竣工结算的核对时间，并应约定发包人在约定时间内对竣工结算不予答复，则视为认可承包人递交的竣工结算的条款。

合同中对核对竣工结算时间没有约定或约定不明的，根据财政部、建设部印发的《建设工程价款结算暂行办法》（财建〔2004〕369 号）第十四条（三）项规定，按表 7-1 规定时间进行核对并提出核对意见。

表 7-1　工程竣工结算审查时限

工程竣工结算报告金额	审 查 时 间
500 万元以下	从接到竣工结算报告和完整的竣工结算资料之日起 20 天
500 万～2 000 万元	从接到竣工结算报告和完整的竣工结算资料之日起 30 天
2 000 万～5 000 万元	从接到竣工结算报告和完整的竣工结算资料之日起 45 天
5 000 万元以上	从接到竣工结算报告和完整的竣工结算资料之日起 60 天

建设项目竣工总结算在最后一个单项工程竣工结算核对确认后 15 天内汇总,送发包人后 30 天内核对完成。

合同约定或规范规定的结算核对时间含发包人委托工程造价咨询人核对的时间。

③ 发包、承包双方签字确认后,表示工程竣工结算完成,禁止发包人又要求承包人与另一个或多个工程造价咨询人重复核对竣工结算。

发包人或受其委托的工程造价咨询人收到承包人递交的竣工结算书后,在合同约定时间内不核对竣工结算或未提出核对意见的,视为承包人递交的竣工结算书已经认可,发包人应向承包人支付工程结算价款。

承包人在接到发包人提出的核对意见后,在合同约定时间内,不确认也未提出异议的,视为发包人提出的核对意见已经认可,竣工结算办理完毕。

发包人应对承包人递交的竣工结算书签收,拒不签收的,承包人可以不交付竣工工程。

承包人未在合同约定时间内递交竣工结算书的,发包人要求交付竣工工程,承包人应当交付。

竣工结算办理完毕,发包人应将竣工结算书报送工程所在地工程造价管理机构备案。竣工结算书作为工程竣工验收备案、交付使用的必备文件。

④ 工程竣工结算价款的支付。竣工结算办理完毕,发包人应根据确认的竣工结算书在合同约定时间内向承包人支付工程竣工结算价款。发包人未在合同约定时间内向承包人支付工程结算价款的,承包人可催告发包人支付结算价款。如达成延期支付协议的,发包人应按同期银行同类贷款利率支付拖欠工程价款的利息。如未达成延期支付协议,承包人可以与发包人协商将该工程折价,或申请人民法院将该工程依法拍卖,承包人就该工程折价或者拍卖的价款优先受偿。

(2) 竣工结算的审核内容

竣工结算审核必须严格遵守国家有关规章制度,严格依法办事,科学合理,不偏不倚,应对审核质量负责,不得营私舞弊或敷衍了事、以权谋私。

单位工程竣工结算审核是在经审定的施工图预算造价或者合同价款基础上进行的,审核的内容主要包括审核施工合同、审核设计变更、审核施工进度。

① 审核施工合同。施工合同是明确发包人和承包人双方责任、权利与义务的法律文件之一。合同的签订方式直接影响竣工结算的编制与审核。竣工结算审核时,首先必须了解施工合同中有关工程造价确定的具体内容和要求,确定竣工结算审核的重点。

对招标承包的工程,竣工结算审核,不能实施全过程审核,其中通过招标投标确定下来的合同价部分,只审核其中是否有违反合同法及施工实际的不合理费用项目。对于总价合同,不再进行从工程量到工程单价的具体项目审核,以维护合同与招标投标过程的严肃性,审核重点主要是设计变更审核与价差审核;对于单价合同,则需要复核按图施工的工程量。

对未经过招投标程序的一般包工包料工程,竣工结算审核重点应落实在竣工结算全部内容上,即从工程量审核入手,到定额套用审核,直至进行对设计变更、价差等有关项目审核。审核过程同施工图预算(定额计价法)审查。

②审核设计变更

a. 审核设计变更手续是否合理、合规。设计变更应当有变更通知单,并具备发包人、承包人的签字盖章。对于影响较大的结构变更,例如改变柱梁个数、体积、配筋量等,还必须有设计单位的签字。

b. 审核设计变更的真实性,即工程实体与设计变更通知要求应相吻合。为此,需要经过实地勘察或了解施工验收记录,对于隐蔽工程部位尤其要注意,如工程实际部位符合设计变更要求,属真实变更,予以认可。

符合以上两个条件的设计变更才是有效的变更。

c. 审核设计变更数量的真实性。要审核设计变更部位的工程量增减是否正确;变更部位的单价选用或者定额套用是否合理,设计变更部位的增减变化是否得到了如实反映;设计变更计算过程是否规范。

③审核施工进度。施工进度直接影响竣工结算造价,这部分审核内容主要是:

a. 审核工程进度计划的落实情况。如发生因发包人原因造成的停工、返工现象,应根据签证,考虑人工费增加。

b. 审核工程施工进度是否与工程量数量相对应,不同施工阶段的工程量数量比例是费用计算的主要依据。

c. 审核施工过程中有关人工、机械台班和材料价格与取费文件变化情况,选择合适的计算标准,使竣工结算与工程施工过程相吻合。

上述审核过程完结后,汇总审核后的竣工结算造价,达成由发包人(审核单位)、承包人双方认可的审定数额,做出审核结论(审核报告)。审定的竣工结算数额是发包人支付承包人工程价款的最终标准。

7.2.6 工程竣工结算的争议处理

发包人以对工程质量有异议,拒绝办理工程竣工结算的,已竣工验收或已竣工未验收但实际投入使用的工程,其质量争议按该工程保修合同执行,竣工结算按合同约定办理;已竣工未验收且未实际投入使用的工程以及停工、停建工程的质量争议,双方应就有争议的部分委托有资质的检测鉴定机构进行检测,根据检测结果确定解决方案,或按工程质量监督机构的处理决定执行后办理竣工结算,无争议部分的竣工结算按合同约定办理。

7.3 竣工决算的编制

7.3.1 竣工决算的内容和编制

财政部 2008 年 9 月公布的《关于进一步加强中央基本建设项目竣工财务决算工作的通

知》指出，财政部将按规定对中央级大中型项目、国家确定的重点小型项目竣工财务决算的审批实行"先审核、后审批"的办法，即对需先审核后审批的项目，先委托财政投资评审机构或经财政部认可的有资质的中介机构对项目单位编制的竣工财务决算进行审核，再按规定批复项目竣工财务决算。

通知指出，项目建设单位应在项目竣工后三个月内完成竣工财务决算的编制工作，并报主管部门审核。主管部门收到竣工财务决算报告后，对于按规定由主管部门审批的项目，应及时审核批复，并报财政部备案；对于按规定报财政部审批的项目，一般应在收到决算报告后一个月内完成审核工作，并将经其审核后的决算报告报财政部审批。以前年度已竣工尚未编报竣工财务决算的基建项目，主管部门应督促项目建设单位抓紧编报。

另外，主管部门应对项目建设单位报送的项目竣工财务决算认真审核，严格把关。审核的重点内容为：项目是否按规定程序和权限进行立项、可行性研究和初步设计报批工作；项目建设超标准、超规模、超概算投资等问题审核；项目竣工财务决算金额的正确性审核；项目竣工财务决算资料的完整性审核；项目建设过程中存在主要问题的整改情况审核等。

1）竣工决算的内容

建设项目竣工决算应包括从筹建到竣工投产全过程的全部实际费用，即包括建筑工程费、安装工程费、设备工器具购置费用及预备费等费用。按照财政部、国家发展改革委、住房和城乡建设部的有关文件规定，竣工决算由竣工财务决算说明书、竣工财务决算报表、工程竣工图和工程竣工造价对比分析四部分组成。其中，竣工财务决算说明书和竣工财务决算报表两部分又称为建设项目竣工财务决算，是竣工决算的核心内容。

（1）竣工财务决算说明书

竣工财务决算说明书主要反映竣工工程建设成果和经验，是对竣工决算报表进行分析和补充说明的文件，是全面考核分析工程投资与造价的书面总结，是竣工决算报告的重要组成部分，其内容主要包括：

① 建设项目概况，对工程总的评价。一般从进度、质量、安全和造价方面进行分析说明。进度方面主要说明开工和竣工时间，与要求工期比较是提前还是延期；质量方面主要根据竣工验收委员会或相当一级质量监督部门的验收评定等级、合格率和优良品率；安全方面主要根据劳动工资和施工部门的记录，对有无设备和人身事故进行说明；造价方面主要对照概算造价，说明节约或超支的情况，用金额和百分率进行分析说明。

② 资金来源及运用等财务分析。主要包括工程价款结算、会计账务的处理、财产物资情况及债权债务的清偿情况。

③ 基本建设收入、投资包干结余、竣工结余资金的上交分配情况。通过对基本建设投资包干情况的分析，说明投资包干数、实际支用数和节约额、投资包干节余的有机构成和包干节余的分配情况。

④ 各项经济技术指标的分析。概算执行情况分析，根据实际投资完成额与概算进行对比分析；新增生产能力的效益分析，说明支付使用财产占总投资额的比例、占支付使用财产的比例，不增加固定资产的造价占投资总额的比例，分析有机构成和成果。

⑤ 工程建设的经验及项目管理和财务管理工作以及竣工财务决算中有待解决的问题。

⑥ 需要说明的其他事项。

（2）竣工财务决算报表

建设项目竣工财务决算报表根据大、中型建设项目和小型建设项目分别制定。根据财政部(财基字〔1998〕4号)关于《基本建设财务管理若干规定》的通知以及(财基字〔1998〕498号)文《基本建设项目竣工财务决算报表》和《基本建设项目竣工财务决算报表填表说明》的通知,大、中型建设项目竣工决算报表包括:建设项目竣工财务决算审批表;大、中型建设项目概况表;大、中型建设项目竣工财务决算表;大、中型建设项目交付使用资产总表;建设项目交付使用资产明细表。小型建设项目竣工财务决算报表包括建设项目竣工财务决算审批表、竣工财务决算总表、建设项目交付使用资产明细表等。

① 建设项目竣工财务决算审批表(表7-2)

该表作为竣工决算上报有关部门审批时使用,其格式是按照中央级小型项目审批要求设计的,地方级项目可按审批要求做适当修改,大、中、小型项目均要按照下列要求填报此表。

表7-2 建设项目竣工财务决算审批表

建设项目法人(建设单位)		建设性质	
建设项目名称		主管部门	

开户银行意见:

(盖章)
年 月 日

专员办审批意见:

(盖章)
年 月 日

主管部门或地方财政部门审批意见:

(盖章)
年 月 日

a. 表中"建设性质"按照新建、改建、扩建、迁建和恢复建设项目等分类填列。

b. 表中"主管部门"是指建设单位的主管部门。

c. 所有建设项目均须经过开户银行签署意见后,按照有关要求进行报批:中央级小型项目由主管部门签署审批意见;中央级大、中型建设项目报所在地财政监察专员办事机构签署意见后,再由主管部门签署意见报财政部审批;地方级项目由同级财政部门签署审批意见。

d. 已具备竣工验收条件的项目,三个月内应及时填报审批表,如三个月内不办理竣工验收和固定资产移交手续的视同项目已正式投产,其费用不得从基本建设投资中支付,所实现的收入作为经营收入,不再作为基本建设收入管理。

② 大、中型建设项目概况表(表7-3)

该表综合反映大、中型项目的基本概况,内容包括该项目总投资、建设起止时间、新增生产能力、主要材料消耗、建设成本、完成主要工程量和主要技术经济指标,为全面考核和分析投资效果提供依据。可按下列要求填写:

表 7-3　大、中型建设项目概况表

建设项目(单项工程)名称			建设地址			项　　目	概算(元)	实际(元)	备注
主要设计单位			主要施工企业			建筑安装工程投资			
占地面积	设计	实际	总投资(万元)	设计	实际	设备、工具、器具			
						待摊投资			
新增生产能力	能力(效益)名称			设计	实际	其中:建设单位管理费			
						其他投资			
建设起止时间	设计	从　年　月开工至　年　月竣工				待核销基建支出			
	实际	从　年　月开工至　年　月竣工				非经营项目转出投资			
						合　　计			
设计概算批准文号									
完成主要工程量	建　设　规　模				设备(台、套、吨)				
	设　　计		实　　际		设　　计		实　　际		
收尾工程	工程项目、内容		已完成投资额		尚需投资额		完成时间		

a. 建设项目(单项工程)名称、建设地址、主要设计单位和主要承包人要按全称填列。

b. 表中各项目的设计、概算、计划等指标,根据批准的设计文件和概算、计划等确定的数字填列。

c. 表中所列新增生产能力、完成主要工程量的实际数据,根据建设单位统计资料和承包人提供的有关成本核算资料填列。

d. 表中基本建设支出是指建设项目从开工起至竣工止发生的全部基本建设支出,包括形成资产价值的交付使用资产,如固定资产、流动资产、无形资产、其他资产支出,还包括不形成资产价值按照规定应核销的非经营项目的待核销基建支出和转出投资。上述支出,应根据财政部门历年批准的"基建投资表"中的有关数据填列。

按照财政部印发(财基字〔1998〕4 号)关于《基本建设财务管理若干规定》的通知,需要注意以下几点:

一是建筑安装工程投资支出、设备工器具投资支出、待摊投资支出和其他投资支出构成建设项目的建设成本。

二是待核销基建支出是指非经营性项目发生的如江河清障、补助群众造林、水土保持、城市绿化、取消项目可行性研究费、项目报废等不能形成资产部分的投资。对于能够形成资产部分的投资,应计入交付使用资产价值。

三是非经营性项目转出投资支出是指非经营项目为项目配套的专用设施投资,包括专用道路、专用通信设施、送变电站、地下管道等,其产权不属于本单位的投资支出,对于产权归属本单位的,应计入交付使用资产价值。

e. 表中"设计概算批准文号",按最后经批准的日期和文件号填列。

f. 表中"收尾工程"是指全部工程项目验收后尚遗留的少量收尾工程,在表中应明确填写收尾工程内容、完成时间、该部分工程的实际成本,可根据实际情况进行估算并加以说明,完工后不再编制竣工决算。

③ 大、中型建设项目竣工财务决算表(表 7-4)

竣工财务决算表是竣工财务决算报表的一种,大、中型建设项目竣工财务决算表是用来反映建设项目的全部资金来源和资金占用情况,是考核和分析投资效果的依据。该表反映竣工的大中型建设项目从开工到竣工为止全部资金来源和资金运用情况。它是考核和分析投资效果,落实结余资金,并作为报上级核销基本建设支出和基本建设拨款的依据。在编制该表前,应先编制出项目竣工年度财务决算,根据编制出的竣工年度财务决算和历年财务决算编制项目的竣工财务决算。此表采用平衡表形式,即资金来源合计等于资金支出合计。具体编制方法是:

表 7-4 大、中型建设项目竣工财务决算表 单位:元

资金来源	金额	资金占用	金额	补充资料
一、基建拨款		一、基本建设支出		
1. 预算拨款		1. 交付使用资产		
2. 基建基金拨款		2. 在建工程		1. 基建投资借款期末余额
其中:国债专项资金拨款		3. 待核销基建支出		
3. 专项建设基金拨款		4. 非经营性项目转出投资		
4. 进口设备转账拨款		二、应收生产单位投资借款		
5. 器材转账拨款		三、拨付所属投资借款		
6. 煤代油专用基金拨款		四、器材		2. 应收生产单位投资借款期末数
7. 自筹资金拨款		其中:待处理器材损失		
8. 其他拨款		五、货币资金		
二、项目资本金		六、预付及应收款		
1. 国家资本		七、有价证券		3. 基建结余资金
2. 法人资本		八、固定资产		
3. 个人资本		固定资产原价		
三、项目资本公积金		减:累计折旧		
四、基建借款		固定资产净值		
其中:国债转贷		固定资产清理		
五、上级拨入投资借款		待处理固定资产损失		
六、企业债券资金				
七、待冲基建支出				
八、应付款				

续表 7-4

资金来源	金额	资金占用	金额	补充资料
九、未交款				
1.未交税金				
2.其他未交款				
十、上级拨入资金				
十一、留成收入				
合　计		合　计		

a. 资金来源包括基建拨款、项目资本金、项目资本公积金、基建借款、上级拨入投资借款、企业债券资金、待冲基建支出、应付款和未交款以及上级拨入资金和企业留成收入等。

项目资本金是指经营性项目投资者按国家有关项目资本金的规定,筹集并投入项目的非负债资金,在项目竣工后,相应转为生产经营企业的国家资本金、法人资本金、个人资本金和外商资本金。

项目资本公积金是指经营性项目投资者实际缴付的出资额超过其资金的差额(包括发行股票的溢价净收入)、资产评估确认价值或者合同协议约定价值与原账面净值的差额、接受捐赠的财产、资本汇率折算差额,在项目建设期间作为资本公积金,项目建成交付使用并办理竣工决算后,转为生产经营企业的资本公积金。

基建收入是基建过程中形成的各项工程建设副产品变价净收入、负荷试车的试运行收入以及其他收入,在表中基建收入以实际销售收入扣除销售过程中所发生的费用和税后的实际纯收入填写。

b. 表中"交付使用资产"、"预算拨款"、"自筹资金拨款"、"其他拨款"、"项目资本金"、"基建投资借款"、"其他借款"等项目,是指自开工建设至竣工的累计数,上述有关指标应根据历年批复的年度基本建设财务决算和竣工年度的基本建设财务决算中资金平衡表相应项目的数字进行汇总填写。

c. 表中其他项目的费用指办理竣工验收时的结余数,根据竣工年度财务决算中资金平衡表的有关项目期末数填写。

d. 资金支出反映建设项目从开工准备到竣工全过程资金支出的情况,内容包括基建支出、应收生产单位投资借款、库存器材、货币资金、有价证券和预付及应收款以及拨付所属投资借款和库存固定资产等,资金支出总额应等于资金来源总额。

e. 基建结余资金可以按下列公式计算:

基建结余资金 ＝ 基建拨款＋项目资本金＋项目资本公积金＋基建投资借款

＋企业债券基金＋待冲基建支出－基本建设支出－应收生产单位投资借款(7－10)

④ 大、中型建设项目交付使用资产总表(表 7-5)

该表反映建设项目建成后新增固定资产、流动资产、无形资产和其他资产价值的情况和价值,作为财产交接、检查投资计划完成情况和分析投资效果的依据。小型项目不编制"交付使用资产总表",直接编制"交付使用资产明细表";大、中型项目在编制"交付使用资产总表"的同时,还需编制"交付使用资产明细表",大、中型建设项目交付使用资产总表具体编制方法如下:

表 7-5　大、中型建设项目交付使用资产总表　　　　　单位:元

序号	单项工程项目名称	总计	固定资产				流动资产	无形资产	其他资产
			合计	建安工程	设备	其他			

交付单位:　　　　　负责人:　　　　　　接受单位:　　　　　负责人:
盖　章　　　　　年 月 日　　　　　盖　章　　　　　年 月 日

a. 表中各栏目数据根据"交付使用明细表"的固定资产、流动资产、无形资产、其他资产各相应项目的汇总数分别填写,表中"总计"栏的总计数应与竣工财务决算表中的交付使用资产的金额一致。

b. 表中第 3 栏,第 4 栏,第 8、9、10 栏的合计数,应分别与竣工财务决算表交付使用的固定资产、流动资产、无形资产、其他资产的数据相符。

⑤ 建设项目交付使用资产明细表(表 7-6)

该表反映交付使用的固定资产、流动资产、无形资产和其他资产及其价值的明细情况,是办理资产交接和接收单位登记资产账目的依据,是使用单位建立资产明细账和登记新增资产价值的依据。大、中型和小型建设项目均需编制此表。编制时要做到齐全完整,数字准确,各栏目价值应与会计账目中相应科目的数据保持一致。建设项目交付使用资产明细表具体编制方法如下:

表 7-6　建设项目交付使用资产明细表

单项工程名称	建筑工程			固定资产(设备、工具、器具、家具)						流动资产		无形资产		其他资产	
	结构	面积(m²)	价值(元)	名称	规格型号	单位	数量	价值(元)	设备安装费(元)	名称	价值(元)	名称	价值(元)	名称	价值(元)

a. 表中"建筑工程"项目应按单项工程名称填列其结构、面积和价值。其中"结构"按钢结构、钢筋混凝土结构、混合结构等结构形式填写;"面积"则按各项目实际完成面积填列;"价值"按交付使用资产的实际价值填写。

b. 表中"固定资产"部分要在逐项盘点后根据盘点的实际情况填写,工具、器具和家具等低值易耗品可分类填写。

c. 表中"流动资产"、"无形资产"、"其他资产"项目应根据建设单位实际交付的名称和

价值分别填列。

⑥ 小型建设项目竣工财务决算总表(表7-7)

由于小型建设项目内容比较简单,因此可将工程概况与财务情况合并编制一张"竣工财务决算总表",该表主要反映小型建设项目的全部和财务情况。具体编制时可参照大、中型建设项目概况表指标和大、中型建设项目竣工财务决算表相应指标内容填写。

表 7-7　小型建设项目竣工财务决算总表

建设项目名称			建设地址					资金来源		资金运用	
初步设计概算批准文号								项目	金额(元)	项目	金额(元)
占地面积	计划	实际	总投资(万元)	计划		实际		一、基建拨款 其中:预算拨款		一、交付使用资产	
										二、待核销基建支出	
				固定资产	流动资金	固定资产	流动资金	二、项目资本金		三、非经营项目转出投资	
								三、项目资本公积金			
新增生产能力	能力(效益)名称		设计		实际			四、基建借款		四、应收生产单位投资借款	
								五、上级拨入借款			
建设起止时间	计划		从 年 月开工 至 年 月竣工					六、企业债券资金		五、拨付所属投资借款	
	实际		从 年 月开工 至 年 月竣工					七、待冲基建支出		六、器材	
基建支出	项目				概算(元)	实际(元)		八、应付款		七、货币资金	
	建筑安装工程							九、未付款 其中: 未交基建收入 未交包干收入		八、预付及应收款	
	设备工具器具									九、有价证券	
	待摊投资									十、原有固定资产	
	其中:建设单位管理费							十、上级拨入资金			
	其他投资							十一、留成收入			
	待核销基建支出										
	非经营性项目转出投资										
	合　计							合　计		合　计	

(3)建设工程竣工图

建设工程竣工图是真实地记录各种地上、地下建筑物、构筑物等情况的技术文件,是工程进行交工验收、维护、改建和扩建的依据,是国家的重要技术档案。全国各建设、设计、施工单位和各主管部门都要认真做好竣工图的编制工作。国家规定各项新建、扩建、改建的基本建设工程,特别是基础、地下建筑、管线、结构、井巷、桥梁、隧道、港口、水坝以及设备安装等隐蔽部位,都要编制竣工图。为确保竣工图质量,必须在施工过程中(不能在竣工后)及时做好隐蔽工程检查记录,整理好设计变更文件。编制竣工图的形式和深度,应根据不同情况区别对待,其具体要求包括:

① 凡按图竣工没有变动的,由承包人(包括总包和分包承包人,下同)在原施工图上加盖"竣工图"标志后即作为竣工图。

② 凡在施工过程中,虽有一般性设计变更,但能将原施工图加以修改补充作为竣工图的,可不重新绘制,由承包人负责在原施工图(必须是新蓝图)上注明修改部分,并附以设计变更通知单和施工说明,加盖"竣工图"标志后,作为竣工图。

③ 凡结构形式改变、施工工艺改变、平面布置改变、项目改变以及有其他重大改变,不宜再在原施工图上修改、补充时,应重新绘制改变后的竣工图。由原设计原因造成的,由设计单位负责重新绘制;由施工原因造成的,由承包人负责重新绘图;由其他原因造成的,由建设单位自行绘制或委托设计单位绘制。承包人负责在新图上加盖"竣工图"标志,并附以有关记录和说明,作为竣工图。

④ 为了满足竣工验收和竣工决算需要,还应绘制反映竣工工程全部内容的工程设计平面示意图。

⑤ 重大的改建、扩建工程项目涉及原有的工程项目变更时,应将相关项目的竣工图资料统一整理归档,并在原图案卷内增补必要的说明。

(4)工程造价对比分析

对控制工程造价所采取的措施、效果及其动态变化需要进行认真对比,总结经验教训。批准的概算是考核建设工程造价的依据。在分析时,可先对比整个项目的总概算,然后将建筑安装工程费、设备工器具费和其他工程费用逐一与竣工决算表中所提供的实际数据和相关资料及批准的概算、预算指标、实际的工程造价进行对比分析,以确定竣工项目总造价是节约还是超支,并在对比的基础上总结先进经验,找出节约和超支的内容和原因,提出改进措施。在实际工作中,应主要分析以下内容:

① 主要实物工程量。对于实物工程量出入比较大的情况必须查明原因。

② 主要材料消耗量。考核主要材料消耗量,要按照竣工决算表中所列明的三大材料实际超概算的消耗量,查明是在工程的哪个环节超出量最大,再进一步查明超耗的原因。

③ 考核建设单位管理费、措施费和间接费的取费标准。建设单位管理费、措施费和间接费的取费标准要按照国家和各地的有关规定,根据竣工决算报表中所列的建设单位管理费与概预算所列的建设单位管理费数额进行比较,依据规定查明多列或少列的费用项目,确定其节约或超支的数额,并查明原因。

2)竣工决算的编制

(1)竣工决算的编制依据

① 经批准的可行性研究报告、投资估算书,初步设计或扩大初步设计,修正总概算及其批复文件。

② 经批准的施工图设计及其施工图预算书。

③ 设计交底或图纸会审会议纪要。

④ 设计变更记录、施工记录或施工签证单及其他施工发生的费用记录。

⑤ 招标控制价、承包合同、工程结算等有关资料。

⑥ 历年基建计划、历年财务决算及批复文件。

⑦ 设备、材料调价文件和调价记录。

⑧ 有关财务核算制度、办法和其他有关资料。

（2）竣工决算的编制要求

为了严格执行建设项目竣工验收制度，正确核定新增固定资产价值，考核分析投资效果，建立健全经济责任制，所有新建、扩建和改建等建设项目竣工后都应及时、完整、正确地编制好竣工决算，为此建设单位要做好以下工作：

① 按照规定组织竣工验收，保证竣工决算的及时性。竣工结算是对建设工程的全面考核。所有的建设项目（或单项工程）按照批准的设计文件所规定的内容建成后，具备了投产和使用条件的，都要及时组织验收。对于竣工验收中发现的问题应及时查明原因，采取措施加以解决，以保证建设项目按时交付使用和及时编制竣工决算。

② 积累、整理竣工项目资料，保证竣工决算的完整性。积累、整理竣工项目资料是编制竣工决算的基础工作，它关系到竣工决算的完整性和质量的好坏。因此，在建设过程中，建设单位必须随时收集项目建设的各种资料，并在竣工验收前对各种资料进行系统整理，分类立卷，为编制竣工决算提供完整的数据资料，为投产后加强固定资产管理提供依据。在工程竣工时，建设单位应将各种基础资料与竣工决算一起移交给生产单位或使用单位。

③ 清理、核对各项账目，保证竣工决算的正确性。工程竣工后，建设单位要认真核实各项交付使用资产的建设成本；做好各项账务、物资以及债权的清理结余工作，应偿还的及时偿还，该收回的及时收回，对各种结余的材料、设备、施工机械工具等，要逐项清点核实，妥善保管，按照国家有关规定进行处理，不得任意侵占；对竣工后的结余资金，要按规定上交财政部门或上级主管部门。在完成上述工作，核实了各项数字的基础上，正确编制从年初起到竣工月份止的竣工年度财务决算，以便根据历年的财务决算和竣工年度财务决算进行整理汇总，编制建设项目决算。

按照规定，竣工决算应在竣工项目办理验收交付手续后一个月内编好，并上报主管部门，有关财务成本部分还应送经办银行审查签证。主管部门和财政部门对报送的竣工决算审批后，建设单位即可办理决算调整和结束有关工作。

（3）竣工决算的编制步骤

① 收集、整理和分析有关依据资料。在编制竣工决算文件之前，应系统地整理所有的技术资料、工料结算的经济文件、施工图纸和各种变更与签证资料，并分析它们的准确性。完整、齐全的资料，是准确而迅速编制竣工决算的必要条件。

② 清理各项财务、债务和结余物资。在收集、整理和分析有关资料中，要特别注意建设工程从筹建到竣工投产或使用的全部费用的各项账务。债权和债务的清理，要做到工程完毕账目清晰，既要核对账目，又要查点库存实物的数量，做到账与物相等，账与账相符；对结余的各种材料、工器具和设备，要逐项清点核实，妥善管理，并按规定及时处理，收回资金；对各种往来款项要及时进行全面清理，为编制竣工决算提供准确的数据和结果。

③ 核实工程变动情况。重新核实各单位工程、单项工程造价，将竣工资料与原设计图纸进行查对、核实，必要时可实地测量，确认实际变更情况；根据经审定的承包人竣工结算等

原始资料,按照有关规定对原概预算进行增减调整,重新核定工程造价。

④ 编制建设工程竣工决算说明。按照建设工程竣工决算说明的内容要求,根据编制依据材料填写在报表中的结果,编写文字说明。

⑤ 填写竣工决算报表。按照建设工程决算表格中的内容,根据编制依据中的有关资料进行统计或计算各个项目和数量,并将其结果填到相应表格的栏目内,完成所有报表的填写。

⑥ 做好工程造价对比分析。

⑦ 清理、装订好竣工图。

⑧ 上报主管部门审查存档。

上述编写的文字说明和填写的表格经核对无误,装订成册,即为建设工程竣工决算文件。将其上报主管部门审查,并把其中的财务成本部分送交开户银行签证。竣工决算在上报主管部门的同时,还应抄送有关设计单位。大、中型建设项目的竣工决算还应抄送财政部、建设银行总行和省、自治区、直辖市的财政局及建设银行分行各一份。建设工程竣工决算的文件由建设单位负责组织人员编写,在竣工建设项目办理验收使用一个月之内完成。

7.3.2 工程计价争议处理

在工程计价中,对工程造价计价依据、办法以及相关政策规定发生争议事项的,由工程造价管理机构负责解释。

发包人以对工程质量有异议,拒绝办理工程竣工结算的,对已竣工验收或已竣工未验收但实际投入使用的工程,其质量争议按该工程保修合同执行,竣工结算按合同约定办理;对已竣工未验收且未实际投入使用的工程以及停工、停建工程的质量争议,双方应就有争议的部分委托有资质的检测鉴定机构进行检测,根据检测结果确定解决方案,或按工程质量监督机构的处理决定执行后办理竣工结算,无争议部分的竣工结算按合同约定办理。

发包、承包双方发生工程造价合同纠纷时,应通过下列办法解决:

(1) 双方协商。

(2) 提请调解,工程造价管理机构负责调解工程造价问题。

(3) 按合同约定向仲裁机构申请仲裁或向人民法院起诉。

在合同纠纷案件处理中,需进行工程造价鉴定的,应委托具有相应资质的工程造价咨询人进行。

【例 7-1】 某承包商于某年承包某外资工程项目施工。与业主签订的承包合同的部分内容有:

(1) 工程合同价 2 000 万元,工程价款采用调值公式动态结算。该工程的人工费占工程价款的 35%,材料费占 50%,不调值费用占 15%。具体调值公式为

$$P = P_0 \times (0.15 + 0.35 A/A_0 + 0.23 B/B_0 + 0.12 C/C_0 + 0.08 D/D_0 + 0.07 E/E_0)$$

式中:A_0、B_0、C_0、D_0、E_0——基期价格指数;

A、B、C、D、E——工程结算日期的价格指数。

(2) 开工前业主向承包商支付合同价 20% 的工程预付款,当工程进度款达到 60% 时,开始从工程结算款中按 60% 抵扣工程预付款,竣工前全部扣清。

(3) 工程进度款逐月结算。

(4) 业主自第一个月起,从承包商的工程价款中按 5% 的比例扣留质量保证金。工程保

修期为一年。

该合同的原始报价日期为当年3月1日。结算各月份的工资、材料价格指数如表7-8所示。

表7-8 工资、材料物价指数表

代 号	3月指数	5月指数	6月指数	7月指数	8月指数	9月指数
A_0	100	110	108	108	110	110
B_0	153.4	156.2	158.2	158.4	160.2	160.2
C_0	154.4	154.4	156.2	158.4	158.4	160.2
D_0	160.3	162.2	162.2	162.2	164.2	164.2
E_0	144.4	160.2	162.2	164.2	162.4	162.8

未调值前各月完成的工程情况为：

5月份完成工程200万元，本月业主供料部分材料费为5万元。

6月份完成工程300万元。

7月份完成工程400万元，另外由于业主方设计变更，导致工程局部返工，造成拆除材料费损失1 500元，人工费损失1 000元，重新施工人工、材料等费用合计1.5万元。

8月份完成工程600万元，另外由于施工中采用的模板形式与定额不同，造成模板增加费用3 000元。

9月份完成工程500万元，另有批准的工程索赔款1万元。

问：(1) 工程预付款是多少？

(2) 确定每月业主应支付给承包商的工程款。

(3) 工程在竣工半年后，发生屋面漏水，业主应如何处理此事？

【解】 (1) 工程预付款：2 000万元×20％=400万元

(2) 工程预付款的起扣点：T=2 000万元×60％=1 200万元

每月终业主应支付的工程款：

5月份月终支付：

200×(0.15+0.35×110/100+0.23×156.2/153.4+0.12×154.4/154.4
　　+0.08×162.2/160.3+0.07×160.2/144.4)×(1−5％)−5=194.08万元

6月份月终支付：

300×(0.15+0.35×108/100+0.23×158.2/153.4+0.12×156.2/154.4
　　+0.08×162.2/160.3+0.07×162.2/144.4)×(1−5％)=298.16万元

7月份月终支付：

[400×(0.15+0.35×108/100+0.23×158.4/153.4+0.12×158.4/154.4+0.08
　　×162.2/160.3+0.07×164.2/144.4)+0.15+0.1+1.5]×(1−5％)=400.34万元

8月份月终支付：

600×(0.15+0.35×110/100+0.23×160.2/153.4+0.12×158.4/154.4+0.08
　　×164.2/160.3+0.07×162.4/144.4)×(1−5％)−300×60％=423.62万元

9月份月终支付：

[500×(0.15+0.35×110/100+0.23×160.2/153.4+0.12×160.2/154.4+0.08

×164.2/160.3＋0.07×162.8/144.4)＋1]×(1－5％)－(400－300×60％)＝284.74 万元

(3) 工程在竣工半年后发生屋面漏水,由于在保修期内,业主应首先通知原承包商进行维修。如果原承包商不能在约定的时限内派人维修,业主也可委托他人进行修理,费用从质量保证金中支付。

【例 7-2】 某汽车制造厂建设施工土方工程中,承包商在合同标明有松软石的地方没有遇到松软石,因此工期提前一个月。但在合同中另一未标明有坚硬岩石的地方遇到更多的坚硬岩石,开挖工作变得更加困难,由此造成了实际生产率比原计划低得多,经测算影响工期三个月。由于施工速度减慢,使得部分施工任务拖到雨季进行,按一般公认标准推算,又影响工期两个月。为此承包商准备提出索赔。

问:(1) 该项施工索赔能否成立? 为什么?

(2) 在该索赔事件中,应提出的索赔内容包括哪两方面?

(3) 在工程施工中,通常可以提供的索赔证据有哪些?

(4) 承包商应提供的索赔文件有哪些? 请协助承包商拟定一份索赔通知。

【解】 (1) 该项施工索赔能成立。施工中在合同未标明有坚硬岩石的地方遇到更多的坚硬岩石,属于施工现场的施工条件与原来的勘察有很大差异,属于甲方的责任范围。

(2) 本事件使承包商由于意外地质条件造成施工困难,导致工期延长,相应产生额外工程费用,因此应包括费用索赔和工期索赔。

(3) 可以提供的索赔证据有:① 招标文件、工程合同及附件、业主认可的施工组织设计、工程图纸、技术规范等;② 工程各项有关设计交底记录,变更图纸,变更施工指令等;③ 工程各项经业主或监理工程师签认的签证;④ 工程各项往来信件、指令、信函、通知、答复等;⑤ 工程各项会议纪要;⑥ 施工计划及现场实施情况记录;⑦ 施工日报及工长工作日志、备忘录;⑧ 工程送电、送水、道路开通、封闭的日期及数量记录;⑨ 工程停水、停电和干扰事件影响的日期及恢复施工的日期;⑩ 工程预付款、进度款拨付的数额及日期记录;⑪ 工程图纸、图纸变更、交底记录的送达份数及日期记录;⑫ 工程有关施工部位的照片及录像等;⑬ 工程现场气候记录,有关天气的温度、风力、降雨降雪量等;⑭ 工程验收报告及各项技术鉴定报告等;⑮ 工程材料采购、订货、运输、进场、验收、使用等方面的凭据;⑯ 工程会计核算资料;⑰ 国家、省、市有关影响工程造价、工期的文件、规定等。

(4) 承包商应提供的索赔文件有:①索赔信;②索赔报告;③索赔证据与详细计算书等附件。

索赔通知的参考形式如下:

索 赔 通 知

致甲方代表(或监理工程师):

我方希望你方对工程地质条件变化问题引起重视:在合同文件未标明有坚硬岩石的地方遇到了坚硬岩石,致使我方实际生产率降低而引起进度拖延,并不得不在雨季施工。

上述施工条件变化,造成我方施工现场设计与原设计有很大不同,为此向你方提出工期索赔及费用索赔要求,具体工期索赔及费用索赔依据和计算书在随后的索赔报告中。

承包商:×××

××××年××月××日

【例 7-3】 某大、中型建设项目 2006 年开工建设,2008 年底有关财务核算资料如下:

（1）已经完成部分单项工程，经验收合格后，已经交付使用的资产包括：

① 固定资产价值 75 540 万元。

② 为生产准备的使用期限在一年以内的备品备件、工具、器具等流动资产价值 30 000 万元，期限在一年以上，单位价值在 1 500 元以上的工具 60 万元。

③ 建造期间购置的专利权、非专利技术等无形资产 2 000 万元，摊销期五年。

（2）基本建设支出的未完成项目包括：

① 建筑安装工程支出 16 000 万元。

② 设备工器具投资 44 000 万元。

③ 建设单位管理费、勘察设计费等待摊投资 2 400 万元。

④ 通过出让方式购置的土地使用权形成的其他投资 110 万元。

（3）非经营项目发生待核销基建支出 50 万元。

（4）应收生产单位投资借款 1 400 万元。

（5）购置需要安装的器材 50 万元，其中待处理器材 16 万元。

（6）货币资金 470 万元。

（7）预付工程款及应收有偿调出器材款 18 万元。

（8）建设单位自用的固定资产原值 60 550 万元，累计折旧 10 022 万元。

（9）反映在《资金平衡表》上的各类资金来源的期末余额是：

① 预算拨款 52 000 万元。

② 自筹资金拨款 58 000 万元。

③ 其他拨款 450 万元。

④ 建设单位向商业银行借入的借款 110 000 万元。

⑤ 建设单位当年完成交付生产单位使用的资产价值中，200 万元属于利用投资借款形成的待冲基建支出。

⑥ 应付器材销售商 40 万元贷款和尚未支付的应付工程款 1 916 万元。

⑦ 未交税金 30 万元。

根据上述有关资料编制该项目竣工财务决算表（见表 7-9）。

表 7-9　大、中型建设项目竣工财务决算表

建设项目名称：××建设项目　　　　　　　　　　　　　　　　　　　　　　　　　　单位：万元

资金来源	金额	资金占用	金额	补充资料
一、基建拨款	110 450	一、基本建设支出	170 160	1.基建投资借款期末余额
1.预算拨款	52 000	1.交付使用资产	107 600	
2.基建基金拨款		2.在建工程	62 510	
其中:国债专项资金拨款		3.待核销基建支出	50	
3.专项建设基金拨款		4.非经营性项目转出投资		
4.进口设备转账拨款		二、应收生产单位投资借款	1 400	2.应收生产单位投资借款期末数
5.器材转账拨款		三、拨付所属投资借款		
6.煤代油专用基金拨款		四、器材	50	

266

资金来源	金额	资金占用	金额	补充资料
7.自筹资金拨款	58 000	其中:待处理器材损失	16	3.基建结余资金
8.其他拨款	440	五、货币资金	470	
二、项目资本金		六、预付及应收款	18	
1.国家资本		七、有价证券		
2.法人资本		八、固定资产	50 528	
3.个人资本		固定资产原值	60 550	
三、项目资本公积		减:累计折旧	10 022	
四、基建借款		固定资产净值	50 528	
其中:国债转贷	110 000	固定资产清理		
五、上级拨入投资借款		待处理固定资产损失		
六、企业债券资金				
七、待冲基建支出	200			
八、应付款	1 956			
九、未交款	30			
1.未交税金	30			
2.其他未交款				
十、上级拨入资金				
十一、留成收入				
合　计	222 626	合　计	222 626	

思考与练习

1. 什么是工程结算,什么是竣工决算?

2. 工程结算的方式有哪些? 简述工程结算的内容。

3. 什么是工程预付款? 工程预付款的起扣点是如何规定的?

4. 竣工结算如何编制和审核?

5. 简述竣工决算的内容。

6. 工程计价争议如何处理?

7. 某建设项目,其建筑工程承包合同价为 800 万元。合同规定,预付备料款额度为 18%,竣工结算时应留 5% 尾款做保证金。该工程主要材料及结构构件金额占工程价款的 60%;各月完成工作量情况见下表。试计算该工程的预付备料款和起扣点,并计算按月结算该工程进度款。

月　份	2 月	3 月	4 月	5 月	6 月
完成工程产值(万元)	100	150	200	200	150

附录　工程量清单编制实例

一、××工程招标文件

1. 招标范围:本工程施工的招标范围为××工程的全部建筑及装饰装修工程。工程所需的所有材料均由投标人采购。

2. 工程概况:本工程为砖混结构,建筑层数为两层。

3. 工程量清单编制依据

(1) ××工程施工图。

(2)《建设工程工程量清单计价规范》

4. 投标报价:投标报价应是招标文件所确定的招标范围内全部工作内容的价格体现。它应包括设备(材料)成本、运输费、包装费、维护、铺装施工、保修、培训、劳务费、管理、利润、税金及政策性文件规定及合同包含的所有风险、责任等各项应有费用。

投标报价的计价方法按《建设工程工程量清单计价规范》(GB 50500-2008)执行。

5. 可参考的工程计价表和有关文件

(1) 江苏省相关工程计价表(《江苏省建筑与装饰工程计价表》、《江苏省建设工程工程量清单计价项目指引》等)。

(2) 不可竞争的费用计取参考《关于〈建设工程工程量清单计价规范〉(GB 50500-2008)的贯彻意见》(苏建价〔2009〕40 号)、《关于颁发〈江苏省建设工程费用定额〉的通知》(苏建价〔2009〕107 号)。

6. 投标报价方式:本工程采用固定单价合同,投标报价的计价方法按综合单价法计价:投标人应充分考虑施工期间各类建材的市场风险和政策性调整确定风险计入报价,建筑材料价格调整执行《关于加强建筑材料价格风险控制的指导意见》(苏建价〔2008〕67 号);人工费报价可参照江苏省建设厅"苏建价〔2008〕66 号"文件,由投标人根据各自情况自行测算报价;对于投标人根据自身技术水平、管理、经营状况能够自主控制的风险,如投标人的管理费、利润的风险,投标人应结合市场情况,根据企业自身实际合理确定、自主报价,该部分风险由投标人承担;以递交投标文件截止日期前 28 天为基准日,其后国家的法律、法规、规章和政策发生变化影响工程造价的,应按省级或行业建设主管部门或授权的工程造价管理机构发布的规定调整合同价款。

综合单价是指完成工程量清单中一个规定计量单位项目所需的人工费、材料费、机械使用费、管理费和利润,并考虑风险因素。

7. 投标报价编制要求

(1) 不可竞争的费用计取参考《关于〈建设工程工程量清单计价规范〉(GB 50500-2008)的贯彻意见》(苏建价〔2009〕40 号)、《关于颁发〈江苏省建设工程费用定额〉的通知》(苏建价〔2009〕107 号)。本工程不要求创建省、市级文明工地。

现场安全文明施工措施费基本费率:2.2%

现场安全文明施工措施费现场考评费率:1.1%

现场安全文明施工措施费奖励费率:0.7%

建筑安全监督费管理费率:0.19%

社会保障费率:3%

住房公积金费率:0.5%

税金:3.44%

（2）报价中的人工费、材料费、机械的消耗和单价、管理费、利润等各投标单位应根据自身的技术、管理、经营状况自行确定。

（3）合同工期执行投标单位投标函中自报工期;中标单位必须在约定工期内完成所有工程的施工,具体条款执行合同专用条款第35.2条。

（4）投标人应充分考虑现场的施工条件和施工环境,并结合施工组织设计进行报价。

（5）合同条款中明确应由投标人承担的费用以及为完成其相应工作和义务发生的费用均应包含在投标报价中。

（6）工程量清单中每一个子目和单价均需填写单价和合价,投标人没有填写单价和合价的项目将不予支付,并认为此项费用已包括在工程量的其他单价和合价中。

（7）工程实施过程中发生的设计变更和发包方及监理方的共同签证,按合同专用条款第23.2条规定进行调整。

（8）所有乙供材料均由投标人负责采购,由投标人和材料供应商签订供货合同,并承担全部责任。采购的材料品牌、品名、型号、规格、材质等必须符合国家有关规范、规程的要求,同时还应满足设计施工图纸的要求;必须经招标人及监理认可。材料必须到质检部门送检,合格后方可使用,投标人承担苏建定〔2004〕414号文规定承担的部分。投标时所报品牌计入"表15 承包人供应材料一览表'规格、型号、品牌'"栏中。

二、××工程施工图

（一）工程概况

1. 工程名称:××工程

2. 建设单位:××房地产开发有限公司

3. 建设地点:江苏省××市

4. 建筑耐火等级:二级;建筑分类:二级

5. 建筑层数:2层

6. 抗震设防烈度:7度

7. 主要结构类型:砖混

8. 工程合理使用年限:50年

9. 本工程相对标高±0.00 mm,相当于黄海绝对标高,根据各地块分别设置。

10. 建筑定位放线、施工场地安排及道路铺设均按总平面图施工,各工种室外管线分别根据各工种要求铺设,注意各工种之间的配合,注意已有的城市各种管线的走向与位置,避免对现有城市管线的损坏。

（二）屋面

1. 本工程建筑屋面防水等级为二级,屋面防水做法见装修材料做法表。

2. 基层与突出屋面结构(女儿墙、墙、变形缝、烟囱、管道、天沟、檐口)等的转角处水泥砂浆粉刷均应做成半径为 150 mm 的圆弧,圆弧应用套板成形,确保顺直。在屋面与突出屋面的连接处泛水部位要较屋面多铺一层卷材附加层,和屋面卷材防水交错铺贴。

3. 凡穿屋面管先预埋止水钢套管,管道穿屋面等屋面留孔洞位置须检查核实后再做防水层,避免做防水层后凿洞。

4. 屋面找坡坡向雨水口,在雨水口部坡度加大成积水区,雨水口杯标高比找平层低 10～15 mm,雨水口周围使用细石混凝土做成半径 500 mm、坡度大于 5% 的杯形坡。雨水口位置及坡向详见屋面平面图,穿女儿墙雨水斗选用成品雨水斗。

5. 高屋面雨水排至低屋面时,应在雨水管下方屋面嵌设一块 490 mm×490 mm×30 mm 细石混凝土板,C20 混凝土保护,四周找平,纯水泥浆擦缝。

6. 有防水涂料加强的屋面,防水涂料刷女儿墙 250～400 mm 高。

7. 保温层应在女儿墙根部内侧留置 30 mm 的通长缝隙。

8. 各类屋面找平层,刚性整浇层均需设分格缝,做法详见苏 J01-2005 第 51 页 屋面做法说明八。

9. 卷材粘贴采取满贴热做法,卷材短边长边搭接宽度均为 80 mm,短边搭接缝应错开。

10. 屋面砖墙泛水处理,砖墙上留 30 mm×60 mm 凹槽,凹槽距屋面高度不小于 250 mm,凹槽内卷材端头用水泥钉固定,收头处采用防水油膏封闭,凹槽上口增加 2 mm 厚铝合金压条,其上口再用防水硅胶封闭铝合金压条和塑料膨胀螺丝固定,间距不大于 500 mm。

11. 防水工程施工必须由专业施工队按国家施工验收标准,以及《屋面工程技术规范》(GB 50207-94)施工。

(三)楼地面

1. 凡室内经常有水房间(包括室外平台)楼地面应找不小于 1% 的排水坡坡向地漏,地漏应比本层楼地面低 20 mm。

2. 阳台结构板面比相邻室内板面低 50 mm,建筑完成面比室内地坪低 30 mm。

3. 卫生间四周连系梁上做 200 mm 高 C20 细石混凝土挡水墙,宽度同墙厚,与楼板一起现浇;厨房、卫生间结构板面比相邻室内板面低 50 mm,建筑完成面比室内地坪低 20 mm,地坪为粗毛面。

4. 上、下跑楼梯的踏步口完成面应在同一直线上。

(四)墙体

1. 外墙部分:240 mm 厚 KP 承重空心砖强度等级 MU10,混合砂浆标号为 M7.5 砌筑。

2. 内墙部分:120 mm 厚为 KP 砖砌;240 mm 厚为 KP1 砖砌。

3. 所有门窗顶过梁设置见结构图。

4. 在门窗洞边 200 mm 内砌体应选用实心砌块或砂浆填实的空心块砌筑。

5. 凡水、电穿墙管线,固定管线,插头,门窗框连接等构造及技术要求由制作厂家提供。

(五)装修

1. 本工程上有关材料质量和颜色要选好样品或做出样板经甲方和设计部门认可后方能施工。

2. 墙上施工孔洞用 1:2 防水砂浆嵌实。

3. 窗台板面抹灰必须明显向外坡。

4. 女儿墙、阳台栏板顶面抹灰必须明显向外坡。

5. 外墙门窗框四周用防水砂浆灌缝,门窗框与外粉刷间设缝,硅胶嵌填;墙体不同基层的材料,混凝土、砖、砌块等之间竖缝及顶部横缝相接处应铺设钢丝网丝径 0.6 mm,孔径 10 mm,钢丝网用间隔 200 mm×200 mm 木针固定,钢丝网搭接缝宽度从缝边起每边不得小于 150 mm。

6. 内墙混合砂浆粉刷,内墙阳角,柱、门窗洞口阳角处,均做每侧 50 mm 宽、2 000 mm 高、20 mm 厚、1:2 水泥砂浆护角及粉刷。

7. 有吊顶房间墙、柱、梁粉刷或装饰面仅做到吊顶标高以上 100 mm。

8. 有防水涂料防水的房间,与相邻房间隔墙间防水涂料须翻高 800 mm。

9. 卫生间、厨房等房间建筑完成面地面标高均比室内楼面建筑完成面标高低 20 mm,阳台建筑完成面地面标高比室内建筑完成面地面标高低 30 mm,并应向相应的雨水管及地漏方向起坡,坡度 0.5%～1%,不能有积水现象,二次装修各建筑完成面高差不应大于 15 mm。

10. 凡木料与砌体接触部位均须满涂防腐油。

11. 墙体面层喷涂或油漆须待粉刷基层干燥后进行。

12. 无管道井的所有水立管均先安装完管道,再用轻质墙板外包至上层楼板底。检查口处设外开检修门 300 mm×300 mm,轻质墙板面层及门扇表面处理与颜色同相邻墙面,五金拉手配齐。

13. 本工程主要装饰材料包括墙、柱、楼地面、天花板、油漆的颜色及质地等均应先取样或做色板,与设计单位及使用单位共同商定后方可订货及大面积施工。

14. 二次装修应符合《建筑内部装修设计防火规范》(GB 50222-95),凡施工单位自选装修材料的,必须是耐火极限不小于 0.25h 的不燃烧体。

（六）门窗

1. 本工程外墙门窗采用喷涂铝合金门窗,玻璃为 5 mm 厚,除卫生间、厨房及公共部位门窗均采用双层中空玻璃门窗外,外窗均设塑料纱窗。门窗立面尺寸为洞口尺寸,施工尺寸由现场测量,分格及开启方式以及框料颜色供施工设计参考,技术要求及断面构造(包括风压要求)由生产厂家确定,并按设计要求及甲方要求配齐五金零件,经设计后再开始制作。

2. 户内门由用户自理,卧室门、厨房门及卫生间门立樘位于门洞内。

3. 门窗立樘位置除注明者外均立于墙中。

4. 所有内窗台面须高出外窗台面 20 mm。

5. 门窗预埋在墙或柱内的木、铁构件,应做防腐、防锈处理。

6. 窗下墙小于 800 mm 的窗均设置高度不小于 1 100 mm 的护窗栏杆,详见苏 J9505-21-2。

（七）油漆

所有金属制品露明部分用红丹(防锈漆)打底,面刷调和漆二度。除注明的外,颜色同所在墙面,具体做法参见苏 J01-2005-9-2,不露明的金属制品仅刷红丹二度。所有金属制品刷底漆前应先除锈。

（八）节能

1. 建筑外墙采用保温墙面，做法见苏 J01-2005-6-23。

2. 屋面保温材料见《装饰材料做法表》。

3. 本工程除特别注明外，一般室内设施、家具均由使用单位自理。

4. 本施工图未经设计人员同意不得擅自修改。

5. 土建施工中，应与水、电、空调等专业的图纸密切配合，认真核对图纸，如有任何疑问，必须在施工前通知设计单位，及时协商解决；图中未详尽部分应在交底时与设计人员一并解决。

6. 施工全过程应严格执行施工规范及施工验收规范。

7. 墙身及楼板所有管道孔洞均需正确预留和细心斟酌，其他未提及事宜均按国家及地方有关规范、规程执行。

8. 凡是钢筋混凝土表面做装饰工程，如粉刷、油漆等，表面油迹应用界面处理剂涂刷，以增强砂浆对基层的粘接力。

9. 所有玻璃均为透明玻璃。

10. 本说明和图纸具有同等效力，两者均应遵守。若两者有矛盾时，建设单位与施工单位应及时提出，并以设计院的解释为准。

附录表 1　装饰材料做法表

编号		名　　称	做　　法	使用部位	备　　注
		墙基防潮			
(1)	A	防水砂浆防潮层	苏 J01-2005-1-1	−0.06 m 处	
	B	钢筋混凝土防潮层	苏 J01-2005-1-2	用于砖墙墙身	
		地　　面			
(2)	A	水泥地面	苏 J01-2005-2-2	除卫生间、厨房外	
	B	混凝土防水地面	苏 J01-2005-2-7	卫生间、厨房	
		楼　　面			
(3)	A	水泥砂浆楼面	苏 J01-2005-3-2	除卫生间、厨房外	
	B	细石混凝土楼面(有防水层)	苏 J01-2005-3-3	卫生间、厨房	
	C	水泥砂浆楼面(有防水层)	苏 J01-2005-3-3	阳台	
		踢脚、台度			
(4)	A	水泥踢脚、台度	苏 J01-2005-4-1	有水泥楼地面处	
		内　墙　面			
(5)	A	乳胶漆墙面	苏 J01-2005-5-9	除卫生间、厨房外	
	B	水泥砂浆墙面	苏 J01-2005-5-4	卫生间、厨房	防水水泥砂浆打底

续附录表 1

编号		名　称	做　法	使用部位	备　注
			外　墙　面		
(6)	A	预制混凝土仿石材贴面	见专业厂家设计	见立面所示	色彩在见样品后定
	B	涂料墙面	苏 J01-2005-6-21	见立面所示	色彩在见样品后定
	C	面砖墙面	苏 J01-2005-6-12	见立面所示	色彩在见样品后定
	D	保温墙面	苏 J01-2005-6-23	视各栋具体情况定	
			屋　面		
(7)	A	SBS 改性沥青卷材防水屋面（上人保温屋面）	苏 J01-2005-7-22	屋面一	
	B	平瓦屋面（无保温瓦屋面）	苏 J10-2003-7-3	屋面二	
	C	SBS 改性沥青卷材防水屋面（不上人保温屋面）	苏 J01-2005-7-21	屋面三	
	D	平瓦屋面（有保温瓦屋面）	苏 J10-2003-7-7	屋面四	
	E	SBS 改性沥青卷材防水屋面（上人无保温屋面）	苏 J01-2005-7-20	屋面五	
	F	防水砂浆屋面	苏 J01-2005-7-10	屋面六（雨篷）	
			平　顶		
(8)	A	乳胶漆顶棚	苏 J01-2005-8-6	除卫生间、厨房外	
	B	矿棉板吊顶	苏 J01-2005-8-8	卫生间、厨房	
	C	喷涂顶棚	苏 J01-2005-8-2	阳台	
			其　他		
(9)	A	外落水	苏 J9503-11		
	B	台阶	苏 J9508-40-1		
	C	散水	苏 J9508-39-3		
	D	屋面女儿墙泛水	苏 J9503-11.12.13		
	E	消火栓、地漏位置，室外排水详见给排水施工图			
	F	本说明不包括特殊装修的施工材料			

图　集　号	图　集　名　称	
苏 J01-2005	江苏省工程建设标准设计图集	设计说明
苏 J10-2003	江苏省工程建设标准设计图集	瓦屋面
苏 J16-2003（一）	江苏省建筑配件通用图集	建筑外保温构造图集（一）
苏 J9503	江苏省建筑配件通用图集	屋面建筑构造
苏 J9601	江苏省建筑配件通用图集	铝合金门窗

图 集 号	图 集 名 称	
苏 J9504	江苏省建筑配件通用图集	阳台
苏 J9505	江苏省建筑配件通用图集	楼梯
苏 J9508	江苏省建筑配件通用图集	室外工程
苏 J9601	江苏省建筑配件通用图集	铝合金门窗构造

附录表 2　门窗表

编号		洞口尺寸（宽×高）(mm)	档数 一层	档数 二层	总档数	备　注	
门	M1	1 500×2 400	1		1	钢木门　防盗门（另定）	
	M2	800×2 100	1		1	钢木门　防盗门（另定）	
	M3	1 000×2 400	1		1	详见门窗立面	铝合金推拉门（透明白玻）
	M4	3 480×2 750	1		1	详见门窗立面	铝合金推拉门（透明白玻）
	M5	3 480×2 450		1	1	详见门窗立面	铝合金推拉门（透明白玻）
窗	C1	3 000×2 150	1		1	详见门窗立面	铝合金平开窗（透明白玻）
	C2	900×2 150	3		3	详见门窗立面	铝合金平开窗（透明白玻）
	C3-1	4 560×3 250	1		1	详见门窗立面	铝合金推拉窗（透明白玻）
	C3-2	4 560×3 250	1		1	详见门窗立面	铝合金推拉窗（透明白玻）
	C4	2 060×2 600	1		1	详见门窗立面	铝合金推拉窗（透明白玻）
	C5	1 560×2 600	1		1	详见门窗立面	铝合金推拉窗（透明白玻）
	C6	2 760×2 600	1		1	详见门窗立面	铝合金推拉窗（透明白玻）
	C7	600×600		1	1	详见门窗立面	铝合金上悬窗（透明白玻）
	C8	3 000×1 700		1	1	详见门窗立面	铝合金平开窗（透明白玻）
	C9	900×1 700		3	3	详见门窗立面	铝合金平开窗（透明白玻）
	C10	900×2 450		1	1	详见门窗立面	铝合金固定窗（透明白玻）
	C11	750×2 000		1	1	详见门窗立面	铝合金固定窗（透明白玻）
	C12	1 000×1 000		1	1	详见门窗立面	铝合金上悬窗（透明白玻）
	C13	1 200×1 700		1	1	详见门窗立面	铝合金推拉窗（透明白玻）
	C14	1 260×1 700		1	1	详见门窗立面	铝合金平开窗（透明白玻）
	C15	1 560×1 700		1	1	详见门窗立面	铝合金平开窗（透明白玻）
	C16	2 760×1 700		1	1	详见门窗立面	铝合金推拉窗（透明白玻）
	C17	1 800×1 700		1	1	详见门窗立面	铝合金平开窗（透明白玻）
	C18	900×1 150	1		1	详见门窗立面	铝合金平开窗（透明白玻）

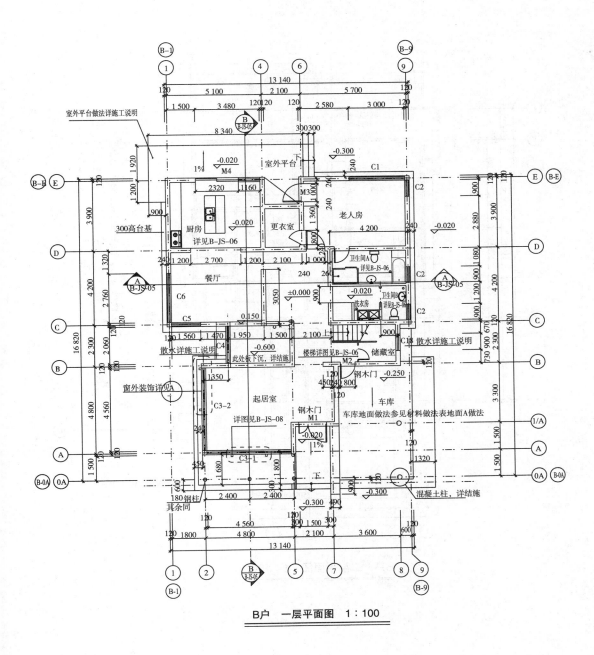

B户 一层平面图 1:100

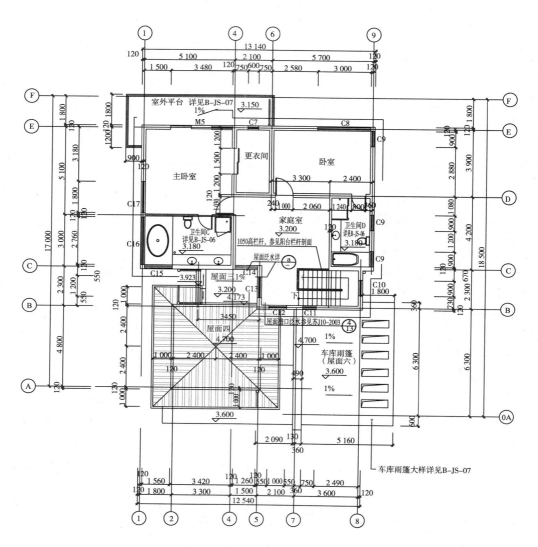

B户 二层平面图 1:100

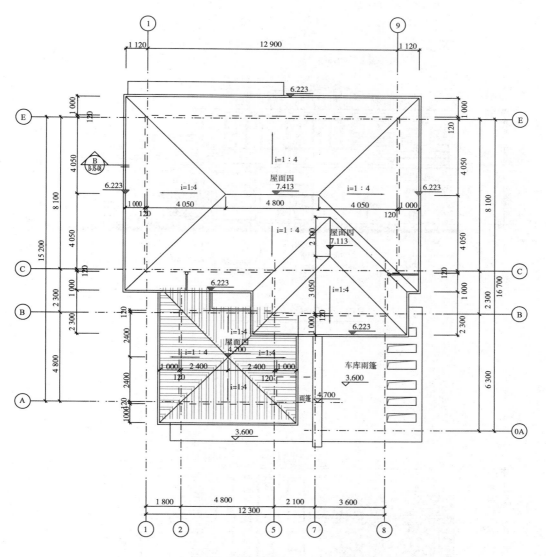

B户 屋顶层平面图 1：100

图例：

||||||| 英红彩瓦

外贴面砖墙面

外贴装饰木条

乳胶漆墙面

外贴仿石材贴面

图例：坡屋面标高为结构标高

▽——— 表示建筑标高

——— 表示结构标高

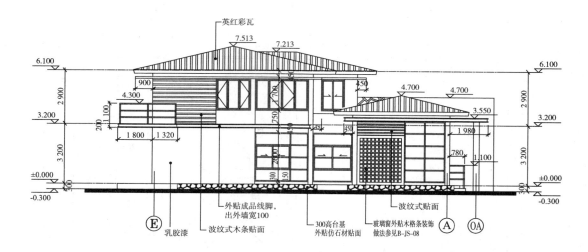

B户 Ⓔ 轴~ ⓄA 轴立面图 1:100

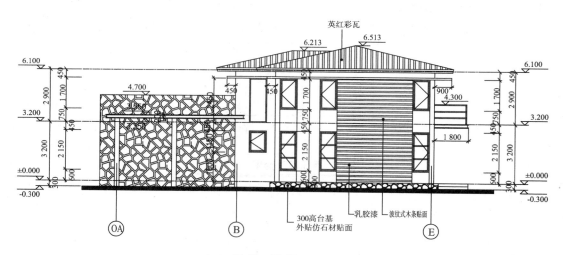

B户 ⓄA 轴~ Ⓔ 轴立面图 1:100

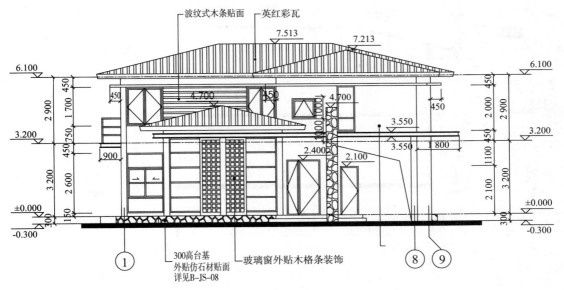

波纹式木条贴面　英红彩瓦

300高台基
外贴仿石材贴面
详见B-JS-08

玻璃窗外贴木格条装饰

B户 ① 轴~ ⑨ 轴立面图 1:100

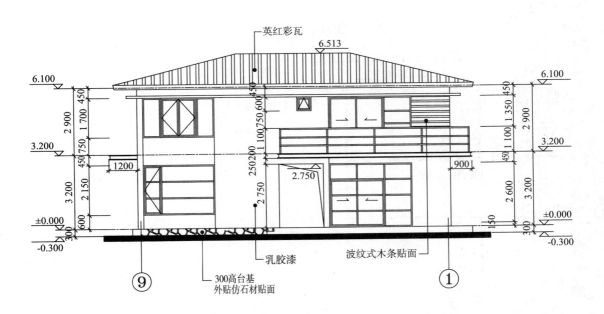

英红彩瓦

乳胶漆

波纹式木条贴面

300高台基
外贴仿石材贴面

B户 ⑨ 轴　轴立面图~① 1:100

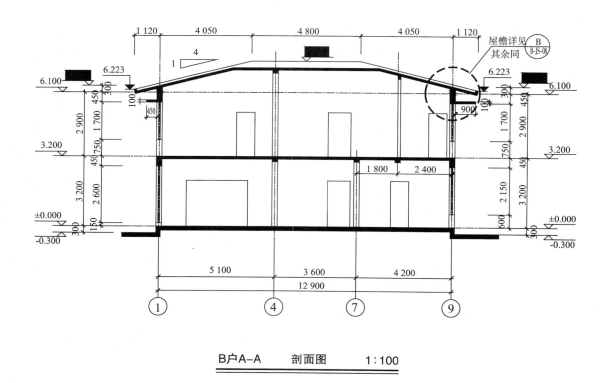

B户A–A   剖面图   1:100

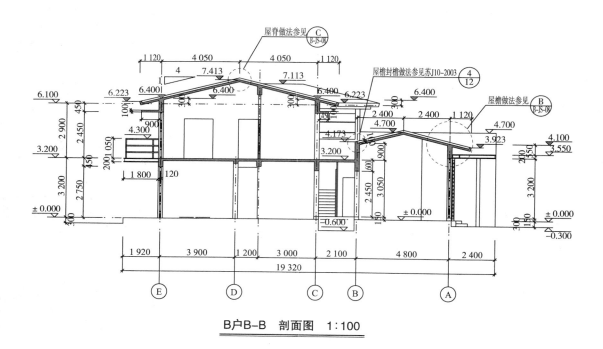

B户B–B 剖面图 1:100

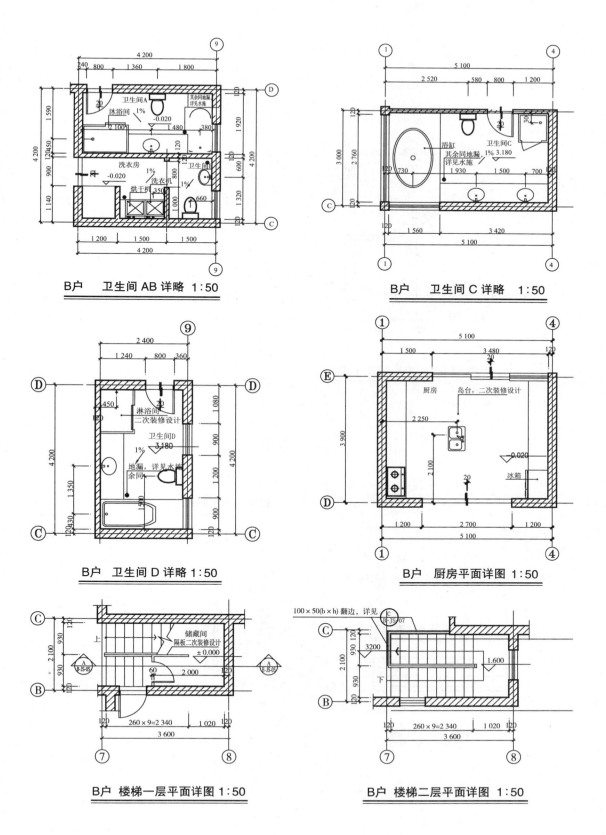

B户　卫生间 AB 详略　1:50

B户　卫生间 C 详略　1:50

B户　卫生间 D 详略　1:50

B户　厨房平面详图　1:50

B户　楼梯一层平面详图　1:50

B户　楼梯二层平面详图　1:50

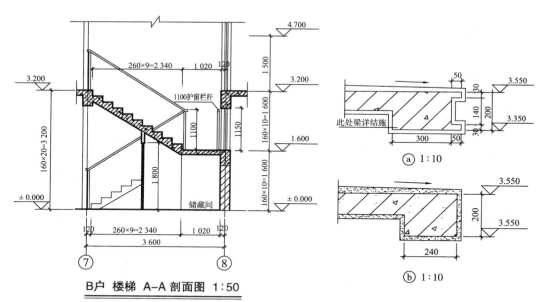

B户 楼梯 A-A 剖面图 1:50

注:1.楼梯栏杆扶手由二次装修设计,用户自理,参见苏J9505-3-7
2.楼梯水泥踏步做法 详见苏J9505-27-2 卫生间采用成品洁具,
厨房采用成品橱具,业主自理

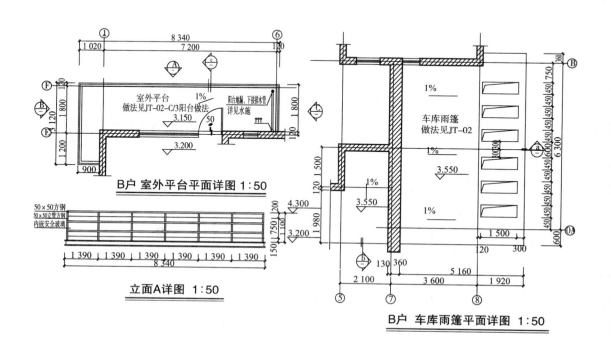

B户 室外平台平面详图 1:50

立面A详图 1:50

B户 车库雨篷平面详图 1:50

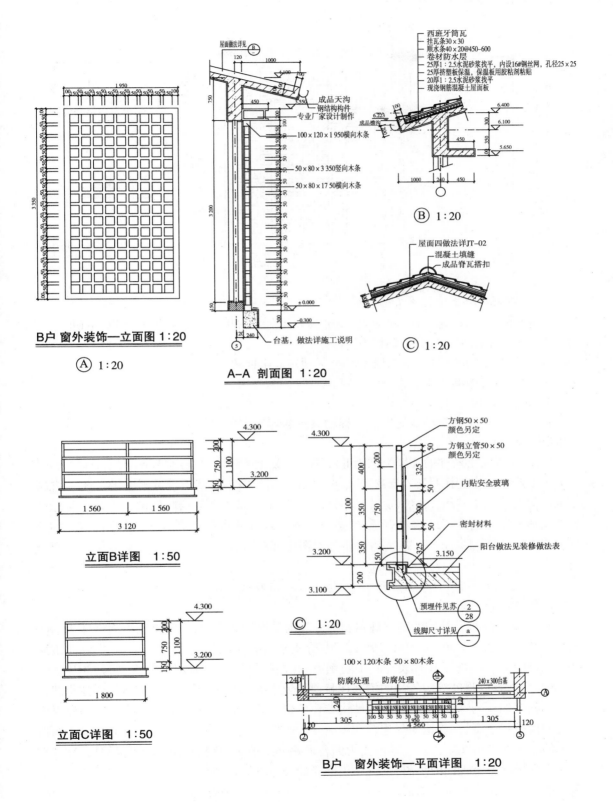

西班牙筒瓦
挂瓦条30×30
顺水条40×20@450-600
卷材防水层
25厚1：2.5水泥砂浆找平，内设16#钢丝网，孔径25×25
25厚挤塑板保温，保温板用胶粘剂粘贴
20厚1：2.5水泥砂浆找平
现浇钢筋混凝土屋面板

B　1:20

屋面四做法详JT-02
混凝土填缝
成品脊瓦搭扣

C　1:20

成品天沟
钢结构构件
专业厂家设计制作

100×120×1950横向木条
50×80×3350竖向木条
50×80×1750横向木条

B户 窗外装饰—立面图 1:20

A　1:20

A-A 剖面图 1:20

台基，做法详施工说明

立面B详图　1:50

立面C详图　1:50

方钢50×50
颜色另定
方钢立管50×50
颜色另定

内贴安全玻璃

密封材料

阳台做法见装修做法表

C　1:20

预埋件见苏 2/28

线脚尺寸详见 a/—

100×120木条　50×80木条
防腐处理　防腐处理　240×300台基

B户 窗外装饰—平面详图 1:20

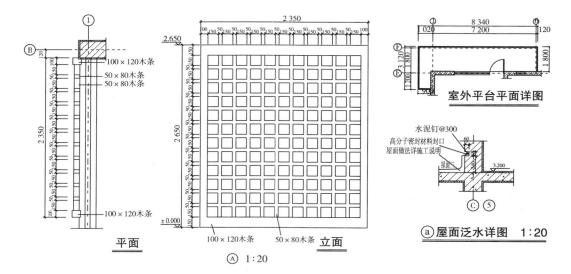

（九）钢筋混凝土结构施工总说明

1. 全部尺寸均以毫米（mm）为单位，标高以米（m）为单位。所有尺寸均以标注的尺寸为依据，不得用比例尺量取的尺寸作施工用。

2. 本工程采用坡屋顶，本工程±0.00 见建筑总平面图。

3. 建筑构件的耐火等级为一（二）级。

4. 地基基础的设计等级为丙级。

5. 地下水按照建筑场地的岩土工程勘察报告，建筑场地的地下水属地面潜水，水与土对混凝土无侵蚀性。

6. 地下混凝土构件的环境类别为ⅡA 类。混凝土的环境要求：水灰比不应大于 0.6，每立方米混凝土中水泥用量不小于 250kg，碱含量不大于 3kg，氯离子含量不大于 0.3%，混凝土强度等级不小于 C25。±0.00 以下部分，自承重隔墙基础和底层隔墙的地下与土接触部分的墙体材料采用 MU10 烧结普通砖（蒸压灰砂砖），M10 水泥砂浆砌筑。防水混凝土的垫层采用 C15，厚度 100 mm。基坑超挖部分当图中无详细注明时均用 C15 素混凝土垫层材料填平。

7. 基坑挖土不宜超挖，一般预留 300 mm 厚，待底板施工前一次开挖，修理完毕，原则上以不扰动原状土为宜。

8. 本工程混凝土结构的制图规则和构造规定采用《混凝土结构施工图平面整体表示法制图规则和构造详图》03G101-1。施工图中所注 φ6 钢筋采用 GB/T 701-1997 中供建筑用 Q235 热轧圆盘条，符号 R 代表冷轧带肋钢筋，在混凝土结构中采用钢筋级别为 CRB 550。施工中，当需要以强度等级较高的钢筋代替原设计中纵向受力钢筋时，应按钢筋受拉承载力设计值相等的原则进行代换，并应由结构专业负责人确认满足正常使用极限状态，与混凝土结构的保护层厚度、钢筋锚固与连接和纵向受力钢筋的最小配筋率等构造规定及抗震构造措施的要求后方可实施代换。纵向受力的普通钢筋及预应力钢筋，其混凝土保护层厚度（钢筋外边缘至混凝土表面的距离）不应小于钢筋的公称直径，且应符合 03G101-1 第 33 页的要求。基础中纵向受力钢筋的混凝土保护层不应小于 40 mm；当无垫层时不应小于 70 mm。当梁柱及地下室外墙纵向钢筋的混凝土保护层厚度大于 40 mm 时，在保护层内设置 φ6@

200 防裂钢筋网。φ6 筋的保护层为 20 mm。当混凝土中掺有聚丙烯纤维抗裂措施时,可不另设 φ6 钢筋网。

预制钢筋混凝土受弯构件钢筋端点的保护层厚度不应小于 10 mm。板、墙、壳中分布钢筋的保护层厚度不应小于 03G101-1 第 33 页表中相应数值减 10 mm,且不应小于 10 mm;梁、柱中箍筋和构造钢筋的保护层厚度不应小于 15 mm。

如图中未表示时,受拉钢筋的最小锚固长度 l_a 参见 03G101-1 第 33 页,纵向受拉钢筋抗震锚固长度 l_{ae} 参见 03G101-1 第 34 页。

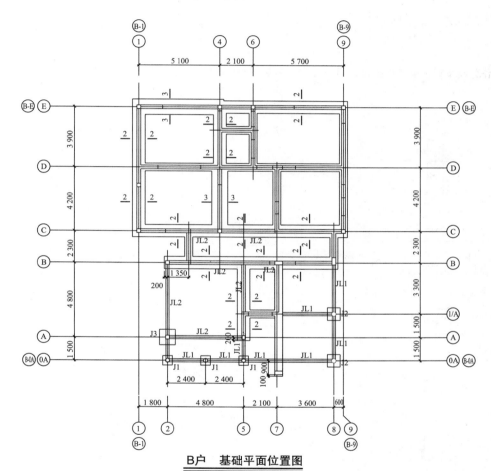

B户　基础平面位置图

基础未注明偏心的居轴线中
未注明的条基为1—1
基础混凝土用C25

说明:

1. 本工程地基基础设计等级:丙级;地基基础安全等级:二级;建筑场地类别Ⅱ类。
2. 本工程基础根据江苏建苑岩土工程勘察有限公司提供的句容汇景房地产有限公司拟建仑山湖别墅群岩土工程勘察报告（详勘）（勘察编号2005029）设计。
3. 本工程 ±0.000 见建筑总平面图;混凝土强度等级为C25。
4. 基底标高为−1.000m,持力层为②层粉质黏土;f_{ak}=200 kPa。局部超挖采用C10毛石混凝土回填大规模超挖请通知设计人员调整基础标高。
5. ±0.000以下砌体采用MU10KP1砖（M10水泥砂浆灌孔）,M10水泥砂浆砌筑。
6. 对于设备管道,请在浇筑混凝土之前预埋,严禁事后打洞。

J1、J2、J3详表

	b	h	A_{s1}	A_{s2}
J1	600	600	3φ10	3φ10
J2	800	800	4φ10	4φ10
J3	1 000	1 000	5φ10	5φ10

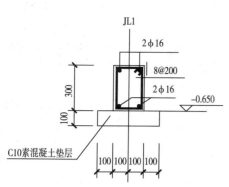

JL1作为暗梁时，梁底标高改为−1.000

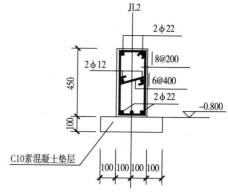

JL2作为暗梁时，梁底标高改为−1.000

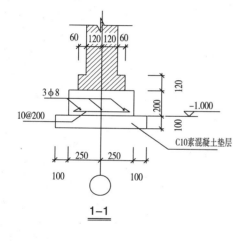

1−1

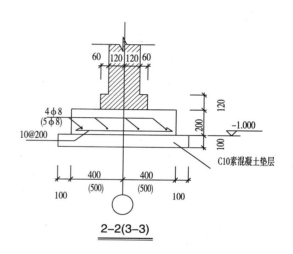

2−2(3−3)

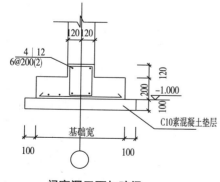

门窗洞口下加暗梁

加暗梁范围：洞口宽+500

☐ 表示上部有门窗洞口，墙从基础砌至洞口底
或地面，洞口位置及标高见建施图

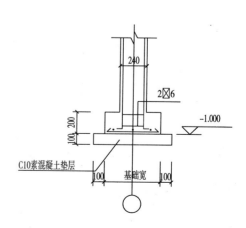

构造柱入基础

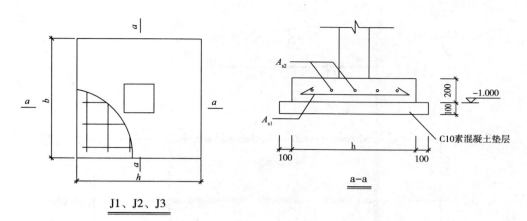

J1、J2、J3

a—a

C10素混凝土垫层

J1、J2、J3 净表

	b	h	A_{s1}	A_{s2}
J1	600	600	3φ10	3φ10
J2	800	800	4φ10	4φ10
J3	1 000	1 000	5φ10	5φ10

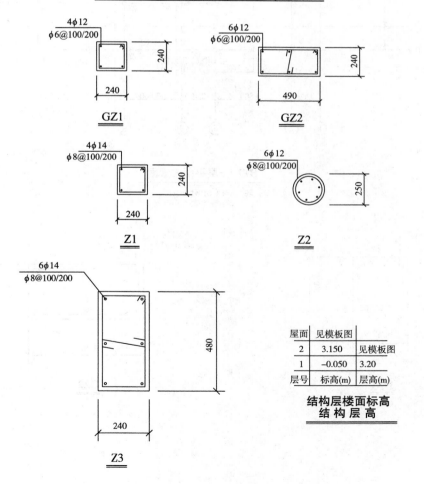

屋面	见模板图	
2	3.150	见模板图
1	−0.050	3.20
层号	标高(m)	层高(m)

结构层楼面标高
结 构 层 高

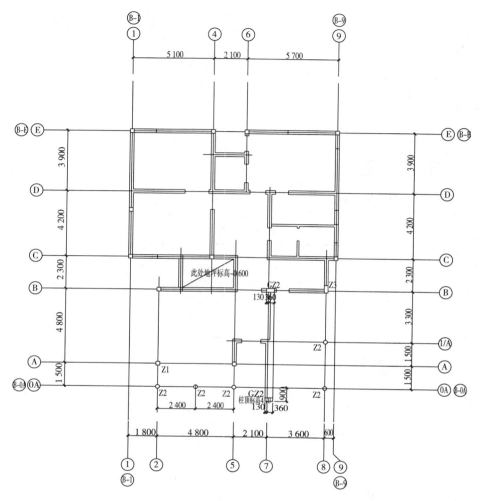

B户 一层平面布置图

注：1.未注明的柱为GZ1
2.构造柱混凝土采用C25

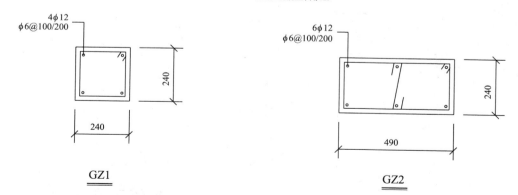

GZ1

GZ2

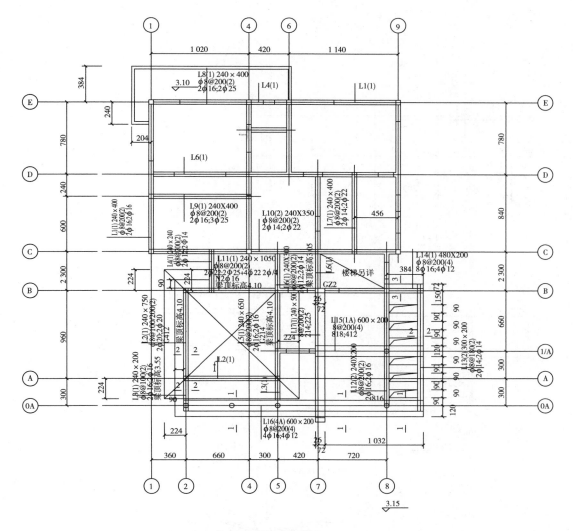

B户 二层平面布置图

注：1. 未注明的柱为GZ1
2. 所有砖墙上均布置圈梁
3. 梁柱混凝土采用C25
4. 次梁搭在主梁上时，主梁附加箍筋每侧3道，直径同梁箍筋，间距50

QL2仅用于外墙上门窗洞口顶标高为2.75时
L=门窗洞口长度+500mm

QL3仅用于490墙，在标高4.70设置

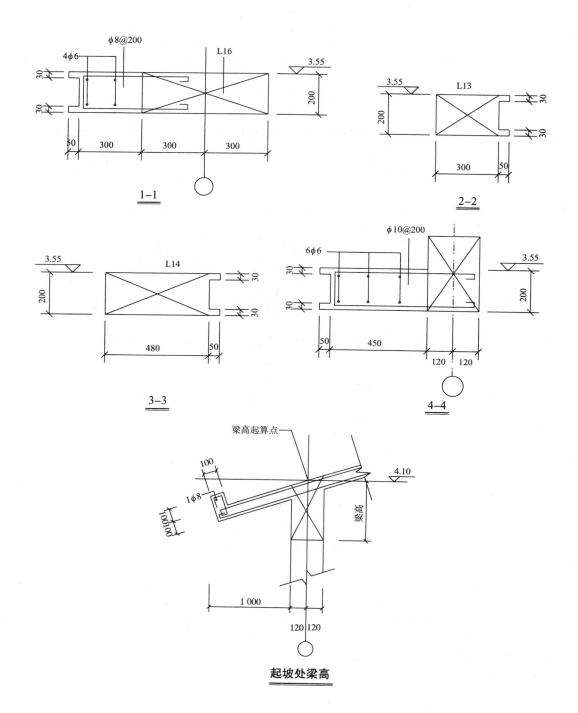

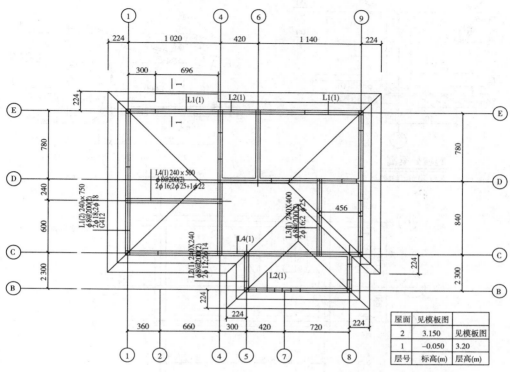

B户　屋面平面布置图

注：1. 所有砖墙上均布置圈梁
　　2. 梁混凝土采用C25
　　3. 次梁搭在主梁上时，主梁附加箍筋每侧3道，直径同梁箍筋，间距50

屋面	见模板图	见模板图
2	3.150	见模板图
1	−0.050	3.20
层号	标高(m)	层高(m)

结构层楼面标高
结构层高

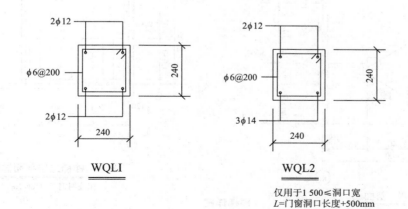

WQLI

WQL2

仅用于1 500≤洞口宽
L=门窗洞口长度+500mm

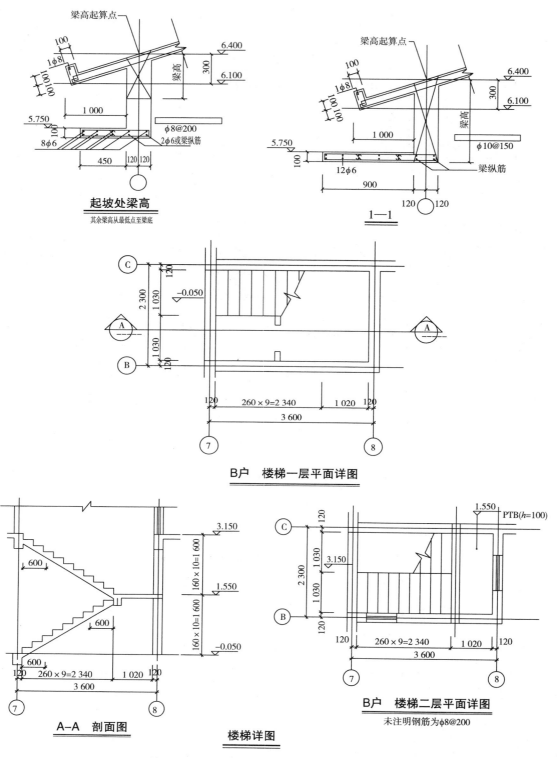

起坡处梁高

其余梁高从最低点至梁底

1—1

B户 楼梯一层平面详图

A—A 剖面图

楼梯详图

B户 楼梯二层平面详图

未注明钢筋为φ8@200

注：楼梯混凝土强度等级采用C25
　　TB中未注明的钢筋为φ6@250
　　PTB嵌入周边墙内120mm，沿墙长配置2φ10的纵向钢筋

三、××工程工程量清单

<table>
<tr><td colspan="2" align="center">_____××_____工程

工 程 量 清 单
工 程 造 价</td></tr>
<tr><td>招 标 人：<u>　××单位　</u>
　　　　　　单位公章
　　　　　　（单位盖章）</td><td>咨 询 人：<u>　　　　　　</u>
　　　　　（单位资质专用章）</td></tr>
<tr><td>法定代表人
或其授权人：<u>　××单位　</u>
　　　　　　法定代表人
　　　　　　（签字或盖章）</td><td>法定代表人
或其授权人：<u>　　　　　</u>
　　　　　（签字或盖章）</td></tr>
<tr><td>编 制 人：<u>盖造价工程师或造价员专用章</u>
　　　　（造价人员签字盖专用章）</td><td>复 核 人：<u>　×××签字　</u>
　　　　盖造价工程师专用章
　　　（造价工程师签字盖专用章）</td></tr>
<tr><td>编 制 时 间：××××年×月×日</td><td>复 核 时 间：××××年×月×日</td></tr>
</table>

_____××_____工程

总 说 明

工程名称：××工程　　　　　　　　　　　　　　　　第 1 页　共 1 页

1. 工程概况：本工程为砖混结构，建筑层数为两层。
2. 工程招标范围：本次招标范围为施工图范围内的建筑及装饰装修工程。
3. 工程量清单编制依据
(1) ××工程施工图。
(2)《建设工程工程量清单计价规范》。

附录表 3　分部分项工程量清单与计价表

工程名称：××工程

序号	项目编码	项目名称	项目特征描述	计量单位	工程量	金额（元）		
						综合单价	合价	其中：暂估价
			A.1　土(石)方工程					
1	010101001001	平整场地	1.土壤类别：三类土 2.弃土运距：50 m	m²	194.00			
2	010101003001	挖基础土方	1.土壤类别：三类土 2.基础类型：条形 3.垫层底宽、底面积：1 m 4.挖土深度：1.5 m内 5.弃土运距：15 m	m³	517.587			

续附录表 3

序号	项目编码	项目名称	项目特征描述	计量单位	工程量	金额(元)		
						综合单价	合价	其中:暂估价
3	010101003002	挖基础土方	1. 土壤类别:三类土 2. 基础类型:条形 3. 垫层底宽、底面积:1 m 4. 挖土深度:0.8 m 以内 5. 弃土运距:10 m	m³	190.743			
4	010101003003	挖基础土方	1. 土壤类别:三类土 2. 基础类型:独立柱基 3. 垫层底宽、底面积:1 m×1 m 4. 挖土深度:0.8 m 5. 弃土运距:15 m	m³	4.29			
5	010103001001	土(石)方回填	1. 土质要求:回填开挖的土方 2. 密实度要求:0.96 m 以下 3. 夯填(碾压):人工夯填 4. 运输距离:15 m	m³	532.18			
			A.2　桩与地基基础工程					
			A.3　砌筑工程					
6	010301001001	砖基础	1. 砖品种、规格、强度等级:MU10 粘土砖 2. 基础类型:直形、条形 3. 基础深度:1 m 4. 砂浆强度等级:水泥 M10 5. 防潮层:防水砂浆防潮层	m³	46.563			
7	010304001001	空心砖墙、砌块墙	1. 墙体类型:直形外墙 2. 墙体厚度:240 mm 3. 空心砖、砌块品种、规格、强度等级:MU10KP1 空心砖 4. 勾缝要求:无 5. 砂浆强度等级、配合比:混合 M7.5	m³	48.16			
8	010304001002	空心砖墙、砌块墙	1. 墙体类型:直形内墙 2. 墙体厚度:240 mm 3. 空心砖、砌块品种、规格、强度等级:MU10KP1 空心砖 4. 勾缝要求:无 5. 砂浆强度等级、配合比:混合 M7.5	m³	32.03			
9	010304001003	空心砖墙、砌块墙	1. 墙体类型:直形内墙 2. 墙体厚度:120 mm 3. 空心砖、砌块品种、规格、强度等级:MU10KP1 空心砖 4. 勾缝要求:无 5. 砂浆强度等级、配合比:混合 M7.5	m³	5.59			

序号	项目编码	项目名称	项目特征描述	计量单位	工程量	金额(元)		
						综合单价	合价	其中:暂估价
10	010302006001	零星砌砖	1.零星砌砖名称、部位:台阶 2.勾缝要求:无 3.砂浆强度等级、配合比:混合 M7.5	m³	1.71			
			A.4 混凝土及钢筋混凝土工程					
11	010401006001	垫 层	混凝土强度等级:C10	m³	15.68			
12	010401001001	带形基础	1.混凝土强度等级:C25 2.基础形式:无梁式	m³	63.432 2			
13	010401001002	带形基础	1.基础形式:有梁式 2.混凝土强度等级:C25	m³	9.23			
14	010401002001	独立基础	混凝土强度等级:C25	m³	4.112			
15	010402001001	矩形柱	1.柱高度:3.6 m 以内 2.柱截面尺寸:240mm×240mm 3.混凝土强度等级:C25	m³	1.261 7			
16	010402001002	矩形柱	1.柱高度:3.6 m 以内 2.柱截面尺寸:540mm×240mm 3.混凝土强度等级:C25	m³	7.076 3			
17	010402002001	异形柱	1.柱高度:—0.8～3.35 m 2.柱截面尺寸:250mm×240mm 3.混凝土强度等级:C25	m³	1.277 1			
18	010403001001	基础梁	1.梁底标高:—0.65 m 2.梁截面:300 mm×200 mm 3.混凝土强度等级:C25	m³	1.038			
19	010403001002	基础梁	1.梁底标高:—0.8 m 2.梁截面:450 mm×240 mm 3.混凝土强度等级:C25	m³	0.35			
20	010403003001	异形梁	1.梁底标高:3.35 m 2.梁截面:530 mm×200 mm 3.混凝土强度等级:C25	m³	0.14			
21	010403003002	异形梁	1.梁底标高:3.35 m 2.梁截面:350 mm×200 mm 3.混凝土强度等级:C25	m³	0.51			
22	010403003003	异形梁	1.梁底标高:3.35 m 2.梁截面:950 mm×200 mm 3.混凝土强度等级:C25	m³	2.870 1			
23	010403002001	矩形梁	1.梁底标高:3.6 m 以内 2.梁截面:240 mm×400 mm 3.混凝土强度等级:C25	m³	6.59			

续附录表 3

序号	项目编码	项目名称	项目特征描述	计量单位	工程量	综合单价	合价	其中:暂估价
						金额(元)		
24	010403002002	矩形梁	1. 梁底标高:3.6 m 以内 2. 梁截面:240 mm×350 mm 3. 混凝土强度等级:C25	m³	3.876 7			
25	010403004001	圈梁	1. 梁底标高:3.6 m 以内 2. 梁截面:240 mm×240 mm 3. 混凝土强度等级:C25	m³	6.39			
26	010405001001	有梁板	1. 板底标高:3.6 m 以内 2. 板厚度:120 mm 3. 混凝土强度等级:C25	m³	6.32			
27	010405001002	有梁板	1. 板底标高:3.6 m 以内 2. 板厚度:100 mm 3. 混凝土强度等级:C25	m³	10.437			
28	010405001003	有梁板	1. 板底标高:3.35~4.7 m 2. 板厚度:200 mm 3. 混凝土强度等级:C25	m³	1.004			
29	010405001004	有梁板	1. 板底标高:3.35~4.7 m 2. 板厚度:120 mm 3. 混凝土强度等级:C25	m³	5.204 6			
30	010405001005	有梁板	1. 板底标高:6.3~7.3m 2. 板厚度:120 mm 3. 混凝土强度等级:C25	m³	22.293 6			
31	010405007001	天沟、挑檐板	混凝土强度等级:C25	m³	2.17			
32	010405008001	雨篷、阳台板	混凝土强度等级:C25	m³	2.59			
33	010416001001	现浇混凝土钢筋	钢筋种类、规格:12 mm 以内	t	1.114 9			
34	010416001002	现浇混凝土钢筋	钢筋种类、规格:25 mm 以内	t	1.664			
35	010417002001	预埋铁件		t	0.28			
36	010407001001	其他构件	1. 构件类型:台基 2. 构件规格:240 mm×300 mm 3. 混凝土强度等级:C25	m³	2.60			
37	010407002001	散水、坡道	1. 垫层材料种类、厚度:素土夯实 2. 面层厚度:60 mm 3. 混凝土强度等级:C15	m²	1.66			
38	020101001001	水泥砂浆楼地面	1. 垫层材料种类、厚度:混凝土 2. 面层厚度、砂浆配合比:20 mm 厚水泥砂浆 1:2.5	m²	1.66			

序号	项目编码	项目名称	项目特征描述	计量单位	工程量	金额(元)		
						综合单价	合价	其中：暂估价
A.5 木结构工程								
39	010503003001	木楼梯	1. 木材种类：水曲柳 2. 油漆品种、刷漆遍数：醇酸清漆	m²	6.25			
40	010503004001	其他木构件	1. 构件名称：墙裙切片板饰面 2. 构件截面：3mm 厚 3. 油漆品种、刷漆遍数：醇酸清漆	m²	25.52			
41	010503004002	其他木构件	1. 构件名称：硬木板条 2. 构件截面：18 mm 厚 3. 木材种类：水曲柳 4. 油漆品种、刷漆遍数：醇酸清漆	m²	6.532 5			
42	010503004003	其他木构件	1. 构件名称：墙面硬木板条 2. 构件截面：18 mm 厚 3. 木材种类：水曲柳 4. 刨光要求：一面 5. 油漆品种、刷漆遍数：醇酸清漆	m²	6.227 5			
A.7 屋面及防水工程								
43	010701001001	瓦屋面	1. 瓦品种、规格、品牌、颜色：彩色水泥瓦 2. 基层材料种类：聚苯乙烯泡沫板	m²	229.15			
44	020101001002	水泥砂浆楼地面	1. 垫层材料种类、厚度：混凝土 2. 面层厚度、砂浆配合比：25 mm 厚水泥砂浆 1:2	m²	38.38			
45	010702001001	屋面卷材防水	1. 卷材品种、规格：SBS 改性沥青防水卷材 2. 防水层做法：一毡二油	m²	5.97			
46	020101001003	水泥砂浆楼地面	1. 找平层厚度、砂浆配合比：水泥砂浆 1:3 2. 面层厚度、砂浆配合比：25 mm 厚水泥砂浆 1:2.5	m²	5.97			
47	020101003001	细石混凝土楼地面	1. 垫层材料种类、厚度：保温层 2. 面层厚度、混凝土强度等级：40 mm 厚 C20 细石混凝土	m²	5.97			
B.1 楼地面工程								

续附录表3

序号	项目编码	项目名称	项目特征描述	计量单位	工程量	金额(元)		
						综合单价	合价	其中：暂估价
48	010401006002	垫层	1. 垫层材料种类、厚度：100 mm 厚碎石夯实，1：1.5 水泥砂浆灌浆 2. 混凝土强度等级：60 mm 厚 C15	m³	9.219			
49	020101001004	水泥砂浆楼地面	1. 找平层厚度、砂浆配合比：20 mm 厚水泥砂浆 1：3 2. 面层厚度、砂浆配合比：40 mm 厚 C20 混凝土撒 1：1水泥砂浆压光	m²	153.65			
50	020101001005	水泥砂浆楼地面	1. 找平层厚度、砂浆配合比：20 mm 厚水泥砂浆 1：3 2. 防水层厚度、材料种类：聚氨酯三遍涂膜防水层 1.8 mm 厚 3. 面层厚度、砂浆配合比：40 mm 厚 C20 混凝土撒 1：1水泥砂浆压光	m²	15.984			
51	020101001006	水泥砂浆楼地面	1. 找平层厚度、砂浆配合比：20 mm 厚水泥砂浆 1：3 2. 面层厚度、砂浆配合比：10 mm 厚水泥砂浆 1：2	m²	76.31			
52	020101003002	细石混凝土楼地面	1. 垫层材料种类、厚度：100 mm 厚碎石夯实，1：1.5 水泥砂浆灌浆 2. 找平层厚度、砂浆配合比：60 mm 厚 C15 混凝土基层，20 mm 厚 1：3 水泥砂浆找平层 3. 防水层厚度、材料种类：聚氨酯防水涂膜三遍，防水层厚 1.8 mm 4. 面层厚度、混凝土强度等级：40 mm 厚 C20 混凝土撒 1：1水泥砂浆压光	m²	33.47			
53	020101003003	细石混凝土楼地面	1. 找平层厚度、砂浆配合比：20 mm厚 1：3水泥砂浆找平层 2. 防水层厚度、材料种类：聚氨酯防水涂膜三遍，防水层厚 1.8 mm 3. 面层厚度、混凝土强度等级：40 mm 厚 C20 混凝土撒 1：1水泥砂浆压光	m²	23.025 6			

序号	项目编码	项目名称	项目特征描述	计量单位	工程量	金额(元)		
						综合单价	合价	其中:暂估价
54	020105001001	水泥砂浆踢脚线	1. 踢脚线高度:120 mm 2. 底层厚度、砂浆配合比:12 mm 1:3水泥砂浆 3. 面层厚度、砂浆配合比:8 mm 1:2.5水泥砂浆	m²	28.30			
55	020108003001	水泥砂浆台阶面	1. 找平层厚度、砂浆配合比:12 mm 1:3水泥砂浆 2. 面层厚度、砂浆配合比:8 mm 1:2.5水泥砂浆	m²	2.68			
56	020107001001	金属扶手带栏杆、栏板	1. 扶手材料种类、规格、品牌、颜色:方钢管 2. 栏板材料种类、规格、品牌、颜色:安全玻璃 3. 固定配件种类:不锈钢	m	15.84			
			B.2 墙、柱面工程					
57	020201001001	墙面一般抹灰	1. 墙体类型:直形砖内墙 2. 底层厚度、砂浆配合比:12 mm 1:3水泥砂浆 3. 面层厚度、砂浆配合比:8 mm 1:0.3:3水泥石灰砂浆	m²	252.82			
58	020201001002	墙面一般抹灰	1. 墙体类型:直形砖外墙 2. 底层厚度、砂浆配合比:12 mm 1:3水泥砂浆 3. 面层厚度、砂浆配合比:8 mm 1:2.5水泥砂浆	m²	291.12			
59	020201001003	墙面一般抹灰	1. 墙体类型:直形砖内墙 2. 底层厚度、砂浆配合比:15 mm 1:2防水水泥砂浆 3. 面层厚度、砂浆配合比:10 mm 1:2防水水泥砂浆	m²	409.45			
60	020201001004	墙面一般抹灰	1. 墙体类型:直形砖外墙 2. 底层厚度、砂浆配合比:12 mm 1:3水泥砂浆 3. 面层厚度、砂浆配合比:6 mm 1:2.5水泥砂浆	m²	291.12			
61	020202001001	柱面一般抹灰	1. 柱体类型:混凝土 2. 底层厚度、砂浆配合比:15 mm 1:2防水砂浆 3. 面层厚度、砂浆配合比:10 mm 1:2防水砂浆	m²	13.15			

续附录表 3

序号	项目编码	项目名称	项目特征描述	计量单位	工程量	综合单价	合价	其中：暂估价
						金额（元）		
62	020206002001	拼碎石材零星项目	1. 柱、墙体类型:砖 2. 底层厚度、砂浆配合比:15 mm 1:2水泥砂浆 3. 贴结层厚度、材料种类:10 mm 1:2水泥砂浆 4. 挂贴方式:粘贴 5. 面层材料品种、规格、品牌、颜色:花岗岩 6. 磨光、酸洗、打蜡要求:酸洗	m²	10.82			
			B. 3　天棚工程					
63	020301001001	天棚抹灰	1. 基层类型:现浇混凝土板 2. 抹灰厚度、材料种类:石灰砂浆 3. 砂浆配合比:混合砂浆 1:0.3:3	m²	348.21			

附录表 4　措施项目清单与计价表（一）

工程名称:××工程

序号	项目名称	计算基础	费率（%）	金额（元）
	通用措施项目			
1	现场安全文明施工措施费			
1.1	基本费			
1.2	考评费			
1.3	奖励费			
2	夜间施工增加费			
3	冬雨季施工增加费			
4	已完工程及设备保护费			
5	临时设施费			
6	企业检验试验费			
7	赶工措施费			
8	工程按质论价			
	专业工程措施项目			
9	住宅工程分户验收费			
合　计				

注:(1) 本表适用于以"项"计价的措施项目。
(2) 根据建设部、财政部发布的《建筑安装工程费用组成》(建标〔2003〕206 号)的规定,"计算基础"可为"直接费"、"人工费"或"人工费+机械费"。

附录表5 措施项目清单与计价表（二）

工程名称：××工程

序号	项目名称	计算基础	费率（%）	金额（元）
	通用措施项目			
1	二次搬运费			
2	大型机械设备进出场及安拆			
3	施工排水			
4	施工降水			
5	地上、地下设施，建筑物的临时保护设施			
6	特殊条件下施工增加			
	专业工程措施项目			
7	各专业工程以"项"计价的措施项目			
	合　计			

注：(1) 本表适用于以"项"计价的措施项目，具体组成由投标人按江苏省计价表规定组价，在措施项目费用分析表中列出。

(2) 本表中"地上、地下措施，建筑的临时保护设施"和"特殊条件下施工增加"项目可以不进行费用组成分析，直接按金额报价。

(3) 专业工程中的"模板"和"脚手架"项目，除招标人另有要求的，一般应按江苏省计价表规定的计算规则进行费用组价。

附录表6 其他项目清单与计价汇总表

工程名称：××工程

序号	项目名称	计量单位	金额（元）	备　注
1	暂列金额	项		明细详见表4-1
2	暂估价			
2.1	材料暂估价			明细详见表4-2
2.2	专业工程暂估价	项		明细详见表4-3
3	计日工			明细详见表4-4
4	总承包服务费			明细详见表4-5
	合　计			

注：材料暂估单价进入清单项目综合单价，此处不汇总。

附录表 6-1　暂列金额明细表

工程名称：××工程

序号	项目名称	计量单位	暂定金额(元)	备　注
1				
2				
3				
4				
5				
合　计				

注：此表由招标人填写，如不能详列，也可只列暂定金额总额，投标人应将上述暂列金额计入投标总价中。

附录表 6-2　材料暂估单价表

工程名称：××工程

序号	材料名称、规格、型号	计量单位	单价(元)	备　注

注：(1) 此表由招标人填写，并在备注栏说明暂估价的材料拟用在哪些清单项目上，投标人应将上述材料暂估单价计入工程量清单综合单价报价中。
　　(2) 材料包括原材料、燃料、构配件以及按规定应计入建筑安装工程造价的设备。

附录表 6-3　专业工程暂估价表

工程名称：××工程

序号	工程名称	工程内容	金额(元)	备　注
合　计				

注：此表由招标人填写，投标人应将上述专业工程暂估价计入投标总价中。

附录表 6-4 计 日 工 表

工程名称:××工程

编号	项目名称	单 位	暂定数量	综合单价	合 价
一	人工				
1					
2					
人工小计					
二	材料				
1					
2					
材料小计					
三	施工机械				
1					
2					
施工机械小计					
总　　计					

注:此表项目名称、数量由招标人填写,编制招标控制价时,单价由招标人按有关计价规定确定;投标时,单价由投标人自主报价,计入投标总价中。

附录表 6-5 总承包服务费计价表

工程名称:××工程

序号	项目名称	项目价值(元)	服务内容	费率(%)	金额(元)
合　　计					

附录表7　规费、税金项目清单与计价表

工程名称:××工程

序号	项目名称	计算基础	费率(%)	金额(元)
1	规费			
1.1	工程排污费	分部分项工程费＋措施项目费＋其他项目费		
1.2	建筑安全监督管理费	分部分项工程费＋措施项目费＋其他项目费	0.19	
1.3	社会保障费	分部分项工程费＋措施项目费＋其他项目费	3	
1.4	住房公积金	分部分项工程费＋措施项目费＋其他项目费	0.5	
2	税金	分部分项工程费＋措施项目费＋其他项目费＋规费	3.44	
		合　　计		

注:根据建设部、财政部发布的《建筑安装工程费用组成》(建标〔2003〕206号)的规定,"计算基础"可为"直接费","人工费"或"人工费＋机械费"。

四、投标报价

投　标　总　价

招　标　人:　<u>　××工程　</u>

工　程　名　称:　<u>　××工程　</u>

投　标　总　价(小写):　<u>　314516.10元　</u>

　　　　　(大写):　<u>　叁拾壹万肆仟伍佰壹拾陆元壹角整　</u>

投　标　人:　<u>　××建筑公司单位公章　</u>

　　　　　　　　　　　　　(单位盖章)

法定代表人

或其授权人:　<u>　××建筑公司单位公章　</u>

　　　　　　　　　　　　　(签字或盖章)

编　制　人:　<u>　×××签字盖造价工程师或造价员章　</u>

　　　　　　　　　　　　　(造价人员签字盖专用章)

编　制　时　间:××××年×月×日

总　说　明

工程名称:××工程　　　　　　　　　　　　　　　　　　　　　　第1页　共1页

> 1. 工程概况:本工程为砖混结构,建筑层数为两层。
> 2. 投标报价包括范围:为本次招标的住宅工程施工图范围内的建筑工程。
> 3. 投标报价编制依据:
> (1) 招标文件及其所提供的工程量清单和有关报价的要求,招标文件的补充通知和答疑纪要。
> (2) ××工程施工图及投标施工组织设计。
> (3) 有关的技术标准、规范和安全管理规定等。
> (4) 江苏省建设主管部门颁发的计价定额、计价管理办法及相关计价文件。
> (5) 材料价格根据本公司掌握的价格情况并参照2009年9、10月江苏省工程造价信息发布的价格。

附录表8　工程项目投标报价汇总表

工程名称:××工程　　　　　　　　　　　　　　　　　　　　　　第1页　共1页

序号	单项工程名称	金额(元)	其　中		
			暂估价(元)	安全文明施工费(元)	规费(元)
1	××土建工程	314 516.10		9 225.31	10 820.41
合　计		314 516.1		9 225.31	10 820.41

注:本表适用于工程项目招标控制价或投标报价的汇总。

附录表9　单项工程招标控制价汇总表

工程名称:××工程　　　　　　　　　　　　　　　　　　　　　　第1页　共1页

序号	单项工程名称	金额(元)	其　中		
			暂估价(元)	安全文明施工费(元)	规费(元)
1	××土建工程	314 516.10		9 225.31	10 820.41
合　计		314 516.1		9 225.31	10 820.41

注:本表适用于单项工程招标控制价或投标报价的汇总。暂估价包括分部分项工程中的暂估价和专业工程暂估价。

附录表10 单位工程投标报价汇总表

工程名称:××工程 　　　　　　　　　　　　　　　　　　　　第1页 共1页

序号	汇总内容	金额(元)	其中:暂估价(元)
1	分部分项工程	230 632.69	
1.1	A.2 桩与地基基础工程	49 061.13	0.00
1.2	A.3 砌筑工程	33 834.82	0.00
1.3	A.4 混凝土及钢筋混凝土工程	68 705.37	0.00
1.4	A.5 木结构工程	7 524.69	0.00
1.5	A.7 屋面及防水工程	24 027.23	0.00
1.6	B.1 楼地面工程	21 578.43	0.00
1.7	B.2 墙、柱面工程	21 604.11	0.00
1.8	B.3 天棚工程	4 296.91	0.00
2	措施项目	62 603.45	0.00
2.1	安全文明施工费	9 225.31	
3	其他项目	0.00	
3.1	暂列金额		
3.2	专业工程暂估价		
3.3	计日工		
3.4	总承包服务费		
4	规费	10 820.41	
5	税金	10 459.55	
	投标报价合计＝1＋2＋3＋4＋5	314 516.10	

注:本表适用于工程单位控制价或投标报价的汇总,如无单位工程的划分,单项工程汇总也使用本表汇总。

附录表 11　分部分项工程量清单与计价表

工程名称:××工程　　　　　　　　　　　　　　　　　　　　　　　　　　第 1 页　共 6 页

序号	项目编码	项目名称	项目特征描述	计量单位	工程量	金额(元)		
						综合单价	合价	其中:暂估价
		A.1　土(石)方工程					49 061.13	
		A.2　桩与地基基础工程					49 061.13	
1	010101001001	平整场地	1. 土壤类别:三类土 2. 弃土运距:50 m	m²	194.00	3.20	620.80	
2	010101003001	挖基础土方	1. 土壤类别:三类土 2. 基础类型:条形 3. 垫层底宽、底面积:1 m 4. 挖土深度:1.5 m 内 5. 弃土运距:15 m	m³	517.587	32.39	16 764.64	
3	010101003002	挖基础土方	1. 土壤类别:三类土 2. 基础类型:条形 3. 垫层底宽、底面积:1 m 4. 挖土深度:0.8 m 以内 5. 弃土运距:10 m	m³	190.743	36.12	6 889.64	
4	010101003003	挖基础土方	1. 土壤类别:三类土 2. 基础类型:独立柱基 3. 垫层底宽、底面积:1 m×1 m 4. 挖土深度:0.8 m 5. 弃土运距:15 m	m³	4.29	40.26	172.72	
5	010103001001	土(石)方回填	1. 土质要求:回填开挖的土方 2. 密实度要求:0.96 以下 3. 夯填(碾压):人工夯填 4. 运输距离:15 m	m³	532.18	46.25	24 613.33	
		A.3　砌筑工程					33 834.82	
6	010301001001	砖基础	1. 砖品种、规格、强度等级:MU10 粘土砖 2. 基础类型:直形、条形 3. 基础深度:1 m 4. 砂浆强度等级:水泥 M10 5. 防潮层:防水砂浆防潮层	m³	46.563	269.26	12 537.55	
7	010304001001	空心砖墙、砌块墙	1. 墙体类型:直形外墙 2. 墙体厚度:240 mm 3. 空心砖、砌块品种、规格、强度等级:MU10KP1 空心砖 4. 勾缝要求:无 5. 砂浆强度等级、配合比:混合 M7.5	m³	48.16	241.05	11 608.97	

续附录表 11

序号	项目编码	项目名称	项目特征描述	计量单位	工程量	综合单价	合价	其中:暂估价
8	010304001002	空心砖墙、砌块墙	1. 墙体类型:直形内墙 2. 墙体厚度:240 mm 3. 空心砖、砌块品种、规格、强度等级:MU10KP1 空心砖 4. 勾缝要求:无 5. 砂浆强度等级、配合比:混合 M7.5	m³	32.03	241.05	7 720.83	
9	010304001003	空心砖墙、砌块墙	1. 墙体类型:直形内墙 2. 墙体厚度:120 mm 3. 空心砖、砌块品种、规格、强度等级:MU10KP1 空心砖 4. 勾缝要求:无 5. 砂浆强度等级、配合比:混合 M7.5	m³	5.59	251.26	1 404.54	
10	010302006001	零星砌砖	1. 零星砌砖名称、部位:台阶 2. 勾缝要求:无 3. 砂浆强度等级、配合比:混合 M7.5	m³	1.71	329.20	562.93	
		A.4　混凝土及钢筋混凝土工程					68 705.37	
11	010401006001	垫　　层	混凝土强度等级:C10 混凝土	m³	15.68	260.52	4 084.95	
12	010401001001	带形基础	1. 混凝土强度等级:C25 2. 基础形式:无梁式	m³	63.4322	291.63	18 498.73	
13	010401001002	带形基础	1. 基础形式:有梁式 2. 混凝土强度等级:C25	m³	9.23	291.24	2 688.15	
14	010401002001	独立基础	混凝土强度等级:C25	m³	4.112	290.20	1 193.30	
15	010402001001	矩形柱	1. 柱高度:3.6 m 以内 2. 柱截面尺寸:240mm×240mm 3. 混凝土强度等级:C25	m³	1.2617	349.13	440.50	
16	010402001002	矩形柱	1. 柱高度:3.6 m 以内 2. 柱截面尺寸:540mm×240mm 3. 混凝土强度等级:C25	m³	7.0763	349.13	2 470.55	
17	010402002001	异形柱	1. 柱高度:−0.8～3.35 m 2. 柱截面尺寸:250mm×240mm 3. 混凝土强度等级:C25	m³	1.2771	357.43	456.47	
18	010403001001	基础梁	1. 梁底标高:−0.65 m 2. 梁截面:300 mm×200 mm 3. 混凝土强度等级:C25	m³	1.038	300.35	311.76	
19	010403001002	基础梁	1. 梁底标高:−0.8 m 2. 梁截面:450 mm×240 mm 3. 混凝土强度等级:C25	m³	0.35	300.34	105.12	

序号	项目编码	项目名称	项目特征描述	计量单位	工程量	综合单价	合价	其中：暂估价
						金额（元）		
20	010403003001	异形梁	1. 梁底标高：3.35 m 2. 梁截面：530 mm×200 mm 3. 混凝土强度等级：C25	m³	0.14	322.99	45.21	
21	010403003002	异形梁	1. 梁底标高：3.35 m 2. 梁截面：350 mm×200 mm 3. 混凝土强度等级：C25	m³	0.51	322.96	164.71	
22	010403003003	异形梁	1. 梁底标高：3.35 m 2. 梁截面：950 mm×200 mm 3. 混凝土强度等级：C25	m³	2.8701	322.96	926.93	
23	010403002001	矩形梁	1. 梁底标高：3.6 m 以内 2. 梁截面：240 mm×400 mm 3. 混凝土强度等级：C25	m³	6.59	317.86	2 094.70	
24	010403002002	矩形梁	1. 梁底标高：3.6 m 以内 2. 梁截面：240 mm×350 mm 3. 混凝土强度等级：C25	m³	3.876 7	317.86	1 232.25	
25	010403004001	圈梁	1. 梁底标高：3.6 m 以内 2. 梁截面：240 mm×240 mm 3. 混凝土强度等级：C25	m³	6.39	356.68	2 279.19	
26	010405001001	有梁板	1. 板底标高：3.6 m 以内 2. 板厚度：120 mm 3. 混凝土强度等级：C25	m³	6.32	311.93	1 971.40	
27	010405001002	有梁板	1. 板底标高：3.6 m 以内 2. 板厚度：100 mm 3. 混凝土强度等级：C25	m³	10.437	311.93	3 255.61	
28	010405001003	有梁板	1. 板底标高：3.35～4.7 m 2. 板厚度：200 mm 3. 混凝土强度等级：C25	m³	1.004	311.93	313.18	
29	010405001004	有梁板	1. 板底标高：3.35～4.7 m 2. 板厚度：120 mm 3. 混凝土强度等级：C25	m³	5.204 6	311.93	1 623.47	
30	010405001005	有梁板	1. 板底标高：6.3～7.3m 2. 板厚度：120 mm 3. 混凝土强度等级：C25	m³	22.293 6	311.93	6 954.04	
31	010405007001	天沟、挑檐板	混凝土强度等级：C25	m³	2.17	394.26	855.54	
32	010405008001	雨篷、阳台板	混凝土强度等级：C25	m³	2.59	57.80	149.70	
33	010416001001	现浇混凝土钢筋	钢筋种类、规格：12 mm 以内	t	1.114 9	4 832.73	5 388.01	
34	010416001002	现浇混凝土钢筋	钢筋种类、规格：25 mm 以内	t	1.664	4 510.91	7 506.15	

续附录表 11

序号	项目编码	项目名称	项目特征描述	计量单位	工程量	综合单价	合价	其中：暂估价
						金额(元)		
35	010417002001	预埋铁件		t	0.28	10 957.61	3 068.13	
36	010407001001	其他构件	1.构件的类型:台基 2.构件规格:240mm×300mm 3.混凝土强度等级:C25	m³	2.60	54.73	142.30	
37	010407002001	散水、坡道	1.垫层材料种类、厚度:素土夯实 2.面层厚度:60 mm 3.混凝土强度等级:C15	m²	1.66	281.13	466.68	
38	020101001001	水泥砂浆楼地面	1.垫层材料种类、厚度:混凝土 2.面层厚度、砂浆配合比:20 mm 厚水泥砂浆 1:2.5	m²	1.66	11.23	18.64	
		A.5	木结构工程				7 524.69	
39	010503003001	木楼梯	1.木材种类:水曲柳 2.油漆品种、刷漆遍数:醇酸清漆	m²	6.25	327.43	2 046.44	
40	010503004001	其他木构件	1.构件名称:墙裙切片板饰面 2.构件截面:3mm 厚 3.油漆品种、刷漆遍数:醇酸清漆	m²	25.52	156.88	4 003.58	
41	010503004002	其他木构件	1.构件名称:硬木板条 2.构件截面:18 mm 厚 3.木材种类:水曲柳 4.油漆品种、刷漆遍数:醇酸清漆	m²	6.532 5	115.57	754.96	
42	010503004003	其他木构件	1.构件名称:墙面硬木板条 2.构件截面:18 mm 厚 3.木材种类:水曲柳 4.刨光要求:一面 5.油漆品种、刷漆遍数:醇酸清漆	m²	6.227 5	115.57	719.71	
		A.7	屋面及防水工程				24 027.23	
43	010701001001	瓦屋面	1.瓦品种、规格、品牌、颜色:彩色水泥瓦 2.基层材料种类:聚苯乙烯泡沫板	m²	229.15	99.89	22 889.79	
44	020101001002	水泥砂浆楼地面	1.垫层材料种类、厚度:混凝土 2.面层厚度、砂浆配合比:25 mm 厚水泥砂浆 1:2	m²	38.38	10.97	421.03	
45	010702001001	屋面卷材防水	1.卷材品种、规格:SBS 改性沥青防水卷材 2.防水层做法:一毡二油	m²	5.97	34.48	205.85	

序号	项目编码	项目名称	项目特征描述	计量单位	工程量	金额(元)		
						综合单价	合价	其中:暂估价
46	020101001003	水泥砂浆楼地面	1. 找平层厚度、砂浆配合比:水泥砂浆 1:3 2. 面层厚度、砂浆配合比:25 mm 厚水泥砂浆 1:2.5	m²	5.97	22.38	133.61	
47	020101003001	细石混凝土楼地面	1. 垫层材料种类、厚度:保温层 2. 面层厚度、混凝土强度等级:40 mm 厚 C20 细石混凝土	m²	5.97	63.14	376.95	
		B.1　楼地面工程					21 578.43	
48	010401006002	垫　层	1. 垫层材料种类、厚度:100 mm 厚碎石夯实,1:1.5 水泥砂浆灌浆 2. 混凝土强度等级:60 mm 厚 C15	m³	9.219	764.33	7 046.36	
49	020101001004	水泥砂浆楼地面	1. 找平层厚度、砂浆配合比:20 mm 厚水泥砂浆 1:3 2. 面层厚度、砂浆配合比:40 mm 厚 C20 混凝土撒 1:1水泥砂浆压光	m²	153.65	28.79	4 423.58	
50	020101001005	水泥砂浆楼地面	1. 找平层厚度、砂浆配合比:20 mm 厚水泥砂浆 1:3 2. 防水层厚度、材料种类:聚氨酯三遍涂膜防水层 1.8 mm 厚 3. 面层厚度、砂浆配合比:40 mm 厚 C20 混凝土撒 1:1水泥砂浆压光	m²	15.984	58.93	941.94	
51	020101001006	水泥砂浆楼地面	1. 找平层厚度、砂浆配合比:20 mm 厚水泥砂浆 1:3 2. 面层厚度、砂浆配合比:10 mm 厚水泥砂浆 1:2	m²	76.31	15.76	1 202.65	
52	020101003002	细石混凝土楼地面	1. 垫层材料种类、厚度:100 mm 厚碎石夯实,1:1.5 水泥砂浆灌浆 2. 找平层厚度、砂浆配合比:60 mm 厚 C15 混凝土基层,20 mm 厚 1:3水泥砂浆找平层 3. 防水层厚度、材料种类:聚氨酯防水涂膜三遍防水层厚 1.8 mm 4. 面层厚度、混凝土强度等级:40 mm 厚 C20 混凝土撒 1:1水泥砂浆压光	m²	33.47	104.79	3 507.32	

续附录表 11

序号	项目编码	项目名称	项目特征描述	计量单位	工程量	金额（元）		
						综合单价	合价	其中：暂估价
53	020101003003	细石混凝土楼地面	1. 找平层厚度、砂浆配合比：20 mm 厚 1:3 水泥砂浆找平层 2. 防水层厚度、材料种类：聚氨酯防水涂膜三遍，防水层厚 1.8 mm 3. 面层厚度、混凝土强度等级：40 mm 厚 C20 混凝土撒 1:1 水泥砂浆压光	m²	23.0256	58.93	1 356.90	
54	020105001001	水泥砂浆踢脚线	1. 踢脚线高度：120 mm 2. 底层厚度、砂浆配合比：12 mm 1:3 水泥砂浆 3. 面层厚度、砂浆配合比：8 mm 1:2.5 水泥砂浆	m²	28.30	3.84	108.67	
55	020108003001	水泥砂浆台阶面		m²	2.68	26.28	70.43	
56	020107001001	金属扶手带栏杆、栏板	1. 扶手材料种类、规格、品牌、颜色：方钢管 2. 栏板材料种类、规格、品牌、颜色，安全玻璃 3. 固定配件种类：不锈钢	m	15.84	184.38	2 920.58	
		B.2　墙、柱面工程					21 604.11	
57	020201001001	墙面一般抹灰	1. 墙体类型：直形砖内墙 2. 底层厚度、砂浆配合比：12 mm 1:3 水泥砂浆 3. 面层厚度、砂浆配合比：8 mm 1:0.3:3 水泥石灰砂浆	m²	252.82	14.02	3 544.54	
58	020201001002	墙面一般抹灰	1. 墙体类型：直形砖外墙 2. 底层厚度、砂浆配合比：12 mm 1:3 水泥砂浆 3. 面层厚度、砂浆配合比：8 mm 1:2.5 水泥砂浆	m²	291.12	16.41	4 777.28	
59	020201001003	墙面一般抹灰	1. 墙体类型：直形砖内墙 2. 底层厚度、砂浆配合比：15 mm 1:2 防水水泥砂浆 3. 面层厚度、砂浆配合比：10 mm 1:2 防水水泥砂浆	m²	409.45	17.92	7 337.34	
60	020201001004	墙面一般抹灰	1. 墙体类型：直形砖外墙 2. 底层厚度、砂浆配合比：12 mm 1:3 水泥砂浆 3. 面层厚度、砂浆配合比：6 mm 1:2.5 水泥砂浆	m²	291.12	15.89	4 625.90	

续附录表 11

序号	项目编码	项目名称	项目特征描述	计量单位	工程量	金额(元)		
						综合单价	合价	其中:暂估价
61	020202001001	柱面一般抹灰	1. 柱体类型:混凝土 2. 底层厚度、砂浆配合比:15 mm 1:2防水砂浆 3. 面层厚度、砂浆配合比:10 mm 1:2防水砂浆	m²	13.15	22.70	298.51	
62	020206002001	拼碎石材零星项目	1. 柱、墙体类型:砖 2. 底层厚度、砂浆配合比:15 mm 1:2水泥砂浆 3. 贴结层厚度、材料种类:10 mm 1:2水泥砂浆 4. 挂贴方式:粘贴 5. 面层材料品种、规格、品牌、颜色:花岗岩 6. 磨光、酸洗、打蜡要求:酸洗	m²	10.82	94.32	1 020.54	
			B.3 天棚工程				4 296.91	
63	020301001001	天棚抹灰	1. 基层类型:现浇混凝土板 2. 抹灰厚度、材料种类:石灰砂浆 3. 砂浆配合比:混合砂浆 1:0.3:3	m²	348.21	12.34	4 296.91	
	合　　计						230 632.69	

附录表 12　措施项目清单与计价表(一)

工程名称:××工程

序号	项 目 名 称	计算基础	费率(%)	金额(元)
1	现场安全文明施工措施费			9 225.31
1.1	基本费	分部分项工程费	2.2	5 073.92
1.2	考评费	分部分项工程费	1.1	2 536.96
1.3	奖励费	分部分项工程费	0.7	1 614.43
	合　　计			9 225.31

附录表 13　措施项目清单与计价表(二)

工程名称:××工程

序号	项 目 名 称	金额(元)
	专业工程措施项目	53 378.14
1	混凝土、钢筋混凝土模板及支架	26 275.38
2	脚手架	13 189.26
3	垂直运输机械费	13 913.50
合　　计		53 378.14

附录表 14　其他项目清单与计价汇总表

工程名称:××工程　　　　　　　　　　　　　　　　　　　　　　　　　第 1 页　共 1 页

序号	项目名称	计量单位	金额(元)	备　注
1	暂列金额	项		明细详见附录表 14-1
2	暂估价			
2.1	材料暂估价			明细详见附录表 14-2
2.2	专业工程暂估价	项		明细详见附录表 14-3
3	计日工			明细详见附录表 14-4
4	总承包服务费			明细详见附录表 14-5
	合　　计			—

注:材料暂估单价进入清单项目综合单价,此处不汇总。

附录表 14-1　暂列金额明细表

工程名称:××工程

序号	项目名称	计量单位	暂定金额(元)	备　注
1				
2				
3				
合　　计				

注:此表由招标人填写,如不能详列,也可只列暂定金额总额,投标人应将上述暂列金额计入投标总价中。

附录表 14-2　材料暂估单价表

工程名称:××工程

序号	材料名称、规格、型号	计量单位	单价(元)	备　注

注:① 此表由招标人填写,并在备注栏说明暂估价的材料拟用在哪些清单项目上,投标人应将上述材料暂估单价计入工程量清单综合单价报价中。
　　② 材料包括原材料、燃料、构配件以及按规定应计入建筑安装工程造价的设备。

附录表 14-3　专业工程暂估价表

工程名称：××工程

序号	工程名称	工程内容	金额(元)	备 注
合 计				

注：此表由招标人填写，投标人应将上述专业工程暂估价计入投标总价中。

附录表 14-4　计 日 工 表

工程名称：××工程

编号	项目名称	单 位	暂定数量	综合单价	合 价
一	人工				
人工小计					
二	材料				
材料小计					
三	施工机械				
施工机械小计					
总 计					

注：此表项目名称、数量由招标人填写，编制招标控制价时，单价由招标人按有关计价规定确定；投标时，单价由投标人自主报价，计入投标总价中。

附录表 14-5　总承包服务费计价表

工程名称：××工程

序号	项目名称	项目价值(元)	服务内容	费率(%)	金额(元)
合 计					

附录表15 规费、税金项目清单与计价表

工程名称:××工程

序号	项目名称	计算基础	费率(%)	金额(元)
1	规 费			10 820.41
1.1	工程排污费	分部分项工程费+措施项目费+其他项目费		0.00
1.2	建筑安全监督管理费	分部分项工程费+措施项目费+其他项目费	0.19	557.15
1.3	社会保障费	分部分项工程费+措施项目费+其他项目费	3	8 797.08
1.4	住房公积金	分部分项工程费+措施项目费+其他项目费	0.5	1 466.18
2	税 金	分部分项工程费+措施项目费+其他项目费+规费	3.44	10 459.55
合 计				21 279.96

附录表16 工程量清单综合单价分析表(1)

工程名称:××工程 第1页 共37页

项目编码	010101001001	项目名称	平整场地	计量单位	m²

清单综合单价组成明细

定额编号	定额名称	定额单位	数量	单 价					合 价				
				人工费	材料费	机械费	管理费	利 润	人工费	材料费	机械费	管理费	利润
1-98	平整场地	10 m²	0.1	23.37			5.84	2.8	2.34			0.58	0.28
综合人工工日				小 计					2.34			0.58	0.28
0.057 0 工日				未计价材料费									
清单项目综合单价									3.20				

材料费明细	主要材料名称、规格、型号	单位	数量	单价(元)	合价(元)	暂估单价(元)	暂估合价(元)
	其他材料费						
	材料费小计						

附录表 17　工程量清单综合单价分析表(2)

工程名称:××工程

项目编码	010101003001	项目名称	挖基础土方	计量单位	m³

清单综合单价组成明细

定额编号	定额名称	定额单位	数量	单价					合价				
				人工费	材料费	机械费	管理费	利润	人工费	材料费	机械费	管理费	利润
1-7	人工挖三类湿土深<1.5 m	m³	1	15.17			3.79	1.82	15.17			3.79	1.82
1-86+1-89*－0.25	人工挑抬土运距<15 m	m³	1	8.47			2.12	1.02	8.47			2.12	1.02
综合人工工日				小　计					23.64			5.91	2.84
0.576 5 工日				未计价材料费									
清单项目综合单价									32.39				

材料费明细	主要材料名称、规格、型号	单位	数量	单价(元)	合价(元)	暂估单价(元)	暂估合价(元)
	其他材料费						
	材料费小计						

附录表 18　工程量清单综合单价分析表(3)

工程名称:××工程

项目编码	010101003002	项目名称	挖基础土方	计量单位	m³

清单综合单价组成明细

定额编号	定额名称	定额单位	数量	单价					合价				
				人工费	材料费	机械费	管理费	利润	人工费	材料费	机械费	管理费	利润
1-23	人工挖地槽,地沟三类干土深<1.5 m	m³	1	18.45			4.61	2.21	18.45			4.61	2.21
1-86+1-89*－0.5	人工挑抬土运距<10 m	m³	1	7.92			1.98	0.95	7.92			1.98	0.95
综合人工工日				小　计					26.37			6.59	3.16
0.643 0 工日				未计价材料费									
清单项目综合单价									36.12				

材料费明细	主要材料名称、规格、型号	单位	数量	单价(元)	合价(元)	暂估单价(元)	暂估合价(元)
	其他材料费						
	材料费小计						

附录表 19　工程量清单综合单价分析表(4)

工程名称：××工程　　　　　　　　　　　　　　　　　　　　　第 4 页　共 37 页

项目编码	010101003003	项目名称	挖基础土方	计量单位	m³

清单综合单价组成明细

定额编号	定额名称	定额单位	数量	单价					合价				
				人工费	材料费	机械费	管理费	利润	人工费	材料费	机械费	管理费	利润
1-55	人工挖地坑三类干土深<1.5 m	m³	1	20.91			5.23	2.51	20.91			5.23	2.51
1-86＋1-89＊－0.25	人工挑抬土运距<15 m	m³	1	8.47			2.12	1.02	8.47			2.12	1.02
综合人工工日		小　　计							29.38			7.35	3.53
0.716 6 工日		未计价材料费											
清单项目综合单价									40.26				

材料费明细	主要材料名称、规格、型号			单位	数量	单价(元)	合价(元)	暂估单价(元)	暂估合价(元)
	其他材料费								
	材料费小计								

附录表 20　工程量清单综合单价分析表(5)

工程名称：××工程　　　　　　　　　　　　　　　　　　　　　第 5 页　共 37 页

项目编码	010103001001	项目名称	土(石)方回填	计量单位	m³

清单综合单价组成明细

定额编号	定额名称	定额单位	数量	单价					合价				
				人工费	材料费	机械费	管理费	利润	人工费	材料费	机械费	管理费	利润
1-104	基(槽)坑夯填回填土	m³	1	11.48		1.09	3.14	1.51	11.48		1.09	3.14	1.51
1-3	人工挖三类干土深<1.5 m	m³	1	12.71			3.18	1.53	12.71			3.18	1.53
1-86＋1-89＊－0.25	人工挑抬土运距<15 m	m³	1	8.47			2.12	1.02	8.47			2.12	1.02
综合人工工日		小　　计							32.66	1.09		8.44	4.06
0.796 5 工日		未计价材料费											
清单项目综合单价									46.25				

材料费明细	主要材料名称、规格、型号			单位	数量	单价(元)	合价(元)	暂估单价(元)	暂估合价(元)
	其他材料费								
	材料费小计								

附录表 21　工程量清单综合单价分析表(6)

工程名称：××工程　　　　　　　　　　　　　　　　　　　　　　　　　第 6 页　共 37 页

| 项目编码 | 010301001001 | | | | 项目名称 | | | 砖基础 | | 计量单位 | | | m³ |

清单综合单价组成明细

定额编号	定额名称	定额单位	数量	单价					合价				
				人工费	材料费	机械费	管理费	利润	人工费	材料费	机械费	管理费	利润
3-1.1	直形砖基础（M10 水泥砂浆）	m³	1	50.16	194.85	3.55	13.43	6.46	50.16	194.85	3.55	13.43	6.46
3-42	防水砂浆墙基防潮层	10 m²	0.008	29.92	60.82	3.11	8.26	3.95	0.23	0.47	0.02	0.06	0.03
综合人工工日			小　计						50.39	195.32	3.57	13.49	6.49
1.145 2 工日			未计价材料费										
清单项目综合单价									269.26				

材料费明细	主要材料名称、规格、型号	单位	数量	单价（元）	合价（元）	暂估单价（元）	暂估合价（元）
	其他材料费				195.32		
	材料费小计				195.32		

附录表 22　工程量清单综合单价分析表(7)

工程名称：××工程　　　　　　　　　　　　　　　　　　　　　　　　　第 7 页　共 37 页

| 项目编码 | 010304001001 | | | | 项目名称 | | | 空心砖墙、砌块墙 | | 计量单位 | | | m³ |

清单综合单价组成明细

定额编号	定额名称	定额单位	数量	单价					合价				
				人工费	材料费	机械费	管理费	利润	人工费	材料费	机械费	管理费	利润
3-22.1	KP1 粘土多孔 1 砖 240 mm× 115 mm× 90 mm（M7.5 混合砂浆）	m³	1	49.72	169.17	2.74	13.12	6.3	49.72	169.17	2.74	13.12	6.3
综合人工工日			小　计						49.72	169.17	2.74	13.12	6.3
1.130 0 工日			未计价材料费										
清单项目综合单价									241.05				

材料费明细	主要材料名称、规格、型号	单位	数量	单价（元）	合价（元）	暂估单价（元）	暂估合价（元）
	其他材料费				169.17		
	材料费小计				169.17		

附录表 23　工程量清单综合单价分析表(8)

工程名称：××工程

项目编码	010304001002	项目名称	空心砖墙、砌块墙	计量单位	m³

清单综合单价组成明细

定额编号	定额名称	定额单位	数量	单价					合价				
				人工费	材料费	机械费	管理费	利润	人工费	材料费	机械费	管理费	利润
3-22.1	KP1 粘土多孔 1 砖 240 mm× 115 mm× 90 mm(M7.5 混合砂浆)	m³	1	49.72	169.17	2.74	13.12	6.3	49.72	169.17	2.74	13.12	6.3
综合人工工日			小　计						49.72	169.17	2.74	13.12	6.3
1.130 0 工日			未计价材料费										
清单项目综合单价								241.05					

材料费明细	主要材料名称、规格、型号	单位	数量	单价(元)	合价(元)	暂估单价(元)	暂估合价(元)
	其他材料费				169.17		
	材料费小计				169.17		

附录表 24　工程量清单综合单价分析表(9)

工程名称：××工程

项目编码	010304001003	项目名称	空心砖墙、砌块墙	计量单位	m³

清单综合单价组成明细

定额编号	定额名称	定额单位	数量	单价					合价				
				人工费	材料费	机械费	管理费	利润	人工费	材料费	机械费	管理费	利润
3-21.1	KP1 粘土多孔 1/2 砖 240 mm× 115 mm× 90 mm(M7.5 混合砂浆)	m³	1	58.52	168.04	2.22	15.19	7.29	58.52	168.04	2.22	15.19	7.29
综合人工工日			小　计						58.52	168.04	2.22	15.19	7.29
1.330 1 工日			未计价材料费										
清单项目综合单价								251.26					

材料费明细	主要材料名称、规格、型号	单位	数量	单价(元)	合价(元)	暂估单价(元)	暂估合价(元)
	其他材料费				168.04		
	材料费小计				168.04		

工程名称:××工程

项目编码	010302006001	项目名称	零星砌砖	计量单位	m³

清单综合单价组成明细

定额编号	定额名称	定额单位	数量	单价					合价				
				人工费	材料费	机械费	管理费	利润	人工费	材料费	机械费	管理费	利润
3-47.2	标准砖小型砌体(M7.5混合砂浆)	m³	1	93.28	197.14	3.11	24.1	11.57	93.28	197.14	3.11	24.1	11.57
综合人工工日		小　计							93.28	197.14	3.11	24.1	11.57
2.119 9 工日		未计价材料费											
清单项目综合单价									329.20				

材料费明细	主要材料名称、规格、型号	单位	数量	单价(元)	合价(元)	暂估单价(元)	暂估合价(元)
	其他材料费				197.14		
	材料费小计				197.14		

工程名称:××工程

项目编码	010401006001	项目名称	垫层	计量单位	m³

清单综合单价组成明细

定额编号	定额名称	定额单位	数量	单价					合价				
				人工费	材料费	机械费	管理费	利润	人工费	材料费	机械费	管理费	利润
5-2.1	(C10混凝土40 mm 32.5)无梁式条形基础	m³	1	33	187.55	20.26	13.32	6.39	33	187.55	20.26	13.32	6.39
综合人工工日		小　计							33	187.55	20.26	13.32	6.39
0.750 0 工日		未计价材料费											
清单项目综合单价									260.52				

材料费明细	主要材料名称、规格、型号	单位	数量	单价(元)	合价(元)	暂估单价(元)	暂估合价(元)
	其他材料费				187.55		
	材料费小计				187.55		

附录表 27　工程量清单综合单价分析表(12)

工程名称:××工程

项目编码	010401001001	项目名称	带形基础	计量单位	m³

清单综合单价组成明细

定额编号	定额名称	定额单位	数量	单价					合价				
				人工费	材料费	机械费	管理费	利润	人工费	材料费	机械费	管理费	利润
5-2.4	(C25 混凝土 40 mm 32.5) 无梁式条形基础	m³	1	33	218.66	20.26	13.32	6.39	33	218.66	20.26	13.32	6.39

综合人工工日	小　计		33	218.66	20.26	13.32	6.39
0.750 0 工日	未计价材料费						

清单项目综合单价	291.63

材料费明细	主要材料名称、规格、型号	单位	数量	单价(元)	合价(元)	暂估单价(元)	暂估合价(元)
	其他材料费				218.66		
	材料费小计				218.66		

附录表 28　工程量清单综合单价分析表(13)

工程名称:××工程

项目编码	010401001002	项目名称	带形基础	计量单位	m³

清单综合单价组成明细

定额编号	定额名称	定额单位	数量	单价					合价				
				人工费	材料费	机械费	管理费	利润	人工费	材料费	机械费	管理费	利润
5-3.4	(C25 混凝土 40 mm 32.5) 有梁式条形基础	m³	1	33	218.27	20.26	13.32	6.39	33	218.27	20.26	13.32	6.39

综合人工工日	小　计		33	218.27	20.26	13.32	6.39
0.750 1 工日	未计价材料费						

清单项目综合单价	291.24

材料费明细	主要材料名称、规格、型号	单位	数量	单价(元)	合价(元)	暂估单价(元)	暂估合价(元)
	其他材料费				218.27		
	材料费小计				218.27		

附录表 29　工程量清单综合单价分析表(14)

工程名称:××工程

项目编码	010401002001	项目名称	独立基础	计量单位	m³

清单综合单价组成明细

定额编号	定额名称	定额单位	数量	单价					合价				
				人工费	材料费	机械费	管理费	利润	人工费	材料费	机械费	管理费	利润
5-7.2	(C25 混凝土 40 mm 32.5)桩承台,独立柱基基础	m³	1	33	217.23	20.26	13.32	6.39	33	217.23	20.26	13.32	6.39
综合人工工日		小　计							33	217.23	20.26	13.32	6.39
0.750 0 工日		未计价材料费											
清单项目综合单价									290.20				

材料费明细	主要材料名称、规格、型号	单位	数量	单价(元)	合价(元)	暂估单价(元)	暂估合价(元)
	其他材料费				217.23		
	材料费小计				217.23		

附录表 30　工程量清单综合单价分析表(15)

工程名称:××工程

项目编码	010402001001	项目名称	矩形柱	计量单位	m³

清单综合单价组成明细

定额编号	定额名称	定额单位	数量	单价					合价				
				人工费	材料费	机械费	管理费	利润	人工费	材料费	机械费	管理费	利润
5-13.2	(C25 混凝土 31.5 mm 32.5)矩形柱	m³	1	84.48	222.83	7.71	23.05	11.06	84.48	222.83	7.71	23.05	11.06
综合人工工日		小　计							84.48	222.83	7.71	23.05	11.06
1.919 6 工日		未计价材料费											
清单项目综合单价									349.13				

材料费明细	主要材料名称、规格、型号	单位	数量	单价(元)	合价(元)	暂估单价(元)	暂估合价(元)
	其他材料费				222.83		
	材料费小计				222.83		

附录表 31　工程量清单综合单价分析表(16)

工程名称:××工程

项目编码	010402001002	项目名称		矩形柱		计量单位		m³	

清单综合单价组成明细

定额编号	定额名称	定额单位	数量	单　价					合　价				
				人工费	材料费	机械费	管理费	利润	人工费	材料费	机械费	管理费	利润
5-13.2	(C25混凝土 31.5 mm 32.5) 矩形柱	m³	1	84.48	222.83	7.71	23.05	11.06	84.48	222.83	7.71	23.05	11.06
综合人工工日		小　计							84.48	222.83	7.71	23.05	11.06
1.919 9 工日		未计价材料费											
清单项目综合单价									349.13				

材料费明细	主要材料名称、规格、型号		单位	数量	单价(元)	合价(元)	暂估单价(元)	暂估合价(元)
	其他材料费					222.83		
	材料费小计					222.83		

附录表 32　工程量清单综合单价分析表(17)

工程名称:××工程

项目编码	010402002001	项目名称		异形柱		计量单位		m³	

清单综合单价组成明细

定额编号	定额名称	定额单位	数量	单　价					合　价				
				人工费	材料费	机械费	管理费	利润	人工费	材料费	机械费	管理费	利润
5-14.2	(C25混凝土 31.5 mm 32.5)圆形 多边形柱	m³	1	90.64	222.69	7.71	24.59	11.8	90.64	222.69	7.71	24.59	11.8
综合人工工日		小　计							90.64	222.69	7.71	24.59	11.8
2.060 1 工日		未计价材料费											
清单项目综合单价									357.43				

材料费明细	主要材料名称、规格、型号		单位	数量	单价(元)	合价(元)	暂估单价(元)	暂估合价(元)
	其他材料费					222.69		
	材料费小计					222.69		

项目编码	010403001001	项目名称	基础梁	计量单位	m³

清单综合单价组成明细

定额编号	定额名称	定额单位	数量	单价					合价				
				人工费	材料费	机械费	管理费	利润	人工费	材料费	机械费	管理费	利润
5-17.2	(C25 混凝土 31.5 mm 32.5)基础梁,地坑支撑梁	m³	1	33.44	222.85	23.13	14.14	6.79	33.44	222.85	23.13	14.14	6.79
综合人工工日		小　计							33.44	222.85	23.13	14.14	6.79
0.760 1 工日		未计价材料费											
清单项目综合单价									300.35				

材料费明细	主要材料名称、规格、型号		单位	数量	单价(元)	合价(元)	暂估单价(元)	暂估合价(元)
	其他材料费					222.85		
	材料费小计					222.85		

项目编码	010403001002	项目名称	基础梁	计量单位	m³

清单综合单价组成明细

定额编号	定额名称	定额单位	数量	单价					合价				
				人工费	材料费	机械费	管理费	利润	人工费	材料费	机械费	管理费	利润
5-17.2	(C25 混凝土 31.5 mm 32.5)基础梁,地坑支撑梁	m³	1	33.43	222.85	23.13	14.14	6.79	33.43	222.85	23.13	14.14	6.79
综合人工工日		小　计							33.43	222.85	23.13	14.14	6.79
0.760 0 工日		未计价材料费											
清单项目综合单价									300.34				

材料费明细	主要材料名称、规格、型号		单位	数量	单价(元)	合价(元)	暂估单价(元)	暂估合价(元)
	其他材料费					222.85		
	材料费小计					222.85		

附录表 35　工程量清单综合单价分析表(20)

工程名称:××工程　　　　　　　　　　　　　　　　　　　　　　

项目编码	010403003001	项目名称	异形梁	计量单位	m³

清单综合单价组成明细

定额编号	定额名称	定额单位	数量	单价					合价				
				人工费	材料费	机械费	管理费	利润	人工费	材料费	机械费	管理费	利润
5-19.2	(C25 混凝土 31.5 mm 32.5)异形梁,挑梁	m³	1	65.14	223.57	7.43	18.14	8.71	65.14	223.57	7.43	18.14	8.71
综合人工工日		小　计							65.14	223.57	7.43	18.14	8.71
1.478 6 工日		未计价材料费											

清单项目综合单价　　　　　　　　　　　322.99

材料费明细	主要材料名称、规格、型号	单位	数量	单价(元)	合价(元)	暂估单价(元)	暂估合价(元)
	其他材料费				223.57		
	材料费小计				223.57		

附录表 36　工程量清单综合单价分析表(21)

工程名称:××工程　　　　　　　　　　　　　　　　　　　　　　

项目编码	010403003002	项目名称	异形梁	计量单位	m³

清单综合单价组成明细

定额编号	定额名称	定额单位	数量	单价					合价				
				人工费	材料费	机械费	管理费	利润	人工费	材料费	机械费	管理费	利润
5-19.2	(C25 混凝土 31.5 mm 32.5)异形梁,挑梁	m³	1	65.12	223.58	7.41	18.14	8.71	65.12	223.58	7.41	18.14	8.71
综合人工工日		小　计							65.12	223.58	7.41	18.14	8.71
1.480 4 工日		未计价材料费											

清单项目综合单价　　　　　　　　　　　322.96

材料费明细	主要材料名称、规格、型号	单位	数量	单价(元)	合价(元)	暂估单价(元)	暂估合价(元)
	其他材料费				223.58		
	材料费小计				223.58		

附录表 37　工程量清单综合单价分析表(22)

工程名称:××工程

项目编码	010403003003	项目名称	异形梁	计量单位	m³

清单综合单价组成明细

定额编号	定额名称	定额单位	数量	单价					合价				
				人工费	材料费	机械费	管理费	利润	人工费	材料费	机械费	管理费	利润
5-19.2	(C25 混凝土 31.5 mm 32.5)异形梁,挑梁	m³	1	65.12	223.6	7.41	18.13	8.7	65.12	223.6	7.41	18.13	8.7
综合人工工日		小　　计							65.12	223.6	7.41	18.13	8.7
1.480 1 工日		未计价材料费											
清单项目综合单价									322.96				

材料费明细	主要材料名称、规格、型号			单位	数量	单价(元)	合价(元)	暂估单价(元)	暂估合价(元)
	其他材料费						223.6		
	材料费小计						223.6		

附录表 38　工程量清单综合单价分析表(23)

工程名称:××工程

项目编码	010403002001	项目名称	矩形梁	计量单位	m³

清单综合单价组成明细

定额编号	定额名称	定额单位	数量	单价					合价				
				人工费	材料费	机械费	管理费	利润	人工费	材料费	机械费	管理费	利润
5-18.2	(C25 混凝土 31.5 mm 32.5)单梁,框架梁,连续梁	m³	1	61.6	223.32	7.41	17.25	8.28	61.6	223.32	7.41	17.25	8.28
综合人工工日		小　　计							61.6	223.32	7.41	17.25	8.28
1.400 0 工日		未计价材料费											
清单项目综合单价									317.86				

材料费明细	主要材料名称、规格、型号			单位	数量	单价(元)	合价(元)	暂估单价(元)	暂估合价(元)
	其他材料费						223.32		
	材料费小计						223.32		

附录表39　工程量清单综合单价分析表(24)

工程名称:××工程

项目编码	010403002002			项目名称				矩形梁				计量单位		m³
清单综合单价组成明细														
定额编号	定额名称	定额单位	数量	单价					合价					
				人工费	材料费	机械费	管理费	利润	人工费	材料费	机械费	管理费	利润
5-18.2	(C25 混凝土 31.5 mm 32.5)单梁，框架梁，连续梁	m³	1	61.6	223.32	7.41	17.25	8.28	61.6	223.32	7.41	17.25	8.28
综合人工工日		小　计							61.6	223.32	7.41	17.25	8.28
1.399 9 工日		未计价材料费											
清单项目综合单价									317.86				

材料费明细	主要材料名称、规格、型号	单位	数量	单价(元)	合价(元)	暂估单价(元)	暂估合价(元)
	其他材料费				223.32		
	材料费小计				223.32		

附录表40　工程量清单综合单价分析表(25)

工程名称:××工程

项目编码	010403004001			项目名称				圈梁				计量单位		m³
清单综合单价组成明细														
定额编号	定额名称	定额单位	数量	单价					合价					
				人工费	材料费	机械费	管理费	利润	人工费	材料费	机械费	管理费	利润
5-20换	(C25 混凝土 20 mm 32.5)圈梁	m³	1	84.48	230.79	7.41	22.97	11.03	84.48	230.79	7.41	22.97	11.03
综合人工工日		小　计							84.48	230.79	7.41	22.97	11.03
1.920 0 工日		未计价材料费											
清单项目综合单价									356.68				

材料费明细	主要材料名称、规格、型号	单位	数量	单价(元)	合价(元)	暂估单价(元)	暂估合价(元)
	其他材料费				230.79		
	材料费小计				230.79		

附录表 41　工程量清单综合单价分析表(26)

工程名称:××工程　　　　　　　　　　　　　　　　　　　　　　

项目编码	010405001001			项目名称				有梁板		计量单位			m³	

清单综合单价组成明细

定额编号	定额名称	定额单位	数量	单价					合价				
				人工费	材料费	机械费	管理费	利润	人工费	材料费	机械费	管理费	利润
5-32.2	(C25 混凝土 20 mm 32.5)有梁板	m³	1	49.28	233.95	7.64	14.23	6.83	49.28	233.95	7.64	14.23	6.83

综合人工工日	小　计	49.28	233.95	7.64	14.23	6.83
1.119 9 工日	未计价材料费					

清单项目综合单价					311.93		

材料费明细	主要材料名称、规格、型号	单位	数量	单价(元)	合价(元)	暂估单价(元)	暂估合价(元)
	其他材料费				233.95		
	材料费小计				233.95		

附录表 42　工程量清单综合单价分析表(27)

工程名称:××工程　　　　　　　　　　　　　　　　　　　　　　

项目编码	010405001002			项目名称				有梁板		计量单位			m³	

清单综合单价组成明细

定额编号	定额名称	定额单位	数量	单价					合价				
				人工费	材料费	机械费	管理费	利润	人工费	材料费	机械费	管理费	利润
5-32.2	(C25 混凝土 20 mm 32.5)有梁板	m³	1	49.28	233.95	7.64	14.23	6.83	49.28	233.95	7.64	14.23	6.83

综合人工工日	小　计	49.28	233.95	7.64	14.23	6.83
1.120 0 工日	未计价材料费					

清单项目综合单价					311.93		

材料费明细	主要材料名称、规格、型号	单位	数量	单价(元)	合价(元)	暂估单价(元)	暂估合价(元)
	其他材料费				233.95		
	材料费小计				233.95		

附录表 43　工程量清单综合单价分析表(28)

工程名称：××工程

项目编码	010405001003		项目名称		有梁板		计量单位			m³	

清单综合单价组成明细

定额编号	定额名称	定额单位	数量	单价					合价				
				人工费	材料费	机械费	管理费	利润	人工费	材料费	机械费	管理费	利润
5-32.2	(C25混凝土 20 mm 32.5) 有梁板	m³	1	49.28	233.95	7.64	14.23	6.83	49.28	233.95	7.64	14.23	6.83

综合人工工日	小　　计	49.28	233.95	7.64	14.23	6.83
1.119 5 工日	未计价材料费					

清单项目综合单价	311.93

材料费明细	主要材料名称、规格、型号	单位	数量	单价(元)	合价(元)	暂估单价(元)	暂估合价(元)
	其他材料费				233.95		
	材料费小计				233.95		

附录表 44　工程量清单综合单价分析表(29)

工程名称：××工程

项目编码	010405001004		项目名称		有梁板		计量单位			m³	

清单综合单价组成明细

定额编号	定额名称	定额单位	数量	单价					合价				
				人工费	材料费	机械费	管理费	利润	人工费	材料费	机械费	管理费	利润
5-32.2	(C25混凝土 20 mm 32.5) 有梁板	m³	1	49.28	233.95	7.64	14.23	6.83	49.28	233.95	7.64	14.23	6.83

综合人工工日	小　　计	49.28	233.95	7.64	14.23	6.83
1.120 0 工日	未计价材料费					

清单项目综合单价	311.93

材料费明细	主要材料名称、规格、型号	单位	数量	单价(元)	合价(元)	暂估单价(元)	暂估合价(元)
	其他材料费				233.95		
	材料费小计				233.95		

附录表 45　工程量清单综合单价分析表(30)

工程名称:××工程

项目编码	010405001005			项目名称				有梁板		计量单位		m³	

清单综合单价组成明细

定额编号	定额名称	定额单位	数量	单价					合价				
				人工费	材料费	机械费	管理费	利润	人工费	材料费	机械费	管理费	利润
5-32.2	(C25 混凝土 20 mm 32.5) 有梁板	m³	1	49.28	233.95	7.64	14.23	6.83	49.28	233.95	7.64	14.23	6.83

综合人工工日	小　计	49.28	233.95	7.64	14.23	6.83
1.120 0 工日	未计价材料费					

清单项目综合单价									311.93		

材料费明细	主要材料名称、规格、型号	单位	数量	单价(元)	合价(元)	暂估单价(元)	暂估合价(元)
	其他材料费				233.95		
	材料费小计				233.95		

附录表 46　工程量清单综合单价分析表(31)

工程名称:××工程

项目编码	010405007001			项目名称				天沟、挑檐板		计量单位		m³	

清单综合单价组成明细

定额编号	定额名称	定额单位	数量	单价					合价				
				人工费	材料费	机械费	管理费	利润	人工费	材料费	机械费	管理费	利润
5-32.2	(C25 混凝土 20 mm 32.5) 有梁板	m³	1	49.28	233.95	7.64	14.23	6.83	49.28	233.95	7.64	14.23	6.83

综合人工工日	小　计	102.96	236.84	11.94	28.73	13.79
2.340 1 工日	未计价材料费					

清单项目综合单价									394.26		

材料费明细	主要材料名称、规格、型号	单位	数量	单价(元)	合价(元)	暂估单价(元)	暂估合价(元)
	其他材料费				236.84		
	材料费小计				236.84		

附录表 47　工程量清单综合单价分析表(32)

工程名称：××工程

项目编码	010405008001		项目名称		雨篷、阳台板		计量单位		m³	

清单综合单价组成明细

定额编号	定额名称	定额单位	数量	单　　价					合　　价				
				人工费	材料费	机械费	管理费	利　润	人工费	材料费	机械费	管理费	利润
5-41.2	(C25 混凝土20 mm 32.5)阳台	10 m²	0.1	136.83	364.86	18.69	38.88	18.65	13.68	36.49	1.87	3.89	1.87
综合人工工日			小　　计						13.68	36.49	1.87	3.89	1.87
0.310 8 工日			未计价材料费										
清单项目综合单价									57.80				

材料费明细	主要材料名称、规格、型号	单位	数量	单价(元)	合价(元)	暂估单价(元)	暂估合价(元)
	其他材料费				36.49		
	材料费小计				36.49		

附录表 48　工程量清单综合单价分析表(33)

工程名称：××工程

项目编码	010416001001		项目名称		现浇混凝土钢筋		计量单位		t	

清单综合单价组成明细

定额编号	定额名称	定额单位	数量	单　　价					合　　价				
				人工费	材料费	机械费	管理费	利　润	人工费	材料费	机械费	管理费	利润
4-1	现浇混凝土构件钢筋 φ<12 mm	t	1	559.24	3 972.97	68.32	156.89	75.31	559.24	3 972.97	68.32	156.89	75.31
综合人工工日			小　　计						559.24	3 972.97	68.32	156.89	75.31
12.709 7 工日			未计价材料费										
清单项目综合单价									4 832.73				

材料费明细	主要材料名称、规格、型号	单位	数量	单价(元)	合价(元)	暂估单价(元)	暂估合价(元)
	其他材料费				3 972.97		
	材料费小计				3 972.97		

附录表 49　工程量清单综合单价分析表(34)

工程名称：××工程

项目编码	010416001002	项目名称	现浇混凝土钢筋	计量单位	t

清单综合单价组成明细

定额编号	定额名称	定额单位	数量	单价					合价				
				人工费	材料费	机械费	管理费	利润	人工费	材料费	机械费	管理费	利润
4-2	现浇混凝土构件钢筋 φ＜25 mm	t	1	281.16	3 988.76	99.97	95.28	45.74	281.16	3 988.76	99.97	95.28	45.74
综合人工工日		小　计							281.16	3 988.76	99.97	95.28	45.74
6.390 0 工日		未计价材料费											
清单项目综合单价									4 510.91				

材料费明细	主要材料名称、规格、型号	单位	数量	单价(元)	合价(元)	暂估单价(元)	暂估合价(元)
	其他材料费				3 988.76		
	材料费小计				3 988.76		

附录表 50　工程量清单综合单价分析表(35)

工程名称：××工程

项目编码	010417002001	项目名称	预埋铁件	计量单位	t

清单综合单价组成明细

定额编号	定额名称	定额单位	数量	单价					合价				
				人工费	材料费	机械费	管理费	利润	人工费	材料费	机械费	管理费	利润
4-27	铁件制作安装	t	1	2 624.14	4 867.39	1 821.25	1 111.36	533.47	2 624.14	4 867.39	1 821.25	1 111.36	533.47
综合人工工日		小　计							2 624.14	4 867.39	1 821.25	1 111.36	533.47
59.639 3 工日		未计价材料费											
清单项目综合单价									10 957.61				

材料费明细	主要材料名称、规格、型号	单位	数量	单价(元)	合价(元)	暂估单价(元)	暂估合价(元)
	其他材料费				4 867.39		
	材料费小计				4 867.39		

附录表 51 工程量清单综合单价分析表(36)

工程名称:××工程

项目编码	010407001001			项目名称			其他构件		计量单位		m³	

清单综合单价组成明细

定额编号	定额名称	定额单位	数量	单价					合价				
				人工费	材料费	机械费	管理费	利润	人工费	材料费	机械费	管理费	利润
5-51.2	(C25 混凝土 20 mm 32.5) 台阶	10 m²	0.1	109.12	371.27	19.35	32.22	15.42	10.91	37.13	1.93	3.22	1.54
综合人工工日		小　计							10.91	37.13	1.93	3.22	1.54
0.2481 工日		未计价材料费											
清单项目综合单价								54.73					

材料费明细	主要材料名称、规格、型号			单位	数量	单价(元)	合价(元)	暂估单价(元)	暂估合价(元)
	其他材料费						37.13		
	材料费小计						37.13		

附录表 52 工程量清单综合单价分析表(37)

工程名称:××工程

项目编码	010407002001			项目名称			散水、坡道		计量单位		m²	

清单综合单价组成明细

定额编号	定额名称	定额单位	数量	单价					合价				
				人工费	材料费	机械费	管理费	利润	人工费	材料费	机械费	管理费	利润
12-11.1	(C15 混凝土 20 mm 32.5) 垫层不分格	m³	1	59.84	191.99	5.22	16.27	7.81	59.84	191.99	5.22	16.27	7.81
综合人工工日		小　计							59.84	191.99	5.22	16.27	7.81
1.3602 工日		未计价材料费											
清单项目综合单价								281.13					

材料费明细	主要材料名称、规格、型号			单位	数量	单价(元)	合价(元)	暂估单价(元)	暂估合价(元)
	其他材料费						191.99		
	材料费小计						191.99		

附录表 53　措施项目清单综合单价分析表

工程名称：××工程

项目编码	7	项目名称	混凝土、钢筋混凝土模板及支架	计量单位	项

措施费用组成明细

定额编号	定额名称	定额单位	数量	单价					合价				
				人工费	材料费	机械费	管理费	利润	人工费	材料费	机械费	管理费	利润
20-3	现浇无梁式带形基础复合木模板	10m²	1.160 3	102.52	75.59	5.63	27.04	12.98	118.95	87.71	6.53	31.37	15.06
20-3	现浇无梁式带形基础复合木模板	10m²	4.694	102.52	75.59	5.63	27.04	12.98	481.23	354.82	26.43	126.93	60.93
20-5	现浇有梁式带形基础复合木模板	10m²	1.744 5	93.28	111.71	9.15	25.61	12.29	162.73	194.88	15.96	44.68	21.44
20-11	现浇各种柱基、桩承台复合木模板	10m²	0.723 7	111.32	84.39	9.47	30.21	14.49	80.56	61.07	6.85	21.86	10.49
20-26	现浇矩形柱复合木模板	10m²	1.681 9	141.68	95.84	11.22	38.23	18.35	238.29	161.19	18.87	64.3	30.86
20-26	现浇矩形柱复合木模板	10m²	9.432 7	141.68	95.84	11.22	38.23	18.35	1 336.42	904.03	105.83	360.61	173.09
20-29	现浇圆、多边形柱复合木模板	10m²	1.459 7	215.16	308.16	3.74	54.73	26.27	314.07	449.82	5.46	79.89	38.35
20-33	现浇基础梁复合木模板	10m²	1.060 9	84.92	100.78	9.35	23.57	11.31	90.09	106.92	9.92	25.01	12
20-33	现浇基础梁复合木模板	10m²	0.357 7	84.93	100.78	9.34	23.57	11.32	30.38	36.05	3.34	8.43	4.05
20-39	现浇异形梁复合木模板	10m²	0.149 8	179.51	120.69	14.82	48.6	23.3	26.89	18.08	2.22	7.28	3.49
20-39	现浇异形梁复合木模板	10m²	0.545 7	179.51	120.71	14.84	48.6	23.33	97.96	65.87	8.1	26.52	12.73
20-39	现浇异形梁复合木模板	10m²	3.071	179.52	120.7	14.85	48.59	23.32	551.31	370.67	45.6	149.22	71.62
20-35	现浇挑梁、单梁、连续梁、框架梁复合木模板	10m²	5.720 1	139.92	128.01	15.2	38.78	18.61	800.36	732.23	86.95	221.83	106.45
20-35	现浇挑梁、单梁、连续梁、框架梁复合木模板	10m²	3.365	139.92	128.01	15.2	38.78	18.61	470.83	430.75	51.15	130.49	62.62

续附录表 53

| 项目编码 | 7 | 项目名称 | 混凝土、钢筋混凝土模板及支架 | 计量单位 | | | | 项 | | | | |

措施费用组成明细

定额编号	定额名称	定额单位	数量	单价					合价				
				人工费	材料费	机械费	管理费	利润	人工费	材料费	机械费	管理费	利润
20-41	现浇圈梁、地坑支撑梁复合木模板	10m²	5.322 9	108.24	88.5	7.58	28.96	13.9	576.15	471.08	40.35	154.15	73.99
20-59	现浇板厚度<20cm复合木模板	10m²	5.100 3	116.6	112.85	15.05	32.91	15.8	594.69	575.57	76.76	167.85	80.58
20-57	现浇板厚度<10cm复合木模板	10m²	11.167 6	97.24	107.42	13.61	27.71	13.3	1085.94	1199.62	151.99	309.45	148.53
20-59	现浇板厚度<20cm复合木模板	10m²	0.810 2	116.6	112.85	15.05	32.91	15.8	94.47	91.43	12.19	26.66	12.8
20-59	现浇板厚度<20cm复合木模板	10m²	4.200 1	116.6	112.85	15.05	32.91	15.8	489.73	473.98	63.21	138.23	66.36
20-59	现浇板厚度<20cm复合木模板	10m²	17.991	116.6	112.85	15.05	32.91	15.8	2 097.75	2 030.28	270.76	592.08	284.26
20-85	现浇檐沟、小型构件木模板	10m²	5.678 9	161.92	211	11.35	43.32	20.79	919.53	1 198.25	64.46	246.01	118.06
20-76	现浇阴阳台复合木模板	10m²	0.259	254.32	173.59	27.45	70.46	33.82	65.87	44.96	7.11	18.25	8.76
20-78	现浇台阶模板	10m²	0.26	76.58	58.19	5.15	20.42	9.81	19.91	15.13	1.34	5.31	2.55
小 计									10 744.11	10 074.39	1 081.38	2 956.41	1 419.07
综合人工工日	244.184 0 工日		未计价材料费										
			清单项目综合单价						26275.38				

材料费明细	主要材料名称、规格、型号	单位	数量	单价（元）	合价（元）	暂估单价（元）	暂估合价（元）
	其他材料费				10 074.39		10 074.39
	材料费小计				10 074.39		10 074.39

工程名称:××工程

附录表54　措施项目清单综合单价分析表(1)

项目编码	8	项目名称		计量单位	项

措施费用组成明细

定额号	定额名称	定额单位	数量	单价					合价				
				人工费	材料费	机械费	管理费	利润	人工费	材料费	机械费	管理费	利润
19-3	砌墙脚手架双排外架子(12m以内)	10m²	75.264	36.26	64.05	9.6	11.47	5.5	2729.07	4820.66	722.53	863.28	413.95
19-10	抹灰脚手架<3.6m	10m²	126.848	0.35	1.43	0.64	0.25	0.12	44.4	181.39	81.18	31.71	15.22
19-1	砌墙脚手架里架子(3.6m以内)	10m²	37.57	4.53	3.15	0.64	1.29	0.62	170.19	118.35	24.04	48.47	23.29
19-7	基本层满堂脚手架(5m以内)	10m²	28.528	44.13	22.26	7.68	12.95	6.22	1 258.94	635.03	219.1	369.44	177.44
19-10	抹灰脚手架<3.6m	10m²	86.58	0.35	1.43	0.64	0.25	0.12	30.3	123.81	55.41	21.64	10.39
综合人工工日			小　　计						4 232.9	5 879.24	1 102.26	1 334.54	640.29
96.208 0 工日			未计价材料费										
			清单项目综合单价						13189.23				

材料费明细	主要材料名称、规格、型号	单位	数量	单价(元)	合价(元)	暂估单价(元)	暂估合价(元)
	其他材料费				5 879.24		
	材料费小计				5 879.24		

工程名称：××工程

附录表 55　措施项目清单综合单价分析表(2)

| 项目编码 | 9 | 项目名称 | | | | 垂直运输机械费 | | | 计量单位 | | | | | 项 | |

措施费用组成明细

定额编号	定额名称	定额单位	数量	单 价					合 价				
				人工费	材料费	机械费	管理费	利润	人工费	材料费	机械费	管理费	利润
22-1	建筑物垂直运输卷扬机施工砖混结构檐高＜20m,＜6层	天	50			203.12	50.78	24.37			1 0157.5	2539	1 218.5
人工单价		小 计									1 0157.5	2 539	1 218.5
		未计价材料费											

清单项目综合单价

| | | | 合价(元) | | | | | | | | 13 915 | | |

材料费明细	主要材料名称、规格、型号	单位	数量	单价(元)	合价(元)	暂估单价(元)	暂估合价(元)
	其他材料费						
	材料费小计						

参考文献

1　中华人民共和国住房和城乡建设部标准定额研究所. 建设工程工程量清单计价规范(GB 50500-2008). 北京:中国计划出版社,2008

2　中华人民共和国住房和城乡建设部标准定额研究所. 建设工程工程量清单计价规范宣贯教材. 北京:中国计划出版社,2008

3　江苏省建设厅. 江苏省建筑与装饰工程计价表. 北京:知识产权出版社,2004

4　全国造价工程师执业资格考试培训教材编审组. 工程造价计价与控制. 北京:中国计划出版社,2009

5　沈杰. 工程估价. 南京:东南大学出版社,2005

6　钱昆润,戴望炎,张星. 建筑工程定额与预算. 南京:东南大学出版社,2006

7　郑君君,杨学英主编. 工程估价. 武汉:武汉大学出版社,2004

8　刘宝生主编. 建筑工程概预算. 北京:机械工业出版社,2004